# OLDENBOURG
# GRUNDRISS DER
# GESCHICHTE

# OLDENBOURG GRUNDRISS DER GESCHICHTE

## HERAUSGEGEBEN VON JOCHEN BLEICKEN LOTHAR GALL HERMANN JAKOBS

## BAND 2

# GESCHICHTE DER RÖMISCHEN REPUBLIK

VON

JOCHEN BLEICKEN

4. Auflage

R. OLDENBOURG VERLAG
MÜNCHEN 1992

CIP-Titelaufnahme der Deutschen Bibliothek

**Oldenbourg-Grundriss der Geschichte** / hrsg. von Jochen
Bleicken... – München : Oldenbourg.
NE: Bleicken, Jochen [Hrsg.]; Grundriss der Geschichte

Bd. 2. Bleicken, Jochen: Geschichte der römischen Republik. –
4. Auf. (verbesserter Nachdr. der 3., überarb. Aufl.). – 1992

**Bleicken, Jochen:**
Geschichte der römischen Republik / von Jochen Bleicken. –
4. Aufl. (verbesserter Nachdr. der 3., überarb. Aufl.). – München :
Oldenbourg, 1992
   (Oldenbourg-Grundriss der Geschichte ; Bd. 2)
   ISBN 3-486-49664-6 brosch.
   ISBN 3-486-48774-4 Gewebe

Umschlaggestaltung: Dieter Vollendorf
Satz: primustype Robert Hurler GmbH, Notzingen
Druck- und Bindearbeiten: R. Oldenbourg Graphische Betriebe GmbH, München.


ISBN 3-486-48774-4 geb.
ISBN 3-486-49664-6 brosch.

GEWIDMET DEM ANDENKEN AN
HELMUT SCHWÄBL

# INHALT

# VORWORT

Eine Geschichte Roms von den Anfängen bis zum Ausgang der Republik in einen schmalen Band zusammenzudrängen, ist ein Wagnis. Es wird nicht durch den Hinweis geringer, daß die ersten Jahrhunderte der römischen Geschichte nicht gut überliefert seien und darum weniger Kraft und Aufwand erforderten; denn die Probleme werden durch die mangelhafte Überlieferung eher umständlicher, und die Frühgeschichte Roms ist nicht minder wichtig als die Zeiten, die den an Geschichte Interessierten heute wie früher stärker angezogen haben. Der Bearbeiter dieses Bandes kann seine Arbeit jedoch damit rechtfertigen, daß der vorliegende Band keine große Darstellung geben will, sondern er, der Intention der Reihe ensprechend, (vor allem dem Studenten und Lehrer) einige Handreichungen geben möchte, durch die der Leser den historischen Stoff nicht nur einfach aufnehmen, sondern ihn selbständig weiter durchdringen kann. Der Schwerpunkt liegt denn auch, wie bei allen Bänden der Reihe, auf der Darstellung der Probleme und Tendenzen der Forschung und der sich auf sie beziehenden Bibliographie.

Die Darlegung der Forschungssituation sieht sich hingegen bei diesem Band vor besondere Schwierigkeiten gestellt. Die sich für die meisten Bände dieser Reihe anbietende systematische Ordnung der Forschungen mußte wegen des sehr langen Zeitraumes, der zu behandeln war, von vornherein entfallen; die Literatur zu 700 Jahren römischer Geschichte läßt sich nicht in eine Systematik zwingen. Gewisse Probleme des staatlichen, sozialen und religiösen Lebens, deren systematische Behandlung sich allenfalls angeboten hätte, hätten doch innerhalb der Systematik wieder nach einer entwicklungsgeschichtlichen Betrachtung verlangt. Ich habe daher auf jede Systematik verzichtet und auch diejenigen Bereiche, für die eine systematische Ordnung möglich gewesen wäre, dort besprochen, wo sie in dem Gang der Geschichte ihren besonderen Ort haben.

Die Frühgeschichte Roms und die Geschichte der römischen Republik blicken auf eine lange Forschungstradition zurück. Es versteht sich, daß weder alle Forschungsprobleme noch alle Forschungsmeinungen dazu dargestellt werden konnten. Es kam daher auf die Auswahl an, und in ihr liegt auch die eigentliche Problematik. Es konnten im Hinblick auf den Umfang des Buches und auf den Leserkreis, der erreicht werden soll, nicht einmal auch nur alle diejenigen Fragen, die im Fach als die wichtigeren und interessanteren angesehen werden, ausgewählt und ebenso nicht diejenigen, die ausgewählt wurden, immer in der Weise dargestellt werden, wie sie der Fachhistoriker sieht. Es kam vielmehr darauf an, vor allem für die konkrete Arbeit im Seminar und in der Schule diejenigen Forschungsbereiche und Einzelprobleme herauszugreifen und vorzustellen, für die ein besonderes Interesse erwartet werden darf. Da es gerade für diese konkrete Arbeit wichtig ist, daß der Benutzer die Fragestellungen nicht nur durch die sekundäre Literatur kennenlernt, sondern er auch an die Quellen herankommt und durch sie selbst urteilsfähig wird, andererseits aber die Kenntnis der Quellen und der Umgang mit ihnen für die meisten heute schwieriger geworden ist, habe ich jedem größeren Zeitabschnitt eine Übersicht über die Quellen mitgegeben und auch am Anfang der Bibliographie einige wichtige Autoren mit ihren Werken sowie den sie aufschlüsselnden Kommentaren und modernen Abhandlungen vorgestellt.

Für die Hilfe bei der Durchsicht des Manuskripts bzw. der Druckfahnen habe ich den Herren Gereon Becht, Siegfried Gatz, Thomas Göhmann und Helmut Schwäbl herzlich zu danken.

VORWORT ZUR 3. AUFLAGE

Nach dem Grundsatz dieser Reihe sollen alle Bände in angemessener Zeit dem neuen Forschungsstand angepaßt werden. Die nicht nur dem Umfang, sondern auch der Qualität nach intensive Forschungsarbeit der letzten acht Jahre machte eine verhältnismäßig frühzeitige Überarbeitung dieses Bandes nötig. Während die Darstellung bis auf etliche Korrekturen und Ergänzungen im großen ganzen unverändert blieb, wurden der Forschungsteil und das Literaturverzeichnis grundlegend überarbeitet. Es sollte dabei der Forschungsstand zu den einzelnen Sachgebieten nicht lediglich auf einen neuen Stand gebracht, sondern auch durch neue Sachgebiete, die in den ersten beiden Auflagen nicht berücksichtigt werden konnten, erweitert werden. Der Umfang des Forschungsteils und das Verzeichnis der Literatur ist dadurch nicht unerheblich gewachsen. Der Schwerpunkt der Korrekturen und Erweiterungen liegt, den Interessen der gelehrten Forschung ebenso wie denen eines breiteren Leserkreises entsprechend, auf der Zeit nach dem Beginn einer römischen „Weltpolitik" (nach 264 v. Chr., Kap. 7 bis 10). Ich habe den bereits in der 1. Auflage verfolgten Ansatz weitergeführt, einige wenige Sachbereiche, die größeres Interesse beanspruchen dürfen, etwas breiter als die übrigen zu behandeln (z. B. die Problematik der Quellen zur frührömischen Geschichte; den Ausbruch des Zweiten Punischen Krieges; das Imperialismus-Problem; den Beginn der politischen Krise unter Ti. Gracchus). Das geschah nicht lediglich zur Vertiefung der jeweiligen Thematik, sondern auch, um die methodischen Ansätze, die Argumentationsweisen und die Quellenproblematik der Alten Geschichte an einzelnen Fragestellungen deutlicher hervortreten zu lassen.

Ich habe für die Hilfe bei der Durchsicht des Manuskripts und der Druckfahnen Herrn Marten Hagen zu danken, dessen Akribie und Umsicht das Buch vor manchen Unvollkommenheiten der äußeren Gestaltung bewahrten.

Mai 1988                                                                Jochen Bleicken

# I. Darstellung

## 1. Italien im frühen 1. Jahrtausend v. Chr.

### a. Landschaft und Klima

Italien als geographischer Begriff umfaßte bei den Römern in der Zeit der Republik nur den Schaft der Apenninen-Halbinsel, im Norden begrenzt von einer Linie, die etwa durch die Städte Ariminum (Rimini) und Pisae (Pisa) gegeben ist. Die oberitalienische Tiefebene wurde erst seit der frühen Kaiserzeit, die beiden Inseln Sizilien und Sardinien in römischer Zeit Italien überhaupt nicht zugerechnet. Der Name geht auf einen süditalischen Stamm zurück, der sich ‚Jungstierleute' (*Itali*, von *vitulus*, das Rind) nannte, und es waren Griechen, die das süditalienische Gebiet nach ihnen als den wahrscheinlich ersten Landesbewohnern, mit denen sie bekannt wurden, benannt haben. Von ihnen übernahmen dann die anderen Bewohner der Halbinsel das Wort. Begriff *Italia*

Italien ist ein landschaftlich stark gegliedertes Gebiet. Große und kleine Ebenen wechseln mit massiven Gebirgszügen und hügeligem Land. Neben der weiten oberitalienischen Tiefebene sind die latinische und die kampanische sowie die südostitalienische, sich vom Mons Garganus bis zur äußersten Ferse der Halbinsel erstreckende apulische Ebene große zusammenhängende Landstriche, die lediglich durch Flüsse (Po, Tiber, Volturno, Ofanto) mehr oder weniger deutlich unterteilt werden. Auch das sich von Norden nach Süden durch die Halbinsel erstreckende Gebirgsmassiv, das Apenninen-Gebirge, läßt viele kleine und auch größere, meist in nord-südlicher Richtung verlaufende Ebenen frei. Etrurien, die heutige Toscana, ist demgegenüber eine typische Landschaft für den Wechsel von hügeligem oder gar bergigem Land mit z. T. auch breiteren Ebenen. Landschaftliche Gliederung

Bei der Betrachtung der alten Geographie Italiens hat man zu beachten, daß das Landschaftsbild in manchen Gegenden beträchtlich anders ausgesehen hat, als es sich dem heutigen Reisenden darbietet. Vor allem Süditalien, aber auch etwa Sizilien, heute weitgehend waldlose, verkarstete Landstriche, haben wir uns in der Antike, zumindest in republikanischer Zeit, noch dichter bewaldet vorzustellen; da der Wald den Boden und die Feuchtigkeit festhält, waren die

Landschaften gebietsweise sehr fruchtbar. Auch bot der Wald selbst Erwerbs-
möglichkeiten: Im Bruttierland (heute Kalabrien) z.B. erstreckte sich vom
Westmeer bis zum Golf von Tarent ein riesiger, beinahe undurchdringlicher
Bergwald, der Sila-Wald, aus dem Holz, Pech, Honig u.a. gewonnen wurden.
Für das allmähliche Verschwinden des Waldes werden verschiedene Ursachen
genannt. Einmal trat selbstverständlich der Wald durch die Urbarmachung von
Boden zurück. Eine nicht unwesentliche Ursache der Verkarstung dürfte auch die
Verwendung des Holzes als Heizmaterial – zum Wärmen (in aller Regel mittels
Holzkohle), zur Verhüttung von Metallen, zum Brennen von Keramik – gewesen
sein. Auch die Ziegenwirtschaft wirkte sich, wie übrigens auch heute noch, auf die
Dauer gesehen auf die Erhaltung und den Nachwuchs von Bäumen ungünstig aus.
Die frei umherlaufenden Ziegen nähren sich gerade von jungen Bäumen, aber auch
von der Rinde älterer Bäume. Da Ziegenmilch und Ziegenkäse ein Volksnah-
rungsmittel waren, wirkte sich dieser Umstand auf den Baumbestand verheerend
aus. – Schließlich hat man sich zu vergegenwärtigen, daß auch die Küstenlinie
nicht überall so verlief wie heute, und dies nicht nur an Flußmündungen, an denen
der von den Flüssen mitgeführte Schlamm das Land in das Meer vorgeschoben hat
(Mündungsgebiet des Po, Arno, Tiber u.a.). Auch an anderen Stellen veränderte
sich die Küste, und zwar hier in aller Regel durch Landverlust: Der Reisende sieht
es daran, daß viele römische Häuser, Villen und Hafenanlagen, so etwa in Puteoli
(heute: Pozzuoli), im Wasser liegen. Der Meeresspiegel ist danach gegenüber der
römischen Zeit etwas angestiegen. Manche nehmen ein Abschmelzen der Polkap-
pen als Ursache an, das wiederum die Folge einer gegenüber der Zeit vor Christi
Geburt stärkeren Erwärmung sei. Andere wollen eher eine Senkung des Landes
für das Steigen des Wasserspiegels verantwortlich machen. Was immer die
Ursache gewesen sein mag, sie muß auch für das östliche Mittelmeer oder doch
Teile desselben gelten, weil wir entsprechende Beobachtungen auch im grie-
chisch-ägäischen Raum machen können.

### b. Die Völker Italiens

Die einzelnen
Völker
Entsprechend der geographischen Vielfalt sind auch die in Italien lebenden
Völkerschaften außergewöhnlich verschiedenartig. In der hohen Republik, etwa
um 300 v. Chr., leben neben alteingesessenen Völkern solche, die vor längerer
oder kürzerer Zeit nach Italien einwanderten. Die Po-Ebene halten in dieser Zeit
keltische Stämme besetzt. In den sich südlich anschließenden bergigen Landschaften des Apennin sitzen italische Stämme bis hinunter nach Süditalien. Sie gliedern
sich wieder in zahlreiche Unterstämme, von denen die nördlicher wohnenden in
der Gruppe der Umbro-Sabeller zusammengefaßt – zu ihnen gehören u.a. die
Umbrer, Sabiner, Äquer und Marser –, die südlicheren als Osker bezeichnet
werden; zu letzteren zählen u.a. die Samniten, die wiederum in Unterstämme
unterteilt sind. Im westlichen Mittelitalien, im unteren Tiberbogen und in der
Ebene zwischen dem unteren Tiber und dem Albanermassiv, sitzt die kleine

Gruppe der Latino-Falisker, die mit den Italikern verwandt ist, sich jedoch in kultureller Hinsicht und auch in der Sprache von jenen nicht unerheblich abhebt. In den Tiefebenen des Nord- und Südostens leben im Vergleich zu den bisher genannten wieder sehr anders geartete Völker, nämlich die Veneter in der nach ihnen später so benannten Landschaft (Venetien), und in den apulischen Ebenen eine ganze Reihe verschiedener Stämme, nämlich (von Norden nach Süden) die Daunier, Peuketier, Messapier und Salentiner. Sie alle sind mit anderen indogermanischen Stämmen Italiens bzw. des westlichen Balkans verwandt. In der Toscana leben ferner die Etrusker, die, ganz anders als die bisher genannten Völkerschaften, in Städten siedeln. In Städten leben auch die Griechen an den Küsten Süditaliens und Siziliens. In dem bergigen Land nördlich des heutigen Genua schließlich sitzt das alteingesessene Volk der Ligurer; zur Urbevölkerung zählt ferner auch das im Zentrum Siziliens lebende Volk der Sikaner.

Die Gruppierung dieser Stämme und Städte auf der Apenninen-Halbinsel ist das Ergebnis vieler, z. T. lang andauernder Unruhen, deren Anfänge sich im Dunkel der Geschichte verlieren und deren Schlußpunkt der Einfall der Kelten nach Italien am Ende des 5. und Anfang des 4. Jahrhunderts war. Diese Wanderungen sind nicht immer als ein brutales Vorwärtsdrängen zu begreifen, durch das die einheimischen Völker vertrieben oder vernichtet werden. Bei dem Kelteneinfall hat es sich im allgemeinen zwar so verhalten; doch meist sickern die neuen Völker allmählich ein, prägen die alteingesessene Bevölkerung und werden ihrerseits wiederum von ihr beeinflußt. In diesem Vorgang des wechselseitigen Gebens und Nehmens, der selbstverständlich auch von gewaltsamen Umbrüchen begleitet sein kann, wandeln sich die einwandernden Gruppen und bilden sich neu. Es kommt auch vor, daß nur die Formen, Lebensgewohnheiten und Gebrauchsgüter, was wir heute häufig die materielle Kultur nennen, übernommen werden. Sehr oft vermögen wir bei der Interpretation des archäologischen Materials schwer zu sagen, ob es sich bei Veränderungen um Wanderungen handelt oder nur um Kultureinflüsse. Ebenso ist die Entscheidung darüber schwer, bisweilen unmöglich, welche der später uns bekannten Völker mit diesem oder jenem archäologischen Substrat verbunden werden können.

Mit einiger Sicherheit vermögen wir zu sagen, daß die Ligurer eine sehr alte Bevölkerung darstellen, wohl die älteste unter den Völkern der Halbinsel. Aber schon die Frage, *wann* die ersten großen Wanderungsbewegungen einsetzten, insbesondere seit wann aus dem Norden oder Osten indogermanische Bevölkerungsteile nach Italien einwanderten, ist schwierig und wird unterschiedlich beantwortet. Eine Zeitlang glaubte man, in einer Kultur der nördlich des Apenninen-Gebirges liegenden Emilia, der Terramare-Kultur (von terra marna, was im Dialekt der Emilia ,dunkle, fette Erde' heißt; sie hat sich aus der Zersetzung der hier in Frage stehenden Siedlungen gebildet), einen ersten Wanderungsschub zu erkennen; das lag um so näher, als diese etwa von 1600 bis 1200 anzusetzende Kultur dann die Parallele zum ersten Einwanderungsschub der Griechen im Osten gewesen wäre. Aber es dürften sich bei den unbestrittenen

*Marginal note:* Wanderungsbewegungen

Bezügen dieser Kultur zum nordalpinen Raum eher um Beeinflussungen als um Auswirkungen von Wanderungen handeln. Im Zusammenhang der Ausbreitung der nordalpinen Urnenfelderkultur hingegen sind in den ersten Jahrhunderten des 1. Jahrtausends dann tatsächlich in mehreren Wellen fremde Völker nach Italien gekommen, die, aus dem mitteleuropäischen Raum stammend, den Indogermanen zuzurechnen sind. Zu ihnen gehören die Latino-Falisker im Mündungsgebiet des Tiber, die vielleicht ein verhältnismäßig früher Schub sind, und die vielen italischen Stämme in den Apenninen, die sich allmählich bilden und gliedern, sowie die kleineren Gruppen im Nordosten und Südosten; die letzteren stehen, so selbständig sie uns in den Quellen begegnen, doch anderen Stämmen Italiens verwandtschaftlich recht nahe.

Griechen und Etrusker    Eine Sonderstellung nehmen unter den Völkerschaften Italiens die Griechen und Etrusker ein; denn sie sind die einzigen, die in Städten siedeln, und sie stehen auf einem verhältnismäßig höheren Kulturniveau als ihre Nachbarn. Die Griechen kommen seit der Mitte des 8. Jahrhunderts und besetzen den größten Teil der Küsten Süditaliens und Siziliens. Die Etrusker sind ebenfalls seit dem 8. Jahrhundert nachweisbar. Doch liegt über ihrer Herkunft ein Dunkel. Der früher vorherrschenden Meinung, sie seien aus dem Osten eingewandert, steht die heute weit verbreitete Lehre von ihrer autochthonen Herkunft gegenüber. Die Beantwortung der Frage hängt nach dem heutigen Forschungsstand vor allem von der Archäologie, in erster Linie von der Interpretation der in der Emilia und in der Toscana zwischen Arno und Tiber seit dem frühen 1. Jahrtausend, besonders im 9. bis 6. Jahrhundert nachweisbaren Villanova-Kultur ab, die für die Etrusker, aber auch für die Italiker beansprucht wird. – Der letzte Einwanderungsschub bestand aus keltischen Stämmen, die um die Wende vom 5. zum 4. Jahrhundert die Ebenen beiderseits des Pos besetzten.

Weg der einwandernden Völker    Noch ein Wort zu dem Weg, den die einwandernden Stämme nahmen. Die Griechen kamen natürlich über See, ebenso die Etrusker, wenn sie ein einwanderndes Volk gewesen sind, und auch die meisten der im Südosten der Halbinsel sitzenden Einwanderer sind über das Adriatische Meer gekommen, wobei sie eine kleine Inselgruppe östlich des Mons Garganus als Stützpunkt benutzt haben dürften. Die auf dem Landwege gekommenen Gruppen sind zum größten Teil über den Paß des Birnbaumer Waldes in Istrien im Gebiet der Julischen Alpen gezogen; er ist der niedrigste Paß der Alpen (520 m), wie selbstverständlich schon die antiken Geographen wußten. Der Brenner jedenfalls war damals ein unwegsamer, nur wenig benutzter Paß. Die Kelten kamen zum großen Teil über Pässe der nördlichen und westlichen Alpen sowie auf der ligurischen Küstenstraße ins Land.

## 2. Etrusker und Griechen

*a) Die Etrusker*

Die Etrusker bewohnten den Landstrich zwischen Arno und Tiber und, in ost-westlicher Richtung, zwischen dem Apenninen-Massiv und der Küste. Sie siedelten in Städten, und die Stadt bildete auch die Grundlage ihrer politischen Organisation. Als typische Vertreter einer Stadtkultur unterscheiden sie sich erheblich von ihren italischen Umwohnern; doch verbindet diese ihre Eigenart sie mit den seit dem 8. Jahrhundert an den italischen und sizilischen Küsten siedelnden Griechen, von deren Kultur sie auch sonst abhängig sind. Die Griechen nannten die Etrusker Tyrsener bzw. Tyrrhener, wonach das vor der Küste der Etrusker liegende Meer noch heute heißt, die Römer nannten sie *Tusci* (was der heutigen Landschaft Toscana den Namen gab) und deren Siedlungsgebiet *Etruria* (in der späten Kaiserzeit auch *Tuscia*). Die Etrusker selbst bezeichneten sich als Rasenna (Dionys von Halik. 1,30,3).

Die Etrusker gaben und geben der Forschung große Rätsel auf. Das Geheimnisvolle, das sie umgibt, hat der an sich schon außergewöhnlich interessanten und reizvollen etruskischen Kultur noch zusätzlich eine große Ausstrahlungskraft gesichert, die auch gerade in den vergangenen Jahrzehnten spürbar war. Die stärkste Quelle des stets wachen Interesses sind die spezifisch etruskischen Ausdrucksformen der uns überlieferten Denkmäler. Die etruskische Kunst ist in ihrem Formenschatz, ihren Stilmitteln und ihren Motiven völlig abhängig von den Griechen: Die Etrusker haben aus den Städten des griechischen Mutterlandes und aus den Kolonien im Westen sehr viel importiert; ein großer Teil der griechischen Kunstgegenstände, insbesondere Vasen, die wir heute in unseren Museen aufbewahren, entstammen etruskischen Gräbern. Aber es wurden, unter Verwendung der griechischen Vorbilder, auch im Lande selbst Vasen und Sarkophage, Bronzewaren der verschiedensten Art (Spiegel, Kandelaber, Becken, Zisten usw.), Schmuckgegenstände und vieles andere hergestellt, Häuser und Gräber ausgemalt und prächtige Bauten errichtet, und all das war nicht billige Imitation, sondern zeugt von einem etruskischen Formwillen, der seinesgleichen sucht. Die besondere Note der etruskischen Kunst liegt vor allem darin, daß sie vom Naturalismus weg zu einer expressiven Form der Darstellung, zu einer sehr bewegungsreichen, bisweilen scheinbar skurrilen Ausdrucksweise gelangt, die aber immer die besondere Eigentümlichkeit des Darzustellenden in einer oft vollendeten Form zu enthüllen weiß. Uns mutet dieser Kunststil modern an; in der Antike nimmt er sich mitunter sehr eigenwillig, ja fremd aus, und es ist diese Eigentümlichkeit, welche die Etrusker so geheimnisvoll und anziehend zugleich macht.

Kunst

Herkunft    Die im westlichen Mittelmeer unbekannte städtische Siedlungsweise und die Eigenwilligkeit der Ausdrucksformen geben der auch heute noch offenen Frage nach der Herkunft des Volkes erhöhtes Gewicht. Manche Besonderheiten, wie die städtische Siedlungsform, gewisse Ausdrucksmittel, auch religiöse Einrichtungen und sogar manche Sprachformen schienen in den Osten zu verweisen. Viele Forscher nahmen daher den ägäischen Raum, speziell die kleinasiatische Küste als Ursprungsgebiet an; schon Herodot kannte die Einwanderungstheorie: Er hielt die Etrusker für Auswanderer aus Lydien im mittleren Westkleinasien. Heute ist eine große Anzahl von Gelehrten eher der Ansicht, daß die Etrusker Autochthone gewesen sind, die durch gewisse kulturelle Einflüsse aktiviert und zur Ausbildung einer besonderen Kultur geführt wurden. Manche denken sogar daran, sie mit den Trägern der Villanova-Kultur zu identifizieren, deren Siedlungsraum die Etrusker später in der Tat zu einem großen Teil innehaben. Es gibt auch vermittelnde Meinungen, nach denen zahlenmäßig kleinere Einwanderungsschübe sich über die alteingesessene Bevölkerung gelegt, an den meisten Orten eine Oberschicht gebildet und aus mitgebrachten und einheimischen Elementen ein eigenes Kultursubstrat hervorgebracht hätten. Eine klare Entscheidung ist heute kaum möglich. Auf jeden Fall hat die Theorie von der Einwanderung nicht als widerlegt zu gelten, wenn sie auch durch die neueren Überlegungen viel von ihrer Verbindlichkeit verloren hat.

Gemein-    Von der etruskischen Geschichte wissen wir nicht viel. Mit Sicherheit können
etruskische    wir sagen, daß die Etrusker zu keiner Zeit eine geschlossene politische Gemein-
Organisations-    schaft gebildet haben. Jede Stadt war eine unabhängige politische Einheit, und das
formen    äußere Leben war von der Rivalität der Städte untereinander bestimmt. Es gab allerdings ein religiöses Zentrum beim Hain der Voltumna (ad fanum Voltumnae), in der Nähe des alten Volsinii gelegen (erst jüngst hat man entdeckt, daß dieses Volsinii mit Orvieto identisch ist), wo man sich alljährlich im Frühjahr zum Markt und zu festlichen Spielen versammelte. Es gab auch einen 12-Städtebund (die Zahl 12 ist eine stereotype Zahl, die nichts über die wirkliche Anzahl der Mitglieder aussagt), und wir kennen einen praetor Etruriae. Was immer diese Organisationsformen besagt haben mögen, sie hatten im politischen Leben der Etrusker wenig Gewicht.

Politische    Das innerstädtische Leben war in älterer Zeit monarchisch ausgerichtet; der
Lebensform    Stadtherr hieß, in lateinischer Umschrift, meist lucumo. Auch schon in dieser Zeit gab es eine starke Schicht adliger Herren, die dann gegen Ende des 6. und im darauffolgenden Jahrhundert das Regiment fast überall ganz an sich gerissen hat. Über die äußeren Formen dieser Herrschaft wissen wir aus Darstellungen und durch Rückschlüsse aus römischen Institutionen eine ganze Menge; so kennen wir u. a. die Herrschaftsinsignien (z. B. Goldkranz; Axt mit Rutenbündel), die Amtsdiener, die Kleidung und den Amtssessel, wissen aber so gut wie nichts von den Aufgaben der Beamten. Die Masse der Bevölkerung stand in einem der Sklaverei ähnlichen Abhängigkeitsverhältnis, doch gehörte wahrscheinlich nur eine Minderheit zu den Sklaven im eigentlichen Sinne; die sozialen Abstufungen

scheinen vielfältig gewesen zu sein. Es hat in den Städten auch nicht an starken sozialen Spannungen gemangelt, die sogar zu Revolten führen konnten. Zu einer Demokratisierung des politischen Lebens, wie jedenfalls zeitweise in vielen griechischen Städten, scheint es jedoch nirgends gekommen zu sein. – Im Vergleich mit den damaligen mediterranen Kulturen nimmt die etruskische Frau eine besondere, im Sozialprestige höhere Stellung ein. Sie hat Zutritt zu den großen öffentlichen Festen, nimmt auch am Bankett teil, und der Etrusker nennt sich nicht nur, wie etwa bei den Griechen und Römern, nach dem Vater, sondern auch, allerdings erst an zweiter Stelle, nach der Mutter; oft wird auch nur der Muttername angegeben. Sowohl in der Antike als auch noch in manchen modernen Darstellungen hat man die etruskische Frau wegen ihrer im Vergleich zu den anderen Völkern der Zeit besonderen Stellung der Sittenlosigkeit geziehen; doch ist dieses Urteil aus einer gegenüber der Frau anders gearteten Lebenseinstellung heraus gefällt, nach der sich solche Freizügigkeit nur eine Kurtisane erlauben durfte.

Manche Forscher nehmen an, daß die Etrusker von der Küste her ins Landesinnere drangen; diese Vorstellung setzt die Einwanderungstheorie voraus und teilt mit ihr den Grad der Verbindlichkeit. Die Archäologie und auch Hinweise antiker Historiker, welche die Frühgeschichte Roms behandelt haben, können hingegen manche sichere Daten über das Verhältnis der Städte untereinander liefern. Einige besonders mächtige Städte lagen unmittelbar nördlich von Rom und haben die römische Frühgeschichte bestimmt: Veji, Caere (heute: Cerveteri) mit seinem Hafen Pyrgi und Tarquinii (Tarquinia), dessen Hafen Graviscae war. Zum Glück für Rom wurde die Macht dieser Städte durch deren Rivalität eingeschränkt. Andere wichtige Zentren etruskischen Lebens waren Vulci, Clusium (Chiusi), Velathri/Volaterrae (Volterra), ferner Vetulonia und Populonia, die gegenüber der erzreichen Insel Elba lagen (manche Forscher glauben, daß der Erzreichtum der Insel und der ihr gegenüberliegenden Küste die Etrusker überhaupt erst an diese Küste gezogen hat; auch diese Ansicht setzt selbstverständlich die Einwanderungstheorie voraus). In jüngerer Zeit werden in Marzabotto im Rhenus-Tal, durch das die Hauptroute über das Apenninen-Gebirge nach Norden führte, besonders ergiebige Ausgrabungen vorgenommen; aber auch sonst gibt es jetzt zahlreiche Grabungen, die unsere Kenntnisse über die Kultur, das Verhältnis der Städte zueinander und über den politischen Wandel erweitern.

Im 6. Jahrhundert griffen die Etrusker weit nach Norden in die oberitalienische Tiefebene und nach Süden in die Ebenen von Latium und Kampanien aus. Der südliche Vorstoß lag zeitlich etwas früher; er begann im 7. Jahrhundert und währte bis in das 5. Jahrhundert hinein. Zahlreiche Städte wurden hier gegründet, unter ihnen Rom (etruskisch: Ruma), Praeneste (heute: Palestrina), Tusculum (Tivoli) in Latium und Capua, Nola, Nuceria (heute: Nocera), Pompeji, Herculaneum und viele andere in Kampanien. Hier im Süden stießen die Etrusker auf die von den Bergen in die Ebene hinabdrängenden Osker und auf Griechen, die in

*Politische Geschichte*

Kyme ihre nördlichste Bastion hatten. Im Norden wurden die Etrusker seit der 2. Hälfte des 6. Jahrhunderts aktiv. Auch hier gründeten sie Städte, so Mantua, die Geburtsstadt Vergils; auch in Hafenstädten am Po-Delta siedelten sie; so in Adria und Spina. In der letzteren Stadt sind durch Ausgrabungen (seit 1922, dann erneut seit 1953) großartige Funde vor allem aus griechischem Import gemacht worden. Die Etrusker haben nicht die ganze Ebene besetzen können; Venetien blieb außerhalb ihres Einflußbereichs, und auch weite Strecken im Norden und Westen wurden teils gar nicht, teils nur von einzelnen etruskischen Scharen berührt, wie denn auch vielerorts die einheimische Bevölkerung mit und neben den Etruskern lebte. Alle diese Fernunternehmungen wurden von einzelnen Städten bzw. auch einzelnen Adligen, die Scharen von Auswanderern unter sich vereinten, nicht von einer gesamtetruskischen Gemeinschaft geplant und durchgeführt.

Stärker noch als in der militärischen Expansion war die Dynamik der Etrusker als Händler. Nach Ausweis der archäologischen Fundstatistik trieben die Etrusker im gesamten westlichen Mittelmeerraum Handel, an der südfranzösischen und ostspanischen Küste ebenso wie im tunesischen Gebiet und auf den Inseln. Sie waren gute Seefahrer und auch als Seeräuber berühmt und berüchtigt. Ihre natürlichen Konkurrenten waren auf diesem Gebiet die Griechen, die in diesen Jahrhunderten in den Westen drängten, die Küsten besetzten und auch vielerorts den Handel an sich zogen. Um die vor der etruskischen Küste liegende Insel Korsika kam es sogar zu einer schweren militärischen Auseinandersetzung: ca. 535 v. Chr. schlugen die Etrusker, unter ihnen die Einwohner von Caere, griechische Auswanderer aus dem kleinasiatischen Phokaia, das damals die Küsten des nördlichen Westmeeres besonders rege kolonisierte, in einer großen Seeschlacht vor Alalia (Aleria); die Phokäer mußten ihre gerade gegründete Kolonie Alalia aufgeben. Bei diesem Kampf wurden die Etrusker von den Karthagern tatkräftig unterstützt, die, ebenfalls unter dem Druck der griechischen Expansion, die zahlreichen phönikischen Handelsfaktoreien des Westens zu einem Großstaat zusammenfaßten und, so gestärkt, den Griechen erfolgreich entgegenzutreten vermochten.

Die Etrusker versuchten auch, die Griechen aus Kampanien zu vertreiben. Nach langen Kämpfen erlitt aber eine große Flotte vor Kyme eine schwere Niederlage durch die Griechen, welche die gerade über die Karthager siegreichen Syrakusaner zu Hilfe gerufen hatten (474 v. Chr.). Nach dieser Niederlage brach die Vorherrschaft der Etrusker in Kampanien und Latium allmählich zusammen; Osker aus den Bergen und die alteingesessene latinische Bevölkerung traten ihr Erbe an. Am Ende des 5. Jahrhunderts strömten schließlich keltische Scharen in die oberitalienische Tiefebene und vernichteten auch hier alle etruskischen Bastionen. Etliche keltische Scharen stürmten sogar weiter nach Süden und verheerten u. a. das etruskische Kerngebiet. Und wenn sie auch – anders als in Oberitalien – hier wieder abzogen, blieben doch viele etruskische Städte geschwächt zurück. Schon einige Jahre vor dem Keltensturm war Veji den Römern zum Opfer gefallen, die diese Hauptrivalin unter ihren Nachbarn in einem Vernichtungskrieg beseitigten (ca. 396). In der Mitte des 4. Jahrhunderts wurden dann auch Caere und Tarquinii, die anderen beiden mächtigen etruskischen Nachbarn Roms, schwer geschlagen. Caere wurde sogar bald ganz in den römischen Staatsverband integriert; Tarquinii behielt noch einen Rest von Unabhängigkeit. In den Kriegen gegen die Samniten, insbesondere im 3. Samnitenkrieg (299/298 – 291), in dem zeitweise ganz Italien gegen Rom kämpfte, wurden schließlich alle etruskischen Städte, soweit sie noch unabhängig waren, mehr oder weniger freiwillig in das römische Bundesgenossensystem eingegliedert. Als dann das alte etruskische Zentrum Volsinii Veteres im Jahre 264, durch innere Spannungen zerrissen, von den Römern, welche die eine Partei zu Hilfe gerufen hatte, völlig zerstört und als Stadt aufgehoben wurde, konnte dies als ein allen sichtbarer Hinweis auf das Ende einer unabhängigen etruskischen Geschichte betrachtet werden.

Unter den italischen Religionen ragt die etruskische heraus, dies weniger durch eine andersartige Religiosität als dadurch, daß sie die an sich ähnliche Grundlage – auch in ihr wurden die Kräfte der Natur als göttliche Erscheinungen gewertet – in manchen Bereichen extensiv ausformte, den so differenzierten und gegliederten religiösen Gegenstand formalisierte und alles zu einem komplexen Lehrgebäude zusammenfaßte. Von den einzelnen Göttern – der höchste Gott hieß Tin; er wurde von den Griechen und Römern Zeus bzw. Juppiter gleichgestellt – und von deren Wirkungskreis wissen wir kaum etwas; die Formen der Götter, insbesondere ihre anthropomorphe Gestalt, viele Riten und auch der Tempelbau wurden bei aller eigenwilligen Ausgestaltung doch von den Griechen entlehnt. Anders jedoch als die Griechen hatten die Etrusker einen ausgebildeten Jenseitsglauben. Das andere Leben stellten sie sich dem irdischen entsprechend vor; wir wissen darüber manches aus den Malereien und Reliefs der Gräber. In der Zeit des Niedergangs entstand, als Reflex auf die dunkel verhangene Zukunft, das Bild des finsteren, von grausamen Dämonen bewachten Hades. – Von besonderem Eigenwillen zeugt die etruskische Lehre der Ausdeutung göttlicher Vorzeichen (Mantik). Ihr Ziel ist es, den Willen der Götter zu erforschen und deren Zorn, der aus einem schlechten Vorzeichen erkannt wird, zu besänftigen und also das friedliche Verhältnis zu den göttlichen Kräften (*pax deorum*) zu erhalten bzw. wiederherzustellen. Die auch in anderen Naturreligionen, so im altorientalischen Raum und bei den Griechen und Römern, bekannte Zeichenlehre wurde von den Etruskern extrem durchgeformt und zu regelrechten Normenkatalogen (*disciplinae*) zusammengefaßt. Im Zentrum standen dabei die Lehre von der Eingeweideschau (*haruspicina*), in der insbesondere die Leberschau wichtig war, ferner die Ausdeutung von Blitz und Donner (*ars fulguratoria*) und die Auslegung des Vogelflugs (*auspicium*), in der wiederum vor allem die Beobachtung von fressenden Hühnern Bedeutung hatte. Die etruskische Zeichenlehre haben die Römer übernommen.

Von den Griechen lernten die Etrusker auch die Schrift; sie übernahmen ein westgriechisches Alphabet, vielleicht aus Kyme, und paßten es ihrer Sprache an. Wir können das Etruskische also lesen, aber trotz zahlreicher Inschriften nur in

Religion

Schrift und Sprache

Ansätzen verstehen. Zu einem wirklichen Verständnis der Sprache werden wir deswegen kaum gelangen, weil die Inschriften sprachlich und inhaltlich wenig hergeben und unser Wissen durch sie darum selbst dann nur bedingt erweitert würde, wenn wir sie alle verstehen könnten. Es läßt sich hingegen bei dem Stand der heutigen Forschung mit einiger Bestimmtheit sagen, daß die etruskische Sprache mit keiner der damals in Italien benutzten Sprachen eng verwandt ist. Ihre Grundstruktur dürfte vorindogermanisch sein, doch besitzt sie nicht wenige indogermanische Bestandteile.

### b. Die Griechen

Ursachen und Form der Westkolonisation

Die Wanderung der Griechen in das westliche Mittelmeerbecken begann in der Mitte des 8. Jahrhunderts. Eine der frühesten Gründungen war Kyme (heute: Cuma) am nördlichen Gestade des Golfes von Neapel; die Stadt war zugleich der nördlichste Vorposten der Griechen in Italien und übte als solcher großen Einfluß auf die Osker, Latiner und Etrusker aus. Die Ursachen der Wanderung gehören in die griechische Geschichte und können daher hier außer acht gelassen werden. Nur so viel sei gesagt, daß es auf Grund der besonderen Verhältnisse, die zur Auswanderung aus den Mutterstädten veranlaßten, keine zentral gesteuerte Auswanderungsbewegung gab. Auswanderungswillige fanden sich in großen Häfen, die sich im Laufe der Zeit als Ausgangsbasen eingebürgert hatten (Chalkis/ Euböa, Eretria, Milet, Phokaia, Korinth, Megara), zusammen, wählten sich einen Führer, der meist ein Adliger war, und suchten sich eine neue Heimat. Die Grundlage der neuen Existenz in der Fremde war, den damaligen wirtschaftlichen Verhältnissen entsprechend, die Bauernwirtschaft, die neu gegründeten Städte folglich in erster Linie Ackerbaukolonien. Der Handel entwickelte sich erst sekundär, spielte dann aber für manche Städte, wie für Sybaris, Kroton und Syrakus, eine nicht geringe Rolle.

Die Stadtgründungen und der Widerstand des Westens

Im Westen fanden die Griechen kaum Widerstand. Die Etrusker standen im 8. Jahrhundert noch am Beginn ihrer Blüte, und die zahlreichen phönikischen Handelsfaktoreien, die es an fast allen Küsten gab, waren mit Ausnahme ganz weniger (Gades am Atlantik, Utica und Karthago, letztere 814 von Utica aus gegründet) nur kleine Handelsplätze, die oft keine fest ausgeprägte, geschlossene Bürgerschaft und so gut wie kein Wehrpotential besaßen; sie waren wegen des Handels mit den Einheimischen gegründet worden und lebten durch den Frieden mit ihnen. Da die alteingesessenen iberischen, kelto-iberischen, maurischen und italischen Stämme keine nennenswerten Erfahrungen mit der See hatten und ihre Hauptorte zudem im Binnenland lagen, war das westliche Mittelmeerbecken ein politisches Vakuum und also ein idealer Siedlungsraum für ein seefahrendes Volk wie die Griechen. In den 200 Jahren von der Mitte des 8. bis zur Mitte des 6. Jahrhunderts gründeten sie zahlreiche Städte an den Küsten besonders Siziliens und Unteritaliens, im 6. Jahrhundert dann auch an der südgallischen und westspanischen Küste. Einige Städte, wie Syrakus, Gela, Akragas (Agrigento),

Selinus (Selinunte) und Zankle/Messene (Messina) auf Sizilien, Rhegion (Reggio di Calabria), Kroton, Sybaris, Taras (Taranto) und das bereits genannte Kyme in Italien, ferner Massalia (Marseille) in Südgallien wurden zu großen und mächtigen Staaten, die eine bedeutende Rolle spielen sollten. Die Etrusker konnten jedoch die Griechen von ihren Küsten fernhalten und auch verhindern, daß die der etruskischen Küste gegenüberliegende Insel Korsika von ihnen besiedelt wurde. Schließlich schlossen sich auch die phönikischen Handelsniederlassungen unter Führung Karthagos zu einem Großreich zusammen, um den wachsenden Druck der Griechen abzuwehren. Das seit dem 6. Jahrhundert bereits fest gefügte karthagische Reich hat dann tatsächlich die Küste Nordwestafrikas und die meisten Plätze Südostspaniens von griechischen Niederlassungen frei halten können. Auch das westliche Sizilien wurde von ihnen behauptet, und die anhaltenden Versuche der Griechen, insbesondere des mächtigen Syrakus, die Karthager hier weiter zu verdrängen, machten aus der Insel einen beinahe ständigen Kampfplatz zwischen den rivalisierenden Mächten. Da viele griechische Städte des Westens von sich aus wieder Kolonien entsandten und der Strom von Auswanderern aus dem Mutterland kaum nachließ, begann schon bald der Kampf auch der Griechen untereinander um Land und Handelsraum.

Mit der Aufrichtung des karthagischen Reiches und dem Erstarken der Etrusker war es mit dem freien Ausdehnungsdrang der Griechen vorbei; man begann sich in den einmal erreichten Positionen einzurichten: Die Machtpositionen konsolidierten sich. Die Griechen hatten beinahe ausschließlich an den Küsten gesiedelt; abgesehen von der Inbesitznahme eines mäßigen Territoriums griffen sie in aller Regel (Ausnahme z. B. Sybaris) nicht in das Landesinnere aus. Die städtische Lebensform machte größere Herrschaftsgebilde unmöglich. Die Rivalitäten verhinderten auch die Bildung festgefügter Bündnissysteme der Griechen untereinander. Die Versuche von Syrakus, auf Sizilien oder gar auch in Italien (unter Dionysios I., 405–367) ein größeres Machtgebilde zu errichten, hatten keinen dauernden Erfolg.

*Ende der Kolonisation*

## 3. Die römische Frühzeit

### a. Die Gründung Roms

Gründungs-
mythos

Die römische Überlieferung datiert die Gründung Roms auf die Mitte des 8. Jahrhunderts (nach einigem Schwanken wurde in augusteischer Zeit das von dem gelehrten Varro errechnete Jahr 753 v. Chr. kanonisch) und gliedert sie in den großen Zusammenhang der mythischen griechischen Vorzeit ein. Der Urvater der Römer war danach der Held Aeneas, der, seinen Vater Anchises auf den Schultern und die heimischen Götterstatuen (die späteren römischen *penates publici*) in den Händen, aus dem brennenden Troja floh und auf vielen Irrwegen, die ihn unter anderem auch nach Karthago zu der Königin Dido und nach Sizilien führten, das ihm von den Göttern bestimmte Latium erreichte. Hier heiratete er die Tochter des einheimischen Königs Latinus, Lavinia, und festigte in einem gewaltigen, dem trojanischen Heldenepos nachgebildeten Kampf seine Macht in Latium. Er gründete Lavinium und wurde am Ende zu den Göttern entrückt, die erste Apotheose eines römischen Herrschers. Sein Sohn Julus (=Ascanius, Ilos) gründete dann als neue Hauptstadt Alba Longa in Latium und wird der Stammvater einer langen Reihe von Königen dieser Stadt. Mit den beiden letzten Königen von Alba, Numitor und Amulius, beginnt die unmittelbare Vorgeschichte der Gründung Roms: Der böse Amulius verdrängt seinen Bruder aus der Herrschaft und bestimmt, um dessen Linie zum Aussterben zu verurteilen, dessen einzige Tochter Rea Silvia zum Dienst bei der Göttin Vesta, mit dem Keuschheit verbunden war. Das göttliche Schicksal aber war stärker als die listenreiche Absicht des Menschen: Rea Silvia nahte sich der Kriegsgott Mars; sie gebar ein Zwillingspaar, Romulus und Remus. Als die Sache aufgedeckt wurde, befahl Amulius, die Kinder auf dem Wasser auszusetzen; doch wurden sie an Land getrieben, von einer Wölfin genährt – die Stelle dieser mythischen Idylle wurde später in Rom noch gezeigt; sie lag bei dem sogenannten Ruminalischen Feigenbaum *(ficus Ruminalis)* am Südwestabhang des Palatin – und schließlich von dem Hirten Faustulus aufgezogen. Groß geworden, erfuhren sie auf wunderbare Weise von ihrer Herkunft, töteten Amulius, setzten ihren Großvater wieder in die Regierung ein und gründeten eine neue Stadt, nämlich Rom. Als nach einer formellen Befragung der Götter *(augurium)*, wer von den Zwillingen über Rom herrschen solle, durch ein Vorzeichen Romulus als der künftige Herrscher genannt worden war, verspottete der übergangene Remus die gerade errichtete Stadt und wurde im Streit darüber von seinem Bruder getötet. Darauf herrschte Romulus als erster König von Rom. – Der Mythos ist späte historiographische Konstruktion. Wahrscheinlich waren vor allem die Griechen an ihr beteiligt, welche die einflußreicher werdende Stadt in ihren historischen Horizont eingliedern wollten. Die Römer haben wohl erst in einem späteren Stadium, als sie griechische Bildung angenommen hatten und das Bedürfnis fühlten, ihre gewachsene Herrschaft vor allem auch gegenüber den Griechen zu legitimieren, die Erzählungen aufgenommen und an ihnen weitergearbeitet.

Die älteste Geschichte Roms erhellt sich uns heute vor allem aus den Bodenfunden. Danach gab es auf dem Palatin (die *Roma quadrata* der Überlieferung) und ebenso, wohl nicht viel später, auch auf dem Westabhang des Esquilin-Hügels früheisenzeitliche Siedlungen, die bis in das 10. und 9. Jahrhundert hinaufreichen. Im 8.Jahrhundert wird auch der Quirinalshügel besiedelt, ebenso die Niederungen, insbesondere das Forum-Tal; denn obwohl wir hier keine sehr frühen Siedlungsreste kennen, dürfen wir solche für diese Zeit nicht ausschließen. Daß die z.T. nur wenige hundert Meter voneinander liegenden Siedlungen getrennte Staatswesen gewesen seien, ist kaum anzunehmen. Den sakralen Mittelpunkt der verstreuten Siedlungen haben wir in dem steil aufragenden Kapitolshügel zu sehen, auf dem der Himmelsgott Juppiter, anfangs im Freien, verehrt worden ist. Die Bedeutung des hügeligen Gebietes, das später die Stadt Rom einnahm, ergab sich daraus, daß hier eine kleine Insel im Tiberbett einen verhältnismäßig bequemen Übergang über den Fluß sicherte; die Hauptroute aus dem etruskischen Gebiet nach Latium und weiter durch das Trerus-Tal nach Kampanien überquerte also hier den Tiber. Auch endete an dieser Stelle die Schiffbarkeit des Flusses.

*Die vorstädtischen Siedlungen nach den archäologischen Quellen*

Von wann an wir diese Streusiedlung an der Tiberfurt eine Stadt nennen können, ist schwer zu sagen und hängt auch davon ab, was wir als Stadt bezeichnen wollen. Wenn wir die damals praktizierte Stadtform, nämlich die etruskische und griechische zugrunde legen, haben wir vorauszusetzen, daß die Siedlung nicht nur ein durch eine Mauer fest begrenztes Wohn- und Wirtschaftszentrum, sondern auch der religiöse und politische Mittelpunkt der in der Gegend siedelnden Bevölkerung war. Die Archäologen nennen für den Vorgang der Stadtwerdung heute oft ein spätes Datum (um 600) oder treten für die stufenweise Ausbildung eines städtischen Gemeinwesens ein. Es wird aber auch noch vielfach die alte These von dem einmaligen Zusammenschluß (Synoikismos) der vorher politisch unabhängigen und ethnisch ungleichen (Latiner, Sabiner) Kleinsiedlungen auf dem Palatin und den Hügeln (*colles*) zu einer Großsiedlung (Stadt) vertreten. Durch ihn wäre Rom also in einem formellen Gründungsakt ins Leben getreten. Diese These kann sich auf manche alten religiösen Einrichtungen der Römer stützen, die in nicht leicht zu erklärender doppelter Ausführung bestanden, und man beruft sich auch auf archäologische Daten.

*Die Stadtwerdung Roms*

Wie immer wir die Vorgeschichte Roms zu sehen haben: Das städtische Gemeinwesen, das wir in der ältesten politischen Geschichte Roms, der Königszeit, dann vor uns sehen, kann nicht ohne die Hilfe der Etrusker entstanden sein. Denn die städtische Siedlungsform finden wir seit dem 9./8. Jahrhundert unmittelbar nördlich von Rom, nämlich in Etrurien; die erste griechische Stadt hingegen lag Hunderte von Kilometern weiter südlich (Kyme am nördlichen Gestade des

*Rolle der Etrusker bei der Stadtwerdung*

Golfs von Neapel). Etruskisch ist auch der Name Roma, der von einem etruskischen Geschlecht der Romulier abgeleitet ist; der mythische Stadtgründer Romulus ist also ein Romulius. Etruskisch sind auch die Insignien des Herrschers, der Goldkranz, die goldbestickte Purpurtunika und der ebenso verzierte Purpurmantel, die Schnabelschuhe, das Rutenbündel mit dem Beil *(fasces)* und der Klappstuhl *(sella curulis)*, ferner die Gehilfen der Amtsführung, die Liktoren, und die Sitte des Triumphs sowie die gesamte staatliche Vorzeichenschau, mit deren Hilfe der Wille der Götter erforscht wurde. Die formelle Abgrenzung des Stadtgebietes vom Landgebiet, die religiös-magischen Charakter hatte und durch das Ziehen einer heiligen Furche *(pomerium)* erfolgte, dürfte auch etruskisch sein (die heilige Stadtgrenze schloß übrigens das Kapitol und den Aventin-Hügel aus und ist nicht mit der Mauerlinie identisch. Befestigt waren damals nur der Palatin und das Kapitol; die große Tuffsteinmauer, die auf den König Servius Tullius zurückgeführt wurde, gehört erst in das frühe 4. Jahrhundert). Wir haben nach allem mit an Sicherheit grenzender Wahrscheinlichkeit anzunehmen, daß die eigentliche Stadtgründung das Werk eines Etruskers war, der als Herrscher (lateinisch: *rex*) das neue politische Gebilde lenkte. Der Zeitpunkt dieses politischen Aktes dürfte irgendwann im 7. Jahrhundert liegen. Zusammen mit dem etruskischen Herrscher haben sich zahlreiche etruskische Familienverbände in Rom niedergelassen, wie die moderne Namensforschung zeigen kann, und mit ihnen zog etruskische Lebensart in die junge Stadt ein und beherrschte damals und noch bis in eine ferne Zukunft hinein weite Bereiche des religiösen (etwa im Grabkult) und privaten Lebens. Auch das Alphabet übernahmen die Römer von den Etruskern (nicht etwa direkt von den Griechen), ebenso das dreigliedrige Namenssystem mit Vornamen *(praenomen)*, Familiennamen *(nomen gentile)* und gegebenenfalls Beinamen *(cognomen)*. Die alteingesessene Bevölkerung latinischen Stammes ist durch die Etrusker gewiß nicht majorisiert, aber jedenfalls zunächst doch politisch bevormundet worden. Allerdings dürften schon von Anfang an innerhalb der gehobenen Schicht auch latinische Geschlechter großes Ansehen gehabt beziehungsweise behalten haben.

### b. Die Königszeit

Politische Ordnung
Für die Rekonstruktion der ältesten Verfassung der Stadt müssen wir uns auf eine sinngemäße Interpretation alter staatlicher und religiöser Einrichtungen berufen, deren Anfänge noch bis in die frühe Zeit zurückverfolgt werden können. Dem König scheint danach von jeher ein Adelsrat zur Seite gestanden zu haben, der Senat (von *senex*, also Rat der Alten). Das noch später lebendige Institut des Zwischenkönigs *(interregnum)*, durch das beim Tode des höchsten Gewaltenträgers vom Senat Zwischenkönige gewählt wurden, weist darauf hin, daß der Senat zumindest in der letzten Phase des Königtums an der Bestellung des nachfolgenden Königs beteiligt war. Der Einfluß der Vornehmen auf die Königsbestellung dürfte allerdings durch den dynastischen Gedanken eingeschränkt gewesen sein. –

Die staatliche Macht im engeren Sinne war noch weitgehend auf die Kriegführung begrenzt, der König folglich vor allem Heerführer. Daneben vertrat er das Gemeinwesen gegenüber den Göttern und lenkte die Sitzungen des Senats und die Versammlungen der Bürger. Die letzteren traten, nach Sippenverbänden (*curiae*) geordnet (*comitia curiata*), zweimal im Jahr regelmäßig und darüber hinaus nach Bedarf zusammen, um über Kriegserklärungen und etwaige Veränderungen in dem Bestand der dem Gemeinwesen angehörigen Familien bzw. Sippen, also über die Erweiterung der dem Staat angehörigen Personen zu beschließen. Die gentilizische Zusammensetzung der Volksversammlung, bei der das Votum der Familienvorsteher entscheidend war, charakterisiert auch den Gesamtstaat: Das Schwergewicht lag in ihm durchaus noch bei den sozialen Verbänden, also bei den Familien, den *gentes* und ihren Oberabteilungen, den *curiae*. Bis auf politische Straftaten und Mord ruhte die Entscheidung in straf- und privatrechtlichen Fragen, soweit sie damals menschlicher Macht als zugänglich erschienen, bei den Vorstehern dieser Verbände. Da das Recht weitgehend religiös gebunden und in Ritualen formalisiert war, wurde die Rechtsentscheidung jedoch nicht als eine ausschließlich oder auch nur vornehmlich von Menschen getragene Willenssetzung empfunden.

Das älteste Rom dürfen wir als den Zusammenschluß etruskischer und latinischer Familien zu gemeinsamer Verteidigung und zu gemeinsamem Beutezug auffassen. Ob die Sippe (*gens*) jemals ein in sich autonomer sozialer Verband gewesen ist, muß bezweifelt werden. In uns faßbarer Zeit ist jedenfalls bereits die kleinere personale Einheit, die Familie (*familia*), das Kernstück der sozialen Ordnung. An der Spitze der *familia* stand der *pater familias*, der mit einer formellen Rechtsgewalt (*patria potestas*) über die Familienangehörigen ausgerüstet war. Der bestimmende Enstehungsgrund dieser Gewalt und damit der Familie als der Grundeinheit des sozialen Lebens war die Verwandtschaft von des Vaters Seite (*per virilem sexum;* der einzelne Angehörige der Familie hieß *agnatus*). Im Erbrecht wurden z. B. nur die Angehörigen dieses Agnatenverbandes berücksichtigt; erst wenn kein agnatischer Erbe vorhanden war, kam auch die weitere Verwandtschaft (*cognati*) zum Zuge, für welche die Verwandtschaft von des Vaters und der Mutter Seite bestimmend war. Der *pater familias* hatte unbedingte, allerdings durch die geltenden Sittenvorstellungen eingeschränkte Gewalt über seine Frau, seine Kinder und die ihm anvertrauten Schutzangehörigen (*clientes,* von *cluere,* gehorchen). Ein großer Teil der Bauernschaft dürfte unter der Gewalt (*clientela*) der mächtigen Familienhäupter gestanden haben. Die *patres familias* und ihre Söhne haben wohl den Patriziat, den Adel also, gebildet. Das ‚römische Volk' wäre dann als Clientel auf die Patrizier verteilt gewesen. Nach diesem idealtypischen Bild könnte es damals keine persönlich unabhängigen Römer (‚freie Bauern') gegeben haben, die nicht Patrizier waren. Die Beantwortung dieser Frage hängt mit der nach der Entstehung der *plebs* zusammen, die wir später als Gruppe den adligen Patriziern gegenüberstehen sehen. Waren die Plebejer Clienten oder freie Bauern? – Die Familien- und Sippenverbände waren in

Soziale Ordnung

größeren gentilizischen Einheiten, den bereits genannten Kurien, zusammenge-faßt. Neben ihnen gab es noch drei andere, *tribus* genannte Personenverbände, die etruskische Namen trugen (Tities, Ramnes, Luceres). Sie waren wahrscheinlich militärische Verbände; nach verbreiteter Ansicht soll es sich bei ihnen hingegen um gentilizische Großverbände gehandelt haben. – Es gab auch bereits schon früh eine regionale Einteilung des römischen Stadtgebietes, deren lokale Grundeinhei-ten ebenfalls *tribus* hießen; es waren dies die vier Tribus Suburana, Palatina, Esquilina und Collina.

Verhältnis Roms
zu den anderen
latinischen
Städten

Von der politischen Geschichte Roms während der Königszeit wissen wir wenig. Nach Ausweis der archäologischen Hinterlassenschaft, nach der damals feste Straßen und stattliche Häuser zu entstehen begannen, war Rom keine ganz unbedeutende Stadt. Sie scheint auch schon gegenüber den anderen Städten in Latium einiges Gewicht gehabt zu haben. Die latinischen Städte in der westlichen Hälfte der heutigen Provinz Lazio entbehrten damals noch eines festen politischen Zusammenschlusses. Sie besaßen ein altes religiöses Zentrum auf dem aus der Ebene herausragenden Albanerberg, das dem Juppiter heilig war (Juppiter Latiaris), und ein zeitlich später anzusetzendes gemeinsames Heiligtum am Nemi-See bei Aricia, das der Diana gewidmet war. Rom ist wohl kaum, wie die römische Tradition behauptet und auch in der modernen Forschung noch vielfach nachge-redet wird, schon in dieser frühen Zeit der Führer eines politischen Latinerbundes gewesen; diese Vorstellung dürfte vielmehr als der Reflex einer Geschichtsklitte-rung anzusehen sein, welche die spätere Machtstellung Roms bereits der frühen Zeit unterstellte.

#### 4. Die Republik und ihre Aussenwelt bis 338 v. Chr.

*a. Die Begründung der Republik*

Den Römern war die Republik die ihnen angemessene und ihnen eigene freiheitli- Republik
che Verfassungsordnung *(res publica libera)*, die durch den politischen Akt des und Freiheit
Königssturzes, an dem alle Römer beteiligt gewesen waren, geschaffen worden
ist. Nach der Tradition beginnt daher die Republik mit der Vertreibung des
letzten, tyrannischen Königs L. Tarquinius Superbus und treten an dessen Stelle
künftig zwei jährlich wechselnde Konsuln; unter den ersten beiden Konsuln
finden wir L. Junius Brutus, der an dem Befreiungswerk maßgeblichen Anteil
gehabt haben soll. Dieses ideale Bild ist von der modernen Forschung vielfach
korrigiert worden. Danach ging, entsprechend der damaligen Familien- und
Sippenstruktur, die Beseitigung des Königtums von den Oberhäuptern der
Geschlechter aus, also, nach unserer Terminologie, von einer aristokratischen
Gesellschaft, die dann auch die ganze republikanische Zeit hindurch der Inhaber
der politischen Macht und damit Träger der Staatsidee geblieben ist. Freiheit
bedeutet hier also aristokratische Freiheit. Es ist das Königtum vielleicht auch
nicht in einem einzigen politischen Akt gestürzt, sondern allmählich entmachtet
und schließlich, schon geschwächt, lediglich verdrängt worden: Wie wir bereits
sahen, weist das Institut des Interregnums darauf hin, daß der Senat bei der
Thronfolge in irgendeiner Weise beteiligt gewesen war. Auf jeden Fall wurde die
Königsdynastie dann aus Rom vertrieben. Nach der Überlieferung versuchte die
Dynastie der Tarquinier, unterstützt von dem etruskischen König von Clusium
(Chiusi), Porsenna, zurückzukehren. Wenn an diesem Bericht etwas Wahres sein
sollte, ist der Versuch jedenfalls gescheitert. Die sakralen Befugnisse des Königs,
die nach damaliger Vorstellung an den Königsnamen gebunden waren, wurden
einem *rex sacrorum* genannten Priester übertragen. Den politischen Charakter der
Vertreibung des letzten Königs als Beseitigung des Königtums erkennen wir
deutlich noch daran, daß diesem Priester die Übernahme politischer Ämter
untersagt wurde.

Die königliche Gewalt wurde künftig vom Senat einem Jahresmagistrat übertra- Die republi-
gen, der aus den Geschlechterhäuptern gewählt wurde. Das damit eingeführte kanische
Prinzip der Annuität bedeutete, daß die politische Macht nunmehr kollektiv Magistratur
verwaltet werden sollte: Da die Oberhäupter der Familien und Sippen, welche die
Politik bestimmten, ihre Macht nicht gemeinsam ausüben konnten, ging diese
unter ihnen reihum. Die Republik bedeutete an ihrem Anfang nur dies; alle
anderen, später als konstitutiv gedachten Bestandteile der Verfassung sind erst im
Laufe der Zeit hinzugetreten. Auch der Gedanke der Kollegialität des höchsten
Amtes (Konsulat) gehört noch nicht an den Anfang. Aus dem Sturz des

Königtums ergab sich lediglich die Jahresmagistratur, die eine Art Jahreskönigtum war, aber wegen der Tabuisierung des Königstitels dann nicht mit dem *rex*-Begriff versehen wurde. Der Inhaber der Jahresmagistratur hat zunächst wahrscheinlich *praetor maximus*, was die Existenz von mindestens zwei weiteren Prätoren geringeren Rechts voraussetzt, vielleicht auch *magister populi* geheißen.

Die Exekutive der politischen Macht nennen wir ‚Beamte'. Obwohl unser heutiger Beamter etwas wesentlich anderes ist, dürfen wir auch den Träger der ausübenden Gewalt in der römischen Republik – lateinisch *magistratus* – einen Beamten nennen; denn er hat mit dem unsrigen den Grundgedanken allen Beamtentums gemeinsam, daß seine Gewalt keine absolute, in ihm selbst liegende ist, sondern er sie auf Zeit von anderen – einem, einer Gruppe oder allen – übertragen erhalten hat, er darum an diese verwiesen und in seinen Aktionen an deren Willen gebunden ist.

Beginn der Republik — Der Zeitpunkt des Beginns der Republik wird heute verschieden angegeben. Das Datum der Tradition, das Jahr 510/9, dürfte durch den Wunsch zustande gekommen sein, eine zeitliche Parallele zu der Vertreibung des athenischen Tyrannengeschlechtes der Peisistratiden herzustellen. Doch halten sich alle, auch die extremsten Vorstellungen heute im Bereich der ersten Hälfte des 5. Jahrhunderts. Vielleicht steht die Beseitigung der etruskischen Dynastie irgendwie im Zusammenhang mit der allgemeinen Schwächung der etruskischen Städte in Kampanien und Latium nach der Niederlage gegen die Griechen bei Kyme im Jahre 474.

### b. Die äußere Lage Roms zwischen ca. 500 und 338 v. Chr.

Über die äußere Lage Roms von der Vertreibung der Könige bis zum Beginn der Samnitenkriege wissen wir wenig. Unsere Überlieferung konnte sich auf so gut wie keine glaubhaften Quellen stützen und konstruierte daher für diese ca. 150 Jahre ein Bild, das von den Vorstellungen der späten Zeit getragen, vor allem von einer späten Legendenbildung beherrscht ist. Vielfach sind auch Ereignisse der zweiten Hälfte des 4. Jahrhunderts, die unsere frühesten vertrauenswürdigen Zeugnisse der römischen Tradition darstellen, in die ältere Zeit übertragen worden; da das betreffende Ereignis meist auch an seinem ursprünglichen Ort stehengelassen wurde, finden wir daher in dieser Zeit dasselbe Ereignis oft doppelt oder sogar mehrfach erzählt.

Römer und Latiner — Mit Sicherheit können wir für das frühe 5. Jahrhundert ausmachen, daß nach dem Zusammenbruch der etruskischen Macht in Latium die Latiner und unter ihnen Rom als eine von anderen latinischen Städten zusammenrückten, weil in das politische Machtvakuum von den Bergen her die Äquer und, weiter südlich, die Volsker in die fruchtbare latinische Ebene hinabdrängten. In wahrscheinlich langen Kämpfen wurden die Äquer zurückgeschlagen und auch die Volsker aus dem Altstammesgebiet der Latiner wieder verdrängt. Bei den letzteren Kämpfen soll sich ein Mann namens Coriolanus ausgezeichnet haben; doch trägt seine Gestalt so, wie sie uns überliefert ist, legendäre, offensichtlich auch von Griechen ausgemalte Züge. Bis zum Ende des 5. Jahrhunderts konnten die Latiner ihr Gebiet, das ja nur den nördlicheren Teil der heutigen Provinz Lazio umfaßt, festigen. Der lange Kampf, der eine größere Gemeinsamkeit erzeugt hatte, führte schließlich auch zu einem festeren Bund der Latiner, der nicht nur die mit der gemeinsamen Außenpolitik zusammenhängenden Fragen, sondern auch privatrechtliche Probleme der Städte untereinander regelte. Als Zeichen dieses gewachsenen Zusammengehörigkeitsgefühls ist die von allen Latinern gemeinsam betriebene Kolonisation des neu gewonnenen Gebietes anzusehen, durch die am Fuß der Lepinischen Berge und in der Ebene eine ganze Reihe von Städten gegründet wurde. Die Römer scheinen innerhalb dieses Bundes erst sehr allmählich eine stärkere Stellung gewonnen zu haben.

An ihrer Nordgrenze standen die Römer den etruskischen Städten allein gegenüber; insbesondere Caere und Veji, die unmittelbar an römisches Gebiet angrenzten, machten ihnen zeitweise schwer zu schaffen. Veji, das nur ca. 20 km nordöstlich von Rom lag und ein großes Territorium besaß, entwickelte sich zum eigentlichen Rivalen. Im Kampf gegen diese Stadt soll auch das Geschlecht der Fabier, das hier noch im Sippenverband, also als einzelner Haufen und damit außerhalb der staatlichen Organisation in den Krieg zog, am Bache Cremera in einen Hinterhalt geraten und sollen dort alle Kämpfer bis auf einen einzigen, der das Weiterleben des später so berühmten Geschlechtes sicherte, umgekommen sein. Am Ende des 5. Jahrhunderts kam es schließlich zu einem Vernichtungskampf zwischen Rom und Veji. Der Anlaß ist uns unbekannt; doch war es letztlich die machtpolitische Rivalität, welche die Städte in den erbitterten Krieg trieb. Er soll nach der römischen Überlieferung 10 Jahre gedauert haben (405–396) und ist durch viele Anekdoten ausgeschmückt worden. Die Römer blieben schließlich Sieger. Einen herausragenden Anteil an dem Erfolg hatte M. Furius Camillus, der erste Römer, dessen Gestalt wir durch das dichte Gestrüpp der legendären Überlieferung einigermaßen deutlich erkennen können; er hatte das oberste Amt öfter inne und feierte mehrere Triumphe. Das verhaßte Veji wurde nach dem Sieg völlig zerstört, die Überlebenden vertrieben oder versklavt und das Stadtgebiet in den römischen Staatsverband einverleibt. Das Territorium Roms wuchs dadurch auf ungefähr das Doppelte (ca. 1500 qkm), und damit war Rom jetzt die größte Stadt im westlichen Mittelitalien. Das Territorium war damals bereits in lokale Bezirke eingeteilt (*tribus*), in welchen die Bürger eingeschrieben waren und wo also die Bürgerlisten geführt wurden. Mit der Annexion Vejis stieg die Tribuszahl um 4 auf 25.

*Vernichtung Vejis*

Unmittelbar nach dem Sieg über Veji stellte der Einbruch der Kelten nach Italien alles Erreichte wieder in Frage. Die Kelten waren, wohl gedrängt durch germanische Stämme, seit dem 6. Jahrhundert nach Westen geströmt. In zahllosen Einzelaktionen, die meist auf Stammesebene erfolgten oder von Splittergruppen, die sich ad hoc zusammenfanden, getragen wurden, haben sie im 5. und 4. Jahrhundert Gallien, die britannische Insel, Irland und schließlich auch Spanien, wo sie mit der einheimischen iberischen Bevölkerung eine Mischkultur entwickel-

*Kelteneinfall; Plünderung Roms*

ten, besetzt, und überall begann hier die keltische La-Tène-Kultur (benannt nach einem Fundort am Neuenburger See/Schweiz) zu blühen. Auch in die Balkanhalbinsel und, Anfang des 3. Jahrhunderts, nach Griechenland und Kleinasien stürmten keltische Scharen. In Italien besetzten sie gegen Ende des 5. Jahrhunderts die gesamte oberitalienische Tiefebene (außer Venetien) und drängten die hier sitzenden Etrusker und Umbrer bis in die Apenninen zurück. Einzelne Scharen gelangten bis in die Toskana, nach Latium und Kampanien, ja sogar bis Süditalien hinunter; sie spielten in den Großmachtträumen des syrakusanischen Tyrannen Dionysios I. (405–367) eine zeitweise nicht unbedeutende Rolle. Durch die Verquickung des Kelteneinfalls mit der syrakusanischen Geschichte hat uns die griechische Historiographie über diese Ereignisse und ihre Chronologie einige bereits sehr verläßliche Daten geliefert. Eine Gruppe unter Brennus schlug auch das römische Aufgebot an dem kleinen Flüßchen Allia (18.7.387) und besetzte Rom; nur auf dem Kapitol scheint sich eine römische Truppe unter einem M. Manlius, der danach später Capitolinus beigenannt wurde, gehalten zu haben. Nach der Plünderung und Niederbrennung der Stadt zogen die Kelten wieder ab. Außer in Oberitalien konnten sie in Italien nirgendwo ständig Fuß fassen.

Erneuerung des Verhältnisses zu den Latinern *(foedus Cassianum)*    Rom hat sich von dem Keltensturm verhältnismäßig schnell erholt. Es kam ihm zugute, daß sich die Latiner bei aller Rivalität angesichts der großen Gefahr, die nicht nur von den Kelten, sondern nun auch wieder von alten Feinden, vor allem von den Volskern, Hernikern und von etruskischen Städten drohte, an die Römer enger anzulehnen wünschten. In dem neuen Bund, der nicht lange nach dem Abzug der Kelten aus Rom abgeschlossen worden sein dürfte (vielleicht ca. 370), scheint Rom bereits von Anfang an ein stärkeres Gewicht gegenüber den anderen latinischen Städten besessen zu haben; auf jeden Fall hat es sich bald zum eigentlichen Herrn des Bundes entwickelt. Aber der neue Bund ging über eine gemeinsame Außen- und Militärpolitik noch hinaus: Durch die gegenseitige Gewährung des *ius conubii* und *ius commercii* wurden alle Latiner im Ehe- und Handelsrecht gleichgestellt. Nach dem römischen Beamten, der das Abkommen stipulierte (Sp. Cassius Vecellinus), heißt es *foedus Cassianum*. Durch dieses Bündnis gestärkt, wurde man gemeinsam der Keltengefahr Herr, nahm den Volskern Antium (heute Anzio) und Anxur (Terracina) weg und drängte sie in die Berge zurück. Gegen die Etrusker haben die Römer und Latiner ebenfalls Seite an Seite gekämpft und gemeinsam auf annektiertem etruskischen Gebiet Kolonien gegründet (Sutrium, Nepete). Auch das mächtige Caere mußte damals seine außenpolitische Hoheit aufgeben; seine gesamte militärische Kraft wurde unter Beibehaltung der inneren Autonomie in den römischen Staat integriert (*civitas sine suffragio*, d. h. Bürgerrecht ohne politisches Stimmrecht). Schließlich haben die Römer auch ihren östlichen Nachbarn, den zwischen den Lepinischen Bergen und den Apenninen im Trerus-Tal sitzenden Stamm der Herniker, besiegt und in ein Bundesverhältnis gezwungen. Durch diesen Sieg kam die Straße nach Kampanien, die damals durch das Trerus-Tal (noch nicht durch die Pontinischen Sümpfe) führte, in römische Hand.

Die langen und schweren Kämpfe in dem halben Jahrhundert zwischen dem Kelteneinfall und dem Jahre 340 haben den Römern und Latinern nicht nur Gemeinsamkeiten gebracht, sondern auch Streit erzeugt, welcher teils um Fragen des politischen Einflusses innerhalb des Bundes, teils um den Beuteanteil ging. Aus nicht mehr klar erkennbarem Anlaß führten die Reibereien zu einem schweren Bruderkrieg, in dem sich die meisten latinischen Städte gegen Rom stellten (340–338). In diesem furchtbaren Kampf konnte Rom die Latiner nur mit äußerster Kraftanstrengung niederzwingen. Mit Ausnahme von wenigen Städten, wie Tibur und Praeneste, die Rom treu geblieben bzw. rechtzeitig zu Rom umgeschwenkt waren, wurde die Souveränität aller latinischen Städte aufgehoben und deren Bevölkerung in den römischen Staatsverband integriert. Das Gebiet Roms wuchs damit auf ca. 6.100 qkm, und das Wehrpotential dürfte sich mindestens verdoppelt haben. So brutal das Vorgehen war, mit dem die Römer den langen Hader aus dem Wege räumten, lag es doch in der Konsequenz einer Entwicklung, welche die Latiner nicht nur politisch, sondern auch privatrechtlich an Rom herangeführt hatte. Die Römer taten das Ihre dazu, daß die Neubürger sich nicht zurückgesetzt fühlten, indem sie ihnen in den darauffolgenden Samnitenkriegen einen gleichen Anteil an der reichen Beute, vor allem bei Ansiedlungen gaben.

Das römische Territorium unterschied sich durch die Inkorporierung der Latiner von allen anderen Stadtstaaten künftig dadurch, daß es auf ihm neben der großen Stadt Rom zahlreiche kleinere städtische Siedlungen (die ehemaligen latinischen Städte) gab. Die später *municipia* genannten ‚Landstädte' erhielten zur Entlastung der Verwaltung beschränkte Aufgaben (eine niedere Gerichtsbarkeit; Marktgerichtsbarkeit; Aufgaben der Versorgung der Stadt mit Wasser und Lebensmitteln). Damit war ein Modell für die Aufnahme weiterer Städte in das Gebiet des römischen Stadtstaates gegeben.

Der Latinerkrieg

## 5. Die Ständekämpfe

### a. Ursprung der Ständekämpfe und erster Ausgleich

Patrizier
und Plebejer

Die innenpolitische Entwicklung Roms ist im 5. und 4. Jahrhundert durch schwere Spannungen zwischen der Bauernschaft und dem Adel gekennzeichnet. In diesen, in der modernen Literatur als ‚Ständekämpfe' bezeichneten inneren Unruhen steht auf der einen Seite der patrizische Adel *(patricii)*; er tritt uns sofort als eine in sich einheitliche Gruppe gegenüber, doch hat sich seine innere Geschlossenheit tatsächlich erst in einer längeren Entwicklung, in der manche Familien- und Sippenoberhäupter gegenüber anderen an Einfluß gewannen, herausgebildet. Die den Patriziern in den Ständekämpfen gegenüberstehende Bauernschaft, die in den Quellen *plebs* genannt wird (von *plere*, füllen, also: Menge), ist weniger einheitlich zusammengesetzt. Ein großer, vielleicht der größte Teil dürfte sich aus der ‚freien', das heißt nicht in der wirtschaftlichen und privatrechtlichen Abhängigkeit (Clientel) der Vornehmen stehenden Bauernschaft rekrutiert haben; einen nicht geringen Anteil an der Plebs aber bildeten von Anfang an auch Clienten der Patrizier. Dazu traten dann noch, nach Einfluß und Zahl weniger bedeutsam, Handwerker der Stadt Rom.

Ursachen der
inneren
Spannungen

Den Ursprung der Kämpfe können wir nur dunkel ahnen. Wirtschaftliche Schwierigkeiten und Engpässe in der Versorgung haben gewiß vielfach Anlaß zu Streitereien gegeben. Die tiefere Ursache der sozialen Bewegung wird indessen darin zu suchen sein, daß die Massen der Bauern durch den Wandel der Kampfestaktik zu einem bisher nicht gekannten Selbstbewußtsein gekommen waren: Von dem adligen Einzelkampf war man zum Kampf in der Schlachtreihe übergegangen, in der eine große Anzahl von Schwerbewaffneten in langer Front (Phalanx) dem Gegner gegenüberstand. Diese schon im 7. Jahrhundert im griechischen Osten aufgekommene Kampfesweise erforderte im Gegensatz zu früher eine große Menge erfahrener Krieger, die, wegen des Gebots der Selbstausrüstung, ein gewisses Vermögen haben und vor allem auch, wegen des Kampfes in einer starren Formation, die Fähigkeit zu eiserner Disziplin besitzen mußten. Da nach damaligem Denken der Waffendienst mit dem Besitz politischer Rechte verknüpft war, äußerte sich das neue Selbstbewußtsein als ein politisches Bewußtsein, das zwar nicht gegen die herrschende Sozialstruktur und damit auch nicht auf die Beseitigung des Adels, aber doch als Konsequenz der veränderten sozialen Bedingungen auf eine bessere Absicherung der persönlichen Existenz und auf eine Beteiligung an den politischen Entscheidungen gerichtet war.

Der Widerstand
der Patrizier

Gegenüber den Plebejern schlossen sich die Patrizier enger zusammen. Die staatlichen Machtmittel, die sie allein in Händen hatten, nutzten sie rücksichtslos aus und konnten sich dabei auch noch auf große Massen ergebener Clienten stützen. Ihre wirksamste Waffe war angesichts der damals starken, ja unlöslichen Bindung des Rechts an den sakralen Bereich der religiöse Charakter der von ihnen gehandhabten staatlichen Machtmittel. Diese Verhältnisse fanden darin ihren auch formellen Niederschlag, daß die Auspizien, und das hieß: das Recht auf staatliche Aktivität (eigentlich: das Recht darauf, die Götter um die Zustimmung zur staatlichen Aktion bitten zu dürfen), als allein den Patriziern gehörig hingestellt wurden. Somit konnten die Patrizier ihre Zustimmung *(auctoritas patrum)* zu den plebejischen Forderungen und Aktionen gerade auch durch den Hinweis auf die sakrale Bindung des (hier: öffentlichen) Rechts verweigern.

Die Plebejer, denen so jede Möglichkeit politischer Aktivität genommen war, schufen sich nun von sich aus eine Organisation, durch die sie politisch aktiv werden, d. h. ihren Willen kundtun und ihm Wirksamkeit verschaffen konnten. Bei der Lage der Dinge war diese plebejische Organisation keine ordentliche staatliche, sondern eine gegen die geltende Staatsmacht gerichtete Einrichtung. Sie bestand vor allem aus zwei Institutionen, nämlich aus den ursprünglich zwei oder drei, später mehr (schließlich waren es zehn) Tribunen *(tribuni plebis)*, welche die Vorsteher, also gleichsam die Exekutive der Plebs bildeten, und aus der Versammlung aller Plebejer *(concilium plebis)*, die Beschlüsse faßte *(plebiscita;* programmatische Erklärungen, Erklärungen zu aktuellen Fragen usw.). Die Versammlung der Plebejer war übrigens nicht nach gentilizischen Kurien, wie die ordentliche Volksversammlung, sondern nach lokalen Bezirken *(tribus)* gegliedert und zeigte darin eine stärker ,demokratische' Ausrichtung. Neben diese plebejischen Institutionen traten dann noch zwei plebejische Ädile, die aus einem Tempelamt hervorgegangen waren und marktpolizeiliche Belange sowie gewisse religiöse Funktionen (Leitung von Spielen) innerhalb der sich konstituierenden plebejischen Gemeinde wahrnahmen. – Um ihre Vorsteher, die Volkstribune, vor dem Zugriff der patrizischen Beamten zu schützen, umgaben die Plebejer sie mit einem sakralen Nimbus *(sacrosanctitas)*, den sie in einer religiösen Verpflichtung, geschworen beim Tempel der besonders den Plebejern heiligen Ceres auf dem Aventin, formell absicherten: Da nämlich die Tribune als eine gegen die staatliche Macht aufgerichtete Institution keinerlei Rechtsschutz besaßen, sollte sie die sakrale Weihe schützen. Der Magistrat, der sich an einem Tribunen vergriff, war also verflucht *(sacer)* und verfiel der allgemeinen Ächtung. Tatsächlich aber konnte diese Absicherung des Tribunen nur wirken, wenn alle Plebejer bei Verletzung eines Tribunen diesem auch sofort zu Hilfe eilten. Der religiöse Nimbus war demnach lediglich Ausdruck der politischen Kräfte, die hinter den Tribunen standen. Waren diese schwach oder inaktiv, half den Tribunen die religiöse Weihe nicht sehr viel.

Praktisch verlief der politische Kampf nun so, daß ein Plebejer, den ein patrizischer Magistrat strafen wollte, zu einem Tribunen lief und ihn um Hilfe anging *(appellatio);* der Tribun gab dann diese Hilfe *(auxilium ferre)*, indem er sich einfach zwischen den Plebejer und den Magistrat stellte *(intercedere,* davon dann *intercessio)* und diesen so am Zugriff hinderte. Mißachtete der Magistrat die

Die Entstehung der plebejischen Organisation (Volkstribunat)

Die Form des Kampfes

Heiligkeit des Tribunen und stieß ihn beiseite, eilte die Masse der Plebejer herbei, um den so zum Sakralverbrecher gewordenen Magistrat abzuwehren, eventuell sogar abzuurteilen und zu töten. Auf diese Weise bildeten die Tribune schließlich eine Praxis des Verbietens aus (ohne sich noch körperlich dazwischenzustellen, sagten sie einfach nur mehr *intercedo* bzw. später auch *veto*), und ähnlich usurpierte sich die Versammlung der Plebejer bald ein Beschlußrecht, das auch Todesurteile einschloß. Vom patrizischen Standpunkt aus betrachtet, waren diese Verbote und Beschlüsse kein Recht; aber sie wirkten doch durch den politischen Druck der Massen als eine faktische Kraft. – Als weitere Kampfmaßnahme entwickelten die Plebejer schließlich noch den politischen Streik, entweder als Verweigerung der Rekrutierung oder, weitergehend, als Verweigerung jeder Tätigkeit. Diese letztere, nach moderner Terminologie als Generalstreik aufzufassende Aktion tritt uns in den Quellen als symbolischer Auszug der Plebs aus dem Staate *(secessio plebis)* entgegen.

Erster Ausgleich:<br>Einrichtung der<br>Heeres-<br>versammlung<br>als Volks-<br>versammlung

Nach langen Kämpfen gaben die Patrizier schließlich manchen Forderungen nach. Einmal wurde den Plebejern eine Beteiligung an der Wahl der höchsten Magistrate eingeräumt. Da die Magistrate gleichzeitig die Feldherren waren, konnte den Plebejern, auf denen die Hauptlast des Kampfes in der Schlacht ruhte, eine Mitbestimmung bei der Auswahl der Feldherren auch nicht gut abgeschlagen werden. Der Charakter dieser Neuerung als einer Konzession an das Heer fand darin seinen Niederschlag, daß die Heeresversammlung nun als die die Magistrate wählende Volksversammlung eingerichtet wurde. Da sie nach militärischen Hundertschaften *(centuriae)* organisiert war, hieß diese neue, neben die alten Curiatcomitien tretende Volksversammlung *comitia centuriata*. Eine Heeresversammlung, die nach Reitern *(equites)*, schwerbewaffneten Fußsoldaten *(pedites; classis)* und Leichtbewaffneten *(velites)* sowie Handwerkern und Spielleuten gegliedert war, hatte es schon länger gegeben; das Kriterium für die Eingliederung in die einzelnen Waffengattungen hatte angesichts des Grundsatzes, daß jeder Soldat sich selbst ausrüsten mußte, das Vermögen des einzelnen gebildet. Nach der Etablierung der Heeresversammlung als Volksversammlung blieb es dabei, und es gliederte sich folglich die neue Volksversammlung in zahlreiche, nach Vermögen abgestufte Abstimmungskörper. In späterer Zeit betrug die Summe aller Abstimmungsabteilungen (Centurien) 193, von denen die höchste Vermögensklasse die Reiter darstellten (18 Centurien); die Schwerbewaffneten standen in der wieder in fünf Untergruppen unterteilten *classis* (80 + 20 + 20 + 20 + 30), und die restlichen 5 Centurien wurden von den Handwerkern (2), Spielleuten (2) und den nichts beziehungsweise wenig besitzenden Römern (1; die in dieser Centurie Abstimmenden hießen *proletarii*) eingenommen. Da die Abstimmungsordnung auf dem Vermögen beruhte (die Reiter und die 1. Klasse der Fußsoldaten konnten bereits die Mehrheit bilden), gehört sie in die als timokratisch bezeichneten (von griech. timé, Vermögensschätzung) politischen Ordnungen. Sie war damals sehr modern und entsprach auch den plebejischen Forderungen, die ja zunächst und vor allem von den in der Schlachtreihe stehenden und also mit

Vermögen (meist einem Bauernhof) versehenen Schwerbewaffneten gestellt wurden.

Eine weitere wichtige Neuerung in dieser ersten Phase des Ausgleichs war die Aufzeichnung des geltenden Rechts. Das Recht war damals noch weitgehend formalistisches Spruchrecht, und es wurde seiner sakralen Bindung wegen von der Priesterschaft der Pontifices verwaltet. Damit, daß nun dieses Recht und zugleich auch andere, als Recht oder Gewohnheit erkannte Normen veröffentlicht wurden, löste sich das Recht von der Priesterschaft und wurde der allgemeinen Interpretation zugänglich. So war der Anfang gelegt für die großartige Entwicklung des römischen Rechts. Diese Zukunftsperspektive aber war damals natürlich noch verdeckt; für den Augenblick kam es den Plebejern auf die durch die Veröffentlichung erzeugte Rechtssicherheit an: Der Wortlaut und der Umfang der Normen standen nun fest und waren jedermann zugänglich.

Kodifikation des Rechts (die Zwölf-Tafeln)

Für die Aufzeichnung des Rechts wurde eine Kommission von zehn Männern (*decemviri*) gebildet, die als eine über den staatlichen Institutionen stehende Kommission von Schiedsrichtern angesehen wurde. Es wurden Privat-, Straf- und Sakralrecht, ferner auch öffentlich-rechtliche Sätze aufgezeichnet. Die Masse dieses Rechtsgutes war altes Recht; doch hat die besondere innere Situation auf die Auswahl des Aufzuzeichnenden gewirkt, und manche Sätze, wie die Strafbestimmung für den betrügerischen Patron (sie verweist auf Klagen von Clienten gegen brutale Patrone), sind auch eine unmittelbare Folge der inneren Unruhe. Das Recht wurde auf zwölf Tafeln aufgezeichnet. Für rein technische Fragen der Kodifikation und auch zur Formulierungshilfe (die Römer hatten damals ja noch keine Literatur, waren also in der schriftlichen Fixierung aller Vorgänge sehr unbeholfen) haben sich die Römer an die Griechen gewandt, die hierin große Erfahrung hatten. Wahrscheinlich hat man Kyme, die Rom am nächsten gelegene griechische Stadt, oder aber eine andere Stadt Unteritaliens, jedenfalls nicht Athen, wie die römische Historiographie später glauben machen will, um Rat gebeten.

Die Zwölf-Tafeln wurden in der Mitte des 5. Jahrhunderts geschaffen, was ungefähr mit der römischen Tradition übereinstimmt. Die Einrichtung der Centurienversammlung als Volksversammlung war etwas früher, da die Zwölf-Tafeln sie voraussetzen. Nicht lange nach dem Zwölf-Tafelwerk wurde auch das Eheverbot zwischen den Patriziern und Plebejern aufgehoben (ein Volkstribun mit dem Namen Canuleius soll sich dabei große Verdienste erworben haben) und damit die privatrechtliche Grenze zwischen den ‚Ständen‘ beseitigt. Der Plebejer war nunmehr eine autonome Persönlichkeit, die zur Erlangung des Rechts nicht mehr der Vermittlung eines Patrons bedurfte.

### b. Der Kampf um die Teilhabe am politischen Regiment und der endgültige Ausgleich

Wiederauf-
flammen
des Kampfes

In der ersten Versöhnungsphase hatten die Plebejer sich im Gegenzug zu den patrizischen Konzessionen dazu verstanden, ihre irreguläre Strafgerichtsbarkeit, mit der sie unliebsame Patrizier beseitigt hatten (‚Lynchjustiz‘), aufzugeben; das hatten auch die Zwölf-Tafeln so festgehalten. Ihre Organisation wollten sie hingegen nicht auflösen; zu tief saß noch das Mißtrauen gegen die Patrizier. Eine ganze Weile, wahrscheinlich über zwei Generationen, war das innenpolitische Klima entspannt, und wenn sich der alte Streit auch an diesem oder jenem Gegenstand gelegentlich wieder entzünden mochte und dann das alte Vokabular und die alten Formen des Kampfes sich sogleich wieder in den vorgebildeten Bahnen bewegten, fehlte es doch an Zündstoff, der das einzelne Feuer zu einem Flächenbrand auszuweiten vermocht hätte. In den Kämpfen gegen die Nachbarn und ganz besonders in dem großen Krieg gegen Veji bestand der soziale Friede auch seine Bewährungsprobe. Aber gerade der Krieg gegen Veji belastete andererseits auch den in der Schlachtreihe kämpfenden Römer auf das härteste. Mit der militärischen Belastung wuchsen aber seine politischen Ansprüche und vor allem: Die in den langen inneren Unruhen erprobten plebejischen Führergestalten, die sich als Staatsmänner und Feldherren bewährt hatten, und die während der Phase der Versöhnung in diese Tradition nachrückenden Volkstribune und Ädile wollten nun nicht mehr nur den plebejischen Massen einen passiven politischen Einfluß in den Volksversammlungen sichern, sondern erstrebten ihrerseits aktiven Anteil am politischen Regiment, mit anderen Worten: Sie wollten das passive Wahlrecht zu den Magistraturen, insbesondere zu der höchsten Magistratur, die bisher den Patriziern vorbehalten gewesen war. Als Magistrate hofften sie dann, etwaige neue plebejische Forderungen auch besser durchsetzen zu können. Die Patrizier wehrten sich u. a. wieder mit dem Hinweis darauf, daß das magistratische Recht, das auf den Auspizien beruhe, nach Sakralrecht an das Patriziat gebunden sei.

Endgültiger
Ausgleich:
Die Konsulats-
verfassung

Den Plebejern scheinen auch bereits früh Teilerfolge gelungen zu sein; denn seit 444 erscheinen in den Fasten anstelle der ordentlichen höchsten Beamten Kollegien von drei, vier und sechs Militärtribunen (die Annalistik nennt sie *tribuni militum consulari potestate*), unter denen sich offensichtlich auch echte plebejische Namen finden. Die Vermehrung der obersten Kommandostellen dürfte mit einer stärkeren Differenzierung des Heeres zusammenhängen; aber im Zuge dieser Reform sind dann anscheinend von den Centuriatscomitien, die ja das Heer repräsentierten, auch Plebejer in das Oberamt gewählt worden. Bis 367 ist das Konsulartribunat zeitweise viele Jahre hintereinander, so z. B. während des ganzen Vejentischen Krieges, an die Stelle des patrizischen Oberbeamten getreten. Endgültig haben sich die Plebejer hingegen noch nicht durchgesetzt. Als dann aber unmittelbar nach dem Sieg über Veji Rom durch die Kelten an den Rand des Verderbens gebracht, das römische Heer vernichtend geschlagen und Rom geplündert worden war, bedeutete diese Katastrophe doch zugleich auch eine Niederlage des patrizischen Staates. Die Schwäche der Staatsgewalt brachte das Heer der Schwerbewaffneten und ihre plebejischen Führer in eine Position der inneren Stärke, aus der heraus neue Forderungen gestellt und der Kampf mit größeren Erfolgschancen erneut gewagt werden konnte. Sobald sich die äußere Lage einigermaßen stabilisiert hatte, setzte dann auch tatsächlich der soziale Kampf wieder ein. Er wurde offenbar noch härter geführt als im frühen 5. Jahrhundert. Die plebejischen Anführer hatten in der Lenkung und Einsetzung ihrer Organisation Übung bekommen und vor allem: Sie hatten große Resonanz bei den Massen, und die Patrizier waren geschwächt. Zeitweilig scheint der gesamte Staatsapparat lahmgelegt worden zu sein. Es herrschte Anarchie, und nur das Fehlen starken außenpolitischen Druckes verhinderte eine Katastrophe. Am Ende sahen sich die Patrizier zum Einlenken gezwungen: Sie ließen die Plebejer zum obersten Amt zu. Um jedoch zu verhindern, daß die Staatsführung einem Plebejer allein überlassen wurde, war dieses Zugeständnis mit einer Verdoppelung des obersten Amtes verbunden, das künftig also aus zwei Beamten bestand, von denen einer Plebejer sein durfte, der andere Patrizier sein mußte. In dieser so geschaffenen Kollegialität sollte jeder Kollege für das gesamte Amt zuständig sein und konnte entsprechend alle ihm mißliebigen Aktionen des Kollegen von Rechts wegen verbieten (*intercedere*). Diese Kollegialität sicherte die Patrizier gegen eine plebejische Bevormundung ab. Die beiden obersten Beamten erhielten von dieser erzwungenen Zusammenarbeit den Namen *consules* (von *con-salire*, zusammenspringen). Es ist denkbar, daß das alte, einstellige patrizische Oberamt, der *praetor maximus*, bei der Etablierung des Konsulats nicht abgeschafft, sondern als zunächst noch rein patrizisches Amt neben den Konsuln bestehen gelassen wurde, so daß wir zunächst ein Dreierkollegium von (mindestens) zwei Patriziern und einem Plebejer vor uns haben. Die Konsuln hätten dann vor allem das Aufgebot geführt, der dritte Kollege, der gleichsam als Nachfolger des patrizischen Oberbeamten anzusehen ist und auch dessen Amtsbezeichnung (*praetor*) behielt, die Geschäfte in der Stadt, wo der patrizische Oberbeamte in den letzten Jahrzehnten des Ständekampfes ja auch vor allem agiert hatte, geführt und insbesondere die wachsenden Gerichtsgeschäfte an sich gezogen. Durch das Übergewicht der Konsuln, das sich vor allem in den Samnitenkriegen herausstellte, wäre der Prätor dann aus dem Kollegium verdrängt und am Ende ein den Konsuln nachgestellter Beamter geworden.

Die Konsulatsverfassung ist also ein Produkt des Ständekampfes. Die Tradition versetzt sie in das Jahr 367 und verbindet sie mit dem angeblichen Gesetzgebungswerk der Volkstribune C. Licinius Stolo und L. Sextius Lateranus (*leges Liciniae Sextiae*). Da die Volkstribune damals noch gar keine Gesetze beantragen, sondern nur unverbindliche Plebiszite der plebejischen Volksversammlung herbeiführen konnten, ist das Gesetzgebungswerk sicher unhistorisch; doch dürften diese Volkstribune einen maßgeblichen Anteil an dem Zustandekommen des Kompromisses mit den Patriziern gehabt haben. – In dieser Zeit ist noch eine

Reihe weiterer Änderungen vorgenommen worden, welche die spätere republikanische Verfassung kennzeichnen. Einmal wurde ein spezieller Gerichtsbeamter, der zwischen Bürgern Recht sprach, geschaffen; diese zunächst den Patriziern vorbehaltene Magistratur erhielt den alten Prätorennamen (*praetor urbanus*, Stadtprätor) und darf als das eigentliche Nachfolgeamt des alten patrizischen Oberbeamten angesehen werden (s. o.). Daneben wurden zwei neue sogenannte kurulische Ädile geschaffen, zu denen ebenfalls nur Patrizier gewählt werden konnten. An der Parallelität zu den plebejischen Ädilen erkennt man deutlich den auf Standesparität bedachten Ausgleich.

Die Entstehung<br>des neuen Adels<br>(Nobilität)Jahr für Jahr rückte nun ein Plebejer ins Konsulat und trat, der Gewohnheit des patrizischen Staates folgend, nach dem Amt in den Senat ein. Die Bänke des Senats füllten sich demnach mit Plebejern, unter ihnen hervorragende Feldherren, die sich im Latinischen Krieg und in den Samnitenkriegen bewährt hatten. Schon vor dem Ausgleich hatte man auch den Volkstribunen gestattet, an den Senatssitzungen teilzunehmen. Zwar bewahrten sich die meisten patrizischen Geschlechter ihr Ansehen, und die vornehmsten unter ihnen überragten an Autorität und an Zahl der Konsulate alle anderen; doch neben sie traten nun plebejische Familien. Anfangs wechselten die konsularischen plebejischen Familien noch stark; Geschlechter kamen und verschwanden wieder. Doch es behauptete sich schon bald eine konstante Anzahl von plebejischen Familien konsularischen Ranges, und aus den alten patrizischen und den zu Einfluß gekommenen neuen plebejischen Familien bildete sich dann verhältnismäßig schnell eine neue Adelsschicht, die Nobilität (*nobilitas*). In den Samnitenkriegen war diese Schicht noch in dem Stadium des Werdens; doch mit dem Abschluß der Kämpfe steht sie dann schon ziemlich geschlossen vor uns. Künftig wurde es dann für Plebejer, die bislang noch nicht dem Kreis der konsularischen Familien zugehörten, immer schwerer, in diese sich fester abschließende Gruppe einzudringen, und es war am Ende so schwierig, daß derjenige, dem es trotzdem gelang, mit einem die veränderten Verhältnisse dekuvrierenden Begriff, nämlich als ‚neuer Mann' (*homo novus*), bezeichnet wurde. Der Tatbestand der Neubildung der römischen Aristokratie beweist auch, daß sich selbst im Zeichen des Ständekampfes an der sozialen Grundstruktur wenig oder nichts geändert hatte: Auch die Plebejer hatten sich, in Analogie zu den patrizischen Verhältnissen, in Clientelen organisiert, und es war die ‚Nobilitierung' des einflußreichen plebejischen Politikers also die Konsequenz der alten und neuen Sozialstruktur zugleich.

Die faktische<br>Aufhebung des<br>Standes-<br>unterschiedesAngesichts der Neubildung des Adels wurde der Widerstand gegen die Zulassung von Plebejern auch zu anderen Ämtern immer schwächer; alles führte dahin, daß der Standesunterschied nicht mehr als wichtig, auf jeden Fall nicht mehr als das Entscheidende angesehen wurde. Schon 351 finden wir daher unter den Censoren, welche die Bürger vermögensrechtlich einstuften und andere wichtige, darunter auch finanzpolitische Aufgaben erhielten, einen Plebejer; 337 bekleidet der erste Plebejer die Stadtprätur. Auch die kurulische Ädilität wird schnell Plebejern zugänglich, und schließlich können die Plebejer sogar alle

Priesterstellen (vor allem die politisch wichtigen der Pontifices und Auguren, durch die *lex Ogulnia* vom Jahre 300) bekleiden und bleiben aus sakralen Gründen nur von gewissen, politisch unwesentlichen Priesterschaften für reine Opfertätigkeiten (z. B. der des *rex sacrorum*) ausgeschlossen. – Mit der Aufhebung des ständischen Gegensatzes wird auch die politische Strafgerichtsbarkeit, die nach der Wiederaufnahme des Kampfes von beiden Seiten in ziemlich chaotischer Weise praktiziert worden war (die Volkstribune hatten wieder ihre ‚Revolutionstribunale' eingerichtet und die patrizischen Beamten demgegenüber ihre Polizeigewalt zu einer die Todesstrafe einschließenden Inquisitionsgerichtsbarkeit ausgedehnt), neu geordnet. Künftig sollten die obersten Magistrate für sie nicht mehr zuständig sein, sondern sollte an ihrer Stelle von Volkstribunen und Ädilen vor der Volksversammlung Anklage erhoben werden können (*lex Valeria de provocatione*, 300). Die politische Strafgerichtsbarkeit ist auf diese Weise dem Laiengericht vorbehalten worden.

Blieb schließlich noch die plebejische Organisation. Die geheiligten Instrumente des Kampfes wollte kein Plebejer preisgeben, und sie waren nun auch bereits über 150 Jahre bestehende Institutionen, die, obwohl revolutionären Ursprungs, sich durch Gewohnheitsrecht ihren Platz erobert hatten. Das Volkstribunat war auch schon in der Mitte des 4. Jahrhunderts von den Patriziern de facto anerkannt worden, und es ist dann, nach einem letzten kurzen Kampf, in dem es zum politischen Streik gekommen zu sein scheint, auch die plebejische Volksversammlung staatlich anerkannt worden (durch die *lex Hortensia*, 287): Künftig galt ein Plebiszit *(plebiscitum)* dieser Versammlung soviel wie ein Gesetz *(lex)* der Centuriatcomitien. Man konnte dies um so eher zulassen, als jetzt das Volkstribunat, das in Analogie zum Konsulat kollegialisch organisiert worden war, nicht mehr nur und im Laufe der Zeit immer weniger fanatische Revolutionäre in seinen Reihen hatte, sondern gerade viele Angehörige der vornehmen, nun zur Nobilität gehörigen Familien mit diesem traditionsreichen und angesehenen Amt ihre Karriere begannen. Sie waren es, die die Nobilität durch etwaige Interzessionen gegen unangemessene, die alte innere Unruhe wiederbelebende Angriffe von seiten plebejischer Hitzköpfe schützen konnten. Die neue Adelsgesellschaft hielt künftig gerade auch durch das Tribunat die Maschinerie der Verfassung fest in ihrer Hand.

## c. Der Charakter des republikanischen Staates

Die politische Struktur und der äußere Aufbau der republikanischen Verfassung haben sich im Ständekampf nicht unwesentlich gewandelt. So, wie die Verfassung am Ende des Kampfes vor uns steht, ist sie dann jedoch bis zu ihrer Auflösung unter dem Diktator Caesar jedenfalls im Grundsätzlichen nicht mehr verändert worden. Die äußere Form wurde zwar ergänzt und erweitert, und ebenso hat sich das Gewicht der die politische Ordnung tragenden Kräfte nicht unerheblich verschoben; aber der seit ca. 300 v. Chr. gegebene Rahmen blieb erhalten.

Nobilität
und Volk

Die Mitte der politischen Ordnung hatte die gegen Ende der Ständekämpfe entstandene neue, patrizisch-plebejische Adelsgesellschaft, die Nobilität, inne. Es hatte nun auch das alte patriarchalische Verhältnis zwischen den Adligen (Nobiles) und den Massen der Römer, das während des Kampfes zwar im Grundsatz unwidersprochen, doch vielerorts geschwächt gewesen war, seine frühere Geltung zurückerworben, und die Autorität der Vornehmen war somit gänzlich unbestritten. Danach wurde im Wesentlichen der Nobilität das Geschäft der Politik überlassen, und im Gegenzug sorgten die Nobiles dafür, daß der einfache Römer sozial gesichert war. In dem halben Jahrhundert der Samnitenkriege (326-290/272), von denen die Schlußphase des Ständekampfes und die ersten Jahrzehnte nach dem endgültigen Ausgleich begleitet sind, bewährte sich die neue Adelsgesellschaft, erwarb zusätzliche Autorität und befriedigte durch die Landgewinne bei der Expansion die materiellen Interessen der breiten Massen. Im Zuge dieses Gewinns an Sozialprestige schloß sich die Nobilität ab, und wenn sie auch eine im Prinzip offene Gesellschaft blieb, wurde es doch für einen ehrgeizigen Mann, der ihr nicht angehörte, immer schwerer, in sie einzudringen.

Regierungspraxis
der Nobilität

Die politischen Entscheidungen trafen die Nobiles durch Absprache untereinander. Wie in allen aristokratischen Ordnungen war die Persönlichkeit des Regiments der die politische Ordnung bestimmende Zug. Die notwendige formelle Absegnung der Beschlüsse erfolgte im Senat, der bei kontroversen Entscheidungen dann oft auch zum Ort heftiger Debatten wurde. Ist daher die Nobilität in ihrer Gesamtheit als Regierung anzusehen, bedurfte sie doch zur Durchsetzung ihres Willens Beamter (Magistrate), die, soweit sie Gewicht hatten, selbstverständlich der Nobilität oder dieser nahestehenden Familien angehören mußten. Mit Hilfe des Senats, in dem alle Fragen von Belang beraten wurden, und der Magistrate hielt die Nobilität den staatlichen Apparat fest in ihrer Hand. Ihr eigentliches Problem bei der Lenkung des Staates war nicht die Frage ihrer politischen Zuständigkeit, die vielmehr unwidersprochen und unbeschränkt galt, sondern das Problem der Überwachung der Magistrate durch die Gesamtheit der regierenden Gruppe. Denn die Magistratur, vor allem das Konsulat und die Provinzstatthalterschaft, war eine sehr starke, kaum eingeschränkte – auf dem militärischen Sektor sogar ganz unabhängige – Amtsgewalt, und die Nobilität hat daran nichts ändern können, weil die aristokratische Natur der Staatsordnung wegen des Fehlens einer Zentrale keine Alternative – etwa eine große, in sich gegliederte Bürokratie mit vielen Ämtern – zuließ, und sie hat daran auch nichts ändern wollen, weil in der unmittelbar sich an die Ständekämpfe anschließenden Phase der Expansion und danach in der Phase der Behauptung der Weltherrschaft eine Schwächung der exekutiven Gewalt den Bestand des Staates gefährdet hätte.

Die Überwachung der Beamten wurde vor allem durch die Einrichtung verschiedener Rechtskontrollen erreicht: Die Jährlichkeit des Amtes (Annuität) führte jeden Beamten schon nach einem Jahr wieder in das Kollektiv der Gesellschaft zurück und ermöglichte so u. U. Anklagen wegen Amtsmißbrauchs (der Amtsträger konnte während des Amtes nicht belangt werden); die Kollegialität bremste jedes Mitglied des Kollegiums dadurch, daß jede Eigenwilligkeit von Beamten durch die Interzession von der Nobilität ergebenen Kollegen lahmgelegt werden konnte; das Verbot der Anhäufung (Kumulation) von Ämtern ferner verhinderte die gleichzeitige Bekleidung mehrerer Ämter und damit jede Machtkonzentration, das Verbot der Anreihung (Kontinuation) die Bekleidung mehrerer Ämter unmittelbar hintereinander (wodurch der Beamte dann nach jedem Amt Privatmann wurde und angeklagt werden konnte), und die Einschränkung der Wiederholung desselben Amtes (Iteration) erschwerte die mehrmalige Bekleidung desselben Amtes auch nach Ablauf einer Reihe von Jahren. Durch Gewohnheit (lat. *mos*) war der Beamte ferner verpflichtet, vor allen wichtigen Aktionen (Feldzug, Schlacht, Urteilsfindung usw.) einen Rat von Vornehmen *(consilium)* anzuhören, in dem selbstverständlich vor allem Nobiles saßen. So war der Beamte auch während seines Amtes immer unter Kontrolle der ganzen regierenden Schicht und vergaß selbst in höchster Position und als Inhaber größter Gewalt niemals, daß er seine Amtsgewalt nicht auf Grund eigenen Rechts besaß, sondern er nichts war als ein Mandatar der Nobilität, in der alle Gewalt ihren Ursprung und ihr Ende hatte.

Das Volk hatte am politischen Regiment durch die Abstimmungen in den Volksversammlungen Anteil, wo Gesetze beschlossen, aktuelle politische Fragen, wie Krieg und Verträge, entschieden, wo die Magistrate gewählt und politische Verbrechen abgeurteilt wurden. An dem Zustandekommen der Beschlüsse hatten die Römer allerdings nur passiven Anteil; sie konnten lediglich über die Vorschläge der die Versammlung einberufenden und leitenden Magistrate abstimmen, nicht, wie etwa in den griechischen Städten, von sich aus Anträge einbringen oder die von den Magistraten eingebrachten abändern. Aber mochten sie auch hier passiv sein und mochten die Volksversammlungen wegen des Wachsens des römischen Bürgergebietes auch zunehmend nicht mehr von allen, insbesondere nicht mehr von den entfernter wohnenden Bürgern besucht werden können, sicherten die Abstimmungen doch selbst in der Auflösungsphase der Republik noch die Öffentlichkeit aller Politik: Mochte das tatsächliche Gewicht des Volkes für die politische Entscheidung auch noch so gering sein, garantierten die Volksversammlungen allein durch ihre Existenz, daß alle wichtigen Entscheidungen in der Öffentlichkeit des ganzen Volkes diskutiert, nämlich von dem aristokratischen Beamten dem Volke vorgestellt, begründet und gegebenenfalls verteidigt wurden. Auch nach der völligen Degeneration der Volksversammlungen ist die Verfassung doch niemals soweit aristokratisiert worden, daß das Volk (bzw. als Institution: die Volksversammlung) als eine die politische Ordnung bestimmende Größe unwesentlich geworden oder gar beseitigt worden wäre. Auf Grund des sozialen Gefüges (Clientel) und der in der Zeit des Aufstiegs Roms gemeinsam erbrachten Leistungen war das Volk in dem Bewußtsein aller ein konstitutiver Teil der politischen Ordnung, und gerade auch die Nobilität schöpfte die Legitimation ihrer herausgehobenen Stellung aus einer von allen anerkannten, lebendigen Autorität, die als solche gerade nicht die Untertänigkeit,

*Der Anteil des Volkes am politischen Regiment*

sondern die Freiheit eines jeden Römers voraussetzte. Die politische Freiheit *(libertas)* war darum auch nicht einfach nur aristokratische Freiheit, obwohl die Nobiles alle politische Initiative besaßen und ihnen daher die Freiheit in anderer, höherer Qualität zukam, sondern schloß alle Bürger ein: Kein Römer der republikanischen Zeit konnte sich den Nobilis als einzige politische Kraft auch nur vorstellen.

Einen wesentlichen Anteil am politischen Geschehen hatte der einfache Bürger ferner durch den Dienst im Heer. Das römische Heer ist bis auf Caesar im wesentlichen ein Milizheer geblieben. Der Römer wurde nach Bedarf einberufen und erhielt nach erfolgreich abgeschlossenem Feldzug eine gewisse finanzielle Entschädigung (Wehrsold), ferner einen Anteil an der beweglichen Beute oder, bei Niedersetzung von Siedlungen auf dem eroberten Gebiet, ein Stück Land. Da der römische Soldat Bauer war und daher nicht unbeschränkt von seinem Hof abwesend sein konnte, belasteten ihn zunehmend die langen Kriege, welche Rom die Vorherrschaft in Italien brachten (Samnitenkriege), und in noch stärkerem Ausmaß die Kriege in der Phase der Unterwerfung des ganzen Mittelmeerraumes, als die Feldzüge in Übersee oft eine Rückkehr für Aussaat und Ernte nicht mehr zuließen. Diese Schwierigkeiten führten dann letzten Endes auch zur Schwächung und schließlichen Auflösung des Milizwesens.

Das Notstands-<br>recht<br>(Diktatur)

Für die Zeiten großer Gefahr beriefen die Römer einen außerordentlichen Beamten, den Diktator, an die Spitze des Staates. Dieser Notstandsmagistrat war allen anderen Beamten übergeordnet, hatte keinen Kollegen und sammelte also in der Zeit der Not alle Kräfte zur Überwindung des die Römer bedrängenden Gegners in seiner Person. Zur Begrenzung der außergewöhnlichen Macht war die Amtsdauer des Diktators auf ein halbes Jahr befristet, was in aller Regel zur Niederwerfung des Feindes auch hinreichend war. Die Diktatur ist in den Samnitenkriegen, die oft schwierigste militärische Situationen brachten, zu ihrer späteren Form entwickelt worden, wurde dann aber nach den beiden großen Punischen Kriegen (letzte Diktatur: 202 v. Chr.) nicht wieder eingesetzt, weil der Weltherrscher Rom keinen äußeren Feind mehr zu fürchten brauchte und weil die gegenüber ihren eigenen Mitgliedern mißtrauisch gewordene Nobilität so außergewöhnliche Macht nicht gern mehr vergab. Die späteren Diktaturen Sullas und Caesars sind die Konsequenz innerer Unruhen und nach Form und Absicht des Amtes ganz anderer Art: Während der Diktator der älteren Zeit einen äußeren Feind zu bezwingen hatte *(dictator rei gerundae causa,* von *res gerere,* Krieg führen), sollte der spätrepublikanische Diktator den Staat nach inneren Unruhen wieder ordnen und festigen *(d. rei publicae constituendae causa).*

## 6. Der Kampf um Italien

*a. Die Unterwerfung Mittelitaliens (Samnitenkriege)*

Nachdem im Gefolge des großen Latinerkrieges (340-338) fast alle latinischen Die Samniten
Städte in das römische Bürgergebiet hineingenommen worden waren, grenzte
Rom unmittelbar an Kampanien, und damit gewannen die Probleme dieser
Landschaft automatisch auch für die außenpolitischen Überlegungen der Römer
an Gewicht. Kampanien wurde seit dem 5. Jahrhundert immer wieder von
oskischen Stämmen heimgesucht, die von den Bergen in die fruchtbare Ebene
drängten. Zahlreiche Städte, wie Capua und Nola, waren von ihnen im Laufe der
Zeit besetzt und ‚oskisiert' worden. In der Mitte des 4. Jahrhunderts bedrohten
neue Scharen von Auswanderern nicht nur die griechischen Städte, wie vor allem
Neapel, sondern auch die in älterer Zeit ‚oskisierten' Städte, deren Bewohner
mittlerweile den Trägern der mediterranen Stadtkultur näherstanden als ihren
Verwandten in den Bergen. Das Gefühl der Bedrohung wuchs in dieser Zeit noch
dadurch, daß sich verschiedene oskische Völker des Hochapennin, insbesondere
die Hirpiner, Pentrer, Caudiner und Frentaner, zu einem Bund zusammenge-
schlossen hatten. Die Samniten, wie diese Völker mit einem gemeinsamen Namen
hießen, bildeten in erster Linie eine Wehrgemeinschaft und haben nur für den
Kriegsfall eine effektive Bundesexekutive, also einen gemeinsamen Oberbefehlshaber und ein gemeinsames Heer, besessen. Der Bundeszweck erschöpfte sich
demnach in dem gemeinsamen Wunsch nach Eroberung von Land für die wachsende Bevölkerung der Bundesmitglieder.

Rom scheint während der Händel mit den Latinern in die kampanischen Die Epoche der
Verhältnisse hineingezogen worden zu sein. Capua soll sich bereits 338 mit einer Samnitenkriege
teilweisen Inkorporierung, die der Stadt die innere Autonomie beließ, aber die
Wehrkraft der Stadt an Rom band (*civitas sine suffragio*, s. u.), abgefunden haben,
weil es sich allein den Oskern nicht mehr zu erwehren vermochte; aber tatsächlich
dürfte diese feste Anbindung an Rom einige Jahrzehnte später liegen. Die
römische Überlieferung weiß auch von einem ersten Samnitenkrieg zwischen 343
und 341 v. Chr. zu berichten; doch hat der früheste Waffengang mit den Samniten
kaum vor dem Latinerkrieg gelegen, der erst die Voraussetzung für den erweiter-
ten außenpolitischen Horizont geschaffen hatte. Der Anlaß zu dem ersten
unstrittig historischen Krieg mit den Samniten ist unklar; doch dürfte ein
Hilfegesuch Neapels eine Rolle gespielt haben.

Die nun folgenden Samnitenkriege werden (wegen des legendären ersten
Krieges zwischen 343 und 341) als Zweiter (326–304) und Dritter Samnitenkrieg
(298–291) gezählt. Tatsächlich jedoch stellen die Jahre zwischen 326 und 291
eine einzige kriegerische Periode dar, in die nach und nach alle Völker Italiens

hineingezogen wurden, und es sind auch die anschließenden Kämpfe gegen die
Kelten und Etrusker (285–280) sowie der Krieg gegen den König Pyrrhos
(280–272), in den erneut die Samniten und die meisten Völker Süditaliens
verwickelt waren, mit den vorangehenden Kriegen gegen die Samniten als eine
Einheit zu sehen: Das halbe Jahrhundert zwischen 326 und 272 ist eine ununter-
brochene Kette politischer, insbesondere kriegerischer Aktionen, an deren Ende
die unbestrittene Hegemonie Roms über alle Städte und Völker Italiens steht, und
da die Samniten in dieser Zeit immer der Hauptfeind waren und sie dies auch in
den kurzen Friedensjahren mit Rom blieben, ist es richtig und angemessen, diesen
Zeitraum unter dem Begriff der Samnitenkriege zusammenzufassen.

Zweiter
Samnitenkrieg

In dem Krieg gegen die Samniten zeigten sich die Römer den an sie herangetra-
genen neuen Formen des militärischen und politischen Kampfes zunächst nicht
gewachsen. Insbesondere machte ihnen auch der rein militärische Sektor schwer
zu schaffen. Denn die Samniten waren nicht nur ein kriegerisches Volk, die Römer
konnten sich vor allem nicht zu einer neuen, dem bergigen Terrain angemessenen
Kampfesweise verstehen, und sie waren auch in der Bewaffnung den Samniten
unterlegen: Die Phalanx der Römer, deren Hauptwaffe ein langer, in der starren
Linie brauchbarer und nützlicher Spieß *(hasta)* war, brach in dem unwegsamen,
unebenen Gelände auseinander, und die Teile, die als solche ja keinerlei taktische
Funktion hatten, waren dann oft eine leichte Beute der mit kurzen Wurflanzen
*(pilum)* und Schwertern ausgerüsteten und in kleineren, beweglichen Formationen kämpfenden Samniten. Die ersten Kriegsjahre endeten daher auch mit einer
Katastrophe. Die Römer gerieten im Gebiet der Caudiner in einen Hinterhalt,
mußten schmählich kapitulieren (das gesamte römische Heer wurde zu seiner
Demütigung von den Samniten unter das Joch geschickt) und Frieden schließen
(321). Auch nach Wiederaufnahme des Krieges seit 316 liefen die Operationen
nicht viel besser. So entschlossen sich die Römer dazu, den Gegner von einer
zweiten Front im Südosten, also von Apulien aus, anzugreifen, wo sie auch
Verbündete fanden, und zugleich den mangelnden Erfolg im offenen Felde durch
die Anlage einer ganzen Reihe von Festungen (sogenannte latinische Kolonien,
*coloniae Latinae*) an der kampanisch-samnitischen Grenze (Fregellae, Suessa,
Saticula u. a.) und in Apulien (Luceria, 315), die den römischen Heeren Rückhalt
boten und die Samniten zernierten, auszugleichen. Als sich schließlich die
erschöpften Gegner i. J. 304 zu einem Friedensschluß bereit fanden, war Rom
durchaus nicht als Sieger anzusehen; doch hatte es vor allem durch die Festungs-
politik seine Position in Mittelitalien ausgebaut und sich in der Zwischenzeit auch
in der militärischen Taktik den Samniten besser angepaßt: Die Römer übernahmen das Pilum als neue Hauptwaffe (neben dem Schwert) und lockerten die starre
Gefechtslinie durch die Gliederung der Front in Abteilungen (Manipel), die bei
Auflösung der Linie auch als taktische Einheit kämpfen konnten.

Der Friede von 304 bedeutete für die Römer nicht einmal eine Ruhepause. Es
schlossen sich sogleich Kämpfe gegen nördlich der Samniten sitzende italische
Stämme an, durch deren Gebiet die Römer nach Apulien gezogen waren;

insbesondere die Sabiner entwickelten sich hier zu einem erbitterten Gegner Roms. Wenn auch etliche Stämme dieser Gegend, unter ihnen die Marser und Päligner, in ein Bundesverhältnis zu Rom traten, war der Kampf hier noch nicht beendet, als der Krieg gegen die Samniten erneut ausbrach (298).

Der neue Krieg nahm von den Lukanern im Südwesten der Halbinsel seinen Ausgang: Es zeigte sich nun, daß der Kampf seinen lokalen, in Mittelitalien liegenden Ausgangspunkt längst verlassen hatte und zu einem italischen Krieg geworden war, in dem die einzelnen Völker und Stämme, je nach geographischer Lage, Geschichte und augenblicklicher politischer Situation, in Rom einen willkommenen Verbündeten oder einen Gegner sahen. So wandten sich unter anderen die von den Samniten bedrängten Lukaner an Rom, wie andererseits zahlreiche Städte Etruriens und einzelne keltische Stämme die Gelegenheit gekommen sahen, an den Römern Rache zu nehmen, und zunehmend trieb auch viele die Furcht vor der wachsenden Macht Roms, die den politischen Spielraum aller zunehmend einengte, an die Seite der Samniten. In den nun folgenden Jahren schien zeitweise fast ganz Italien gegen die Römer aufzustehen; durchweg war an mindestens zwei Fronten zu kämpfen, im Norden gegen Sabiner, Etrusker und Kelten, im Süden gegen die Samniten, zu denen auch die Lukaner überwechselten. In diesen schweren Jahren bewährten sich die Festungen, zu denen seit den ersten Kriegsjahren immer neue getreten waren. Gegen die Kelten und ihre etruskischen und italischen Bundesgenossen konnte in einer blutigen Schlacht bei Sentinum in Umbrien eine Entscheidung herbeigeführt werden (295). In dieser Schlacht, von der viel, wenn nicht alles abhing, soll sich der römische Konsul P. Decius Mus in aller Form den Göttern geweiht, das heißt den Tod gesucht haben, um durch diese formale Devotion das gegnerische Heer mit sich zu reißen. Auch im Süden gelangen bald größere Erfolge, und vor allem vervollständigten die Römer ihren Festungsring um das samnitische Gebiet durch die Anlage einer riesigen Festungskolonie, Venusia, in dem Grenzdreieck zwischen Samnium, Apulien und Lukanien; 20 000 Siedler soll Venusia aufgenommen haben (291). So verstanden sich die Samniten endlich zum Frieden (291). Sie mußten zwar kein Gebiet abtreten; die durch den langen Kampf geschwächten Römer konnten die Samniten nicht endgültig beugen, und sie mochten angesichts der gerade bestandenen Gefahren sogar froh sein, diesen Frieden zu erhalten. Aber der Tatbestand, daß Rom seine Stellung behauptet, ja über ganz Italien erweitert hatte, daß es nun überall Festungen und Bundesgenossen besaß, wirkte doch dahin, daß seine Position nach diesem Krieg als die einer hegemonialen italischen Macht angesehen werden mußte.

Nachdem die Samniten aus der Reihe der Gegner ausgeschert waren, hatte Rom freie Hand gegenüber den noch im offenen Kampf stehenden anderen Städten und Stämmen Italiens; angesichts der neuen politischen Situation mochten die Römer diese Gegner nun bereits als ‚Aufständische‘ titulieren. Schon ein Jahr nach dem Frieden mit den Samniten wurden die Sabiner endgültig ‚befriedet‘, wie die Römer nun bald für die Unterwerfung eines besiegten Gegners zu sagen pflegten *(pacare)*;

Dritter
Samnitenkrieg

Rom gegen
Sabiner,
Kelten
und Etrusker

ihre staatliche Souveränität wurde aufgehoben und sie weitgehend in das römische
Gebiet inkorporiert (als *cives sine suffragio*). Einen schweren Stand hatten die
Römer gegenüber den Kelten, die 285 erneut in Italien einfielen. Zunächst wurde
ein römisches Heer bei Arretium (Arezzo) in Etrurien vernichtend geschlagen;
der kommandierende Konsul kam mit fast dem gesamten Aufgebot um (284). Erst
in Südetrurien, nur 60 km von Rom an dem kleinen Vadimonischen See, konnten
die Kelten, zu denen sich zahlreiche etruskische Städte gesellt hatten, geschlagen
werden (283). Die siegreichen Römer ließen die keltischen Bojer unbehelligt nach
Norden abziehen, die Senonen hingegen verfolgten sie bis in ihr Siedlungsgebiet
am Adriatischen Meer zwischen dem heutigen Ancona und Ravenna und vertrieben sie von dort. Das so entvölkerte Land *(ager Gallicus)* wurde zunächst brach
liegen gelassen und bildete lange Zeit eine Art Pufferzone zwischen dem von Rom
beherrschten Italien und dem Keltenland in Oberitalien. Um 280 herrschte dann
auch im Norden Frieden. Die Römer mochten sich nun überall in Italien, das
durch die Kriege seit 326 zu einem einzigen kriegerischen und politischen
Operationsfeld geworden war, als Herr der Situation fühlen. Die meisten Staaten,
die ihre Selbständigkeit hatten bewahren können, waren durch ein vielfältiges
Netz von Bündnissen mit Rom verbunden und in ihrer politischen Bewegung
eingeschränkt bzw. sogar außenpolitisch fest an Rom angeschlossen worden. Nur
wenige Staaten, wie die Samniten in ihrem Kerngebiet und manche griechische
Stadt Süditaliens, hatten noch politische Bewegungsmöglichkeit; aber auch diese
war durch die übermächtige Stellung Roms begrenzt. Es schien, daß die Römer
nun in Ruhe an den Ausbau ihrer herrschaftlichen Stellung gehen konnten. Aber
da brach von außen her, aus dem griechischen Osten, ein neuer Machtfaktor in das
gerade einigermaßen fest geknüpfte Herrschaftssystem der Römer ein und
erschütterte noch einmal, ein letztes Mal, die Stellung Roms innerhalb der Völker
Italiens.

### b. Der Krieg gegen den König Pyrrhos

Konflikt Roms
mit Tarent

Im Jahre 282 geriet Rom mit der großen unteritalischen Handelsmetropole Tarent
in einen Konflikt, weil die Tarentiner einige römische Schiffe, die friedlich im
Hafen von Tarent lagen, überfallen hatten (die Schiffe hätten nach einem alten
Vertrag nicht in den Golf von Tarent fahren dürfen) und weil eine römische
Gesandtschaft, welche die Angelegenheit bereinigen sollte, von dem aufgebrach-
ten Stadtvolk schwer beleidigt worden war. Gegen die Römer riefen die Tarentiner, wie schon öfter in früheren Jahren, einen griechischen Kondottiere zu Hilfe.
Erst im Jahre 304 hatten sie gegen die Lukaner Kleonymos, den Sohn eines Königs
ihrer Mutterstadt Sparta, herbeigeholt; jetzt fiel ihre Wahl auf Pyrrhos, den König
der epirotischen Molosser. Pyrrhos war ein ehrgeiziger und begabter Politiker,
vor allem aber der bedeutendste Feldherr seiner Zeit und wohl einer der größten in
der Antike überhaupt. Sein Ehrgeiz war darauf gerichtet, sich in dem nun schon
seit über 40 Jahren in Auflösung begriffenen Alexanderreich eine Herrschaft zu

verschaffen, und es hatte dabei für ihn nahegelegen, sich vor allem um den makedonischen Thron zu bewerben. Aber er war nicht der einzige Bewerber, und nach anfänglichen Erfolgen sah er sich von der starken Konkurrenz bald wieder aus dem Feld geschlagen. So nahm er das Angebot der Tarentiner als einen Wink, seine Pläne nach einem griechischen Königtum nun im Westen, bei den Griechen Unteritaliens und Siziliens, verwirklichen zu können.

Pyrrhos landete im Frühjahr 280 in Unteritalien und schlug noch in demselben Jahr ein römisches Heer bei Herakleia am Siris. Der Sieg war teuer erkauft, denn die Verluste waren auch auf der Seite des Pyrrhos groß (Pyrrhos-Sieg). Manche unteritalische Verbündete, vor allem die Lukaner und Samniten, fielen nun von Rom ab. Als die Forderung des Pyrrhos, daß die Römer einen großen Teil ihrer Bundesgenossen aus dem Bündnis entlassen sollten, abgelehnt wurde, kam es im folgenden Jahr bei Ausculum in Apulien erneut zur Schlacht. Wieder siegte Pyrrhos, aber es war auch dieser Sieg durch hohe Verluste geschmälert, und vor allem: Es blieb die große Abfallbewegung, die der König nach den Erfahrungen östlicher Kriege erwarten durfte, aus. Es zeigte sich nun, daß das römische Bundesgenossensystem mit seinen abgestuften Verträgen und seinen Festungen, deren Bewohner auf Gedeih und Verderb mit Rom verbunden waren, ein System eigener Art war, an dem die traditionelle Kriegs- und Eroberungspolitik scheiterte. Der ungeduldige Pyrrhos gab daher vorerst den Kampf in Italien auf, als die griechischen Städte Siziliens ihn gegen die Karthager zu Hilfe riefen. In Sizilien errang er auch schnell große Erfolge, wurde von den Griechen der Insel deshalb enthusiastisch als Befreier gefeiert und zum König ausgerufen. Doch stockte der Krieg vor Lilybaeum, das die Karthager halten konnten, und die politischen und militärischen Maßnahmen des Pyrrhos auf der Insel, die er weitgehend im Stile hellenistischer Herrscher traf, fanden bald die Kritik derjenigen, die ihn gerufen hatten. Als Pyrrhos auch auf Sizilien nicht weiterkam, kehrte er 276 nach Italien zurück, flehentlich gebeten von seinen dortigen Verbündeten, die bereits die Rache der Römer zu spüren bekommen hatten. Im folgenden Jahr schlug er bei Maleventum im Gebiet der Hirpiner die Römer noch einmal (diese machten daraus später einen Sieg und benannten den Ort der Schlacht in Beneventum um); aber aus Mangel an Nachschub und auch deswegen, weil ihn manche Bundesgenossen verlassen hatten, vor allem aber weil er einsah, daß hier in Italien gegenüber einem Feind wie den Römern wenig auszurichten war, zog er bereits in demselben Jahre wieder nach Epirus ab. In Griechenland ist er einige Jahre später in Argos im Straßenkampf gefallen (272).

Die Römer hatten nun leichtes Spiel. Die Lukaner und Samniten wurden zuerst unterworfen, besonders die letzteren schwer bestraft; sie hatten auf Grund der alten Feindschaft doppelt zu büßen. Der samnitische Bund wurde aufgelöst und die einzelnen Teile gezwungen, mit Rom Bundesverträge abzuschließen. Ein Teil des Gebietes wurde auch annektiert und auf ihm einige Jahre später große Latinische Kolonien gegründet (Beneventum, 268, im Süden und Aesernia, 263, im Norden). Zur Kontrolle des unsicheren lukanischen Bundesgenossen wurde

Pyrrhos in Italien und Sizilien

Ordnung Italiens nach dem Abzug des Pyrrhos

auch eine Latinische Kolonie in der alten griechischen Stadt Poseidonia niedergesetzt (Paestum). Tarent und die anderen griechischen Städte, die zu Pyrrhos
gehalten hatten, mußten, wie andere Gegner auch, in ein Bündnis mit Rom
eintreten. Die gesamte Apenninen-Halbinsel wurde damit ein geschlossenes
römisches Herrschaftsgebiet, das jetzt auch durch die Anlage neuer Festungen
und durch den Bau von Straßen konsequent ausgebaut wurde. So ist 267/266
Brundisium als Latinische Kolonie und wichtiger Hafen am Adriatischen Meer
gegründet und ist die *via Latina*, die große Heer- und Handelsstraße nach Süden,
die bereits durch Ap. Claudius Caecus aus rein militärischen Rücksichten bis
Kampanien und dann weiter durch Samnium bis Venusia verlängert worden war
(die Verlängerung hieß, römischem Usus entsprechend, nach dem Erbauer der
Straße, also hier: *via Appia*), nun über Tarent bis Brundisium weitergeführt
worden (264).

Römische Führer-
persönlichkeiten
der Zeit

Im Pyrrhos-Krieg und in den ihm vorausgehenden Samnitenkriegen treten uns
zum ersten Male große römische Führerpersönlichkeiten aus dem Dunkel der
Geschichte entgegen. Die sich nach den Ständekämpfen neu bildende Nobilität
hat sich in diesen Kriegen gefestigt. Viele plebejische Familien, die damals zu
Ruhm kamen, legten den Grund für ihre dauernde Nobilität, und manche alten
patrizischen Geschlechter vermochten ihren Einfluß zu festigen. L. Papirius
Cursor aus patrizischem Geschlecht war im Zweiten Samnitenkrieg zwischen 326
und 313 fünfmal Konsul, und sein nicht minder berühmter Sohn brachte es auf
zwei Konsulate (293 und 272). Aus dem ebenfalls patrizischen Geschlecht der
Fabier gehörte Q. Fabius Maximus Rullianus, ebenfalls fünfmal Konsul (zwischen 322 und 295) und Sieger in der Entscheidungsschlacht von Sentinum (295),
zu den bedeutendsten Gestalten seiner Zeit, und auch sein Sohn Q. Fabius
Maximus Gurges (Konsul 292 und 276) gewann im Dritten Samnitenkrieg und im
Pyrrhos-Krieg großen Ruhm. Q. Publilius Philo aus plebejischem Geschlecht war
einer der großen Politiker, die den Ständekampf liquidieren halfen, und auch sein
militärischer Ruhm war groß. Manche große Feldherrngestalten sind später zu
vorbildlichen Charakteren stilisiert und gelegentlich auch als Muster römischer
Verhaltensweise soweit schematisiert worden, daß kaum noch die historische
Persönlichkeit hindurchscheint. Schon ein Jahrhundert später sind etwa Männer
wie M'. Curius Dentatus, der Triumphator über die Sabiner und Befehlshaber in
der Schlacht bei Beneventum (Konsul 290, 275 und 274), und C. Fabricius
Luscinus (Konsul 282 und 278), der im Pyrrhos-Krieg Großes geleistet hatte, zu
Sinnbildern römischer Tugend, insbesondere zu *exempla* der Unbestechlichkeit,
Schlichtheit, Bedürfnislosigkeit und Aufrichtigkeit, erstarrt und einer Nachwelt,
in der nicht mehr alles zum besten zu stehen schien, zur Nachahmung vorgehalten
worden. Trotz aller Stilisierung stehen viele dieser Nobiles schon klar vor uns, am
deutlichsten vielleicht Ap. Claudius Caecus (so wegen seiner späteren Blindheit
beigenannt), der trotz aller hohen Ämter - er war zweimal Konsul (307 und 296)
und Diktator – vor allem durch seine Censur berühmt geworden ist (312). In ihr
baute er nicht nur die nach ihm benannte Straße und Wasserleitung und trat als

Reformer mancher Kulte auf, sondern hat sich offensichtlich auch für minderprivilegierte Gruppen, etwa die Freigelassenen und überhaupt die Grundbesitzlosen, eingesetzt, indem er sie durch eine Aufwertung ihrer politischen Rechte näher an den Staat heranzuführen suchte.

Der Ruhm vieler Männer konnte nicht vergessen machen, daß die Römer Pyrrhos in offener Feldschlacht nicht hatten besiegen können. Ihre Heere waren dabei zwar niemals völlig geschlagen und aufgelöst worden; doch bei aller Tapferkeit und Zähigkeit hatten sie gegen das hellenistische Heer, das damals auf dem Höhepunkt seiner Entwicklung stand, und gegen das militärische Genie eines Pyrrhos offensichtlich keine Chance gehabt. Daß sie den Krieg gewannen, verdankten die Römer nicht dem Umstand, daß sie schließlich mit den Elefanten des Pyrrhos, die sie noch bei Herakleia so erschreckt hatten, fertig geworden sind und auch taktisch manches dazugelernt hatten. Ihre Stärke lag auch nicht allein in ihrer im Vergleich zu anderen Staaten nunmehr bereits großen Zahl: Das Fundament ihrer Stärke und ihres Standvermögens ruhte vielmehr auf der besonderen Konstruktion des römischen Bundesgenossensystems in Italien. Dieses einmalige, in fast zweihundertjähriger Geschichte gewachsene Gebilde, das die Römer im Kampf gegen die italischen Völker entwickelt hatten, erwies sich nunmehr, als es sich zum ersten Male gegen einen auswärtigen Feind zu bewähren hatte, als ein, wenn nicht beinahe unzerstörbares, so auf jeden Fall doch äußerst belastbares Instrument hegemonialer Macht.

### c. Das römische Bundesgenossensystem in Italien

Rom und seine Bundesgenossen in Italien bildeten keinen ‚Bund‘, denn es gab keinen Bundeswillen und keine Bundesorganisation. Rom war in diesem Verhältnis nicht Partner, sondern Vormacht und die verbündeten Staaten keine Genossen, sondern abhängige Städte und Stämme. Dies drückte sich u. a. darin sehr scharf aus, daß alle Vertragspartner einzeln mit Rom verbunden waren, sie untereinander keinerlei vertragliche Verbindungen hatten und die Verträge mit Rom unauflöslich waren. Die Bundesgenossen standen aber nicht nur einzeln Rom gegenüber; sie besaßen zudem sehr verschiedene Rechtsstellungen. Die jeweils andere Stellung zu Rom hatte historische Gründe (Verdienste gegenüber Rom, Abfall, hartnäckiger Widerstand oder irgendwelche besonderen römischen Interessen). Aber wie immer das Vertragsverhältnis zustande gekommen war, im Endeffekt, d. h. nachdem schließlich ganz Italien unter römischer Hegemonie stand, bildete das komplizierte Geflecht doch ein System, das so, wie es war, als brauchbares, ja beinahe perfektes Instrument der Herrschaft dienen konnte. Wenn daher diesem hegemonialen Machtgebilde von der modernen Forschung das Prinzip des ‚teile und herrsche‘ *(divide et impera)* unterstellt wird, hat es damit durchaus seine Richtigkeit, obwohl es nicht nach diesem Prinzip zusammengebaut worden war, und es verdient auch den Begriff des ‚Systems‘, obwohl es nicht als solches entwickelt worden ist. – Die Römer hatten für das Gesamtsystem der

Allgemeiner Charakter des Bundesgenossensystems

Beziehungen keinen besonderen Namen. Sie sprachen es durch die Nennung seiner einzelnen Teile an: Die Römer, die Bundesgenossen und die Latinischen Kolonien, *civis Romanus sociumve nominisve Latini* (*socium* hier = *sociorum*; das *nomen Latinum* ist der latinische Stamm und bezieht sich auf die Latinischen Kolonien). Nach diesen drei Teilen soll das System noch etwas näher vorgestellt werden.

Die Römer    Die Gruppe der Römer selbst setzte sich zusammen aus den Bewohnern der Stadt Rom und den Angehörigen aller in ihr im Laufe der Zeit voll integrierten Städte und Stämme. Dieses römische Kerngebiet lag in der Mitte des 3. Jahrhunderts im westlichen Mittelitalien und umfaßte Latium, Kampanien und einen Streifen, der von Rom durch das Sabinerland bis zur Adriatischen Küste reichte. Es war also, obwohl nur ein Bruchteil Italiens, nicht klein. In ihm gab es zahlreiche kleine Städte, meist ehemals selbständige Staaten, die nach der Annexion durch Rom zu abhängigen, nur mit einer geringen Selbstverwaltung ausgerüsteten Landgemeinden herabgedrückt worden waren; später hießen diese Städte *municipium* (von *munus capere*, Pflichten übernehmen). Neben ihnen standen auf dem römischen Kerngebiet einige von Rom aus gegründete kleine Städte, die als Flottenbasen dienten (zu ihnen gehörte auch Ostia); als neu gegründete Städte erhielten sie den Namen *colonia* und als Kolonien römischen Rechts hießen sie dann auch *colonia civium Romanorum* (*maritima*).

Zum römischen Bürgergebiet wurden auch diejenigen Städte gezählt, die bei Beibehaltung ihrer vollen inneren Autonomie doch insoweit mit dem römischen Staatswesen verbunden worden waren, als ihre waffenfähige Mannschaft wie römische Soldaten in den Bürgerlegionen diente (*civitas sine suffragio*; z. B. Caere, Capua). Diese Teilintegration tendierte vor allem durch das Heer, das als Romanisierungsfaktor wirkte, und darüber hinaus durch die Ausrichtung des politischen und wirtschaftlichen Gesamtinteresses auf Rom dahin, daß diese Städte immer stärker in dem römischen Bürgergebiet aufgingen. Trotz Rückschlägen – Capua fiel im Zweiten Punischen Krieg von Rom ab – verstanden diese Gemeinden ihre Sonderstellung, die ihnen ihre eigenen Institutionen, Rechtsanschauungen und Sprache erhielt, bald nicht mehr im ursprünglichen Sinne, nämlich als eine innerhalb des römischen Bürgerverbandes bevorzugte Stellung, sondern erstrebten das volle römische Bürgerrecht, das auch die Teilnahme an dem politischen Leben in Rom (Abstimmungen in der Volksversammlung; Wählbarkeit zu den Ämtern u. a.) einschloß. Bis zum 2. Jahrhundert sind dann auch die meisten dieser Gemeinden voll in den römischen Staatsverband integriert worden.

Die Latinischen    Die Gruppe der Latiner (*coloniae Latinae*) umfaßte die von Rom aus mit
Kolonien    römischen Bürgern (und gelegentlich auch unter Teilnahme von bundesgenössischen Siedlern) niedergesetzten Festungen, deren Bewohner alle einheitlich ein Latinisches Bürgerrecht erhielten. Es gab um 240 v. Chr. 28 solcher Kolonien; ihre Zahl ist bis 180 weiter auf 35 gestiegen. Sie lagen in ihrer Mehrzahl rund um das samnitische Gebiet, standen alle auf Boden, der dem Feind abgenommen

worden war, und galten als die Bollwerke (*propugnacula*) Roms in Italien. Die Lateinischen Kolonien sind kein Stadttyp, der sich historisch gebildet hat, sondern eine ‚Erfindung' der Römer im Sinne einer künstlichen Konstruktion, und sie sprengten mit dem ihnen innewohnenden Grundgedanken die Idee des antiken Stadtstaates zugunsten des Gedankens territorialer Herrschaft: Der Bewohner einer Lateinischen Kolonie war nicht nur und nicht einmal in erster Linie Bürger seiner bestimmten Stadt, etwa Bürger von Venusia, sondern war vor allem Träger eines Bürgerrechts, das er mit allen anderen Städten eines Typs, eben den Lateinischen Kolonien, gemeinsam hatte; ihn charakterisierte also nicht, wie für jeden Bürger einer antiken Stadt selbstverständlich, die Zugehörigkeit zu einer individuellen Stadt mit dem ihr eigenen, unwiederholbaren Rechtskreis, sondern die zu einem Stadttyp: Sein Bürgerrecht gab ihm eine abstrakte, von der einzelnen Stadt absehende Rechtsstellung, deren Sinn gerade in der Aufhebung der städtischen Individualität lag. Die zum Zwecke der militärischen Handlungsfähigkeit mitten im Feindesland gewährte Eigenständigkeit der Lateinischen Kolonie konnte ihren Bürgern auch schon deswegen kein besonderes ‚Stadtbewußtsein' vermitteln, weil die weitaus meisten Bürger dieser Kolonien einmal römische Bürger gewesen waren, die ihr Bürgerrecht lediglich wegen der aus militärischen Rücksichten notwendigen Unabhängigkeit der Kolonie aufgegeben hatten, und weil sie das auch latent blieben: Zog ein Bewohner einer Lateinischen Kolonie nach Rom zurück, lebte sein altes, römisches Bürgerrecht wieder auf. Die Lateinische Kolonie war also eine selbständige Stadt und trotzdem eine nicht nur wegen ihrer exponierten Lage in Feindesland auf Gedeih und Verderb mit Rom verbundene, sondern auch eine ihrem ganzen inneren Wesen und dem Fühlen ihrer Bewohner nach zu Rom gehörige Stadt.

Die Masse der Bundesgenossen (*socii*) waren Städte und Stämme Italiens, mit denen als Freunde oder besiegte Feinde Rom im Laufe der Zeit Vertragsverhältnisse eingegangen war. In ihren Bundesverträgen war festgelegt worden, daß sie dieselben Freunde und Feinde haben sollten wie Rom, und es war ebenfalls ihr militärischer Beitrag im Falle eines Krieges vorgeschrieben. Alle äußeren Beziehungen waren damit auf Rom konzentriert und also die Außenpolitik und Wehrpolitik zugunsten der römischen Vormacht aufgehoben worden; doch blieb die innere Autonomie der Verbündeten, welche die Römer schon wegen des Fehlens eines bürokratischen Herrschaftsapparates gar nicht antasten konnten, gewahrt. Die Bundesgenossen waren folglich abhängige Staaten, deren Unterordnung weniger scharf durch den Bundesvertrag als durch die faktische außenpolitische und militärpolitische Isolierung gegeben war. Manche Bundesgenossen, und zwar solche, die früher besonders erbitterte Gegner Roms gewesen waren, mußten allerdings ihre Untertänigkeit auch förmlich durch die Aufnahme einer Vertragsklausel zugestehen, welche die Höherstellung (*maiestas*) des römischen Volkes ausdrücklich feststellte (*maiestatem populi Romani comiter conservare*; Majestätsklausel). Diese Verträge wurden als ‚ungleiche Verträge' (*foedera iniqua*) angesehen.

*Die Bundes-genossen*

Die Anzahl der waffenfähigen römischen Bürger betrug im Jahre 225 ca. 273 000 (einschließlich der teilinkorporierten Gemeinden), die der Latinischen Kolonien 85 000 und die der Bundesgenossen 412 000. Römer und Latiner waren zusammengenommen also zahlenmäßig den Bundesgenossen etwas unterlegen. Das Gebiet der Bundesgenossen war hingegen über doppelt so groß wie das der Römer und Latiner; Mittelitalien, wo sich die letzteren konzentrierten, muß folglich dichter besiedelt gewesen sein. Die Gesamtzahl der in dem hegemonialen System lebenden Menschen hat zu dieser Zeit über 6 Millionen betragen. Von der Zahl der militärisch einsatzfähigen Menschen her gesehen – die Bundesgenossen mußten stets genauso viele Soldaten zu einem Feldzug stellen wie die Römer – gab es im mediterranen Raum nichts, was diesem Machtblock vergleichbar gewesen wäre.

## 7. Der Aufstieg Roms zur Weltherrschaft

### a. Der Kampf mit Karthago (264–201 v. Chr.)

Das karthagische Großreich war aus dem Zusammenschluß zahlreicher phöniki-
scher Städte und Handelsfaktoreien im westlichen Mittelmeerbecken entstanden.
Dieser Vorgang hing ursächlich mit der griechischen Kolonisation des Westens
zusammen, die den phönikischen Händlern den Lebensraum zu entziehen drohte.
Die Griechen blieben denn auch nach der Großreichbildung die Gegner der
Phöniker, und das Schlachtfeld, auf dem die Gegensätze immer wieder ausgetra-
gen wurden, war die Insel Sizilien, deren westlichen Teil die Karthager gegen alle
Angriffe der Griechen halten und zu einem Herrschaftsgebiet ausbauen konnten.
Der karthagische Machtbereich umfaßte in der Mitte des 3. Jahrhunderts neben
dem zentralen Gebiet an der mittleren und westlichen Nordküste Afrikas (heute:
Tunesien, Libyen, Algerien und Marokko) und neben dem Westteil Siziliens noch
Sardinien und Korsika sowie die Südostküste des heutigen Spanien und einige
Punkte an der atlantischen Küste (hier vor allem Gades, heute Cadiz). Der
ursprünglich wohl nur lockere Zusammenschluß der Phöniker wurde unter Führung der Stadt Karthago (Karthago heißt phön. Neustadt), einer Gründung von
Utica, das seinerseits von Tyrus gegründet worden war, zunehmend straffer organisiert, so daß wir von einem ‚Reich‘ oder einer ‚Herrschaft‘ sprechen können; doch
erstreckte sich der Einfluß nicht sehr weit in das Hinterland hinein: Das karthagische Reich blieb auf das Meer als das für die Phöniker lebenswichtige Medium des
Handels ausgerichtet. Der Wille zur Herrschaft auch über weite Territorien blieb
dahinter so weit zurück, daß Karthago selbst in seiner Glanzzeit manchen Stämmen sogar des zentralen Herrschaftsgebietes für die Aufrechterhaltung eines fried-
lichen Zusammenlebens Zahlungen leistete.

Die besonderen Bedingungen der Entstehung des karthagischen Staates spiegelt
auch dessen Verfassung wieder. Karthago wurde von einer Kaufmannsaristokratie
beherrscht und besaß folglich die für alle Aristokratien typischen Institutionen,
nämlich jährlich wechselnde, in Kollegien organisierte Beamte, deren höchste die
beiden Sufeten (‚Richter‘) waren, einen Adelsrat von 300 Personen mit einem
regierenden Ausschuß von 30 und den Rat der Hundertvier, letzterer insbesondere als Aufsichtsorgan über die Einhaltung der Verfassung gedacht. Es war für
diese aus zahlreichen Handelsplätzen geborene Großmacht typisch, daß die
Phöniker ungern als Soldaten dienten und folglich das Milizwesen nur unvollkommen ausgebildet war. Das Heer wurde zum größten Teil aus Afrikanern (vor
allem Libyern) und Fremden (Iberern, Kelten, Griechen) angeworben, und da es
somit eher ein neben dem Staat stehender als ein in ihm integrierter Verband war,
entwickelte es sich zu einem ständigen Unruhefaktor, der unter Umständen sogar

Herrschafts-
gebiet
und Verfassung
Karthagos

für den Staat bedrohlich werden konnte. Auch die Militärführung, die selbstverständlich von Karthagern gestellt wurde, war in diesem aristokratischen, auf Wahrung der aristokratischen Gleichheit gerichteten Staat nicht unproblematisch; denn sie war nicht nur übermächtig, sondern vertrat oft eine den karthagischen Kaufleuten greuliche dynamische Militärpolitik und störte damit den Frieden, den die Kaufmannschaft benötigte. Da Sizilien das Zentrum des Kampfes gegen die Griechen war und blieb, war die Masse des Militärs dort ständig stationiert, und nur diese Trennung von staatlichem und militärischem Zentrum setzte das Risiko eines Zusammenstoßes des Militärs mit der herrschenden Aristokratie auf ein erträgliches Maß herab.

Rom und
Karthago
vor 264

Zwischen Rom und den Karthagern gab es zunächst keine Interessenkollisionen. Rom war eine Landmacht und im Handelsleben der Mittelmeerwelt kaum engagiert. Gegen die Griechen hatten sich beide Mächte sogar oft zusammengetan, und auch im Pyrrhos-Krieg hatte man noch Seite an Seite gekämpft. Nach der Hineinnahme von ganz Unteritalien in das römische Bundesgenossensystem schien Rom auch zunächst saturiert und seine Kraft absorbiert zu sein. Allerdings erbten die Römer als Hegemon der griechischen Städte Unteritaliens auch deren Interessen, und zumindest von daher waren Zusammenstöße in der Zukunft absehbar.

Ursachen und
Anlaß des
Ersten Punischen
Krieges

Der erste Krieg mit Karthago entzündete sich an den Händeln mit den kampanischen Söldnern oskischer Herkunft, die, nach dem Tode des syrakusanischen Herrschers Agathokles brotlos geworden, sich der Stadt Messana (Messina) bemächtigt hatten. Diese *Mamertini* (d. i. Marssöhne) genannten Söldner, der Schrecken aller Griechen Siziliens, waren 269 von Hieron II., dem Herrscher und dann König von Syrakus, am Longanos-Fluß geschlagen worden und riefen nun zunächst die Karthager zu Hilfe. Nachdem sie die erbetene karthagische Besatzung gegen den Willen der karthagischen Heeresleitung wieder zum Abzug gedrängt hatten und daraufhin auch von den Karthagern belagert wurden, baten sie, die nun von Karthagern und Syrakusanern zugleich bedrängt wurden, die Römer um Unterstützung. Die Konsuln, insbesondere der ehrgeizige Ap. Claudius Caudex, scheinen einen schwankenden Senat mit Hilfe der Volksversammlung zur Annahme des Hilfegesuchs gedrängt zu haben. Es mochte die Konsuln und Soldaten die Aussicht auf Ruhm und leichte Beute im reichen Sizilien in den Krieg geführt haben, und die Masse der Senatoren mochte in diesem Konflikt mit Syrakus eine begrenzte militärische Unternehmung sehen, welche diese früher durchaus auch aggressive, mächtigste Stadt des griechischen Westens schwächte und sie von den gerade unter die römische Hegemonie gekommenen unteritalischen Griechenstädten fernhielt; man mochte darum eine Erweiterung des Bundesgenossensystems durch die an der anderen Seite der Meerenge liegende Stadt Messana als wünschenswert erachten. Hieron wurde schnell besiegt, und er schloß darauf auch Frieden mit den Römern. Die Karthager aber ließen sich nicht zu einer Regelung herbei, sondern mit ihnen entbrannte nun ein mehr als zwanzig Jahre während der Kampf, der beide kriegführenden Mächte an den Rand der

Erschöpfung brachte. Für den Tatbestand, daß sich weder die Römer noch die Karthager aus diesem zunächst offensichtlich begrenzten Konflikt zu lösen vermochten, gab es für beide Seiten gewichtige Gründe. Die Römer konnten sich mit Rücksicht auf ihr gerade vollendetes Bundesgenossensystem in Italien keine Niederlage leisten; Rückwirkungen auf Italien wären unausbleiblich gewesen. Die sofort einsetzenden Aktivitäten der karthagischen Flotte vor der italischen Küste schienen denn auch derartige Befürchtungen sofort in den Bereich der Möglichkeiten zu rücken. Die Karthager fühlten sich ihrerseits in dem Gebiet angegriffen, um das sie jahrhundertelang gekämpft hatten und in dem darum auch ihre militärische Hauptmacht stand: Die Römer waren, ohne es zu wissen, in das machtpolitische Zentrum des karthagischen Reiches gestoßen.

Der Krieg begann für die Römer erfolgreich. Es wurden auf Sizilien Fortschritte erzielt und vor allem auch zur See ein glänzender Sieg bei Mylae an der Nordostküste Siziliens errungen. Die Römer hatten nämlich eine Flotte gebaut und diese mit einer für die Landmacht Rom typischen Neuerung ausgerüstet. Sie befestigten nämlich an ihren Schiffen große, mit einem Haken versehene Enterbrücken (von dem Widerhaken *corvus*, Rabe, genannt), auf denen die römischen Legionäre das feindliche Schiff stürmen konnten, und übertrugen so den gewohnten Kampf zu Lande auf das neue Operationsgebiet. Der Sieger der großen Seeschlacht war der Konsul C. Duilius (260). Im Jahre 259 wurde auch Korsika erobert. Aber dann scheiterte ein groß angelegtes Landunternehmen in Afrika, durch das man den Krieg mit einem Schlag beenden wollte; der Konsul M. Atilius Regulus wurde nach anfänglichen Erfolgen geschlagen und geriet selbst in Gefangenschaft (256). Im nächsten Jahre verließen die Römer daher Afrika wieder, und auch in den folgenden Jahren schloß sich ein Mißerfolg an den anderen. Bisweilen aus Unerfahrenheit, gelegentlich sogar durch die Mißachtung primitivster Regeln der Nautik von seiten der römischen Befehlshaber gingen nach 254 in einem guten halben Jahrzehnt vier römische Flotten verloren. Schließlich erstarrte der Kampf in einer Art Stellungskrieg in Westen Siziliens, bei dem es um die Bergfestungen Heirkte bei Panormus (Palermo) und Eryx (Erice) bei Drepanum (Trapani) ging. Auf Seiten der Karthager hatte jetzt der tüchtige Hamilkar Barkas das Oberkommando inne; die beiden letzten Stützpunkte der Karthager, Lilybaeum (Marsala) und Drepanum, konnten durch ihn gehalten werden. In der allgemeinen Erschöpfung rafften sich die Römer dann zu einer letzten Anstrengung auf und bauten in der richtigen Erkenntnis, daß nur die Herrschaft zur See eine Entscheidung bringen konnte, eine neue große Flotte. Diese zernierte die letzten Bastionen der Karthager und vernichtete unter Führung des Konsuls C. Lutatius Catulus eine karthagische Entsatzflotte bei den Ägatischen Inseln (241). Daraufhin verstand sich Karthago zu einem Frieden. Es mußte neben der Zahlung einer großen Kriegskontribution und der Auslieferung aller Gefangenen ganz Sizilien und die zwischen Sizilien und Italien gelegenen Inseln – es waren offensichtlich die Liparischen Inseln gemeint (nicht Sardinien und Korsika) – räumen. Die Römer organisierten Sizilien nach einem kurzen

Verlauf des Krieges

Provisorium als ein reines Herrschaftsgebiet; die Insel wurde also nicht an das italische Bundesgenossensystem angeschlossen, sondern in der Nachfolge der Karthager herrschaftlich verwaltet. Seit 227 wurde für Sizilien eigens eine Statthalterschaft eingerichtet; der *praetor* genannte Beamte war eine Art jährlich wechselnder Vizegouverneur mit voller ziviler und militärischer Gewalt. Aus dem Herrschaftsgebiet – es hieß technisch *provincia*, was eigentlich Aufgabenbereich eines Beamten bedeutet – war zunächst das Königreich Hierons noch eximiert. Als die Karthager infolge eines Aufstandes der nach Afrika zurückgenommenen Söldner geschwächt waren und sich die Unruhe auf Sardinien ausdehnte, besetzten die Römer auch Sardinien (237) und vereinigten die Insel mit Korsika zu einem zweiten Militärbezirk, der 227 ebenfalls einem besonderen Statthalter unterstellt wurde. Die Karthager mußten zähneknirschend offiziell in die Abtretung einwilligen.

Kriege mit den Illyrern

Mit der Eroberung Siziliens war die Qualität der römischen Außenpolitik eine andere geworden: Die römische Politik mußte von nun an notwendig den gesamten Mittelmeerraum im Blick haben. Der römische Senat war jedoch zunächst noch weitgehend in seiner alten, auf Italien konzentrierten Politik befangen. Der Raub Sardiniens – anders kann man die Tat wohl nicht bezeichnen – ist auch nicht als das erste Anzeichen eines imperialistischen, auf Eroberung und Herrschaft gerichteten Denkens, sondern als die Reaktion eines nach den Gefahren des großen Krieges ängstlich gewordenen Senats anzusehen, der vor der Haustür eine latente karthagische Flottenbastion beseitigen wollte. Ebenso waren die Händel mit der kleinen, aber dynamischen illyrischen Herrschaft an der dalmatinischen Küste von italischen Interessen getragen: Das sich nach Süden in das griechische Siedlungsgebiet hin ausdehnende Reich des Königs Agron und seiner Gemahlin und Nachfolgerin Teuta (seit 230) bedrohte mit seinen ausgezeichneten kleinen Kaperschiffen den Handel des Adriatischen Raumes und schädigte nicht nur die griechischen Städte an der Ostküste des Adriatischen Meeres, die bis nach Korkyra (Korfu) hin unmittelbar bedroht waren, sondern auch die Griechenstädte Unteritaliens. Ein römisches Expeditionsheer, das kaum auf Widerstand stieß, zwang Teuta, sich künftig Aktionen südlich der Stadt Lissos (Lesh an der Drina-Mündung/Albanien) zu enthalten (228). Zahlreiche griechische Städte der epirotischen Küste, insbesondere Korkyra und Epidamnos, betrachteten sich von nun an als Schutzbefohlene der Römer. Als später Demetrios, Dynast der dalmatinischen Insel Pharos, in die Fußstapfen der Teuta treten wollte und das Adriatische Meer erneut durch Piratenfahrten verunsicherte, sandten die Römer wieder ein Heer an die dalmatinische Küste (219). Demetrios floh zu Philipp V. von Makedonien, der wegen seiner griechischen Händel die Aktionen der Römer trotz ihrer Nähe zum makedonischen Einflußgebiet zunächst nicht stören konnte oder wollte; doch verhinderten die mit den Karthagern erneut ausbrechenden Feindseligkeiten weitere römische Aktivitäten.

Keltenkrieg

Auch ein anderes Operationsfeld dieser Zeit zwischen den beiden Punischen Kriegen (punisch = karthagisch/phönizisch von lat. *Poeni*) steht noch ganz in der

Nachfolge italischer Politik. Die keltischen Stämme Oberitaliens, gestärkt durch Zuzüge aus Gebieten jenseits der Alpen, wurden erneut unruhig und fielen schließlich sogar in das Gebiet des römischen Herrschaftseinflusses ein. Sie konnten jedoch bei Telamon in Etrurien im Jahre 225 vernichtend geschlagen werden, und im Zuge eines Gegenangriffs wurde dann bis 222 alles Gebiet zwischen den Apenninen und dem Po von den Römern unterworfen. Auch nördlich des Po wurden die Römer aktiv; 222 konnte Mediolanum (Mailand) erobert werden. Die Römer begannen auch schon, das eroberte Gebiet nach altbewährtem Muster durch die Anlage von Festungen (Placentia und Cremona, 218) und den Bau von Straßen (*via Flaminia* von Rom durch das Apenninen-Massiv nach Ariminum) abzusichern, als der Einfall Hannibals in Oberitalien allen weiteren Unternehmungen ein Ende setzte.

Für die Karthager war es nach dem verlorenen Krieg lebenswichtig, sich neue Handelsräume zu öffnen und vor allem auch – das hatte der nur mühsam niedergeschlagene Söldneraufstand gezeigt – für das Heer und seine Führung, die nicht in den Staat zu integrieren waren, ein neues Betätigungsfeld zu suchen. Der auf Sizilien so erfolgreiche Hamilkar Barkas begann denn auch als offizieller karthagischer Stratege seit 237 die Pyrenäen-Halbinsel zu unterwerfen, deren Südostküste bereits seit langem zum karthagischen Einflußbereich gehörte und die den Karthagern u. a. auch durch umfangreiche Söldner-Anwerbungen gut bekannt war. Nach seinem Tode (229/228) setzte sein Schwiegersohn Hasdrubal das begonnene Werk vor allem durch den Einsatz diplomatischer Mittel fort. Hasdrubal heiratete eine Ibererin und gründete als Zentrale des neuen Herrschaftsraumes Neukarthago (Carthago Nova, Cartagena). Durch ihn erhielt Spanien den Charakter einer barkidischen Sekundogenitur des karthagischen Reiches. Die Römer beobachteten die Eroberung Spaniens mit Zurückhaltung, stets gut informiert durch Massalia, das in Südgallien und Nordostspanien zahlreiche Handelsfaktoreien hatte und um seinen Handelsraum fürchtete. Im Jahre 226 handelte schließlich eine römische Gesandschaft mit Hasdrubal eine Demarkationslinie aus, über die der karthagische Bereich nicht hinausgehen sollte; in einem förmlichen Vertrag setzte man als Grenzlinie des Einflusses den Ebro (nach Meinung der meisten der große, noch heute so benannte Fluß in Nordspanien, doch wird auch der Segura südlich von Alicante erwogen) fest, und das mochte auch mit den massiliotischen Interessen übereinstimmen. Daß die Römer hier mit Hasdrubal anstatt mit Karthago verhandelten, zeigt deutlich die Sonderposition der Barkiden in Spanien. Nach dem Tode Hasdrubals (221) wurde der 25jährige Sohn Hamilkars, Hannibal, dessen Nachfolger. Dieser setzte die kriegerischen Operationen seines Vaters energisch fort und bemächtigte sich u. a. auch nach achtmonatiger Belagerung im Spätherbst 219 der Hafenstadt Saguntum, die südlich der Mündung des (nördlichen) Ebro lag und schon aus der Zeit vor dem Ebro-Vertrag mit Rom verbündet war. Es ist in der Forschung umstritten, ob die Eroberung Sagunts die Römer zur Kriegserklärung veranlaßte, wie es die Römer später darstellten und damit den Krieg, weil wegen eines Bundesgenossen geführt,

Die karthagische
Expansion
in Spanien

als einen ‚gerechten‘ (*bellum iustum*) hinstellten, oder aber die Überschreitung des Ebro durch Hannibal und also die Verletzung des Ebro-Vertrages. Wie immer es war: Die Römer waren offensichtlich entschlossen, den karthagischen Expansionsdrang in Spanien zu bremsen. Als eine römische Gesandtschaft in Karthago die Auslieferung Hannibals verlangte und die Karthager das ablehnten, sie also das Verhalten Hannibals deckten, erklärten die Römer den Karthagern den Krieg. Die Römer haben diesen ihren größten und für die weitere Geschichte der Mittelmeerwelt folgenreichsten Krieg demnach nicht als Angegriffene begonnen. Denn mag Hannibal auch römische Rechte verletzt haben, so dienten seine Operationen doch nicht einem Angriff auf Rom, sondern der Arrondierung der karthagischen Herrschaft in Spanien und – das berührte allerdings die Römer – einer Stärkung Karthagos nach dem Verlust seiner sizilischen Besitzungen. Nicht die eher etwas hergeholten Rechtsverletzungen Hannibals (wenn sie es denn überhaupt waren), sondern die Dynamik der Expansion war die Ursache der römischen Intervention: Der Zweite Punische Krieg war die Konsequenz eines nüchternen politischen Kalküls der Römer, nach dem eine Ausdehnung der karthagischen Macht bis in die Nähe des südgallischen Raumes, und d. h. in die Nähe der Rom gefährlichen keltischen Stämme, nicht erwünscht war.

Die Offensive Hannibals; Cannae
    Hannibal, wohl der genialste Feldherr der Antike, beantwortete die römische Kriegserklärung mit einem Gewaltmarsch nach Italien. Er nahm nur ein verhältnismäßig kleines Heer von ca. 50 000 Fußsoldaten und 10 000 Reitern sowie etliche Elefanten mit sich und überließ das noch unbefriedete Spanien seinem Bruder Hasdrubal mit den dort verbliebenen Kräften. In Eilmärschen zog er durch Südgallien, überschritt die Rhône und durchquerte die Alpen über einen Paß südlich des Mt. Cenis. Er hatte auf seinem Marsch fast die Hälfte seines Heeres verloren; doch mit diesem Rest, gestärkt durch schnell angeworbene keltische Kontingente aus Oberitalien, war er nun eine ernsthafte Bedrohung Roms. Noch im Jahre 218 schlug er die Römer in einer Reiterschlacht am Ticinus und mitten im Winter das gesamte römische Aufgebot an der Trebia in Oberitalien. Durch die Initiative Hannibals wurde die römische Strategie völlig über den Haufen geworfen. Der Senat hatte ein Heer nach Spanien entsandt, ein anderes nach Sizilien, um von dort aus Karthago direkt anzugreifen. Das spanische Expeditionsheer zog zwar weiter; aber die römische Kriegführung mußte sich nun auf Italien als den entscheidenden Kriegsschauplatz konzentrieren. Im nächsten Jahre 217 wurde ein großes konsularisches Heer unter C. Flaminius am Trasimenischen See in eine Falle gelockt und beinahe aufgerieben. Durch diesen Fehlschlag gingen die Römer zunächst zu einer defensiven Taktik, in der ihre eigentliche Stärke lag, über. Aber als Hannibal dann nach Süditalien zog und also mitten im Bereich der Bundesgenossen operierte, die z. T. noch nicht lange unterworfen waren, entschloß man sich erneut zur Offensive. Ein gewaltiges doppelkonsularisches Heer von über 80 000 Mann wurde aufgestellt; ihm trat Hannibal mit ca. 50 000 Mann, aber überlegen in der Reiterei, bei Cannae in Apulien entgegen. Die Römer, durch die Niederlagen der letzten Jahre verunsi-

chert, hatten offenbar die wenig einfallsreiche, aber in ihrer Lage bezeichnende Idee, das karthagische Heer mit ihrer Masse niederzuwalzen. Dem stellte Hannibal eine durchdachte strategische Konzeption gegenüber: In einer klassischen Umfassungsschlacht kreiste er die Römer von allen Seiten ein und ließ sie so an ihrer eigenen Masse zugrunde gehen. Am Abend war das gesamte römische Heer vernichtet; nur Reste entkamen dem Blutbad. In ganz Italien gab es keine einzige römische Heeresabteilung mehr, die diesen Namen verdiente.

Auch nach Cannae blieb das römische Bundesgenossensystem intakt, und alle Versuche Hannibals, durch eine freundliche Behandlung der gefangenen italischen Bundesgenossen das System zu brechen, schlugen fehl. Zwar fielen etliche Bundesgenossen in Süditalien ab, und vor allem ging Capua, die mächtigste Stadt Kampaniens, die Teil des römischen Bürgerverbandes war, zu Hannibal über. Auch Syrakus wechselte nach dem Tode Hierons im Jahre 215 die Partei, und Hannibal gewann 215 in Philipp V. von Makedonien, der den Römern wegen deren illyrischen Engagements gram war, einen mächtigen Bundesgenossen. Aber alle Latinischen Kolonien und die meisten Bundesgenossen blieben treu, und auch die römische Volkskraft war trotz der schrecklichen Verluste noch nicht gebrochen. Der Senat verweigerte alle Verhandlungen mit Hannibal und hob neue Truppen aus. Die Römer retteten sich über die schwierige Phase des Krieges durch die konsequente Verfolgung zweier Strategien. Einmal kehrten sie gegenüber Hannibal in Italien trotz aller damit verbundenen Schwierigkeiten zu einer defensiven Strategie zurück; für sie stand stellvertretend Q. Fabius Maximus, der wegen seiner strategischen Konzeption Cunctator (Zögerer) beigenannt wurde. Zum anderen wurden die Römer an zahlreichen Nebenkriegsschauplätzen aktiv, durch die sie u. a. auch Hannibal von jeglichem Nachschub abschnitten: Auf Sizilien eroberte M. Claudius Marcellus 212 Syrakus, in Spanien konnten die Römer trotz einer schweren Niederlage der Brüder P. und Cn. Cornelius Scipio im Jahre 211 sich halten, und in Griechenland konnten sie durch die Aufnahme von Verbindungen zu den Feinden Makedoniens Philipp von einer aktiven Teilnahme am italischen Kriegsschauplatz fernhalten. Um jeden weiteren Abfall zu unterbinden, bemühten sie sich aber vor allem um die Eroberung Capuas, das sie in langen Kämpfen zernierten und schließlich – trotz eines Entlastungsangriffs Hannibals auf Rom im Jahre 211 *(Hannibal ante portas!)* – einnahmen. 209 fiel auch das abgefallene Tarent durch Verrat wieder an die Römer. Als schließlich im Jahre 207 Hasdrubal mit einem Entsatzheer aus Spanien in Oberitalien erschien, um das Blatt noch einmal zu wenden, konnten die nun sicherer gewordenen Römer ihm auf der inneren Linie schnell das gesamte römische Aufgebot entgegenwerfen, ihn am Metaurus (Fluß zwischen Ariminum und Ancona) vernichtend schlagen – Hasdrubal wurde getötet – und sich wieder in ihrer defensiven Position in Süditalien einfinden, ehe Hannibal die Situation recht eigentlich begriffen hatte. Damit war nun Hannibal, obwohl im offenen Felde unbesiegt, in der Defensive.

In diesen Jahren fand das zähe Aushalten der Römer seinen Lohn. Zunächst

Defensive Strategie der Römer

Die Niederlage
Hannibals

setzten sie sich auf allen Nebenkriegsschauplätzen endgültig durch. Von 211-206 vertrieb P. Cornelius Scipio, der Sohn des in Spanien gefallenen P. Scipio, die Karthager aus Spanien; aus der barkidischen schien Spanien zu einer Herrschaft der Scipionen geworden zu sein. Auch Sizilien war längst von Feinden frei, und 205 schloß Philipp V. mit den Römern einen Separatfrieden. In dem Streit der Nobiles um die künftige römische strategische Konzeption in Italien setzte sich dann der aus Spanien zurückgekehrte Scipio mit einem Offensivplan durch: In seinem Konsulat im Jahre 205 erhielt er Sizilien als Provinz, setzte 204 als Prokonsul von dort nach Afrika über und schlug die Karthager, unterstützt von dem numidischen König Massinissa, in offenem Felde. Hannibal, von der karthagischen Regierung auf Grund eines mit den Römern abgeschlossenen Waffenstillstandes nach Afrika zurückgerufen, verließ daraufhin Italien (203), begann dann aber in Afrika erneut den Krieg. Im nächsten Jahre wurde er jedoch bei Zama von Scipio geschlagen. Scipio, der die Taktik der gelockerten Linie und den Gedanken der strategischen Reserve weiterentwickelt und so das römische Heerwesen an die hohe, von Hannibal so meisterhaft beherrschte Kriegskunst des hellenistischen Ostens angepaßt hatte, bewies in dieser Schlacht, daß die Römer aus Cannae gelernt und wieder zu sich selbst gefunden hatten.

Die Karthager mußten nun unter Bedingungen Frieden schließen, die sogar die Souveränität ihres Staates in Frage stellten. Sie hatten auf alle Besitzungen außerhalb Afrikas zu verzichten, mußten in Afrika ein selbständiges, vergrößertes und geeintes numidisches Reich unter Massinissa dulden, der künftig als eine Art Aufpasser der Römer fungierte, mußten bis auf 10 Schiffe die ganze Flotte ausliefern und eine gewaltige Kriegskontribution zahlen. Schließlich wurde die außenpolitische Handlungsfreiheit formell noch dadurch eingeschränkt, daß jede Kriegführung außerhalb Afrikas verboten, solche innerhalb Afrikas von der Zustimmung der Römer abhängig gemacht wurde. Das so lange und erbittert umkämpfte Spanien aber behielten die Römer, ohne es sogleich, wie Sizilien und Sardinien, einem ordentlichen Statthalter zu unterstellen; es sollte noch Generationen dauern, bis es als eine befriedete Provinz gelten konnte.

### b. Rom und der griechische Osten (200-168 v. Chr.)

Der Eintritt
Roms in die
Ostpolitik

Unmittelbar im Anschluß an den großen Krieg gegen die Karthager zogen die Römer gegen eine der drei Großmächte des griechischen Ostens zu Felde. Ein oberflächlicher Betrachter könnte aus der reinen Verknüpfung der Ereignisse schließen, daß die Römer nach der Eroberung des Westens nun an die Niederwerfung der griechischen Staaten im Osten gingen und ihnen also spätestens jetzt die Weltherrschaft als politisches Ziel vorschwebte. Tatsächlich liegen die Dinge nicht so einfach. Mit Philipp V. von Makedonien waren die Römer schon vor Ausbruch des Hannibalkrieges im illyrisch-adriatischen Bereich zusammengestoßen, wo hinter dem Dynasten Demetrios der makedonische Herrscher gestanden hatte, und auch während des Krieges hatte Philipp sogar als regulärer Bundesgenosse der Karthager gekämpft. Mußte deshalb Philipp schon von daher in den Augen der Römer als ein potentieller Gegner erscheinen, so gelangten in den Jahren vor Ausbruch des Krieges Nachrichten aus dem Osten nach Rom, die das bereits vorhandene Feindbild noch schärften: Nach dem Tode des Ptolemaios IV. Philopator (205/204) erlebte das bereits angeschlagene Ptolemäerreich unter der Minderjährigkeitsregierung Ptolemaios V. Epiphanes eine Zeit großer Schwäche. Das unter Antiochos III. aufstrebende Seleukidenreich nutzte diese Zeit, um gemeinsam mit dem Makedonenkönig über die zahlreichen ptolemäischen Außenbesitzungen an den Meerengen, in der Ägäis und in Kleinasien herzufallen; Antiochos marschierte sogar in das südliche Syrien ein. Die antike Historiographie weiß von einem formellen Teilungsvertrag zwischen Antiochos und Philipp zu berichten, der ca. 203/202 abgeschlossen worden sein soll; aber die Könige dürften sich auch ohne formellen Vertrag verständigt haben. Die Verlierer dieser Politik waren neben dem Ptolemäer die griechischen Mittelstaaten dieses Raumes, insbesondere Pergamon unter Attalos I. und die Inselrepublik Rhodos, die um territoriale und wirtschaftliche Interessen fürchten mußten. Diese informierten denn auch den römischen Senat und wußten die formelle oder faktische Koalition der beiden hellenistischen Großreiche in den düstersten Farben auszumalen. Der Senat war in griechischer Politik noch wenig bewandert, aber das Gespenst einer großen Koalition, wie man sie im Hannibalkrieg erlebt hatte, schien vor Augen zu stehen. So entschloß er sich zum Krieg. Der kriegsmüden römischen Volksversammlung mußte allerdings erst mit einigem Druck nachgeholfen werden (Zweiter Makedonischer Krieg).

Philipp hatte mit dem guten Recht der politischen Logik seiner Zeit das Ansinnen der Römer, seine Eroberungen herauszugeben und sich wegen seines Streites mit dem Pergamener und den Rhodiern einem Schiedsgericht zu unterwerfen, abgelehnt. So war der Waffengang unvermeidlich. Ein römisches Heer von zwei Legionen – eine im Verhältnis zu den Truppenaufgeboten des Hannibalkrieges winzige Streitmacht – landete in Apollonia (200) und suchte nach Makedonien bzw. Thessalien vorzudringen. Doch die Operationen waren ungeschickt geleitet und ohne Kraft. Erst als 198 T. Quinctius Flamininus das Kommando übernahm, kamen die Dinge ins Rollen. Flamininus bereitete den Krieg in Griechenland diplomatisch so geschickt vor, daß vor der Entscheidungsschlacht mit ganz wenigen Ausnahmen alle Griechen auf Seiten der Römer standen; gegen das verhaßte Makedonien, das seit den Tagen Philipps II. eine hegemoniale Stellung in Griechenland beanspruchte und praktizierte, waren sich nun alle einig. In der Ebene Thessaliens, bei Kynoskephalai, wurde Philipp im Frühsommer 197 entscheidend geschlagen und zum Frieden gezwungen.

Philipp mußte in dem Frieden alle seine Besitzungen in Kleinasien und Europa außerhalb Makedoniens, insbesondere auch die als die drei ‚Fesseln' Griechenlands bezeichneten makedonischen Stützpunkte Demetrias, Chalkis und Akrokorinth, aufgeben und seine Flotte bis auf wenige Schiffe ausliefern. Alle auf diese

*Zweiter Makedonischer Krieg*

Weise aus der makedonischen Herrschaft gelösten Städte wurden von Flamininus an den Isthmischen Spielen des folgenden Jahres 196 für frei und autonom erklärt. Mit dieser Formel, die in der griechischen Vergangenheit stets gegen hegemoniale Ansprüche ausgesprochen und also ein vertrautes, ja eigentlich damals bereits abgegriffenes politisches Schlagwort war, erhielten die Städte eine Unabhängigkeit, von der nach der Struktur der griechischen Durchschnittsstadt kaum eine auch wirklichen Gebrauch machen konnte: Die griechische Stadt war auf eine außenpolitische Abstützung angewiesen. So jubelten die Griechen den Römern als ihren Befreiern zu, erklärten Flamininus zu ihrem Retter, und die Smyrnäer errichteten sogar der Stadt Rom (urbs Roma) den ersten Tempelkult. Aber es war klar, daß lediglich der neue Herr gesucht war, und das konnten, was die wenigsten Griechen schon klar überschauten, nach Lage der Dinge nur die Römer sein. Flamininus blieb denn auch noch einige Jahre in Griechenland, nachdem die Masse des römischen Heeres bereits wieder nach Italien zurückgekehrt war. Erst 194 verließ auch er die Griechen, die keineswegs alle zufrieden waren, hatte doch jeder die vollkommene Erfüllung der jeweils eigenen Wünsche erhofft.

Expansion des Seleukiden-reiches unter Antiochos III.

Nur wenige Jahre später zogen die Römer gegen die zweite hellenistische Großmacht, gegen das Seleukidenreich unter Antiochos III. zu Felde. Dieser Krieg ist als eine Folge des Krieges gegen den Makedonenkönig anzusehen, insofern das durch die Beseitigung der Großmachtstellung Makedoniens entstandene politische Vakuum in Griechenland nach den Gesetzen der hellenistischen Politik von den verbleibenden Großmächten auszufüllen war: Den Raum, den die Römer in Griechenland zurückgelassen hatten, wollte Antiochos füllen; aber er war nur scheinbar leer. Die Römer, die sich zu einem Faktor der hellenistischen Politik gemacht hatten, waren gezwungen, ihre Rolle nun auch weiterhin aktiv zu spielen. Antiochos hatte die Zeichen der neuen Zeit noch nicht begriffen, konnte das vielleicht auch nicht und mochte den Römern ein langjähriges Engagement im Osten wohl nicht zutrauen.

Antiochos hatte von 212-205 große Teile der Ostprovinzen des ehemaligen Alexanderreiches an seine Herrschaft angeschlossen, hatte im Krieg gegen Ägypten das südliche Syrien erobert und schickte sich seit 198 an, auch Kleinasien zu gewinnen; sogar Attalos von Pergamon, den Bundesgenossen der Römer, griff er an. Der Zusammenbruch Makedoniens kam ihm gerade recht, und die Römer verhielten sich ihm gegenüber auch zunächst zurückhaltend, da sie ihn von Philipp isolieren wollten. Der Traum von der Wiedergeburt der Einheit des Alexanderreiches schien nahegerückt. Als die Römer und Flamininus abgezogen waren, machte sich Antiochos denn auch sogleich daran, das Erbe der Makedonen in Griechenland anzutreten. Die Ätoler und mit ihnen zahlreiche mit den Römern unzufriedene Städte schlossen sich ihm seit 193 an, und 192 setzte er sogar selbst nach Griechenland über.

Krieg Roms gegen Antiochos III.

Die Römer haben keinen Augenblick gezögert, die von ihnen im Osten übernommene Rolle auch faktisch wahrzunehmen. Sie entschlossen sich zum Krieg und schickten 191 erneut ein konsularisches Zweilegionenheer unter dem

Konsul M.' Acilius Glabrio in den Osten. Bei den Thermopylen wurde die bunt zusammengewürfelte kleine Streitmacht des Seleukidenkönigs mühelos geschlagen; der König zog sich nach Ephesos zurück. Im folgenden Jahre machte sich dann das etwas verstärkte römische Heer unter dem neuen Konsul L. Cornelius Scipio auf den Weg nach Kleinasien; unter den Ratgebern des Konsuls befand sich auch dessen Bruder, der große Hannibalbezwinger (seit Zama Africanus beigenannt), der unter dem nominellen Oberbefehl des etwas blassen Bruders die Operationen leitete. Nach Erringung der Seeherrschaft wurde Antiochos in den letzten Tagen des Jahres 190 bei Magnesia am Mäander trotz eines zahlenmäßig weit überlegenen Heeres vernichtend geschlagen. Er willigte sofort in Friedensverhandlungen ein. Im folgenden Jahre unternahm der neue Konsul Cn. Manlius Vulso noch einen Feldzug gegen die im Zentrum Kleinasiens sitzenden keltischen Stämme, die Galater, deren schwer zu zügelnde kriegerische Gesinnung eine immerwährende Bedrohung besonders für die benachbarten griechischen Städte bedeutete. In einer Art Vernichtungsfeldzug hat Manlius Vulso Teile der Kelten physisch soweit geschwächt, daß sie künftig Ruhe gaben. Dieser durch keinen formellen Titel gedeckte Krieg – den Kelten war weder der Krieg erklärt worden noch hatten sie sich gegen die Römer ernsthaft vergangen – war der klassische Fall des Krieges einer Ordnungsmacht, die sich über alle anderen Staaten gestellt fühlt (mochte das treibende Element nun der Senat oder, wie die spätere Senatsdebatte zeigt, in diesem Fall noch Manlius Vulso allein sein) und ihre Macht nicht lediglich deklariert, sondern praktiziert wissen will.

Im Frühjahr 188 wurde in Apameia/Phrygien der Friedensvertrag abgeschlossen. Antiochos mußte auf alles Gebiet diesseits (d. h. nördlich und westlich) des Tauros-Gebirges verzichten; das gesamte kleinasiatische Gebiet lag demnach künftig außerhalb der seleukidischen Einflußsphäre. Der König hatte ferner eine ungeheure Kriegskontribution zu zahlen. Einen großen Teil des so frei gewordenen Gebietes erhielten Attalos von Pergamon und die Rhodier, die nun, neben anderen Kleinstaaten Kleinasiens, der Ägäis und Griechenlands, als die neuen Ordnungskräfte galten. Schon 188 zogen die römischen Truppen wieder nach Italien ab. Die alte Ordnung der hellenistischen Staatenwelt mit ihrem politischen Kernstück, dem Gleichgewicht der drei großen Königreiche, war nun zerstört; das Makedonen- und Seleukidenreich waren abhängige, zumindest in ihrer Lebenskraft geschwächte Staaten geworden, und das Ptolemäerreich hatte noch immer nicht aus seiner labilen Lage herausgefunden. An die Stelle der vergangenen hatten die Römer eine neue, künstliche Ordnung gesetzt, in der besonders einige Mittelstaaten, wie das pergamenische Königreich, Rhodos und der Achäische Bund im zentralen und südlichen Griechenland, Gewicht hatten und die politische Ordnung in der Balance hielten. Als eine künstliche Ordnung, die sie ja war, konnte dieses Staatensystem jedoch nur aufrechterhalten werden, wenn ihre Architekten, nämlich die Römer, der griechischen Welt zeigten, daß sie gewillt waren, das von ihnen errichtete politische System auch zu stützen: Da Rom real nicht präsent und die Nobilität aus herrschaftspolitischen Gründen zur Errich-

Die Neuordnung des Staatensystems im Osten

tung großer Herrschaftssprengel im Osten gar nicht in der Lage war, suchte der Senat indirekt, durch Parteigänger in den Städten und durch Senatsgesandtschaften, zu regieren. Den Griechen wurde indes allmählich ihre Lage als die von Untertanen einer nichtgriechischen Großmacht bewußt. Was die Römer taten und anordneten, erweckte daher zunehmend Mißtrauen, ja Haß, und in dem Maße, wie das Ansehen der Römer sank, stieg das derjenigen, die durch die Römer erniedrigt worden waren, insbesondere das Makedoniens. Hier war nach dem Tode Philipps V., der in kluger Einsicht den Römern keinen Widerstand entgegengesetzt hatte, dessen Sohn Perseus König geworden (179). Er fühlte sich von einer Woge der Sympathie getragen und tat auch seinerseits viel, um diesen politischen Trend zu stärken. Von überallher kamen Bekundungen des Wohlwollens, so von Delphi, von dem Seleukidenkönig, ja sogar von Rhodos und dem neuen König von Pergamon, Eumenes II. (197-160/59). 178 heiratete Perseus Laodike, eine Tochter Seleukos' IV. Die Hochzeit, die wie eine Koalition der von den Römern Besiegten erscheinen konnte, bewegte ganz Griechenland; im Triumphzug wurde die Braut nach Makedonien geholt. Eumenes, der in einer veränderten politischen Situation nur verlieren konnte, entschloß sich indessen doch für die römische Seite und schwärzte Perseus in Rom an. Längst hatte der Senat den Wandel der politischen Verhältnisse bemerkt. Er entschloß sich zu einem Krieg gegen Perseus, ohne diesem recht eigentlich Gelegenheit zu geben, sich zu rechtfertigen oder gar reale Faustpfänder seiner guten Gesinnung zu geben (Dritter Makedonischer Krieg). Rom operierte schon nicht mehr wie eine politische Macht, die sich als Teil einer großen und komplexen Völkergemeinschaft fühlt, sondern setzte seinen Willen absolut und verlangte Gehorsam; antirömische Gesinnung war demnach jetzt ein Kriegsgrund: Die Präliminarien des Krieges zeigen, daß Rom den Osten bereits als seinen Herrschaftsraum ansah.

Dritter Makedonischer Krieg Im Jahre 171 setzten die Römer mit einem konsularischen Heer nach Griechenland über. Die Operationen der ersten Kriegsjahre verliefen blamabel; die römischen Generale zeigten mehr Grausamkeit gegen Schwache und Hilflose als militärische oder diplomatische Fähigkeit. Als 169 der Konsul Q. Marcius Philippus das Kommando übernahm, gewannen die Römer Boden. Aber erst sein Nachfolger, L. Aemilius Paulus, der Sohn des bei Cannae gefallenen Konsuls, konnte Perseus stellen und in der Schlacht von Pydna vernichtend schlagen (168).

Die politische Selbständigkeit der griechischen Staaten faktisch aufgehoben Einen Friedensvertrag mit Perseus gab es nicht. Das ruhmreiche Makedonenreich wurde aufgelöst. An seine Stelle traten vier Teilstaaten, deren Verkehr untereinander zudem stark behindert wurde. Perseus wurde nach Italien gebracht, im Triumphzug gezeigt und den Rest seines Lebens in das mittelitalische Städtchen Alba Fucens verbannt. Überall wurde nun in den Städten Griechenlands die Römerpartei ans Ruder gebracht; Staaten, die es mit Perseus gehalten hatten, wurden wie Aufrührer bestraft. Am schlimmsten erging es der Landschaft Epirus, wo zahlreiche Orte zerstört wurden und 150 000 Menschen in die Sklaverei abgeführt worden sein sollen. Auch Rhodos wurde wegen seiner zeitweise freundlichen Haltung gegenüber Perseus mit der Einziehung seiner terra ferma in Lykien und Karien bestraft und durch die Errichtung eines Freihandelshafens auf der Insel Delos in seiner Existenz als Handelsmacht tödlich getroffen. Selbst Eumenes spürte, daß es sträflich war, einem Gegner Roms auch nur für kurze Zeit ein Lächeln der Sympathie, oder was die Römer dafür ansehen mochten, geschenkt zu haben. Der griechisch-kleinasiatische Raum hatte aufgehört, ein Raum mit selbständigen politischen Größen zu sein. Er war ein Gebiet indirekter römischer Herrschaft geworden.

### c. Die Krise der Herrschaft in der Mitte des 2. Jahrhunderts

In der Mitte des 2. Jahrhunderts war Rom unbestrittener Herr im gesamten Mittelmeerbecken; es gab keine Macht von Rang, die den Römern ein ernsthafter Gegner hätte werden können. Bezeichnend hierfür ist die Szene vor Alexandria nur wenige Wochen nach Pydna (168). Der Seleukidenkönig Antiochos IV. Epiphanes war vor die Stadt gerückt, um mit deren Einnahme das daniederliegende Ptolemäische Reich mit dem seinen zu vereinen. Da erschien der Senatsgesandte C. Popillius Laenas vor ihm und forderte ihn barsch zum Abzug auf. Als Antiochos zögerte, zog er mit einem Zweig im Sand einen Kreis um den König und verlangte von ihm eine Entscheidung, bevor er den Kreis verließe. Antiochos gehorchte und zog ab. Ein einziger Angehöriger der römischen Nobilität dirigierte hier das Schicksal von Königreichen und behandelte Könige wie Boten. Alles schien bereits von Rom aus gelenkt zu werden, alles Streben nach Widerstand erstickt zu sein. Die Römer hatten aber nicht nur in Ost und West ihre Herrschaft aufgerichtet; im ersten Viertel des 2. Jahrhunderts hatten sie auch die unruhige keltische Nordgrenze ‚befriedet': Die gesamte oberitalienische Tiefebene einschließlich Venetien war in teilweise langjährigen Kämpfen unterworfen bzw. die dort sitzenden Stämme als Bundesgenossen Roms aufgenommen worden, und auch die wilden ligurischen Bergvölker des nördlichen Apennin wurden gedemütigt und z.T. umgesiedelt. Zahlreiche Kolonien wurden in Oberitalien errichtet, so Bononia (Bologna, 189), Parma, Mutina (183) und Aquileia (181). Zur Erschließung des neu gewonnenen Gebietes wurden Straßen gebaut, vor allem die *via Aemilia* (die Verlängerung der *via Flaminia* von Ariminum über Bononia nach Placentia, seit 187) und Straßen von Bononia über den Apennin nach Arretium (Arezzo) in der Toscana. – 178-177 wurde von Aquileia aus auch Istrien erobert, und 157-155 wurden ferner die Dalmater, ein Stamm mit keltisch-illyrischer Mischbevölkerung, der in dem nach ihm benannten Küstenstrich am Ostufer der Adria lebte, bekriegt; mit der Einnahme des Vororts Delminium konnten sie jedenfalls vorläufig als unterworfen gelten. Als eigener Herrschaftsbezirk ist diese Gegend unter dem Namen Illyricum erst gegen Ende des Jahrhunderts (117?) eingerichtet worden; doch dauerten die Kämpfe mit den Dalmatern noch bis in die Zeit des Kaisers Augustus.

Der riesige Herrschaftsraum außerhalb Italiens wurde aber nur in den *provinciae* in direkter Herrschaft verwaltet, und von ihnen gab es in der Mitte des

Arrondierung des römischen Herrschaftsbereiches

Charakter der römischen Herrschaft

Jahrhunderts außer Sizilien und Sardinien/Korsika nur noch die 197 eingerichteten beiden spanischen Provinzen (*Hispania citerior* und *ulterior*). Alles übrige Gebiet wurde indirekt, d. h. über die Regierungen der zahlreichen Staaten und mit Hilfe von hin- und herreisenden Gesandtschaften überwacht und dirigiert. Anders als mit den italischen Bundesgenossen verband jedoch Rom kein besonderes Interesse mit diesen Städten, Stämmen und Königreichen. Deren Funktion erschöpfte sich darin zu gehorchen. Die Römer hatten es also hier nicht mehr mit Staaten im eigentlichen Sinne, sondern mit Untertanen zu tun, die aber wie Staaten behandelt wurden. Darin lag ein Widerspruch. Seine Aufhebung war nur dadurch zu erreichen, daß die faktische Herrschaft in eine formelle übergeleitet, also ein bürokratischer Apparat errichtet wurde, mit Hilfe dessen die Römer die Menschen nicht nur niederhalten, sondern über sie wirklich regieren, sie verwalten und damit auch Prinzipien der Fürsorge für sie entwickeln konnten. Das war aber auf Grund der aristokratischen Struktur des römischen Staates ausgeschlossen: Die Nobilität konnte als Kollektiv keine Zentrale und keine große Beamtenschaft aufstellen und kontrollieren. So ließ man alles so, wie es nach den Kriegen der ersten Jahrhunderthälfte eingerichtet worden war, und reagierte nur bei Schwierigkeiten und Spannungen durch ad-hoc-Maßnahmen, die mit Hilfe zahlreicher Gesandtschaften durchgesetzt wurden. Diese Interventionspolitik mußte den herrschaftlichen Apparat ersetzen; das Provisorium wurde zum Zustand. Das Problem lag aber darin, daß die derart geknebelten Staaten, die von Rom aus nicht regiert wurden, auch selbst keine Regierungsmaximen, die sie notwendig auch mit anderen Staaten zusammengeführt hätten, verwirklichen durften, und also vermochten sie kaum noch zu leben. Jede politische Regung wurde unterdrückt, jede eigenmächtige Aktion als Aufruhr ausgelegt. Die völlige Lähmung der äußeren Aktivität ließ u. a. auch das Bandenwesen und auf der See die Piraterie aufblühen; die Rechtsbrecher hatten eine gute Zeit. Die Staaten und Menschen waren den Römern und insbesondere der Gier der nun überall hinströmenden italischen Händler und korrupten Beamten ausgesetzt. Die Welt begann unter der Herrschaft der Römer wie unter einem Joch zu ächzen.

*Entstehung eines Krisenbewußtseins als Konsequenz mangelnder Regierungsmaximen*

Für die Römer stand das Sicherheitsbedürfnis an erster Stelle: Die riesige Welt lag ihnen zu Füßen; aber sie war eine auf das gleiche untertänige Niveau herabgedrückte Masse von quasistaatlichen Gebilden, die den Römern jetzt als Einheit vor Augen stehen mußte. Die Untertänigkeit hatte alle gleich schwach, aber eben auch gleich gemacht, und der römische Stadtstaat mit seinem zwar großen, aber im Verhältnis zur übrigen Welt doch begrenzten Gebiet und Möglichkeiten begann sich vor den Beherrschten zu fürchten. Es gab keine bewaffnete Macht von Rang neben Rom; aber die Römer fühlten sich unsicher, und dies um so mehr, je weiter die Zeit fortschritt. Obwohl unangefochtene Herren, hatten sie also jedenfalls subjektiv ein Sicherheitsproblem, das aus dem Tatbestand der nun hergestellten Uniformität der ehemals selbständigen Staaten und aus ihrer Unfähigkeit resultierte, diese uniforme Masse durch eine große Verwaltung in den sicheren Griff zu bekommen. So reagierten die Römer auf jedes

Zeichen von Unruhe empfindlich und schlugen gegebenenfalls unangemessen hart zu. Und in der Tat begannen nun manche Völker und Städte, nachdem ihnen ihre Lage bewußt geworden war, sich zu regen, und dies zuvörderst in Spanien.

In Spanien war durch das Wirken des M. Porcius Cato (195) und des Ti. Sempronius Gracchus (180-178) eine erste Periode der Unruhe beendet und ein langanhaltender Friede hergestellt worden. Doch 154 brach gleichzeitig bei den lusitanischen Stämmen im Westen und den keltiberischen im Zentrum der Halbinsel ein Aufstand aus; er nahm seit 147, als die Spanier in Viriatus einen fähigen Führer erhielten, noch an Heftigkeit zu, und er dauerte auch nach der Ermordung des Viriatus (139) fort. Es war der blutigste Kampf, den die Römer je geführt hatten; mehrere konsularische Heere gingen verloren. Die Verluste waren so hoch, daß man mit den Aushebungen Schwierigkeiten hatte; der Mangel an Rekruten war groß, und die, welche ausgehoben werden sollten, wehrten sich aus Furcht vor dem spanischen Kriegsschauplatz. Unfähigkeit der römischen Führung, Grausamkeiten unvorstellbaren Ausmaßes und die Habgier mancher Feldherren hielten die Kriege weiter am Leben und machten aus ihnen eine bisher nicht gekannte Kette von Leid und Tod. Erst mit der Einschließung und Einnahme der Bergfestung Numantia im Jahre 133 durch P. Cornelius Scipio Africanus, dem Enkel des Siegers von Zama, wurde der Krieg beendet.

Spanien war in der Mitte des Jahrhunderts nicht der einzige Unruheherd. Auch in Griechenland gärte es. Die Verelendung der Massen unter der römischen Herrschaft, in der auch das Wirtschaftsleben in den einst durch Handwerk und Handel blühenden Städten stagnierte, und das Gefühl der Demütigung bei den freiheitsliebenden, nationalstolzen Griechen machte viele zum Aufruhr bereit. Als daher 151 in Makedonien ein Mann nahmens Andriskos auftauchte und wegen einer Ähnlichkeit mit dem letzten Makedonenkönig Perseus behauptete, dessen Sohn zu sein, hatte er viel Zulauf. Etliche Städte fielen zu ihm ab, und sogar ein römischer Prätor wurde geschlagen. Erst der Prätor Q. Caecilius Metellus, später Macedonicus beigenannt, konnte den Prätendenten überwinden (148) und im Triumphzug durch Rom schleppen. Schlimmer war noch, daß 146 sogar der ganze Achäische Bund den angesichts der allgemeinen Lage beinahe wahnsinnig zu nennenden Entschluß faßte, Rom nach einem Eingriff in die Bundesverhältnisse den Gehorsam aufzusagen, und die Achäer fanden in Griechenland auch einige Verbündete (vor allem die Böoter). Verarmte und hungernde Massen in Mittel- und Südgriechenland haben für die Dynamik dieser Unruhen eine entscheidende Rolle gespielt; sie gaben dem Aufstand eine soziale Note und sind auch für die Schärfe der Auseinandersetzung und für deren irrationale Züge verantwortlich. Die Römer reagierten auf die Erhebung in einer von der Sache selbst nicht gerechtfertigten Härte. Der Konsul L. Mummius besiegte das achäische Aufgebot schließlich endgültig, brannte das Zentrum der Unruhe, Korinth, nieder (146) und zog mit großer Beute, insbesondere mit zahllosen Kunstschätzen beladen, nach Italien zurück. In Konsequenz dieser Ereignisse wurde Makedonien nun in einen direkten Herrschaftsbezirk (*Macedonia*) umgewandelt und das übrige

Spanien

Griechenland

Griechenland von dem Statthalter dieser neuen Provinz mitverwaltet; der Achäische Bund wurde aufgelöst.

Karthago    Noch irrationaler als hier handelten die Römer gegenüber Karthago. Diese Stadt wurde seit dem Zweiten Punischen Krieg von dem König Massinissa drangsaliert, der das karthagische Gebiet Stück um Stück an sich riß und sich so allmählich ein numidisches Großreich zusammenraubte; bei Beschwerden gaben die Römer stets Massinissa recht. In der Mitte des Jahrhunderts scheinen die römischen Senatoren in ihrer wachsenden Unsicherheit gegenüber den besiegten und gedemütigten Staaten Karthago als einen möglichen Kristallisationspunkt künftigen Widerstandes angesehen zu haben. Besonders M. Porcius Cato trat daher für eine Zerstörung der Stadt ein, gegenüber dem nüchternere Nobiles, wie P. Cornelius Scipio Nasica Corculum, sich auf die Dauer nicht durchsetzen konnten. Nachdem die Konsuln in einer beispiellos perfiden Art, ohne Rücksicht auf Völkerrecht und auf Treu und Glauben, die Karthager, die zur Aufrechterhaltung des Friedens zu allem bereit waren, entwaffnet hatten, forderten sie sie auf, ihre Stadt zu verlassen und sich landeinwärts erneut anzusiedeln. Die so in die Enge getriebenen Karthager waren zur Aufgabe ihrer Stadt nicht bereit und wehrten sich drei Jahre hindurch mutig, ehe P. Cornelius Scipio Aemilianus sie durch ein enges Belagerungssystem zernierte und dann schließlich die Stadt stürmte und niederbrannte. Über die zerstörte und verlassene Stadt wurde der Pflug gezogen zum Zeichen, daß hier nie wieder eine Stadt erstehen sollte; die überlebende Bevölkerung wurde versklavt und das gesamte karthagische Restreich unter direkte Verwaltung genommen (provincia Africa).

Die politische Selbstaufgabe des Ostens    Die Vernichtungspolitik der Römer hatte Erfolg. Es regte sich nichts mehr außerhalb des italischen Herrenlandes, und wenn auch die Menschen hungerten und darbten und unter den Ungerechtigkeiten römischer Beamter oder Händler litten, wagte doch kaum jemand mehr den Aufruhr. Als Folge davon stellten sich viele auf die römische Herrschaft ein, nahmen also die Untertänigkeit hin. Bezeichnend ist, daß der König Prusias II. von Bithynien schon im Jahre 167 mit dem *pileus*, der Mütze des Freigelassenen, auf dem Haupt vor dem Senat in Rom erschien: Er gab dadurch zu verstehen, daß er seine Existenz als ein Geschenk der Römer ansah. Das Gefühl völliger Ohnmacht und Verzweiflung darüber, leben zu müssen, ohne es doch unter dem unerträglichen Druck der Römer eigentlich noch zu können, zeigt sich besonders kraß darin, daß Attalos III. von Pergamon bei seinem Tode sein Reich testamentarisch den Römern vermachte: Er liquidierte sein Königreich, um es den widerstrebenden Römern aufzuzwingen, damit die Menschen seines Reiches wenigstens wieder einen Herrn hatten, von dem sie, wenn nichts anderes, so doch Gnade oder gar eine gewisse patriarchalische Fürsorge erwarten durften. Die Welt gewöhnte sich daran, auf Rom als das alles beherrschende politische Zentrum zu blicken; die politische Apathie, die eine Voraussetzung der Romanisierung ist, hatte alle ergriffen.

*d. Die innenpolitische Entwicklung zwischen 264 und 133 v. Chr.*

In den 150 Jahren, die zwischen dem Abschluß des römischen Bundesgenossensy- **Die Nobilität**
stems in Italien und dem Beginn der inneren Unruhen seit den Gracchen liegen,
hatte die sich aus den Ständekämpfen entwickelnde neue Aristokratie, die
Nobilität, die Geschicke Roms gelenkt. Die in Rom und seiner näheren Umgebung lebende Gesellschaft hatte dabei ihre innere Geschlossenheit, vor allem auch
die für eine Aristokratie konstitutive Personenbezogenheit des Regierungsstils,
bewahrt. Sie war dabei jedenfalls zunächst in ihrem Personenbestand noch nicht
erstarrt; es stießen noch immer Personen weniger bekannter Geschlechter in das
Konsulat vor, so besonders zwischen 243 und 216, und erwarben damit für sich
und ihre Familie den Anspruch, zur Nobilität gezählt zu werden. Es herrschte
innerhalb dieser Familien das freie Spiel der Kräfte vor; Maßstab waren neben der
Vornehmheit die für den Staat geleisteten Taten, insbesondere natürlich die
Verdienste im Feld. Im Zweiten Punischen Krieg, also in schwierigster politischer
und militärischer Lage, hatten die Römer gerade den Vertretern der alten
Familien, unter denen sich in der Tat auch viele tüchtige Generale befanden, ihr
Vertrauen geschenkt und sie immer wieder in die höchsten Ämter gewählt.
Männer wie Q. Fabius Maximus Cunctator und M. Claudius Marcellus hatten
sogar mehrere Male das Konsulat bekleidet, und ihnen und anderen bewährten
Generalen war das Kommando meist noch über das Amtsjahr hinaus als Promagistratur verlängert worden. Gerade dieser Krieg hat darum viel dazu beigetragen,
die Anzahl der regimentsfähigen Familien auf den einmal erreichten Stand zu
fixieren, und es den Außenstehenden immer schwerer gemacht, in den sich fester
abschließenden Kreis der Nobiles einzudringen.

Auf der anderen Seite zeigten sich, noch nicht besorgniserregend, aber doch
schon deutlich die ersten Anzeichen einer beginnenden Desintegration der
Nobilität. Und es waren durchaus nicht die großen, herausragenden Gestalten,
die durch ihre außergewöhnlichen militärischen Leistungen und eine sich auf sie
stützende individuellere Lebensart die Geschlossenheit der Gruppe gefährdeten;
das Individuelle an ihnen erscheint uns wohl heute nur deshalb so ausgeprägt und
gruppengefährdend, weil wir, die wir die Persönlichkeiten der älteren Zeit nur
schemenhaft erkennen können, diese Männer als die ersten im helleren Licht der
Geschichte stehen sehen. War doch einmal eine der bedeutenderen politischen
Persönlichkeiten nicht in die Raison der Gruppe zu zwingen, wurde die im ganzen
noch intakte Gesellschaft mit ihr in aller Regel fertig und hat gegebenenfalls auch
einzelne, wie den älteren P. Cornelius Scipio Africanus, durch Prozesse aus dem
politischen Leben verdrängt. Gerade die herausragendsten Männer, wie Q.
Fabius Maximus Cunctator, M. Porcius Cato und Ti. Sempronius Gracchus sen.,
haben hingegen ihren Stand eher bewußt und mit Nachdruck repräsentiert, als daß
sie aus ihm herausgestrebt hätten. Die Gefahren kamen von anderer Seite. Es
wirkte sich im Laufe der Zeit vor allem aus, daß das Amt dem einzelnen Nobilis,
fernab von der Kontrolle der Standesgenossen, bis dahin ungeahnte Möglichkei-

ten gab, seinen Ehrgeiz auszuleben und sich zu bereichern. Konsuln und Statthalter brachen daher oft aus Ehrsucht oder Habgier unsinnige Kriege vom Zaun oder plünderten die Untertanen schamlos aus. Es war für den Bestand der alten Gesellschafts- und Wertordnung nicht weniger bedenklich, daß der kulturell höherstehende Osten viele Angehörige der oberen Schichten den einheimischen Sitten entfremdete. Die Geistigkeit und Religiosität des griechischen Ostens, ferner auch die materiellen Güter, insbesondere die Luxusgüter der östlichen Hochkultur, hielten ihren Einzug in Rom. Die Faktoren der Desintegration wirkten daher auf den ganzen Stand und in ihm vor allem gerade auf die charakterlich Schwächeren oder politisch Uninteressierten, weniger auf die im Zentrum der politischen Macht stehenden Mitglieder der regierenden Familien. Der Senat suchte solchen Einflüssen dadurch entgegenzusteuern, daß er Gesetze gegen den Luxus und gegen den Ämterehrgeiz schuf, überhaupt zur Aufrechterhaltung der alten Ordnung die Gesetzgebungsmaschinerie in Gang setzte.

Die Entstehung des Ritterstandes  Um die Senatoren bei der alten Sittenordnung *(mores maiorum)* zu halten, war ihnen 218 durch ein Gesetz *(lex Claudia)* auch das Handels- und Geldgeschäft untersagt worden; das Denken des Vornehmen sollte weiterhin vom Landleben bestimmt werden, worin die Basis des römischen Staates und seines Aufstiegs zu bestehen schien. So legten die Senatoren ihre in den Kriegen gewonnenen Reichtümer in Landbesitz an und wurden zu Großgrundbesitzern ungekannten Ausmaßes. Die Wohlhabenden, die nicht dem Senatorenstand angehörten – sie hießen später Ritter *(equites)*, weil nur noch sie, nicht mehr auch die Senatoren ein Pferd besaßen (das hieß ursprünglich: Reiterdienst leisten) –, zogen nunmehr diejenigen Geschäfte an sich, welche die Senatoren nicht führen durften. Viele Ritter – nicht alle, sehr viele waren auch reine Grundbesitzer – wurden Großhändler, Reeder und Bankiers; sie zogen, gestützt von den römischen Beamten, die großen Handelsgeschäfte der Welt an sich, für die sie sich zur Verteilung des Risikos oft zu Gesellschaften *(societates)* zusammentaten, und übernahmen die Staatsaufträge und die Steuereintreibung, die der Staat mangels einer ordentlichen Finanzverwaltung an Private verpachtete. Die Gruppe dieser Ritter wuchs und wurde reicher. Ihre zunehmende Bedeutung war nicht unproblematisch. Denn sie profitierte von der römischen Weltstellung und erhielt im Staat Einfluß durch ihren Reichtum, ohne daß sie, wie die Nobilität, durch Leistungen der öffentlichen Ordnung in irgendeiner Weise verpflichtet gewesen wäre oder sich für ihre Tätigkeit dieser Ordnung gegenüber verantwortlich gefühlt hätte: Ihre privaten Interessen waren nicht in den Staat integriert. Die Zukunft mußte zeigen, wohin diese Schicht ihr Sonderinteresse führte.

Probleme der Herrschaftsverwaltung  Die allgemeine staatliche Organisation veränderte sich in dieser Zeit kaum. Der innerstaatliche Bereich schien sich in dieser Periode des Aufstiegs zur Weltmacht bewährt zu haben und also einer Reform nicht zu bedürfen. Allein die Herrschaftsverwaltung hätte einer Änderung bedurft bzw. hätte überhaupt erst aufgerichtet werden müssen. Dies zu leisten, war aber, wie bereits dargelegt, aus herrschaftspolitischen Gründen nicht möglich. Der Senat beließ es bis 133 bei den seit 227 eingerichteten 6 Herrschaftsbezirken, die durch Statthalter verwaltet wurden. Man scheute die Einrichtung weiterer hoher Beamtenposten, die viel Macht besaßen – die Statthalter waren ja eine Art Vizekönig – und schwer kontrolliert werden konnten; für Macedonia und Africa wurden nicht einmal ordentliche Statthalterstellen eingerichtet, sondern diese jeweils provisorisch mit Promagistraten besetzt. Die gequälten, nach Fürsorge, wenigstens aber nach Rechtssicherheit lechzenden Untertanen erfuhren an diesem, wenn überhaupt vorhanden, dann lückenhaften Herrschaftsapparat keine Stütze. Städte, Könige, Stammesfürsten und Private wandten sich daher vielfach an einzelne Nobiles oder auch Ritter, von denen sie wie von Patronen Hilfe erhofften. Die römischen Vornehmen nahmen solche Staaten oder Privatpersonen auch als Clienten an und verlängerten auf diese Weise die römische Sozialordnung in die Provinzen und noch unabhängigen Städte und Völker hinein. Ein politisches Gewicht besaßen diese Clienten natürlich nicht; doch hatten sie unter dem Schutz ihrer mächtigen Patrone zumindest ein Minimum an sozialer Sicherheit.

Die Masse der römischen Bürger war an den politischen Entscheidungen durch die Abstimmungen in den Volksversammlungen (Wahl, politischer Prozeß und Gesetzgebung) beteiligt, doch verlor dieser Anteil an der politischen Willensbildung durch die für die meisten Römer unüberwindlichen Entfernungen in dem größer gewordenen Bürgergebiet an Gewicht; die Volksversammlungen entwikkelten sich zunehmend zu Versammlungen der stadtrömischen Bevölkerung *(plebs urbana)*. Der römische Bürger war trotzdem zunächst noch im allgemeinen zufrieden, da er, abgesehen von den Beuteanteilen nach Feldzügen und den ideellen Vorteilen der römischen Weltstellung, mit Land versorgt wurde, wenn er es brauchte. Auf dem annektierten Boden von Bundesgenossen in Unteritalien, die im Hannibalkrieg abgefallen waren, und in der oberitalienischen Tiefebene gab es auch hinreichend, nach den blutigen Verlusten des Hannibalkrieges sogar mehr als genug Land, so daß zumindest in Unteritalien bei weitem nicht alles, was zur Verfügung stand, verteilt werden konnte und daher jedem, der wollte und wirtschaftlich dazu in der Lage war – und das waren meist nur die reichen Anrainer –, der brach liegende Acker zur freien Benutzung überlassen wurde (Okkupationsrecht). Allerdings waren die besonders in Oberitalien neuerdings gegründeten Städte (Kolonien), wie auch früher, in aller Regel nicht aus versorgungs-, sondern aus sicherheitspolitischen Rücksichten niedergesetzt worden. Als daher Oberitalien ,befriedet' war, stockte auch die Landverteilung (die letzte Kolonie, Luna nördlich der Arnomündung, war 177 niedergesetzt worden), und das wirkte sich mit der Zeit für den sozialen Frieden ungünstig aus. Denn die römische Bauernschaft wurde nicht nur durch die Verluste besonders in den spanischen Kriegen hart mitgenommen. Viel schlimmer war, daß die langen Kriege in Übersee den Bauern, der seinen Hof nicht bestellen konnte, oft ruinierten und daß sich unter den an Zahl zunehmenden Großgrundbesitzern immer bereite Käufer der kleinen Bauernstellen fanden. Der auf den Grundbesitz fixierte Senatorenstand bewirtschaftete zudem jetzt sein Land weitgehend nach

Die Lage der römischen Bevölkerung

rationelleren Anbaumethoden, u. a. unter Ausnutzung der Arbeitskraft von Sklaven, welche die zahlreichen Kriege auf den Markt brachten; dabei wurde das Großgut eine nicht nur mögliche, sondern sogar die erwünschte Bewirtschaftungsform. So nahm die Anzahl verarmter und landloser Bauern zu, die nach Rom strömten, aber dort kein Land erhielten. Die Senatoren nahmen die veränderten Verhältnisse vor allem an den Schwierigkeiten bei der Aushebung wahr. Da bei dem Prinzip der Selbstausrüstung der wehrdienstfähige Bauer ein Mindestvermögen, in aller Regel einen Hof, besitzen mußte, schmolz die Anzahl der Wehrfähigen zusammen. Um die gewünschte Anzahl an Rekruten aufstellen zu können, setzte daher der Senat in dieser Zeit das für den Legionärsdienst erforderliche Mindestvermögen von 11 000 auf 4000 As herab. Diese Maßnahme weist bereits auf Probleme hin, die zu den Unruhen seit der Gracchenzeit führten.

## 8. Ursachen und Beginn der inneren Krise seit den Gracchen

*a. Die Krise der politischen Führung (die Gracchen)*

Die allgemeine Krise der römischen Herrschaft seit der Mitte des 2. Jahrhunderts hatte die Diskrepanz zwischen der sozialpolitischen Struktur Roms und dem gewaltigen Herrschaftsgebiet, das von einer stadtstaatlichen Gesellschaft und deren Organisationsprinzipien gesichert und regiert werden mußte, offengelegt. Das Herrschaftsgebiet war zwar seit der zweiten Hälfte des 2. Jahrhunderts ein völlig passiver Körper, aber es wirkte allein schon durch sein Dasein auf die inneren Verhältnisse Roms ein. Das zeigte sich auch im Wirtschaftsleben, insbesondere in der Agrarwirtschaft, die sich unter den veränderten Verhältnissen tiefgreifend zu wandeln begann. Die wohlhabenden Bürger, vor allem der Senatorenstand, dem durch das Claudische Gesetz aus dem Jahre 218 aus standesethischen Rücksichten das Handelsgeschäft ausdrücklich untersagt und damit das Land als die ihm angemessene Einkommensquelle zugewiesen worden war, legten die unter dem Zeichen der Weltherrschaft rechtmäßig oder unrechtmäßig erworbenen Gelder meist in Grund und Boden an. Da in Italien Ackerland zum Kauf nicht unbegrenzt zur Verfügung stand, bemächtigten sich insbesondere die römischen Senatoren, aber auch andere reiche Römer und die Honoratioren der bundesgenössischen Städte des Staatslandes *(ager publicus)* in Mittel- und besonders in Unteritalien. Dieses Staatsland stammte zum allergrößten Teil aus Annexionen, die der römische Staat bei den im Hannibalkrieg abgefallenen Bundesgenossen vorgenommen hatte; es war damals nicht verteilt worden, weil die Verluste des Krieges die Bauernschaft dezimiert hatten und in den folgenden Jahrzehnten des 2. Jahrhunderts alle landsuchenden Römer in der groß angelegten Kolonisation Oberitaliens (bis 177) befriedigt wurden. Nach römischem Gewohnheitsrecht durften alle Bürger das Staatsland zu persönlichen Zwecken besetzen (okkupieren) und nutzen. Die Nutzung des *ager (publicus) occupatorius* wurde naturgemäß vor allem von den Reichen und Vornehmen wahrgenommen, die das Land zusammen mit ihrem eigenen Land *(ager privatus)* nun nach rationelleren Methoden, die z. T. den Karthagern abgesehen worden waren, bewirtschafteten. Die riesigen Großgüter *(latifundia)* wurden vielfach von großen Sklavenscharen, welche die Kriege und der wachsende Sklavenhandel lieferten, bestellt und die Produktion auf den Grundsatz ausgerichtet, mit möglichst wenig Arbeitskräften einen möglichst großen Gewinn zu erzielen. So wurde an vielen Stellen der wenig arbeitsintensive Anbau von Ölbäumen und Wein sowie die Viehwirtschaft zu Lasten des Getreideanbaus bevorzugt. Es ist bezeichnend, daß das landwirtschaftliche Fachlehrbuch des Karthagers Mago nach 146 auf Beschluß des Senats ins Lateinische übersetzt wurde, das einzige Buch, das in Rom je die

*Veränderungen in der Agrarwirtschaft Italiens*

Ehre einer staatlich angeordneten Übersetzung erfuhr. Unter dem wachsenden Großgrundbesitz litt die Masse der Bauern sowohl deswegen, weil sie an der Nutzung des *ager publicus* unverhältnismäßig schwach beteiligt war, als auch durch die Aggressivität der ökonomischen Expansion, die sich auch auf die in Privatbesitz stehenden kleinen Höfe richtete. Es kamen noch andere, schwerer wiegende Gründe für den Niedergang des römischen Bauernstandes hinzu. Seit Oberitalien befriedet war, stockte die Kolonisationspolitik, die ja stets in erster Linie der militärischen Sicherheit, nicht der Versorgung der Mittellosen gedient hatte; die Kolonien waren vor allem Festungen, keine Auswandererstädte. Sehr ungünstig wirkte sich für den Bauern auch der Militärdienst aus, der jetzt in Übersee und oft über längere Zeit hindurch, in der der Hof nicht angemessen versorgt werden konnte, abgeleistet werden mußte. So trafen manche Ursachen zusammen, daß sich ein wachsendes Reservoir von unbemittelten Römern bildete, die naturgemäß meist nach Rom wanderten, weil sie dort von der Regierung Hilfe erwarteten.

**Erste Reformversuche** In der römischen Nobilität fanden sich auch einflußreiche Personen, die der sozialen Not der landlosen Bürger abzuhelfen trachteten. Bereits in den siebziger Jahren war durch ein Gesetz versucht worden, das Maß des okkupierten Staatslandes auf 500 Joch (ca. 125 ha) zu beschränken; doch es war kaum beachtet worden, weil in den langen Jahren der Nutzung das okkupierte Land mit dem Privatbesitz der Okkupanten verschmolzen und eine Wiederherstellung der alten Besitzverhältnisse, die das Staatsland aussonderte, wenn überhaupt, dann nur mit Hilfe einer außergewöhnlichen Rechtsgewalt möglich zu sein schien. Im Jahre 140 brachte dann der Konsul C. Laelius ein Reformgesetz ein, doch zog er angesichts des erbitterten Widerstandes des Senats seinen Antrag wieder zurück.

**Das Ansiedlungs-gesetz des Ti. Sempronius Gracchus** Erst durch Tiberius Sempronius Gracchus, der über seine Mutter Cornelia ein Enkel des großen Hannibalsiegers P. Cornelius Scipio Africanus und über seine Schwester ein Schwager des Scipio Aemilianus (durch Adoption ebenfalls Enkel des Africanus Maior) war, wurde die Reform, zunächst von etlichen Nobiles unterstützt, energisch vorangetrieben. Er ließ sich für 133 zum Volkstribunen wählen und nahm in seinem Tribunat, das er in einem ideellen Rückgriff auf die Ständekämpfe als eine Institution des Kampfes für die breite Masse der Römer auffaßte, das alte Gesetz über die Beschränkung des Okkupationsrechts am *ager publicus* wieder auf, erweiterte aber den Maximalsatz von 500 Joch für jeden Sohn um je 250 bis zum Höchstmaß von 1000 Joch und gab darüber hinaus dieses Staatsland den Okkupanten zu Eigentum. Das übrige, frei gewordene Staatsland sollte zu je 30 Joch an mittellose Römer verteilt werden und, damit es nicht wieder aufgekauft werden konnte, durch eine öffentlich-rechtliche, die freie Verfügung einschränkende Abgabe unveräußerlich sein *(ager privatus vectigalisque)*. Um ferner die Schwierigkeiten, an denen das ältere Gesetz gescheitert war, zu umgehen, wurde mit der Landverteilung eine Ansiedlungskommission von drei Männern betraut, die außergewöhnliche gerichtliche Vollmacht erhielt und so die Trennung des Staatslandes von dem Privatland der reichen Okkupanten garantieren konnte (*tresviri agris dandis adsignandis iudicandis*). Das Gesetzesvorhaben fand den stärksten Widerstand des Senats, der dann auch durch den Volkstribunen C. Octavius die Interzession gegen den Antrag einlegen ließ. Die Interzession beantwortete Ti. Gracchus unter der begeisterten Zustimmung einer von wachsender Erregung getragenen Volksversammlung mit der Absetzung des Tribunen. Als Begründung für diese unerhörte, niemals vorher auch nur in Erwägung gezogene Tat führte Tiberius an, daß Octavius nicht im Interesse des Volkes gehandelt habe. Das Gesetz wurde daraufhin durchgebracht und die Ansiedlungskommission, in der neben Tiberius auch sein Bruder Gaius und sein Schwiegervater Ap. Claudius Pulcher saßen, mit außerordentlichen Rechtsvollmachten zur Feststellung des dem *ager publicus* zugehörigen Landes versehen. In den folgenden Jahren war diese Kommission auch rege tätig und hat Zehntausende mit Land versorgt.

Die Gründe, die Ti. Gracchus zu der rigorosen Methode der Durchsetzung seines Gesetzes trieben, lagen nicht nur in der Sorge um die wirtschaftliche Not des Bauernstandes, sondern vor allem auch in der durch sie verursachten Schwächung des Milizwesens. Denn da der Soldat sich selbst ausrüsten mußte, war der Militärdienst an ein gewisses Vermögen – in der Regel ein Bauernhof mittlerer Größe – gebunden, und dieses hatten, wie die Vergangenheit lehrte, immer weniger Römer aufweisen können. Sein politisches Ziel war daher durchaus nicht revolutionärer Art. Er wollte lediglich dem Bauernstand wieder seine alte Stärke zurückgeben und mit ihm dem Instrument, auf dem die römische Macht ruhte, dem Heer, die alte Rekrutierungsbasis erhalten. Auch nahm er niemandem ein Stück Eigentum weg, mochten auch viele Nobiles das von ihnen okkupierte Land schon als etwas ihnen Gehöriges angesehen haben. Und doch war er ein Revolutionär. Er hatte nämlich, da er sich nicht anders durchsetzen konnte und er sein Ansiedlungsgesetz andererseits für den Bestand des Staates als unabdingbar ansah, durch die Absetzung des interzedierenden Kollegen dem Senat die politische Entscheidungsgewalt genommen und sie auf die Volksversammlung oder genauer – da die Volksversammlung passiv war, nur auf Anträge des sie leitenden Magistrats reagieren, also nicht agieren konnte –: auf den die Volksversammlung leitenden Beamten übertragen. Damit war ein zweites politisches Entscheidungszentrum neben dem Senat geschaffen und also das jahrhundertealte sozialpolitische Gefüge in Frage gestellt worden.

Um der Anklage nach dem Ablauf der Amtsperiode zu entgehen, versuchte Ti. Gracchus, an sein Tribunat, das wie alle Ämter ja ein Jahresamt war, ein zweites unmittelbar anzuschließen, und plante darüber hinaus eine ganze Reihe weiterer Gesetze, durch die er seine politische Basis zu verbreitern hoffte (sein Bruder nahm sie später wieder auf). Doch noch bevor er wiedergewählt wurde, inszenierten seine Gegner einen Tumult, in dem er mit vielen seiner Anhänger erschlagen wurde. Im folgenden Jahre wurden dann durch außerordentliche Gerichte weitere Gefolgsleute verfolgt und hingerichtet. Die Ansiedlungskommission hat indessen auch nach dem Tode des Tiberius noch weitergearbeitet, und offensichtlich hat

*Marginalien:*

Verfassungspolitische Konsequenzen der Politik des Ti. Gracchus

Tod des Ti. Gracchus

sich die Nobilität mit den Ansiedlungen auch abgefunden, dies ein deutliches Zeichen dafür, daß der eigentliche Stein des Anstoßes nicht die Landverteilung, sondern die sich aus ihr entwickelnde Umschichtung des politischen Entscheidungsprozesses gewesen war. Im Jahr 129 wurde jedoch die Arbeit der Kommission durch den Entzug ihrer gerichtlichen Kompetenzen praktisch lahmgelegt, und dies wohl nicht in erster Linie aus Abneigung gegen die Landverteilung als deswegen, weil die Verteilung an die Grenzen ihrer Möglichkeiten gelangt war: Das noch zur Verteilung bereitstehende Staatsland war von den Honoratioren der Bundesgenossen okkupiert, die aber an der allgemeinen Landverteilung nicht beteiligt waren. Hätte die Kommission auch dieses Land angegriffen, hätte damit das Italikerproblem aufgerollt werden müssen.

Mit der Beseitigung des Ti. Gracchus war dessen politische Richtung nicht tot. M. Fulvius Flaccus versuchte in seinem Konsulat (125) durch eine Erweiterung des römischen Bürgerrechts auf die Italiker den Hinderungsgrund für eine weitere Landverteilung zu beseitigen und rührte damit an die Italikerfrage. Er setzte sich aber nicht durch, und erst Gaius Gracchus konnte daher, als er für 123 zum Volkstribunen gewählt worden war, die Politik seines Bruders, allerdings mit ganz neuen Akzenten, fortsetzen.

C. Sempronius Gracchus

Ebenso wie unter Tiberius blieb es unter Gaius dabei, daß der Volkstribun mit Hilfe der Volksversammlung eigene, vom Senat unabhängige Politik machte; obwohl die Volksversammlung hier nur Instrument in der Hand eines Politikers war, wurden diese Politiker später *populares* genannt, und damit behielt diese Form politischer Willensbildung also weiterhin ihren romantischen Bezug auf die Zeit des Ständekampfes, in der das Volk (Plebs) einmal unter Führung der Volkstribune für die Verbesserung seiner sozialen und politischen Lage gekämpft hatte. Die außergewöhnlich umfangreiche und vielfältige Gesetzgebungstätigkeit des Gaius können wir in Gesetze scheiden, die der Reorganisation und Erneuerung des Staates dienten, und solche, die zur Durchsetzung der politischen Ziele die erforderliche Basis schaffen sollten. Zu den letzteren gehörte vor allem seine Gesetzgebung über den Ritterstand. Wohl schon 129 waren die Ritter als Stand dadurch faktisch konstituiert worden, daß jeder Senator, der wie alle wohlhabenden, über ein festgesetztes Mindestvermögen verfügenden Bürger bis dahin zu der Gruppe der Reiter (Ritter) gezählt worden war, mit dem Eintritt in den Senat sein Pferd abzugeben hatte und damit Senatoren und Ritter nun getrennte Gruppen wurden. Aber erst dadurch, daß Gaius den Rittern auch eine politische Aufgabe, die sie zudem noch von den Senatoren trennte, gab, schuf er die Voraussetzung für ein politisches Standesbewußtsein der Ritterschaft und sicherte sich gleichzeitig damit Anhänger unter der nächst den Senatoren einflußreichsten Schicht. Er gab den Rittern die Geschworenenbänke für die Gerichte, welche Erpressungsfälle abzuurteilen hatten (*quaestiones de repetundis*), und da vor sie vor allem die senatorischen Statthalter gezogen wurden, die in ihren Provinzen u. a. die ritterständischen Händler und Steuerpächter zu kontrollieren hatten, war der Streit der Stände konstituiert. Ferner erweiterte Gaius die Steuerpacht auf die

Provinz Asia, was ebenfalls den Rittern zugute kam, und zog schließlich die hauptstädtische Plebs, die er für die Abstimmungen brauchte, durch ein großzügiges, den Getreidepreis stark senkendes Getreidegesetz *(lex frumentaria)* an sich heran. Ein weiteres Gesetz schärfte den alten Grundsatz ein, daß kein Magistrat einen römischen Bürger hinrichten lassen dürfe, richtete sich also gegen die irregulären Hinrichtungen 133/132 und sollte Gaius und seine Anhänger schützen. Der Restitution des Staates hingegen galt seine Agrargesetzgebung, die teils die Gesetzgebung des Tiberius wieder aufnahm, teils, wegen des Mangels an Land in Italien, die Gründung von Kolonien außerhalb Italiens vorsah. Eine große Kolonie wurde dann auch auf dem Boden des alten Karthago niedergesetzt (Junonia). Neben anderen gesetzlichen Maßnahmen, die das harte Rekrutierungsrecht milderten oder die Verteilung der Statthalterschaften unter die Beamten, die recht eigennützig gehandhabt worden war, betrafen, nahm Gaius auch das Italikerproblem erneut in Angriff. Es sollten alle Latiner das römische Bürgerrecht, die Bundesgenossen zumindest das Stimmrecht in den römischen Volksversammlungen erhalten.

Es gelang Gaius, sich auch für 122 zum Volkstribunen wählen zu lassen. Sowohl die kompromißlose Art seines politischen Denkens als auch manche seiner Gesetze entfremdeten ihm jedoch viele Ritter und auch große Teile der Plebs. Mit den Italikern nämlich mochten die Stadtrömer nicht das Stimmrecht teilen, und auch die außeritalische Kolonisation war dem italozentrischen Bewußtsein der Römer suspekt. Es gelang dem Senat sogar, die Gründung der Kolonie Junonia wieder aufzuheben, und im folgenden Jahre 121 wurde schließlich bei zunehmender Erhitzung des innenpolitischen Klimas vom Senat der förmliche Staatsnotstand ausgerufen und Gaius mit etwa 3000 seiner Anhänger niedergemacht. {.margin} Tod des C. Gracchus

Nur wenige der wesentlichen, dem Gedanken der Konsolidierung und Erneuerung des Staates verpflichteten Maßnahmen der beiden Gracchen setzten sich durch: Die Ackergesetzgebung blieb dadurch wirkungslos, daß schon bald der nominelle Zins für das zugewiesene Staatsland beseitigt und das Land in volles Privateigentum verwandelt wurde, es damit folglich in Zukunft auch aufgekauft werden konnte (111 v. Chr.), und die Italikergesetzgebung war überhaupt nicht durchgekommen. Es blieben hingegen die die Ritter betreffenden Gesetze und die Getreidegesetzgebung, also gerade diejenigen Gesetze, welche von Gaius eher als Instrument denn als Ziel seiner Politik gedacht waren. Um die Ritter und die hauptstädtische Plebs, die C. Gracchus mit diesen Gesetzen hatte ködern wollen, nicht zu verbittern, wagte sich der Senat nicht an sie heran. Nach den schweren inneren Kämpfen, den ersten seit den Ständekämpfen vor nunmehr 250 Jahren, sehnte man sich nach Eintracht *(concordia)*, der denn auch jetzt, wie zur Bannung der drohenden Zwietracht, eigens ein Tempel geweiht wurde. {.margin} Das Schicksal des Sempronischen Gesetzgebungswerkes

### b. Die Krise der Herrschaftsorganisation (Marius; die Italiker)

Nach dem Tode des C. Gracchus blieb der römische Staat fast 20 Jahre hindurch von schweren inneren Erschütterungen verschont. Doch gerade in dieser Zeit zeigten sich in den Provinzen und an den Reichsgrenzen die Mängel der römischen Herrschaftsorganisation in äußerst krasser Weise; zu der Krise der inneren Führung trat damit die allgemeine Herrschaftskrise, die deswegen noch bedrohlicher war, weil sie bei den gegebenen sozialpolitischen Verhältnissen unlösbar zu sein schien.

Sklavenaufstände   Zunächst wurden als Konsequenz der Veränderungen auf dem Agrarsektor, insbesondere der Entwicklung eines auf die Ausnutzung der Sklaven als Arbeitskraft ausgerichteten Großgrundbesitzes, mehrere Provinzen durch Sklavenaufstände schwer erschüttert. 136/5 bis 132 und wieder zwischen 104 und 101 erhoben sich in Sizilien viele Tausend Sklaven – zeitweise sollen es 70 000 gewesen sein –; nach 133 wurde auch Westkleinasien, das der letzte König von Pergamon, Attalos III., den Römern vermacht hatte, durch Sklavenunruhen erschüttert, und nach einigen Jahrzehnten relativer Ruhe unter den Sklaven fand die Erhebung unter Führung des Spartacus in Italien (73-71 v. Chr.), der vorläufig letzte Sklavenaufstand, wieder mehrere Zehntausend im bewaffneten Aufstand gegen Rom. Die Sklaven wollten keinen Umsturz der Gesellschaft; ihr Bewußtsein war darauf gerichtet, in die Freiheit zu gelangen bzw. die Position der Herren einzunehmen, deren Sklaven sie gewesen waren. Sie errichteten, wie auf Sizilien und in Kleinasien, Königreiche, die ein Spiegelbild ihrer Wunschträume waren, oder versuchten, wie unter Spartacus, aus dem Römischen Reich auszubrechen. Manche römischen Heere wurden von ihnen besiegt, doch am Ende alle Aufstände blutig, z. T. auch grausam niedergeschlagen.

Krieg mit dem Numiderkönig Jugurtha   Erwies sich die römische Herrschaftsorganisation schon gegenüber den Sklaven als unbeholfen, zeigte sie sich gegenüber dem numidischen König Jugurtha in Nordafrika, der sich durch die Ermordung seiner Vettern des ganzen Reiches des großen Massinissa bemächtigt hatte, gänzlich unfähig. Weder die römische Diplomatie noch die Militärführung wurden mit Jugurtha fertig; neben blamablen militärischen Unzulänglichkeiten traten in diesem Krieg charakterliche Schwächen (Grausamkeit, Bestechlichkeit) der römischen Führung offen zutage. Der Konsul Q. Caecilius Metellus, nach seinem Triumph Numidicus beigenannt, konnte den seit 111 schwelenden Konflikt trotz mancher Erfolge auch nicht beenden (109–107). Erst C. Marius, ein ritterständischer Mann aus Arpinum, der zunächst im Gefolge des Metellus emporgestiegen war, durch seine Heirat mit Julia, der Tante des späteren Diktators Caesar, dann auch Eingang in die Nobilität gefunden hatte, vermochte nach Erlangung des Konsulats im Jahre 107 den Krieg mit Energie, aber auch mit viel Glück – der König Bocchus von Mauretanien unterstützte ihn – erfolgreich abzuschließen (105). Das Reich wurde unter Bocchus (er erhielt den Westen) und Gauda, einem Enkel des Massinissa, aufgeteilt, Jugurtha im

Triumphzug durch Rom geschleppt und anschließend im *carcer Tullianus* umgebracht.

Die schwerste Niederlage aber mußten die Römer im Kampf gegen die seit 113 an den Reichsgrenzen auftauchenden germanischen Stämme, Kimbern, Teutonen und Ambronen, einstecken. Die Land suchenden Scharen erschienen zuerst im Nordosten Italiens (113), wo sie ein römisches Heer schlugen; seit 110, nachdem sie im Raum nördlich der Alpen umhergezogen waren, strömten sie nach Gallien, wo die Römer zwischen 125 und 121 eine neue Provinz, Gallia Narbonensis, errichtet und durch sie die Verbindung zwischen Italien und Spanien gesichert hatten. Zweimal, 109 und 105, wurden konsularische Heere geschlagen. Die letzte Niederlage bei Arausio (Orange) war der furchtbarste Aderlaß seit Cannae; über 50 000 Römer sollen in der Schlacht umgekommen sein. Italien schien den Germanen offen zu liegen. Es war ein Glück, daß die Völkerscharen zunächst nach Spanien abzogen, so daß die Römer zur Wiederherstellung ihrer Verteidigungskraft mehrere Jahre Ruhe hatten. Einfälle von Germanen in das Reich

Die traditionelle römische Militärordnung hatte sich als unfähig erwiesen, die anstehenden Reichsprobleme zu lösen. Auf der Suche nach einem Retter aus der Not richteten sich in Rom alle Augen auf Marius, der den Krieg gegen Jugurtha so glänzend beendet hatte. Marius, der sich unter den Gebildeten und Vornehmen, zu denen er aufgestiegen war, eher unsicher fühlte, war ein glänzender Soldat und als solcher nicht nur ein guter Stratege, sondern auch ein Feldherr, der ein offenes Herz für die Sorgen und Nöte des einfachen Soldaten besaß. Er wurde nun Jahr für Jahr zum Konsul gewählt, und damit war die Annuität des höchsten Amtes, eine der Grundlagen der aristokratischen Ordnung, für die Zeit der Not faktisch aufgehoben worden. In der Atempause, welche die Germanen nach Arausio den Römern gewährt hatten, reformierte er das Heer. Weil es Rom an wehrfähigen (d. h. ein Mindestvermögen besitzenden) Soldaten mangelte und zudem immer mehr langjährig Dienende benötigt wurden, ermöglichte er auch den besitzlosen Römern den Eintritt in das Heer. Damit begann das Heer den Charakter eines bäuerlichen Milizheeres zu verlieren: Der besitzlose Soldat mußte vom Staat ausgerüstet werden, und er hatte während des Militärdienstes keinen anderen Beruf als den des Soldaten. In der Tat strömten nun die Habenichtse dem ruhmreichen Feldherrn zu Tausenden zu. Marius reformierte das Heer weiterhin durch mancherlei sinnreiche technische Neuerungen, welche die Ausrüstung und das soldatische Reglement betrafen. Vor allem aber hat wohl er schon gegenüber den in kompakteren Haufen kämpfenden Germanen an die Stelle der in Manipel aufgelösten Linie das römische Aufgebot in größeren, 500−600 Mann umfassenden Einheiten, den Kohorten (*cohortes*), zusammengefaßt, die in der Schlacht starke, bewegliche Kampfgruppen darstellten und sich auch zur Reservebildung besser eigneten. Er hat damit eine neue taktische Einheit geschaffen, die von Caesar vollendet wurde und auch noch in der Kaiserzeit die Grundeinheit geblieben ist. Mit diesem neuen Heer, das Marius eisern trainierte und an den Anblick der gefürchteten Feinde gewöhnte, hat er die Germanen besiegt. Da sie sich nach ihrer Rückkehr aus Spa- Die Heeresreform des Marius nien zu dem Sturm auf Italien geteilt hatten, konnte er sie getrennt schlagen, die Teutonen im Jahre 102 bei Aquae Sextiae in Südgallien, die Kimbern, gemeinsam mit Q. Lutatius Catulus, im folgenden Jahre in Oberitalien bei Vercellae.

Marius in der Nachfolge der Gracchen; L. Appuleius Saturninus

Die militärpolitischen Veränderungen blieben nicht ohne Rückwirkung auf die inneren Verhältnisse in Rom. Denn da die meisten Soldaten des Marius ohne Besitz waren, konnten sie nicht, wie der Milizsoldat, mit einem Beuteanteil einfach auf ihren Hof entlassen werden; sie mußten diesen Hof, also ein Landstück, vielmehr erst erhalten. Gegen den widerstrebenden Senat erlangte Marius mit Hilfe des Volkstribunen L. Appuleius Saturninus im Jahre 103 für seine Veteranen Siedlungen in Afrika (coloniae Marianae). Schon in diesem Jahr scheint Saturninus auch ein Getreidegesetz eingebracht zu haben, das allerdings durchfiel. Dies zeigt deutlich, wie das neue Problem der Veteranenversorgung die alten Wunden wieder aufriß: Marius mußte sich zur Durchsetzung seiner Wünsche erneut der gracchischen Methode bedienen, mit Hilfe von Volkstribunen dem Senat seinen Willen aufzuzwingen. Mit der Erneuerung der alten Gegensätze begannen sich die Parteiungen schärfer abzugrenzen: Den Popularen, die sich in der Nachfolge der Gracchen fühlten, traten die Optimaten als die Anhänger des Senats gegenüber.

Nach dem Sieg über die Germanen waren erneut Veteranen anzusiedeln. In einem 2. Volkstribunat (100) gelang es Saturninus, unterstützt von dem Prätor C. Servilius Glaucia, auch wieder außeritalische Kolonien (in Sizilien, Achaia, Makedonien und Gallien) durchzusetzen, und er zwang die widerwilligen Senatoren sogar durch Eid, sich dem Gesetz zu fügen. Q. Caecilius Metellus Numidicus, der sich standhaft weigerte, den Eid abzulegen, mußte in die Verbannung gehen. Marius hatte sich damit ganz in die Hände der Popularen begeben; Saturninus beherrschte das Feld. Die radikalen Anhänger des Marius terrorisierten jedoch den innenpolitischen Raum so sehr, daß die Ritter auf die Seite des Senats traten und Marius, der in diesem Jahre zum 6. Male Konsul war, den vom Senat ausgerufenen Notstand schließlich selbst durchführen und also seine eigenen Anhänger erschlagen lassen mußte. Damit war Marius politisch tot; er verließ Rom und reiste nach Kleinasien. Das Ansiedlungsgesetz des Saturninus wurde vom Senat wieder kassiert.

Der Reformversuch des M. Livius Drusus

Nach dem Sieg des Senats über seine Widersacher glaubte man, auch an das Problem der Geschworenenbänke herangehen zu können. Durch ihre Geschworenentätigkeit hatten die Ritter ihre egoistischen materiellen Interessen bei Handel und Steuerpacht dadurch durchgesetzt, daß sie unter Mißbrauch ihrer richterlichen Pflichten die Gerichte zur Erpressung der Beamten, die von ihnen belangt wurden, benutzten und damit jede ordentliche Provinzialverwaltung unmöglich machten. Im Jahre 91 versuchte M. Livius Drusus als Volkstribun den Mißstand durch den Plan zu beheben, den Rittern die Geschworenenbänke zu nehmen, sie aber dafür durch die Aufnahme von 300 politisch einflußreichen Männern ihres Standes in den Senat zu entschädigen; das Problem wäre damit allerdings nur kurzfristig gelöst worden. In den über diesen Antrag ausbrechenden schweren inneren

Unruhen geriet Drusus immer mehr in das populare Fahrwasser, und er begann denn auch eine sehr rege Gesetzgebungstätigkeit mit den für die Popularen typischen Materien (Getreidegesetz, Ansiedlungsgesetz, Richtergesetz) und nahm schließlich sogar als Vorbereitung einer groß angelegten Italikergesetzgebung Verbindungen zu den Italikern auf. Doch wurden seine Anträge abgelehnt, er selbst sogar ermordet. Sein Tod war das Fanal für den Aufstand der Italiker gegen Rom (Bundesgenossenkrieg).

Es erhoben sich die meisten Stämme Mittel- und Unteritaliens; Umbrien, Etrurien und die griechischen Städte blieben neben den meisten Latinischen Kolonien Rom treu. Die Italiker gründeten eine Art Gegen-Rom: Corfinium in Mittelitalien wurde ihre neue Hauptstadt Italia, wo ein Gegensenat zusammentrat. Der Bruderkrieg war furchtbar. Die Römer sahen sehr schnell ein, daß dieser Kampf nicht, wie alle ihre anderen, konsequent zu Ende geführt werden konnte. Sie gaben nach. Noch im Jahre 90 gewährte das Gesetz des Konsuls L. Julius Caesar allen Latinern und Italikern, die bei der römischen Sache geblieben waren, das römische Bürgerrecht; im Jahre darauf wurde dann durch ein weiteres Gesetz zweier Volkstribune *(lex Plautia Papiria)* auch allen aufständischen Bundesgenossen südlich des Po, soweit sie die Waffen niederlegten und sich innerhalb von 60 Tagen in Rom meldeten, das Bürgerrecht gewährt, und im gleichen Jahre ergänzte der Konsul Cn. Pompeius Strabo die Italikergesetzgebung durch die Verleihung des latinischen Bürgerrechts an alle Bundesgenossen nördlich des Po. Die Kämpfe flauten daraufhin schnell ab; Ende 89 wurde nur noch an wenigen Orten in Süditalien, vor allem im Gebiet der Samniten, die hier zu ihrem letzten Kampf gegen Rom antraten, gekämpft. {.marginnote}Der Bundesgenossenkrieg

Abgesehen vom transpadanischen Gebiet war Italien nun ein einheitliches Gebiet römischer Bürger. Die Folgerungen waren für den römischen Staat erheblich. Rom war jetzt ein gewaltiges territoriales Gebilde, das dringend einer angemessenen Verwaltungsorganisation bedurfte. Wie sollte das die kleine Schicht regierender Herren bewältigen? Ferner war zu erwarten, daß die Neubürger, die an Zahl die Altbürger weit übertrafen, durch die Abstimmungen in den Volksversammlungen, in denen die Beamten gewählt und die Gesetze verabschiedet wurden, neue Leute in die höchsten Ämter bringen und damit die Zusammensetzung der regierenden Schicht ändern würden. Letzterem war allerdings vorerst dadurch ein Riegel vorgeschoben worden, daß die Neubürger nur in 8 der 35 Wahlkörper (Tribus) abstimmen durften, sie also ein zurückgesetztes politisches Stimmrecht erhielten.

An die Herrschaftskrise in Italien schloß sich nahtlos eine neue Krise der Reichsherrschaft an. Der König Mithradates VI. Eupator von Pontos in Kleinasien (132/131–63), der um die Schwarzmeerküsten ein großes Reich errichtet hatte, bedrängte, teils im Bunde mit seinem Schwiegersohn, dem König Tigranes von Armenien, schon seit dem Ende des 2. Jahrhunderts das mittlere und westliche Kleinasien. Den Schiedssprüchen römischer Gesandter trotzte er und war schließlich in der Zeit größter römischer Schwäche, noch während des {.marginnote}Einfall des Mithradates in das Reich

Bundesgenossenkrieges, auch in Westkleinasien eingefallen, hatte die Provinz Asia besetzt und durch ein in Ephesos erlassenes Edikt alle Römer und Italiker ermorden lassen (es sollen 80 000 gewesen sein). Darauf besetzten seine Feldherren die Inseln der Ägäis, und in dem allgemeinen Römerhaß, der sich in den vergangenen hundert Jahren aufgestaut hatte, fiel ihm fast ganz Griechenland zu. Über die Führung dieses anstehenden Krieges entzweiten sich erneut die Parteiungen in Rom, die jeweils ihrem Kandidaten das militärische Kommando und damit Einfluß auf die staatlichen Verhältnisse zu sichern trachteten. Der Senat übertrug das Kommando im Jahre 88 dem Konsul L. Cornelius Sulla, einem im Krieg gegen Jugurtha und gegen die Italiker erprobten Feldherrn und eingefleischten Optimaten; doch nahm es ihm der Volkstribun P. Sulpicius Rufus im gleichen Jahr wieder ab und übertrug es durch Gesetz dem Marius. Der popularen Richtung versuchte Sulpicius Rufus ferner dadurch eine breitere Basis zu verschaffen, daß er die

Sullas Marsch auf Rom

Neubürger in alle Tribus aufzunehmen befahl. Sulla, der in Kampanien zum Kriege gegen Mithradates rüstete, brach daraufhin nach Rom auf, nahm die Stadt mit Gewalt, ließ etliche seiner Gegner zu Staatsfeinden erklären und hinrichten (auch Sulpicius Rufus fand den Tod) und die gesamte Gesetzgebung des Sulpicius kassieren. Danach brach er in den Osten gegen Mithradates auf und setzte den Krieg auch fort, als nach seinem Abgang die populare Richtung unter Führung des L. Cornelius Cinna, Konsul 87, das Heft in Rom wieder an sich riß, den von Sulla geächteten Marius zurückrief und ihn für das Jahr 86 zum 7. Male zum Konsulat bestellte. Nach einem furchtbaren Blutrausch, den der verbitterte Marius inszenierte, starb er jedoch bereits am 13. Januar 86. Das populare Regiment blieb indessen bestehen (Cinna war bis 84 kontinuierlich Konsul), begann eine rege Gesetzgebungstätigkeit und schickte auch Sulla einen Nachfolger in den Osten.

Sulla Herr in Rom

Sulla hat zwischen 87 und 84 die Verhältnisse im Osten wieder konsolidiert. Griechenland wurde zurückgewonnen – Athen mußte lange belagert werden –, das populare Heer lief zu ihm über, und Mithradates konnte schließlich auch aus Westkleinasien verdrängt werden. Im Frieden von Dardanos (85) wurde der status quo ante im Osten wiederhergestellt. Darauf eilte Sulla nach Italien, wo ihm von vielen Seiten militärische Hilfe gebracht wurde – so gewann Cn. Pompeius für Sulla Afrika und Sizilien –, und besetzte zum zweiten Male das von den Popularen beherrschte Rom. Durch ihn war der innenpolitische Kampf soweit verschärft worden, daß die Politik nunmehr durch den Einsatz von Waffen entschieden wurde; die neue Heeresorganisation, die die Soldaten wegen der Notwendigkeit ihrer Versorgung nach dem Feldzug stärker an den jeweiligen Feldherrn band, hatte die Militarisierung der Politik ermöglicht: Wie die Notwendigkeit der Bewältigung von Herrschaftsaufgaben das Milizwesen weitgehend zerstört hatte, war die so veränderte Heeresstruktur wiederum der Auflösungsfaktor für die herkömmlichen Entscheidungsprozesse innerhalb der Nobilität geworden. Der römische Staat, der als Folge des Bundesgenossenkrieges zudem noch durch die beinahe unlöslichen Probleme der Neuorganisation des Bürgergebietes belastet war, schien in der völligen Auflösung begriffen, und Sulla selbst hatte viel dazu beigetragen.

## c. Die Restauration unter Sulla

Sulla war ein Anhänger der Senatspartei. Nach seinem Sieg wollte er darum die Herrschaft des Senats bzw. der in ihm maßgebenden Nobilität in einem traditionellen Sinne sichern, und er tat dies nicht lediglich durch einige Reformgesetze, welche vorangehende Gesetze korrigierten oder beseitigten, sondern durch eine grundlegende, eine klare Analyse der zentralen Probleme des Staates verratende Gesetzgebung. Sulla fühlte sich dabei nicht als bloßer Parteigänger des Senats; von den Schwächen gerade auch der Optimaten wußte er wie kein anderer.

Schon die Art, wie er sich die Grundlage für sein Werk der Restauration schuf, zeigt seine Sonderstellung: Er ließ sich in aller Form zum Diktator mit der bestimmten Aufgabe zur Wiederaufrichtung des Staates auf gesetzlicher Grundlage ernennen *(dictator legibus scribundis et rei publicae constituendae,* 82 v. Chr.). Er hatte damit eine völlig neue Form von Diktatur geschaffen, sozusagen das innerstaatliche Gegenstück zu der alten Diktatur für äußere Notlagen. Er hatte mit dieser Diktatur u. a. auch völlig freie Hand in der Gesetzgebung erhalten.

*Die Diktatur Sullas*

Die ersten Maßnahmen Sullas betrafen den Personenkreis, der künftig die regierende Schicht bilden sollte. Seine Gegner beseitigte er dadurch, daß er sie durch eine öffentlich ausgehängte Liste ächten *(proscribere)* ließ (die große Masse noch 82). Diesen Proskriptionen, deren Listen stets erweitert wurden, fielen etwa 40 Senatoren und über 1500 Ritter und viele andere Bürger zum Opfer. Die Grausamkeit der Maßnahme schockierte selbst die Anhänger Sullas; aber es handelte sich dabei nicht oder nicht nur um blutige Rache, sondern das Morden hatte System: Es wurden die Gegner so ausgemerzt, wie durch andere Maßnahmen die künftige Regierungsschicht konstituiert wurde: Der Senat wurde durch 300 Männer aus dem Ritterstand erweitert und ergänzte sich in Zukunft dadurch, daß jeder, der das unterste Amt, die Quästur, bekleidet hatte, automatisch Senator wurde. Damit waren die Censoren, die bisher noch unter den gewesenen Beamten ein gewisses Auswahlrecht gehabt hatten *(lectio senatus),* aber bei den innerstaatlichen Spannungen diese Aufgabe kaum mehr in einem überparteilichen Sinne hatten wahrnehmen können, überflüssig geworden, und der Ritterstand war so zusätzlich dezimiert. Darüber hinaus ordnete Sulla das Ämterwesen im Hinblick vor allem auf Anzahl, Aufgaben und Laufbahn der Beamten neu und brachte dabei auch die Anzahl der Beamten und die neue Zahl der Senatoren in ein stimmiges Verhältnis.

*Politik gegenüber den höheren Ständen*

Da die Senatsherrschaft durch die populare Politik mittels des Volkstribunats und der Volksversammlung gefährdet worden war, wurden die Rechte des Volkstribunen konsequenterweise beschnitten, insbesondere dessen Interzessionsrecht eingeschränkt, die Gesetzgebungsinitiative an die jeweilige Zustimmung des Senats gebunden und dem Mann, der das Volkstribunat bekleidet hatte,

*Monopolisierung der Gesetzgebung beim Senat*

die spätere Übernahme höherer Ämter untersagt. Das Gesetzesmonopol hatte nun wieder der Senat. Ebenso wie der Volkstribun mußte der andere Gegner, die Ritter, in seine Schranken gewiesen werden. Diesen wurden jetzt selbstverständlich die Geschworenenbänke genommen und wieder den Senatoren übergeben. Gleichzeitig damit regelte Sulla das sehr daniederliegende politische und kriminelle Strafrechtswesen, indem er mehrere neue ordentliche, d. h. auf Dauer eingerichtete Geschworenenhöfe *(quaestiones perpetuae)* unter Vorsitz je eines Prätors aufstellte (z. B. für Mord, *inter sicarios*; für Mißbrauch der Wahlwerbung, *ambitus*). Diese Neugliederung eines ganzen Sachgebietes zeigt deutlich den, römischem Denken durchaus nicht adäquaten, Hang Sullas zu systematischer Ordnung der Dinge.

Dezentralisierung der militärischen Machtmittel

Nicht minder wichtig waren diejenigen Maßnahmen Sullas, welche die von ihm selbst begonnene Militarisierung der Politik wieder aufheben sollten. Um das Ziel zu erreichen, wurde zunächst ganz Italien entmilitarisiert. In Konsequenz dieses Gebotes hatten künftig alle Beamten in Rom nur zivile Kompetenzen; auch die Konsuln und Prätoren, die ein Imperium, d. h. die militärische Kommandogewalt, besaßen, übten während ihres Amtes keine militärischen Aufgaben mehr aus: Die Konsuln waren die obersten Leiter aller zivilen Staatsgeschäfte, die Prätoren die Gerichtsbeamten in Zivil- und Strafsachen usw. Erst nach dem Amt übernahmen die Konsuln und Prätoren als Promagistrate *(pro magistratu: pro consule, pro praetore)* in den Provinzen auch militärische Funktionen. Die früher lediglich als Provisorium angesehene, bei Bedarf verlängerte Amtsgewalt, eben die Promagistratur, wurde jetzt also eine reguläre Gewalt, nämlich die militärische Kommandogewalt außerhalb Italiens, also in den Provinzen. Da Sulla die Zahl der Imperiumsträger – zwei Konsuln und acht Prätoren – mit der Zahl der damaligen Provinzen in Übereinstimmung brachte (10: *Sicilia; Sardinia et Corsica; Hispania citerior; Hispania ulterior; Macedonia; Africa; Asia; Gallia Narbonensis; Cilicia; Gallia cisalpina)*, übernahm jeder von ihnen eine (durch das Los bestimmte) Provinz für jeweils ein Jahr als Statthalter. Nur dieser sollte künftig Kriege führen dürfen, und dies auch nur innerhalb seiner Provinz. Italien wurde zu einem reinen Rekrutierungsgebiet. Die Absicht der Neuordnung, nämlich durch die Dezentralisierung der militärischen Macht der Gefahr einer erneuten Militarisierung der Politik zu begegnen, ist ebenso deutlich wie deren Nachteile: Große Reichsaufgaben, etwa der Krieg gegen einen ins Reich einbrechenden Feind, konnten so nicht bewältigt werden. Diese Ordnung setzte ein völlig befriedetes Reich und ungefährdete Grenzen voraus.

Charakter der Sullanischen Restauration

Die Masse seiner Gesetze *(leges Corneliae)* erließ Sulla im Jahre 81. Die umfangreiche Gesetzgebung, die in manchen besonders neuralgischen Bereichen, wie in der Strafrechtspflege und in der allgemeinen Administration, systematisch angelegt war, antwortete auf die Politik, die seit den Gracchen vor allem auch mit Hilfe von Gesetzen, zunächst vor allem von den Gegnern des Senats, dann in Reaktion auf die Angriffe auch in immer stärkerem Maße von der Senatspartei praktiziert worden war. Schon die Gesetzgebungstätigkeit unter den Gracchen und in den auf sie folgenden Jahrzehnten, vor allem aber das sullanische Gesetzeswerk brachte in die römische Staatsordnung die Vorstellung, daß der Staat auf Gesetzen ruhe. In der Tat war der Staat, in dem man früher mit wenigen Gesetzen ausgekommen war und alles nach gewohnheitsmäßig feststehenden Regeln *(mores)* gehandhabt hatte, nun jedenfalls in weiten und gerade in den umstrittenen Bereichen im Recht darstellbar. Es fragte sich allerdings, ob die von Sulla oktroyierte öffentliche Rechtsordnung Ersatz für die verlorengegangene Eintracht sein konnte: Wenn die Gesetze nicht mehr von der Gesellschaft, nicht einmal von der, für die Sulla sie bestimmt hatte, nämlich der optimatischen Richtung unter den Nobiles, getragen wurden, nützten sie nicht viel. Die Zukunft mußte zeigen, wie gut das Gebäude hielt und ob die Zwänge, welche auch die Nobilität nicht in der Hand hatte, es nicht wieder zum Einsturz brachten.

Zur Unterstützung seiner Ordnung konnte Sulla und konnten nach ihm seine Anhänger aber noch auf zwei Faktoren zurückgreifen, die nicht nackte Institutionalisierung der Ordnung, sondern eine hinter ihr stehende soziale Kraft darstellten. Das waren einmal die zahlreichen Veteranen, welche Sulla in Italien auf dem Boden der enteigneten Gegner und auf dem Gebiet von Stämmen und Städten ansiedelte, die ihm im Bürgerkrieg feindlich entgegengetreten waren. Sie waren ein stets bereites Rekrutenreservoir. Daß seine Ordnung durch eine Unzufriedenheit der Neubürger gefährdet werden könnte, verhinderte er durch die ihm gewiß nicht leicht gefallene Anerkennung des Sulpicischen Gesetzes, durch das die Neubürger auf alle 35 Tribus verteilt und damit die Einschränkung des politischen Stimmrechts aufgehoben worden war. Eher seiner persönlichen Sicherheit dienten die zahlreichen – es waren ca. 10 000 – Freigelassenen, die Sulla zum großen Teil aus der Sklavenschaft der Proskribierten in die Freiheit entlassen hatte. Sie, die alle seinen Familiennamen führten (Cornelii), konnten als eine persönliche Leibwache gelten. Stützen Sullas in der Bevölkerung

Im Jahre 79 legte Sulla seine Diktatur nieder, dies angesichts der Grausamkeit seines Regiments fast ein Affront. Er zog sich auf sein Landgut zurück und schrieb Memoiren, starb jedoch bereits ein Jahr später an einem Blutsturz auf Grund einer Lungentuberkulose. Er blieb seinen Anhängern nicht minder unheimlich und rätselhaft als seinen Gegnern. Von niemandem geliebt zu werden, schien ihn nicht zu bekümmern. Er machte den Eindruck eines Menschen, der in sich selbst ruhte, nur seinem Schicksal, das ihm günstig war, und seinem Glück lebte. Den zerstörten Fortuna-Tempel von Praeneste (heute Palestrina) hat er nach der Einnahme der Stadt wiederherstellen lassen und sich selbst den Beinamen Felix zugelegt. Aber wieweit darin eigene Gläubigkeit sich ausdrückte oder damit lediglich auf die Umwelt gewirkt werden sollte, darin vielleicht auch nur Spielerei steckte oder wieviel von jedem, ist schwer zu sagen. Rückzug und Tod Sullas

## 9. Die Auflösung der Republik

### a. Der Aufstieg des Pompeius und die Aushöhlung der sullanischen Ordnung

Innere und
äußere Probleme
im ersten
Jahrzehnt
nach Sulla

Sulla hatte geordnete Verhältnisse hinterlassen, und die Optimaten konnten sich hinter den von ihm aufgerichteten verfassungsrechtlichen und militärischen Barrieren sicher fühlen. Trotzdem mochten sich selbst die Optimaten in dieser veränderten Welt nur ungern einrichten. Es war jedoch nicht nur die Erinnerung an die grausamen Bluttaten und an die Enteignungen, nicht lediglich auch der Anblick der Kreaturen Sullas, die sich bereichert hatten, oder der ungeliebten Veteranen und Freigelassenen, von denen man sich geschützt glauben sollte, was die meisten davor zurückhielt, das Leben in der neuen Ordnung freudig zu begrüßen. Es beschlich vielmehr auch viele Optimaten das Gefühl, daß mit den Maßnahmen Sullas ein Stück der alten Freiheit, nämlich das unbeschwerte Zusammenspiel der Kräfte als Ausdruck des freien politischen Zusammenlebens der großen Familien, dahingegangen sei. Es wurde daher unter den Vornehmen mehr als nur eine Mode, die sullanische Ordnung, die doch die Nobilität wieder in den Sattel gehoben und den Senat erneut zur zentralen politischen Mitte gemacht hatte, zu kritisieren und zu verdächtigen. So fand Sertorius, ein Römer aus dem Sabinerland, dem es sei 80 gelungen war, den größten Teil des diesseitigen Spanien für die populare Partei zu halten, viele Anhänger, und nur ein Jahr nach dem Tode Sullas versuchte sogar der Konsul des Jahres 78, M. Aemilius Lepidus, der alten marianischen Anhängerschaft auch in Italien wieder eine Führung zu geben, und scheute dabei vor Gewalt nicht zurück. Zwar wurde der Aufstand des Lepidus noch in demselben Jahre niedergeschlagen – wer von seinen Anhängern entkam, flüchtete meist zu Sertorius –, und auch Sertorius, der gerade jetzt auf dem Höhepunkt seiner Macht stand, wurde seit 75 in die Schranken gewiesen. In den Kämpfen gegen ihn tat sich besonders Cn. Pompeius, der Sohn des Pompeius Strabo, hervor, der, damals noch nicht dreißigjährig, ein außerordentliches Kommando erhalten hatte. Trotzdem schien der Staat keine Ruhe zu bekommen. Zu allem Unglück brach auch im Osten der Krieg mit Mithradates VI. erneut aus. Diesmal entzündete sich der Konflikt an Bithynien, einer östlich des Bosporus am Schwarzen Meer sich hinziehenden Landschaft, deren letzter König Nikomedes IV. sein Reich den Römern vermacht hatte; als Mithradates dies nicht hinnehmen wollte, war der Krieg gegen ihn unvermeidlich geworden (74). Seit 73 wütete ferner in Unteritalien der Krieg gegen aufständische Sklaven unter Führung des Spartacus, der größte Sklavenkrieg, den die Römer je zu führen hatten; in diesem Krieg erhielten die Veränderungen auf dem Agrarsektor, auf dem der mit Sklavenmassen arbeitende Großgrundbesitz zur beherrschenden Wirtschaftsform geworden war, und die unaussprechbare Not des seit dem

Bundesgenossenkrieg immer wieder heimgesuchten Unteritalien ihren sichtbaren Ausdruck. In all diesem Unglück bedeutete es für Rom eine Rettung, daß wenigstens gute Feldherren an den richtigen Stellen eingesetzt waren. L. Licinius Lucullus, dem seit dem Ausbruch des Krieges mit Mithradates die Hauptlast des Kampfes zugekommen war, erwies sich als ein glänzender General und trieb Mithradates und dessen Schwiegersohn Tigranes, den König von Armenien, immer tiefer in das Land hinein. Für die Innenpolitik wichtiger waren hingegen die in der Nähe Italiens gegen Sertorius und die Sklaven kämpfenden Generale: Pompeius konnte zusammen mit Q. Caecilius Metellus Pius, dem langjährigen Prokonsul des jenseitigen Spanien (79–71), Sertorius besiegen; nach dessen Ermordung im Jahre 72 war die spanische Gefahr vorüber. Den Sklavenaufstand schlug M. Licinius Crassus, der sich unter Sulla an den Gütern der Proskribierten bereichert hatte, grausam nieder; die letzten, nach Norden flüchtenden Reste des Sklavenheeres liefen dem aus Spanien zurückkehrenden Pompeius in die Arme, der nach deren Vernichtung sich auch mit der Beendigung des Sklavenkrieges brüstete (71). Von den beiden Siegern erwartete man in Rom nun auch eine Konsolidierung der inneren Situation. Da nur wenige unbeschwert an die sullanische Vergangenheit denken mochten, zudem zur allgemeinen Beruhigung der inneren Situation eine versöhnliche Geste gegenüber dem von Sulla besiegten innenpolitischen Gegner überfällig zu sein schien, mußte diese Konsolidierung mit einer Korrektur der sullanischen Ordnung verbunden sein.

Pompeius und Crassus wurden für das Jahr 70 zu Konsuln gewählt. Sie erfüllten die allerseits an sie gestellten Erwartungen dadurch, daß sie die dem Volkstribunat auferlegten politischen Beschränkungen, insbesondere die Bindung des tribunizischen Antragsrechts an den Senat und das Verbot der weiteren Amtskarriere für Inhaber des Volkstribunats, beseitigten und auch die von Sulla so arg mitgenommenen Ritter mit der staatlichen Ordnung aussöhnten. Der Kompromißcharakter der Gesetzgebungstätigkeit dieses Jahres enthüllte sich vor allem im Richtergesetz, das der Prätor L. Aurelius Cotta im Auftrage der beiden mächtigen Konsuln durchsetzte *(lex Aurelia iudiciaria)*: Die Geschworenenbänke sollten künftig die Senatoren und Ritter zu je einem Drittel, zu einem weiteren Drittel die Ärartribune besetzen. Die letzteren stellten eine Gruppe wohlhabender Funktionäre der Tribusorganisationen, die Ritterzensus hatten, dar; ihre Heranziehung zu den Geschworenenpflichten sollte wahrscheinlich verhindern, daß die Steuerpächter *(publicani)*, welche sich bislang vor allem auf den Geschworenenbänken gedrängelt und eine ordentliche Provinzialverwaltung verhindert hatten, die Senatoren majorisierten. Tatsächlich war mit diesem Richtergesetz der Kampf um die Geschworenensitze, der seit C. Gracchus getobt und so viel Unheil angerichtet hatte, entschärft. Die Gefahr eines erneuten Ausbruchs der inneren Unruhen konnte als eingedämmt gelten, und es mochte wie ein Akt der Reinigung angesehen werden, als im Jahre 70, ganz gegen die Intentionen Sullas, sogar Censoren gewählt und von ihnen 64 Senatoren, weitaus die Mehrzahl unwürdige Gestalten aus der Ära Sullas, aus dem Senat gestoßen wurden.

*Die Demontage des sullanischen Restaurationswerkes durch Pompeius und Crassus*

Die Notwendig-
keit
außerordent-
licher
militärischer
Kommando-
gewalten

Die Gefahr für den Staat kam von ganz anderer Seite, und sie war um so schwerer zu bekämpfen, als sie zunächst nicht als Gefahr, sondern als Rettung für den Staat auftrat: Das gewaltige Reich brachte eine immer wachsende Anzahl auch militärischer Probleme mit sich, die mit der Militärordnung Sullas, die lediglich den Statthaltern eine auf ihre Provinz beschränkte militärische Kommandogewalt gab, nicht zu bewältigen waren. Rom war zwar unbestrittener Herr der Welt, aber angesichts der aus innenpolitischen Rücksichten notwendigen Paralysierung der militärischen Gewalt fühlten sich selbst die Räuber beinahe ungestört; an größere Unternehmungen war nach der geltenden Militärordnung überhaupt nicht zu denken. Es blieb daher nichts übrig, als zur Rettung aus kriegerischer Bedrängnis besondere, nur für den bestimmten Zweck eingerichtete Kommandogewalten mit außerordentlichen, d. h. die geltende Verfassungsordnung sprengenden Vollmachten zu errichten; in ihnen war sowohl die zeitliche Dauer (Annuität) als auch der Aufgabenbereich der Gewalt (bisher: Provinz) zur Disposition gestellt. Da der Senat solche außerordentlichen Vollmachten nicht geben konnte, war die Volksversammlung hier das kompetente Organ, und zwar, nach der Wiederherstellung der tribunizischen Gesetzesinitiative, naturgemäß vor allem die von den Volkstribunen geleiteten Versammlungen. Damit wurde die politische Brisanz, die in der Verleihung solcher außerordentlicher Kommandogewalten lag, noch erheblich verschärft.

Die außer-
ordentlichen
Kommando-
gewalten
des Pompeius
zwischen
67 und 62

Schon das Kommando des Pompeius gegen Sertorius, das des Crassus gegen Spartacus und das der Konsuln des Jahres 74 gegen Mithradates hatten die sullanische Ordnung verletzt. Einer dringenden Erledigung harrte vor allem das Seeräuberproblem. Nach einem enttäuschenden Unternehmen des Prätors M. Antonius im Jahre 102 erhielt nun dessen Sohn, der Vater des späteren Triumvirn, im Jahre 74 ein umfassenderes Imperium für den Krieg gegen die Seeräuber; obwohl er bis 71 tätig war und seine Amtsgewalt sich über den gesamten Mittelmeerbereich erstreckte, endete sein Kommando mit einem schweren Rückschlag. Nach der ,Reform' des Jahres 70 schien sich der bewährte Feldherr Pompeius als Retter in der Not anzubieten (Crassus war doch wohl mehr Geschäftsmann als Soldat). Was eine gut geschmierte Militärmaschine in Rom zu leisten vermochte, bewies er denn auch, als er durch ein Gesetz des Volkstribunen A. Gabinius ein außerordentliches Kommando für das ganze Mittelmeergebiet mit 20 Legionen und 500 Schiffen erhielt; seine Kommandogewalt galt dabei – und das war unter den vielen Besonderheiten das Ungewöhnlichste – in allen Provinzen bis zu 50 km landeinwärts und konkurrierte also hier mit der aller Statthalter (ihnen gegenüber im Hinblick auf die Bekämpfung der Seeräuber ohne Zweifel mit übergeordneter Gewalt). Innerhalb von 40 Tagen war der Seeräuberspuk vorbei (67). Dieser glänzende Beweis von Organisationstalent und Führungsqualität wurde sofort belohnt durch die Übertragung des Krieges gegen Mithradates im folgenden Jahre 66 *(lex Manilia)*. Mithradates nämlich hatte inzwischen zunehmend an Boden gewonnen, weil das römische Heer seinem anfangs so siegreichen Feldherrn Lucullus nicht mehr unbedingt gehorchte;

Lucullus hatte auch manche Fehler gemacht und hatte vor allem überhaupt kein Gespür für die Wünsche und Nöte der Soldaten, die teilweise schon 20 Jahre ununterbrochen im Dienst standen und nach Hause strebten. Da er sich zudem wegen seiner gerechten Finanzverwaltung auch bei den Publikanen unbeliebt gemacht hatte, wurde seine Ablösung leicht durchgesetzt. Hier wie sonst verschränkte sich die Innenpolitik mit dieser neuartigen Militärpolitik, und wie Lucullus geriet auch Pompeius immer tiefer in diese Verflechtung, die er, der große Kriegsheld, aber noch nicht voll begriffen hatte. Zunächst einmal zog er im Vollgefühl seiner Kräfte und ausgerüstet mit extremer Kommandogewalt – er hatte den Krieg gegen Mithradates und die Provinzen Bithynien und Kilikien, ein konkurrierendes Kommandoverhältnis zu den Statthaltern der anderen Provinzen *(imperium maius)* sowie sämtliche im Osten stehenden Truppen erhalten – in den Osten. In siegreichen Kämpfen vertrieb er den Mithradates aus Kleinasien (der sich 63 in seinem Bosporanischen Reich das Leben nahm), stieß zur Absicherung der kleinasiatischen Provinzen und Klientelfürstentümer bis tief in den Kaukasus vor, unterwarf den König Tigranes von Armenien und rückte schließlich auch in Syrien ein (64), das er völlig neu ordnete. Pompeius trat hier überall als siegreicher Feldherr und Organisator zugleich auf. Er schuf eine von Grund auf neue politische Ordnung im Osten und verweist mit dieser Tätigkeit, welche der einzelne Beamte der Republik durchzuführen bisher nicht imstande war, bereits in die Zeit der Monarchie: Die außerordentliche Gewalt schien die dem Reich angemessene politische Form zu sein. Pompeius hat *Bithynia et Pontus* und *Syria* als neue Provinzen eingerichtet und das gesamte ostanatolische und syrische Gebiet, soweit es nicht Provinz war, als eine Summe von Klientelfürstentümern den bestehenden Provinzen zugeordnet. Durch ihn ist auch das Verhältnis Roms zu den Parthern konstituiert worden, wobei Pompeius selbstverständlich, in der Nachfolge Sullas, von der Prärogative Roms ausging.

In Rom hatte das alte innenpolitische Spiel, das durch die Ordnung Sullas gestört worden war, längst wieder eingesetzt. In ihm wurden in der Zeit, in der Pompeius im Osten Krieg führte, die Fronten abgesteckt. Allerdings war die Freiheit des politischen Spiels durch den Tatbestand, daß außerhalb Roms ein Feldherr mit beinahe absoluter militärischer Gewalt stand, eingeschränkt. In diesen Jahren war M. Tullius Cicero aus Arpinum, woher auch Marius stammte, aufgestiegen, zunächst, wie es dem Zug der Zeit entsprach, mit deutlich popularem Einschlag. Im Jahre 70 hatte er Verres, den korrupten Statthalter Siziliens, im Auftrage der Bewohner dieser Insel vor Gericht gezogen und seine Schuld nachgewiesen (Verres entzog sich durch freiwilliges Exil der Verurteilung). Der tüchtige Mann mit der biederen Gesinnung war darauf 69 Ädil und 66 Prätor geworden, und es gelang ihm sogar, für das Jahr 63 zum Konsul gewählt zu werden. Ihn unterstützte bei dieser Wahl die von L. Sergius Catilina ausgehende Bedrohung der öffentlichen Ordnung. Catilina, der für sich das Konsulat erhofft hatte, schien, da selbst hoch verschuldet, mit etlichen und darunter auch vornehmen Anhängern das Konsulat lediglich zu ihrer aller Bereicherung benut-

Das Konsulat
Ciceros;
Catilina

zen zu wollen, und es war ihm, wie sich sehr bald zeigen sollte, dabei jedes Mittel recht. Cicero, der mit der Wendung gegen Catilina von seiner populargefärbten Vergangenheit Abschied nahm, konnte die Machenschaften des Catilina aufdek-ken, der, in die Enge getrieben, daraufhin zu offener Rebellion schritt und dabei dann mit seinen Anhängern umkam (62). Cicero hat sein Leben lang von dem Glanz dieser Tat gelebt; doch war Catilina eher das Symptom einer gärenden Unruhe als eine ernste Gefahr für den Staat, als welche Cicero ihn hinzustellen nicht müde wurde, um dadurch selbst um so heller als der Retter des Staates zu strahlen.

Der Wandel des politischen Kraftfeldes

Wesentlicher als diese ‚Verschwörung des Catilina‘ sollten die neuen politi-schen Gruppierungen werden, die wieder die alten Bezeichnungen (popular, optimatisch) trugen, doch nun von ganz anderen Voraussetzungen ausgingen. Die alte populare Thematik war tot (Agrarfrage, Italiker, Geschworenenfrage); es ging jetzt – selbstverständlich unter Wahrung der alten politischen Schlagwörter und unter Aufrechterhaltung wenigstens einer Fassade ‚popularer‘ Thematik (Agrargesetzgebung, Getreidegesetzgebung) – eher um die Unterstützung einzel-ner Personen und um die Schaffung außerordentlicher Gewalten für sie als um irgendein Programm.

Catilina hatte in diesem politischen Spiel nur eine Randfigur gebildet. Die eigentlichen Fäden hielten auf ‚popularer‘ Seite Crassus, der als Konsul im Jahre 70 bei der Aushöhlung der sullanischen Ordnung mitgeholfen hatte, und C. Julius Caesar, ein Neffe des großen Marius (seine Tante Julia war die Frau des Marius gewesen), der 65 Ädil und 62 Prätor geworden war und im Anschluß an die Prätur das jenseitige Spanien verwaltet hatte (62/61), in der Hand. Gefährlicher als die Unternehmungen des Catilina, in welche Caesar wahrscheinlich mitverstrickt gewesen war, wurde der für die Zeit typische Versuch des Volkstribunen P. Servilius Rullus, mit Hilfe eines Agrargesetzes außerordentliche Vollmachten (Bildung einer Ackerkommission für fünf Jahre mit außergewöhnlicher Amtsge-walt, darunter dem Verfügungsrecht über den gesamten *ager publicus* innerhalb und außerhalb Italiens) für die Drahtzieher des Gesetzes, unter ihnen zweifellos Caesar, zu erhalten (64/63). Cicero hatte es jedoch gleich zu Beginn seines Konsulats in mehreren glänzenden Reden zu Fall gebracht. Bei allen diesen politischen Aktivitäten, denen die Optimaten oft nur ohnmächtig zuschauen konnten, war das Verhältnis von innerer politischer Aktivität und außerordentli-chem Kommando durchaus wechselseitig. Wird zunächst noch das außerordentli-che Kommando als eine objektiv notwendige militärische Einrichtung aufgefaßt, das dann seinerseits durch sein Schwergewicht auf die Innenpolitik wirkt, wird nun zunehmend das außerordentliche Kommando als Reflex innenpolitischer Konstellationen auch künstlich, d. h. ohne daß eine objektive Notwendigkeit zu seiner Einrichtung besteht, geschaffen, um dann durch das in ihm steckende Gewicht Einfluß auf den Gang der politischen Entwicklung in Rom zu gewinnen: Das Kommando verselbständigt sich so allmählich und diktiert bald den Gang der Ereignisse.

Die Konsequenzen der neuen politischen Kraft zeigten sich sofort nach der Rückkehr des Pompeius. Mit Bangen von seinen Feinden erwartet, entließ Pompeius nach der Landung in Brundisium zwar seine Truppen (62) und distanzierte sich damit von seiner sullanischen Vergangenheit. Doch dem Zwang der politischen Umstände konnte er mit diesem Schritt nicht entrinnen: Da seine Gegner ihm nun offen trotzten, mußte er für seine Soldaten, für seine politische Neuordnung des Ostens und zur Erhaltung seines Prestiges sich nach Bundesgenossen umsehen, um das nachzuholen, was er durch die Entlassung seines Heeres versäumt hatte, nämlich den Senat zur Anerkennung seiner politischen Wünsche und damit auch zur Anerkennung seines außerordentlichen Einflusses im Staate zu zwingen.

*b. Das Erste Triumvirat und die Rivalität zwischen Pompeius und Caesar*

Nach der Rückkehr des Pompeius aus dem Osten zeigte es sich schnell, daß die herkömmlichen Grundsätze aristokratischer Herrschaftspraxis, die durch Sulla gerade wieder gesichert zu sein schienen, ihre Kraft verloren hatten. Die politische Macht konzentrierte sich selbst dann noch in den Händen einzelner großer Nobiles, wenn diese ihre Heere, mit denen sie zu Einfluß gekommen waren, entlassen hatten. Pompeius, der im Vertrauen auf seine alte und im Osten erneuerte Autorität sein Heer aufgelöst hatte, gab sich nämlich nicht geschlagen, als ihm die Nobilität rundweg die Anerkennung seiner Neuordnung des Ostens und die Versorgung seiner Soldaten versagte: Er verband sich mit den nach ihm einflußreichsten Politikern seiner Zeit, mit C. Julius Caesar und M. Licinius Crassus. Der erstere wurde als der unbestrittene Führer der popularen Richtung angesehen und war zudem ein außergewöhnlich geschickter, bei Gelegenheit auch skrupelloser Politiker; der andere genoß noch aus seinem Konsulat mit Pompeius (70) Ansehen und schien vor allem auch wegen seines ungeheuren, meist in sullanischer Zeit rücksichtslos zusammengerafften Vermögens unentbehrlich. Mit ihnen sprach Pompeius ein gemeinsames politisches Programm ab (60 v. Chr.). Der Bund, der in der modernen Literatur meist als Erstes Triumvirat bezeichnet wird (in unseren Quellen begegnet für ihn u. a. der Terminus *coitio*, also: privater Zusammenschluß), wurde im folgenden durch die Heirat des Pompeius mit Julia, der einzigen Tochter Caesars, besiegelt, eine Ehe, die trotz ihres politischen Charakters und obwohl Pompeius fast doppelt so alt wie Julia war, sehr glücklich wurde und daher ein sicheres Band der Eintracht darstellte, solange Julia lebte. Unter den Forderungen, zu deren Durchsetzung der Bund gegründet worden war, standen die Versorgung der Veteranen des Pompeius und die Anerkennung der von ihm im Osten getroffenen Maßnahmen an erster Stelle. Caesar verlangte für seinen Teil die Einrichtung eines militärischen Kommandos für die Zeit nach seinem Konsulat, und Crassus versprach sich die Hebung seines politischen Ansehens und die Absicherung seiner wirtschaftlichen Interessen. Zur Durchsetzung der politischen Forderungen wollte man sich des legalen Staatsap-

Erstes
Triumvirat

parates bedienen: Caesar sollte bereits für das folgende Jahr in das Konsulat gebracht und es sollten von ihm dann die Vereinbarungen auf dem Wege der regulären Gesetzgebung eingelöst werden. In der Tat gelang es, Caesar zum Konsul wählen zu lassen, und es wurde dann auch von ihm mit beispielloser Rücksichtslosigkeit gegenüber den überkommenen Formen alles zum Gesetz erhoben, was die drei untereinander ausgemacht hatten. Die Veteranen des Pompeius und die Popularen sorgten dafür, daß die Volksversammlungen gehorchten, und der Markt und die Straßen wurden dermaßen terrorisiert, daß sich der andere, senatstreue Konsul, M. Calpurnius Bibulus, in sein Haus zurückzog, von wo aus er Edikte der Ohnmacht erließ. Nicht in erster Linie die alles Herkommen beiseite stoßende Härte des politischen Willens, sondern die klare, auf Dauerhaftigkeit gerichtete Zukunftsperspektive der Politik des ‚drei-köpfigen Ungeheuers‘, wie es damals auch genannt wurde, kündigte das Ende der Republik an: Die außerordentliche, das herrschende System sprengende politische bzw. militärische Gewalt beginnt hier die traditionellen Formen der politischen Willensbildung zu ersetzen; die Dreiheit in diesem Bund verdeckte nur unvollkommen die dahinter stehende monarchische Struktur.

Bereits während seines Konsulats ragte Caesar als der energischste und zielstrebigste unter den drei Machthabern heraus. Er sorgte in seinem Konsulat nicht nur für die Hebung seines politischen Einflusses und für einen guten Ruf bei den Massen, der ihm u. a. durch ein Siedlungsgesetz im Stile popularer Tradition und durch ein sachlich untadeliges Repetundengesetz gegen die Ausbeutung der Provinzialen sicher war, sondern vor allem auch für die dauerhafte Festigung seiner politischen Stellung. Letzteres erreichte er durch die gesetzliche Verleihung eines außerordentlichen militärischen Kommandos, das er für die Zeit seines an das Konsulat anschließenden Prokonsulats erhielt: Es umfaßte das diesseitige Gallien (d. i. Oberitalien) und Illyricum (die dalmatinische Küste) mit drei Legionen für die Zeit von fünf Jahren, wozu der eingeschüchterte Senat noch das jenseitige Gallien (d. i. die *provincia Narbonensis*, etwa das heutige Südfrankreich) mit einer weiteren Legion hinzufügte. Da in Oberitalien zahlreiche Römer und Latiner, denen zum Römer nur der Name fehlte, wohnten, besaß Caesar praktisch, d. h. wenn er sich nicht um das Aushebungsmonopol des Senats scherte, ein unbeschränktes Rekrutierungsreservoir für die Aufstellung neuer Legionen und stellte, ausgerüstet mit solcher Macht, als Gouverneur der dem entmilitarisierten Italien am nächsten gelegenen Provinz eine ernste Bedrohung dar. Nachdem die Machthaber für die Wahl ergebener Konsuln im folgenden Jahre und für die Ausschaltung der einflußreichsten politischen Gegner gesorgt hatten – Cicero wurde 58 wegen der Hinrichtung der Anhänger Catilinas in seinem Konsulat aus Italien verbannt, M. Porcius Cato, dem nichts Nachteiliges nachzusagen war, mit einem ehrenvollen amtlichen Auftrag in den Osten abgeschoben –, ging Caesar in seine Provinzen.

Von 58 bis 50 blieb Caesar im Norden und eroberte in dieser Zeit, von der südgallischen Provinz ausgehend, das gesamte freie Keltenland; der Rhein wurde

**Das Konsulat Caesars**

**Die Eroberung des freien Gallien durch Caesar**

hier die neue Grenze des Imperiums. Diese nackte Eroberungspolitik ist zunächst die Konsequenz einer innenpolitischen Situation, insofern Caesar ein militärisches Kommando und ergebene Legionen benötigte, um in Rom eine dem Pompeius ebenbürtige Stellung zu erhalten. Gegenüber der Handlungsweise früherer aristokratischer Potentaten, insbesondere gegenüber Pompeius, hatte sich lediglich geändert, daß die militärisch-außenpolitische Aufgabe, die früher das Reich aufgegeben hatte (Seeräuber; Mithradatischer Krieg), wegen des Fehlens objektiver Bedürfnisse nunmehr von Caesar selbst gestellt worden war. Daß das gallische Land Caesar jedoch ausschließlich als Exerzierplatz für seine später auf innenpolitischem Terrain einzusetzenden Legionen gedient habe, hat bereits Mommsen bezweifelt. In der Tat spricht der Umfang der Eroberungen, ferner auch die Konsequenz und die Energie der Durchführung dafür, daß neben dem allerdings zweifellos entscheidenden innenpolitischen Aspekt auch allgemeinere sicherheitspolitische Erwägungen oder sogar imperiale Überlegungen den Krieg gegen die Kelten wenn nicht von Anfang an, so doch im Laufe der Kriegsjahre zu jenem kompromißlosen Eroberungskrieg erweitert haben.

Bei der Ankunft Caesars in Gallien war das große Arvernerreich, das die meisten keltischen Stämme vereinigt hatte, bereits seit zwei Generationen zerstört; es war im Zusammenhang der römischen Eroberung Südgalliens in den zwanziger Jahren des 2. Jahrhunderts untergegangen. Unter den zahlreichen Keltenstämmen stritten die zwischen der Loire und der Saône sitzenden Häduer und die östlich von ihnen siedelnden Sequaner um die Vorherrschaft; der Norden wurde von der starken, teilweise mit germanischen Elementen vermischten Stammesgruppe der Belger eingenommen. Große Unruhe lösten in dieser Zeit die Ankunft der germanischen Sueben unter Ariovist im linksrheinischen Gebiet sowie die Absicht der in der heutigen Schweiz sitzenden Helvetier aus, sich in Westgallien neue Wohnsitze zu suchen. Als die letzteren durch die römische Provinz in Südgallien zogen, nahm Caesar dies, obwohl die Helvetier nicht in feindlicher Absicht gekommen waren, zum Anlaß, in die keltischen Händel einzugreifen. Er schlug noch 58 die Helvetier (bei Bibracte) und auch Ariovist (im Oberelsaß), und schon im folgenden Jahre konnte er große Teile des freien Keltenlandes, insbesondere auch Teile des belgischen Gebietes, als unter seiner Botmäßigkeit stehend betrachten. Aber es sollten bis zur endgültigen Unterwerfung noch Jahre vergehen, die durch immer neue Kämpfe gegen Randstämme des Keltenlandes, durch umfangreiche, der Sicherung des Gewonnenen dienende Expeditionen nach Britannien (55 und 54) und in das rechtsrheinische Gebiet (55 und 53) sowie durch immer wieder aufflackernden Widerstand der bereits unterworfenen Stämme angefüllt waren. Vor allem im Jahre 52 konnte der Arvernerfürst Vercingetorix noch einmal große Teile des Keltenlandes gegen Caesar mobilisieren, Caesar sogar bei Gergovia eine empfindliche Schlappe beibringen, bis auch er, eingeschlossen in Alesia und, nach einem vergeblichen Entsatzversuch, von aller Hilfe abgeschnitten, kapitulieren mußte. Vercingetorix wurde später, nachdem Caesar ihn im Triumphzug in Rom gezeigt hatte, im *carcer*

*Tullianus* hingerichtet (46). Wie die meisten Römer hatte Caesar keinen Sinn für den Heldenmut des Gegners; der sich gegen Rom erhebende Mann hatte seine Tapferkeit doppelt zu büßen. 51/50 konnte Gallien bis zum Rhein als völlig befriedet gelten, und Caesar verlegte daher einen Teil seiner mittlerweile auf 11 Legionen angewachsenen Armee nach Oberitalien: Der Eroberungskrieg zeigte damit jedem, der es bis dahin nicht hatte sehen wollen, seine innenpolitische Konsequenz.

Erneuerung des Triumvirats in Luca

Der Dreibund hatte sich in der Abwesenheit Caesars allen Anfechtungen des innenpolitischen Ränkespiels zum Trotz gehalten. Die Erfolge Caesars bewogen jedoch die beiden anderen Kontrahenten, auch ihrerseits ein großes militärisches Kommando zu fordern, auf das sie sich gegebenenfalls gegen Caesar stützen konnten. Um den Rücken für seinen Keltenkrieg frei zu bekommen, handelte Caesar daher im Jahre 56 zunächst mit Crassus in Ravenna, darauf in Luca mit Pompeius ein neues Abkommen aus, das Pompeius und Crassus ein jeweils fünfjähriges Kommando und Caesar die Verlängerung des seinen auf weitere fünf Jahre bis März oder Dezember 49 bescherte; für 55 sollten ferner Pompeius und Crassus zu Konsuln gewählt werden, damit das Vereinbarte durchgesetzt und der Staatsapparat unter Kontrolle gehalten würde. Durch ein Gesetz des Volkstribunen C. Trebonius erhielt dann Pompeius beide spanischen Provinzen (da es dort militärisch nichts zu tun gab, ließ er seine Provinzen durch Legaten verwalten), Crassus Syrien, beide mit dem unerhörten Zusatz, nach Belieben über Krieg und Frieden befinden zu können. Natürlich erhielt auch Caesar die Verlängerung seines Kommandos zugestanden, und da nach dem Abkommen vor dem 1. März 50 nicht über seine Nachfolge beraten werden sollte, dementsprechend erst aus den Konsuln oder Prätoren des Jahres 49 ein Nachfolger für seine Provinzen bestellt werden konnte und für ihn darüber hinaus im Jahre 48 ein zweites Konsulat vorgesehen war, konnte er seine politische Stellung als abgesichert ansehen. – Nichts zeigt deutlicher als diese Kommandogewalten, daß nicht mehr wie früher die anstehenden Reichsprobleme es waren, die das große Kommando erzwangen und mit ihm als sekundärem Effekt auf die Innenpolitik wirkten, sondern umgekehrt das militärische Kommando aus einer innenpolitischen Konstellation heraus erzeugt wurde und die dadurch künstlich herbeigeführte (d. h. nicht aus sich selbst heraus gewachsene) außenpolitische Problemlage (in Gallien, in Syrien) lediglich der innenpolitischen Dynamik folgte. Das Reich hatte hier als nunmehr völlig passiver politischer Faktor nur insofern noch an dem allgemeinen Geschehen Anteil, als es dem Ehrgeizigen die politischen Möglichkeiten in die Hand gab.

Bruch zwischen Pompeius und Caesar

Das Triumvirat schien sich konsolidiert zu haben. Es traten jedoch bald Veränderungen ein, die das an sich bereits auf Rivalität angelegte Verhältnis der Machthaber ungünstig beeinflußten. Zunächst einmal fiel einer von ihnen aus: Crassus ging 53 in einem von ihm selbst vom Zaun gebrochenen Krieg gegen das parthische Königreich unter und mit ihm der größte Teil seines Heeres (Schlacht von Carrhae). Ein Jahr früher war bereits Julia, die das Unterpfand der Einigkeit zwischen Pompeius und Caesar gewesen war, im Kindbett gestorben. Es kam hinzu, daß in dem Zentrum der Macht, in Rom, die veränderten machtpolitischen Verhältnisse nun die traditionelle Ordnung aufzulösen begannen: Die alten Regierungsmechanismen hörten allmählich zu funktionieren auf; aber da die neuen Machthaber eine lediglich faktische Macht ausübten, sie also keine Herrschaftsnormen eingerichtet hatten, sondern die Illusion aufrechterhielten, daß die alte politische Ordnung weiterlebe, herrschte in Rom das Chaos. Der eine Herr war faktisch abgetreten, aber der neue hatte sich noch nicht etabliert, und in dem Zwischenstadium suchte jeder, der sich berufen glaubte, seinen Ehrgeiz, seine Habgier oder auch seine politischen Träume zu verwirklichen. Als in einer der Straßenschlachten der von den städtischen Massen geliebte Bandenführer Clodius den Tod gefunden hatte, sah sich Pompeius endlich genötigt, härter durchzugreifen; er ließ sich schließlich zum Konsul ohne Kollegen, d. h. faktisch zum Diktator für das Amtsjahr wählen (52). Unter dem Druck der beiden Machthaber und dieser chaotischen inneren Verhältnisse rieb die alte Aristokratie den Rest ihrer Kraft und Energie auf. Die Mehrheit der Vornehmen begann, müde geworden, sich der Anhängerschaft eines der beiden zuzuordnen, deren Rivalität sich dadurch weiter polarisierte. Da Pompeius der liberalere, zumindest der weniger entschlossene und lenkbarere zu sein schien, schlossen sich ihm auch diejenigen Aristokraten an, die noch an eine Wiederaufrichtung der alten *res publica* glaubten. Unter ihnen waren viele, die wegen politischer Zurücksetzung oder auch aus ganz persönlichen Motiven von fanatischem Haß gegen Caesar erfüllt waren, aber auch Idealisten, wie M. Porcius Cato, denen die alte Ordnung mehr galt als Ehrgeiz und persönlicher Zwist.

Den ersten deutlichen Anstoß zu einem endgültigen Zerwürfnis mit Caesar legte Pompeius durch ein Gesetz im Jahre 52, das zwischen die Magistratur und die Promagistratur eine Frist von fünf Jahren legte, so daß nun vom Senat nach dem 1. März 50 unverzüglich, d. h. schon für 49 aus den zur Verfügung stehenden Konsularen ein Nachfolger für Caesar bestellt werden konnte. Ferner wurde für die Bewerbung um das Konsulat nun die persönliche Anwesenheit verlangt und folglich Caesar gezwungen, zu den Konsulwahlen im Jahre 49 als Privatmann und damit als eine leichte Beute seiner zahlreichen Todfeinde in Rom zu erscheinen. In dem Hin und Her dieser politischen Schachzüge suchte jeder den anderen mit rechtlichen Mitteln auszumanövrieren. Was dabei tatsächlich erreicht und von den republikanischen Ultras auch beabsichtigt wurde, war vor allem eine Verschärfung der persönlichen Spannung zwischen den beiden Mächtigen und die weitere Polarisierung der Fronten. Dem Spiel mit Gesetzen und Klauseln, Senatsbeschlüssen und Interzessionen kam lediglich der Wert einer Vorbereitung auf die Diskussion über die Schuld des Bürgerkriegs zu, der selbst bereits ausgemachte Sache war. Allerdings brachte es die geschickte Diplomatie Caesars fertig, daß die zum Bruch treibenden Republikaner am Ende in einer rechtlich schlechteren Position als Caesar waren und sie daher den zaudernden Pompeius geradezu in den Krieg gegen Caesar treiben mußten. Am 7. Januar 49 wurde Caesar schließlich durch Senatsbeschluß von seinem Kommando förmlich abbe-

Ausbruch des
Bürgerkrieges

rufen und ihm ein Nachfolger gesandt; am gleichen Tage wurde er auch zum Hochverräter erklärt und der Staatsnotstand gegen ihn ausgerufen. Auf die Nachricht davon überschritt Caesar in der Nacht vom 11. auf den 12. Januar den Rubicon, das Grenzflüßchen zwischen seiner Provinz und Italien, und eröffnete den Krieg.

## 10. Die Aufrichtung der Monarchie

*a. Die Alleinherrschaft Caesars*

Obwohl die Senatspartei den Bürgerkrieg schließlich selbst erklärt hatte, war sie für ihn schlecht gerüstet. Caesar eilte mit den Truppen, die er gerade bei sich hatte, entschlossen auf Rom zu; lediglich in Mittelitalien, in Corfinium, fand er Widerstand, doch gingen die dortigen Truppen dann zu ihm über. Pompeius räumte in klarer Erkenntnis der militärischen Lage ganz Italien und ging nach Griechenland; mit ihm zogen zahlreiche Senatoren und bildeten im Osten einen Gegensenat. Caesar konnte Rom daraufhin kampflos besetzen. Seine politischen Gegner, die ihn an Marius messen mochten, behandelte er mit unerwarteter und beispielloser Milde. Diese vielgerühmte *clementia Caesaris* entsprach gewiß auch einer inneren Geisteshaltung Caesars, der keine in sich gekehrte Herrennatur war und sich stets als Mitglied einer aristokratischen Gesellschaft gefühlt hat; aber sie verkörperte auch ein Regierungsprinzip: In ihr verbarg sich bereits die Milde des Herrschers, der begnadigt, wo er hätte verurteilen können.

Caesar hielt nun Italien mit Sardinien und Sizilien und damit das gesamte römische Rekrutierungsreservoir in seinen Händen. Trotzdem war Pompeius im Vorteil; denn er besaß neben einer großen Armee, die er in den Osten mitgenommen hatte und die dort verstärkt wurde, vor allem auch Spanien, wo seit der *lex Trebonia* vom Jahre 55 sieben ihm ergebene Legionen unter dem Befehl von tüchtigen Generalen standen. Es zeugt von der strategischen Übersicht Caesars, daß er sich entschloß, zunächst gegen diese starke Armee in seinem Rücken zu ziehen, obwohl das Zentrum des Widerstandes im Osten lag und von dort auch eine Invasion Italiens drohte. Noch im Jahre 49 marschierte er nach Spanien und schlug in einer schweren Schlacht bei Ilerda (nördlich des Ebro) die Feldherren des Pompeius; ganz Spanien fiel ihm daraufhin zu. In nur 40 Tagen war der spanische Feldzug beendet.

Anfang Januar 48 landete Caesar dann in Epirus und riß damit auch die Initiative für den Entscheidungskampf an sich. Eine mehrmonatige Belagerung von Dyrrhachium (Durazzo), in das sich Pompeius geworfen hatte, endete mit einem Mißerfolg, so daß er die Belagerung aufhob. In Thessalien konnte er aber dann Pompeius bei Pharsalos, obwohl ihm zahlenmäßig weit unterlegen, vernichtend schlagen. Der flüchtende Pompeius wurde in Ägypten auf Anstiften der Ratgeber des minderjährigen Königs ermordet. Caesar, der Pompeius nach Ägypten gefolgt war, verstrickte sich in Alexandrien in die Kämpfe innerhalb des ptolemäischen Königshauses und brachte dort, z. T. in kritischer Lage, den Winter 48/47 zu. Nachdem er endlich die politischen Verhältnisse einigermaßen fest eingerichtet hatte – Kleopatra sollte mit ihrem Bruder Ptolemaios XIV.

*Pompeius und die Republikaner unterliegen Caesar*

gemeinsam über Ägypten und Cypern herrschen –, eilte er zunächst nach Kleinasien, wo Pharnakes, ein Sohn des Mithradates, unter Ausnutzung des Bürgerkrieges weite Gebiete an sich gerissen hatte. Bei Zela in Pontos wurde Pharnakes besiegt *(veni, vidi, vici)* und flüchtete in sein Bosporanisches Reich.

Der Widerstand der Opposition konzentrierte sich nun auf Afrika, wohin der neue Oberbefehlshaber der Pompejaner und auch Cato, das Herz und die Seele des Widerstandes, sich begeben hatten. Im Oktober 47 landete Caesar in Afrika und schlug die Pompejaner im Februar 46 bei Thapsus. Cato nahm sich daraufhin in Utica das Leben. Da auch der König von Numidien, Juba, auf Seiten der Pompejaner gestanden hatte, zog Caesar sein Reich ein und wandelte es in eine Provinz um *(Africa Nova)*; ihr erster Statthalter wurde der Historiker Sallust. Wer von den Pompejanern sich nicht der Gnade Caesars überlassen mochte, flüchtete nun nach Spanien; vor allem die Söhne des Pompeius, Gnaeus und Sextus, waren hier aktiv und bauten eine neue Armee auf. Gegen sie mußte Caesar im Winter 46/45 noch einmal ins Feld rücken; bei Munda wurden die Pompeiussöhne besiegt (45). Caesar war nun unbestrittener Herr des Reiches.

Keine grundlegende Änderung der formalen politischen Ordnung

Mit der Konzentration aller politischen Macht in seinen Händen hatte Caesar die Herrschaft im Staate errungen, aber formal war er nicht Herrscher. Die alten Institutionen und Normen hatten ihre Kraft zwar eingebüßt, aber sie waren nicht verschwunden, und nichts war an ihre Stelle getreten. An eine Reform der politischen Organisation, die den veränderten Verhältnissen Rechnung getragen hätte, schien Caesar nicht zu denken, und ganz offensichtlich hat die öffentliche Meinung dergleichen auch nicht erwartet: Es war noch gar nicht in das allgemeine Bewußtsein gedrungen, daß die Militärdiktatur der Mächtigen die Basis der alten Ordnung zerstört hatte. Caesar regierte denn auch, wenn man das Wort benutzen darf, zunächst auf traditionelle Weise. Er ließ sich für 48 und 46 (dann auch für 45 und 44) zum Konsul wählen und hatte darüber hinaus zeitlich beschränkte Diktaturen inne. Das waren, von den sich aus den faktischen Verhältnissen ergebenden Sachzwängen her gesehen, Provisorien; aber eine Alternative war nicht erkennbar. Die Flut von Gesetzen, die sich nun über Rom ergoß, berührte daher auch nicht den Kern der neuen politischen Lage, so wichtig, zukunftsreich und originell sie auch waren: Die Bewohner der Transpadana, die Caesar so treu gedient hatten, erhielten das römische Bürgerrecht, wodurch das römische Bürgergebiet jetzt bis zu den Alpen reichte und Italien etwa seine heutige Gestalt erhielt; das gesamte Städtewesen Italiens wurde durch ein generelles Gesetz neu geordnet *(lex Iulia municipalis)*; die Versorgung der hauptstädtischen Bevölkerung wurde auf eine neue Basis gestellt; eine Kalenderreform, die an die Stelle des alten Mondjahres das Sonnenjahr von 365 1/4 Tagen setzte (seit 1.1.45), brachte Ordnung in den heillos durcheinander geratenen Jahresablauf, und aus Veteranen und arbeitslosen Bewohnern der Stadt Rom wurden zahlreiche römische Städte in zum Teil weit entfernt liegenden Provinzen des Reiches gegründet. Dies letztere machte mit der strikt italozentrischen Politik, an der die republikanische Aristokratie zäh festgehalten hatte, ein Ende und legte das Fundament für die Romanisierung des ganzen Reiches.

Die Zerstörung der politischen Ordnung erfolgte nicht durch deren Abschaffung, sondern durch deren Mißachtung und innere Aushöhlung. So beließ Caesar zwar das traditionelle Ämterwesen, vermehrte aber die Anzahl der Beamten (wogegen sich die Aristokratie wegen des Mangels an Kontrollmöglichkeiten immer gewehrt hatte) und griff auch brutal in den Vorgang der Beamtenwahl ein; praktisch bestimmte er die meisten Beamten selbst und machte damit die längst heruntergekommene Volkswahl zu einem mehr oder weniger rein formellen Akt. Seine Einstellung zu dem republikanischen Ämterwesen zeigte sich deutlich etwa darin, daß er für den am 31. Dezember 45 verstorbenen Konsul C. Caninius Rebilus einen Konsul für die noch verbleibenden Stunden des Jahres nachwählen ließ; das war kein Formalismus, sondern ein Akt öffentlicher Entwürdigung, welcher der Öffentlichkeit zeigen sollte, was das früher allmächtige Konsulat noch wert war. Noch folgenreicher war die Vermehrung des Senats auf 900 Personen, meist natürlich Anhänger Caesars und unter ihnen manch wenig angesehener Mann, wodurch die soziale Zusammensetzung dieses bislang wichtigsten Entscheidungsgremiums grundlegend geändert und damit auch der politische Willensbildungsprozeß künftig zwar nicht formal, aber faktisch im Sinne Caesars manipulierbar gemacht wurde. Der Herabsetzung der überkommenen Formen stand die Überhöhung der Person Caesars gegenüber. Caesar ließ sich wie ein göttlicher Herrscher vom Senat mit Ehren überhäufen. In der Öffentlichkeit durfte er, wie einst die römischen Könige, im Triumphalgewand und mit goldenem Lorbeerkranz auftreten; er erhielt den Ehrennamen *parens patriae*; seine Statue wurde im Tempel des Quirinus und unter denen der sieben Könige Roms aufgestellt; der Monat Quinctilis, der Geburtsmonat Caesars, sollte künftig Julius heißen, und zahlreiche andere und neuartige Ehren wurden ihm angetragen und meist auch angenommen.

Die Schwächung der traditionellen Institutionen und die maßlosen Ehrungen für Caesar ließen die Diskrepanz zwischen den herkömmlichen staatlichen Formen und der politischen Stellung Caesars wachsen und hoben allmählich auch die Frage nach der politischen Zukunft Roms ins Bewußtsein vor allem der Vornehmen: Wie konnte Caesar sich mit der alten *res publica*, und d. h. vor allem mit der aristokratischen Gesellschaft, versöhnen, und wie sollte sich seine Macht in ein solches Versöhnungswerk einordnen? Seine Gegner behaupteten später, Caesar habe König werden wollen, und verwiesen darauf, daß Antonius ihm bei dem Luperkalienfest am 15. Februar 44 das Königsdiadem angeboten und Caesar es nur wegen des fehlenden Jubelgeschreis der Umstehenden abgelehnt habe, sowie darauf, daß die Statue Caesars an den Rostra mit dem Diadem geschmückt worden sei. Aber der König war für die Römer seit Jahrhunderten der klassische Tyrann; Caesar müßte alle Maße verloren haben, sollte er an das Königtum gedacht haben. Solche Maßlosigkeit können unsere Quellen aber nicht bestätigen, ·und so ist das Bild von dem nach der Krone lechzenden Caesar das seiner Gegner.

Mißachtung der alten Ordnung durch Caesar

Die Frage der politischen Zukunft Roms

Er ließ sich hingegen schon 46 die Diktatur auf 10 Jahre verleihen und trat kurz vor seinem Tode die ihm Ende 45 auf Lebenszeit verliehene Diktatur an. Offensichtlich wollte er demnach wegen des Mangels einer politischen Alternative die von Sulla eingerichtete Diktatur der Staatserneuerung (*rei publicae constituendae causa;* Caesar hat sie indessen offiziell nicht so genannt) wiederaufnehmen, in deren Rahmen er reformieren und ‚herrschen' konnte, ohne der Tradition offen zu widersprechen. Im Unterschied zu dem Optimaten Sulla wollte er jedoch diese Diktatur lebenslänglich haben, und dieser Tatbestand sowie auch die ihm angetragenen ungewöhnlichen Ehrungen bringen seine Ausnahmestellung einem Herrschertum näher.

Die Iden des März   Nicht zuletzt das unausgeglichene Verhältnis zum Staat und der ihn tragenden Gesellschaft veranlaßte Caesar, im Frühjahr 44, nachdem er sich seit Beginn des Bürgerkrieges lediglich 15 Monate in Rom aufgehalten, die übrige Zeit auf Feldzügen zugebracht hatte, erneut ins Feld zu rücken, dieses Mal gegen die Parther, an denen die Schmach von Carrhae noch nicht gerächt worden war. Doch in der letzten Senatssitzung vor dem Aufbruch in den Osten, an den Iden des März (15. 3. 44), wurde er im Senatslokal – es war ein Raum im Theater des Pompeius – zu Füßen der Statue des Pompeius ermordet. Die ca. 60 Verschwörer waren durchweg Senatoren, unter ihnen bekannte Namen, wie M. Junius Brutus, C. Cassius Longinus und Decimus Junius Brutus. Nicht alle trieb der edle Drang nach Freiheit zum Mord; manchen trug persönlicher Haß. Es fehlten auch bedeutende Männer, wie Cicero; man hatte wohl Verrat gefürchtet und die Zahl der Attentäter auf einen engen Kreis beschränkt. Der Mord war Ausdruck des aufgestauten Hasses gegen den, der den jahrhundertealten Staat, durch den Rom groß geworden war und den man nun auf dem Hintergrund des ‚Tyrannen' Caesar auch den ‚freien Staat' *(res publica libera)* nennen konnte, zu zerstören begonnen hatte. Wie wenig aber noch von diesem übrig war und von wie wenigen er noch getragen wurde, zeigte sich gleich nach dem Attentat: Alles stob auseinander, und an die Stelle des Tyrannen trat nicht die alte *res publica*, sondern das politische Vakuum.

### b. Das Zweite Triumvirat

Die Caesarmörder und Cicero gegen Antonius   Schon die ersten Tage nach der Ermordung Caesars zeigten, daß die alte aristokratische Gesellschaft nicht mehr fähig war, die politischen Geschicke wieder in die Hand zu nehmen. Caesarmörder und Caesarianer, unter ihnen der sich jetzt vordrängende Konsul M. Antonius (Caesar selbst war der andere Konsul des Jahres gewesen), vereinbarten bereits am 17. März einen Ausgleich, der einem Verzicht der Attentäter auf ihre Ziele gleichkam. Da Antonius die Stimmung in der Stadt zugunsten der Caesarianer beeinflussen konnte, verließen die meisten Attentäter Rom, gingen, wie Decimus Brutus, in ihre Provinzen oder hielten sich in der Nähe Roms auf. Antonius, der die Volksversammlungen in der Hand hatte, ließ sich nun das jenseitige und diesseitige Gallien auf fünf Jahre, also ein außerordentliches Kommando nach dem Muster des Caesarischen, übertragen; die Mörder hingegen erhielten nur unwichtige Gebiete als Provinzen. Als Brutus und Cassius in den Osten abgingen, um hier unter Nichtachtung der von Antonius durchgesetzten Volksbeschlüsse auf eigene Faust den Widerstand zu organisieren, schienen die Fronten abgesteckt. Aber in Rom, das von den Caesarmördern bereits aufgegeben worden war, begann Cicero den Widerstand zu organisieren, und es erwuchs so dem Antonius in dem von ihm bereits als Einflußzone betrachteten Kerngebiet des Reiches ein erbitterter Gegner. Weitgehend auf sich allein gestellt, hielt Cicero seit dem 2. September seine Reden gegen Antonius (Philippische Reden). In Italien erhoffte er sich dabei Unterstützung von dem jungen C. Octavius, einem Großneffen Caesars, der durch testamentarische Adoption der Sohn Caesars geworden war und sich nun C. Julius Caesar Octavianus nannte. Octavian betrachtete sich als Erben Caesars, und die Menschen in der Hauptstadt und die Veteranen Caesars strömten ihm als dem Namensträger ihres geliebten Patrons zu. Da er der natürliche Rivale des Antonius war, unterstützte Cicero nach dem Abgang des Antonius in seine Provinzen dessen militärischen Ehrgeiz. Nachdem sich auch die neuen Konsuln des Jahres 43, Hirtius und Pansa, dem Senat unterstellt hatten, schien eine Koalition gegen Antonius zustande gekommen zu sein. In den schon bald beginnenden militärischen Operationen in Oberitalien wurde denn auch Antonius besiegt, zuletzt bei Mutina (daher *bellum Mutinense*); doch die beiden Konsuln fielen im Kampf, und unmittelbar darauf zeigte es sich, daß Octavian kein gewachsener Bundesgenosse der Republik, sondern nur ein Rivale mehr unter den Militärpotentaten war: Als Antonius nach Westen entwich und sich dort mit dem Statthalter M. Aemilius Lepidus zusammentat, schloß Octavian sich ihnen an. Der Wechsel war ihm den Verrat an der Senatspartei wert; war er doch nun von den Caesarianern offiziell anerkannt.

*Der Aufstieg Octavians*

Octavian hatte bereits im August Rom besetzt, hatte dort durch ein Gesetz *(lex Pedia)* die Caesarmörder ächten lassen und damit den Widerstand der Senatspartei in Rom erstickt. Im November 43 berieten sich dann die drei im Angesicht aller ihrer Legionen (es waren 28!) in Bononia (Bologna) und kamen überein, eine gesetzlich abgesicherte gemeinsame Herrschaft, eine Art mehrstellige Militärdiktatur auf 5 Jahre (bis 38) zu gründen. In dem Triumvirat (die Triumvirn hießen *tresviri rei publicae constituendae causa*; es wird das Zweite Triumvirat genannt, obwohl das erste vom Jahr 60 nur eine private *coitio* war) teilten sich die Triumvirn das Reich in Einflußzonen auf: Antonius erhielt Gallia Cisalpina und das von Caesar eroberte Gallien (Gallia Comata), Lepidus die Gallia Narbonensis und Spanien, Octavian Afrika, Sizilien und Sardinien; Italien blieb gemeinsamer Besitz. Antonius war, wie die Aufteilung zeigt, in dem Bund der stärkste. Man beschloß auch eine grausame Abrechnung mit allen politischen Gegnern, die nach dem Muster der sullanischen Proskriptionen auch sofort begann. Ca. 300 Senatoren und 2000 Ritter fanden den Tod; auch Cicero wurde am 7. Dezember 43 ein Opfer des Blutrauschs. Diese Proskriptionen bedeuteten das physische

*Zweites Triumvirat*

Ende der alten Aristokratie; was übrig blieb, war zur Übernahme der Regierung schon zahlenmäßig nicht mehr in der Lage.

Der letzte Kampf der Republik    Antonius und Octavian begannen dann energisch den Krieg gegen die Caesarmörder. Er fand bereits im Herbst 42 in der Doppelschlacht bei Philippi an der *via Egnatia* in Nordgriechenland ein Ende. Die Caesarmörder wurden vernichtend geschlagen; Brutus und Cassius nahmen sich das Leben. Das einzige Ergebnis des Attentats auf Caesar war, daß die Welt nun drei anstatt einen Herrn hatte. Caesar wurde, vielleicht schon vor der Schlacht, spätestens aber 39/38, vom Senat offiziell zum Gott erklärt (*Divus Iulius*; Octavian wurde damit *Divi filius*, also der Sohn eines Gottes) und damit die Herrschaft der Erben Caesars legitimiert.

Wachsende Rivalität zwischen Octavian und Antonius    Das folgende Jahrzehnt ist erfüllt von der Rivalität der Gewaltherrscher. Da die machtpolitische Basis der Triumvirn das Heer war, schien jeder Ausgleich unter ihnen nur der Schaffung eines Spielraumes für eine bessere militärische Ausgangsposition zu dienen. Erste schwere Zerwürfnisse zwischen Octavian und Antonius wurden unter dem Druck des Heeres in einem Vertrag beigelegt (40, *foedus Brundisinum*). In ihm wurde Antonius der gesamte Osten, Octavian der Westen (einschließlich Illyricum) übertragen, Lepidus auf die afrikanischen Provinzen beschränkt. Das Bündnis wurde durch die Heirat des Antonius mit der Schwester Octavians, Octavia, besiegelt. Neue Komplikationen traten auf, als Sex. Pompeius, der aus dem spanischen Debakel entkommene jüngere Sohn des großen Pompeius, auftrat; er beherrschte damals mit einer großen Flotte weite Teile der westlichen Meere. Zunächst verglich sich Octavian mit ihm; Pompeius erhielt Sizilien, Sardinien und Korsika (39; Vertrag von Misenum). Doch der von ihm auf Italien ausgeübte unerträgliche Druck führte bald wieder zu einem Krieg, in dem Pompeius schließlich unterlag (36 in der Seeschlacht von Naulochos, an der Nordküste Siziliens); auf der Flucht im Osten gefangen genommen, ließ ihn Antonius hinrichten. Octavian und Antonius haben sich nach vielerlei Reibereien anläßlich einer persönlichen Begegnung bei Tarent erneut verglichen (37). Sie kamen u. a. auch überein, das Triumvirat um weitere fünf Jahre zu verlängern. Als ein Versuch des Lepidus, sich gegenüber Octavian selbständig zu behaupten, von Octavian mit dem Einzug seiner Provinzen bestraft worden war (Lepidus blieb am Leben und behielt auch bis zu seinem Tode 12 v. Chr. das Oberpontifikat), war das römische Reich unter ihm und Antonius in einen westlichen und einen östlichen Machtbereich aufgeteilt.

Die beiden Herrscher begannen sich immer deutlicher auf den Ausbau ihrer Reichshälften zu konzentrieren; Antonius schien sich dabei bisweilen hellenistischen Praktiken der Staatsführung zu nähern. Dies sah jedenfalls so aus, und der Anschein wurde genährt durch seine Heirat mit Kleopatra, der Königin von Ägypten (36). Die für diese Heirat notwendige Trennung von Octavia zerriß auch das offizielle Einvernehmen mit Octavian. Ein großangelegter Partherfeldzug des Antonius, der den Plan Caesars wieder aufnehmen wollte, wurde ein schwerer Mißerfolg (36). Mangelnde politische Aktivität und allzu starkes Engagement im Hof- und Privatleben entfremdete ihn zusehends dem Westen und stärkte die

Position Octavians, der sich zwischen 35 und 33 in Illyrien endlich auch die überfälligen kriegerischen Lorbeeren geholt (er drang weit in das Innere des heutigen Jugoslawien vor und legte damit den Grund für die politische Neuordnung des Balkan) und sich so dem berühmten Feldherrn Antonius ebenbürtig erwiesen hatte. Die Gegensätze wuchsen, und die militärische Entscheidung schien bald unausweichlich. Octavian bereitete sie auch propagandistisch vor, indem er dem Antonius und seinem griechischen Anhang das italisch-nationale Element entgegenhielt. Als der Kampf begann, waren die Sympathien vieler auch im Westen dennoch auf Seiten des Antonius. Dieser beging jedoch schwere militärische Fehler. In einer gewaltigen Seeschlacht wurde er am 2. September 31 am Vorgebirge Actium in Westgriechenland von Octavian oder richtiger von dessen General M. Vipsanius Agrippa geschlagen. Er flüchtete nach Ägypten. Als Octavian dort im folgenden Jahre erschien, gab sich erst Antonius, dann auch Kleopatra den Tod. Ägypten wurde als römische Provinz eingezogen. {.margin Krieg der Militärpotentaten und Sieg Octavians bei Actium}

Zur Zeit der Schlacht von Actium war die gesetzliche Triumviratsgewalt bereits abgelaufen. Beide Potentaten regierten und kämpften ohne ,republikanische' Legitimation, wie wenig diese auch noch bedeuten mochte. Sie waren klassische Militärdiktatoren. Octavian, der aus einem italischen Nationalgedanken und aus der altrömischen Tradition neue Kräfte zu schöpfen suchte, hat diesen Mangel durch einen Schwur der Bürger Italiens auf seine Person auszugleichen gesucht; doch war ein solcher Gefolgschaftseid nur ein anderer Ausdruck für eine monarchische Legitimation. Der Ausgleich mit der Vergangenheit, und das hieß insbesondere mit der Aristokratie, durfte sich hingegen gerade nicht auf den monarchischen Gedanken stützen, sondern verlangte umgekehrt die möglichst gute Verdeckung der monarchischen Struktur, auf welche die politischen Verhältnisse der vergangenen 30 Jahre allerdings zugelaufen waren. Octavian hat diesen Ausgleich dann im Jahre 27 vollzogen, indem er seine politische Macht in die Formen der alten *res publica* kleidete. Mit dieser neuen Staatsform, dem Prinzipat, beginnt die Geschichte der römischen Kaiserzeit. Augustus, wie Octavian seit 27 v. Chr. auf Beschluß des Senats genannt wurde, ist der erste Monarch der neuen Ordnung, aber er wie auch die Senatsaristokratie wollte in ihr nicht den Beginn einer neuen, sondern die Fortsetzung der alten Ordnung *(res publica restituta)* sehen. {.margin Charakter der neuen monarchischen Ordnung}

# II. Grundprobleme und Tendenzen der Forschung

## 1. Italien im frühen 1. Jahrtausend v. Chr.

### a. Landschaft und Klima

Zur Entstehung und zum Bedeutungswandel des Begriffs ‚Italien' vgl. Sittl, Rauhut, Klingner, Radke [162−164a] und Galsterer [491: 37−41].

Das beste Kartenwerk zum alten Italien stammt von P. Fraccaro, in: Grande Atlante geografico, Novara 1938[4], die beste Karte von Rom hat G. Lugli, Forma urbis Romae imperatorum aetate, Istituto Geografico de Agostini, Novara 1959, angefertigt (die Topographie des alten Rom über dem Grundriß des modernen Straßenbildes). Für den gesamten Mittelmeerraum ist trotz vieler neuer Erkenntnisse noch immer das unvollendete große Kartenwerk von H. u. R. Kiepert, Formae Orbis Antiqui, Berlin 1893−1914 maßgebend. Von den kleineren Kartenwerken zur gesamten Mittelmeerwelt seien genannt: H. Kiepert, Atlas antiquus, 1902[12]; H.-E. Stier/E. Kirsten, Westermanns Atlas zur Weltgeschichte I: Vorzeit/Altertum, Braunschweig 1956; H. Bengtson/V. Milojčič, Großer Historischer Weltatlas (Bayerischer Schulbuch-Verlag) I: Vorgeschichte und Altertum, München 1953. − Für die antike Landeskunde des alten Italien bietet nach wie vor das Werk von H. Nissen [165] die beste Information.

Kartenwerke

Für die Veränderungen der Erdoberfläche und Küstenlinien Italiens sind die älteren Werke in aller Regel nur noch insoweit brauchbar, als sie die Tatbestände selbst referieren. Für die Ursachen der Veränderungen bieten selbst die neueren Arbeiten kein einheitliches Bild; insbesondere werden keine allgemeinen, für ganz Italien geltenden Ursachenbegründungen geliefert. Auf jeden Fall ist nicht der Mensch die wichtigste, ja nicht einmal eine wichtige Ursache für den Wandel, sondern ist dieser vor allem durch langfristige klimatische und geologische Veränderungen bestimmt, die zudem auf die verschiedenen Landschaftsräume unterschiedlich wirkten. So werden etwa seit der Mitte des 4. Jahrtausends die kühlen Feuchtphasen von einem ständigen oder episodischen Trockenklima abgelöst, das die Art und Dichte des Baumbestandes beeinflußte und den Natur-

Veränderungen der Landschaft

raum für Abtragungen labil machte. Klimawandel und, in geringerem Umfang, dann auch die Ausdehnung des Kulturlandes als Folge der Bevölkerungszunahme haben also − in den einzelnen Landschaftsräumen in jeweils verschiedener Intensität − den Wandel verursacht [170: HEMPEL]. Im ganzen gesehen stekken die Forschungen auf diesem Gebiet aber noch in den Anfängen. − Die reinen Fakten zur antiken Küstenlinie sind am besten bei G. SCHMIEDT [168] greifbar.

Wandel<br>des Klimas      Auch die Erforschung des Klimas vergangener Jahrtausende (Paläoklimatologie) ist erst eine junge Wissenschaft, und sie hat den nord- und mitteleuropäischen Raum, der für die besonderen Untersuchungsmethoden (Pollenanalyse; Untersuchungen zu dem Anpassungsverhalten kleiner Säugetiere u. a.) hinreichend Überreste der Pflanzen- und Tierwelt bietet, sehr viel besser erforscht als den Mittelmeerraum, für den vergleichbare Überreste selten oder gar nicht erhalten sind. Moderne Untersuchungen, welche nach den Ursachen und dem Verlauf des Klimas sowie nach den Wirkungen des Klimawandels fragen und die allgemeinen Meßmethoden vorstellen, beschränken sich daher, soweit sie allgemeinere Aussagen treffen, meist auf den mittel- und nordeuropäischen Raum. Von ihnen seien hier die einführenden Werke von SCHWARZBACH [169: bes. 177ff.] und JANKUHN [171: bes. 52ff.] herausgehoben.

## b. Die Völker Italiens

Zeitpunkt der<br>indoger-<br>manischen<br>Einwanderung Die prähistorischen Forschungsprobleme und die in ihnen enthaltenen Fragen der Identifizierung der uns bekannten Stämme mit prähistorischen Fundzusammenhängen gehören nicht in diesen Band, so sehr der Althistoriker mit ihnen zu tun hat; sie kann allein der Fachmann, also der Prähistoriker, angemessen beantworten. Hier sollen lediglich einige wenige Probleme vorgestellt werden, die auf althistorische Forschungen stark gewirkt bzw. unter den Altertumswissenschaftlern besonderes Interesse gefunden haben.

Ganz besonders hat den Althistoriker die Frage nach dem Zeitpunkt der ersten indogermanischen Einwanderung interessiert. Für die ersten Indogermanen auf italischem Boden wurden eine Zeitlang von einigen Gelehrten die Träger der sogenannten Terramare-Kultur in Anspruch genommen [u. a. 176: PIGORINI]. Die seit dem 17. Jh. v. Chr. nachweisbare, zum ersten Mal deutlich mit nordalpinen Substraten verwandte Kultur hatte ihr Zentrum in der Ebene am Nordabhang des Apennin in der heutigen Emilia. In diesem vermuteten frühen Schub von Indogermanen konnte man eine Parallele zu den Vorgängen im ägäischen Raum sehen, wo zu Beginn des 2. Jahrtausends die Achäer und Ioner als erste griechische Welle einwanderten. Eine Bestätigung meinten die Vertreter dieser Einwanderungsthese auch in der angeblichen Ähnlichkeit der Terramare-Siedlungen mit der Anlage des römischen Lagers gefunden zu haben. Nach dem − heute in dieser Weise nicht mehr anerkannten − Grundsatz, daß die den archäologischen Formen zugrundeliegenden Strukturen Stilprinzipien darstellen, die als gleichsam archäologische Sprache der Träger dieser Formen zu gelten haben [so auch MATZ, s. u.], wurden neuen Formen auch neue Menschen, hier also den Terramare-Formen indogermanische Einwanderer unterstellt. Abgesehen von der Fragwürdigkeit des Grundsatzes [dagegen bereits 178: PATRONI, 215 ff.] erwiesen sich auch die vermeintlichen Ähnlichkeiten der Terramare-Siedlungen mit dem römischen Lager und ebenso andere Behauptungen, die zur Untermauerung der Einwandererthese aufgestellt worden waren, als Spekulationen, die einer Nachprüfung nicht standhielten. Die Einflüsse aus dem Norden sind unbestritten, doch wird heute die Terramare-Kultur stärker in das sie umgebende autochthone Substrat eingegliedert; in diesem Sinne RELLINI [175], SÄFLUND [190: 17f. 127f.], KASCHNITZ [173: 346] und auch trotz einiger Zugeständnisse für die Spätzeit der Terramare-Kultur MATZ [188; 189]. Größere Einwanderungsschübe sind danach vor dem frühen 1. Jahrtausend nicht sicher nachweisbar, wie denn überhaupt in der jüngeren Archäologie die − durch die Ergebnisse der ausgehenden Antike genährte − Vorstellung von dem Wandel der italischen Kulturen durch rhythmische Invasionen nördlicher Völker immer mehr schwindet.

Großes Interesse haben unter Althistorikern naturgemäß die altstammeskundlichen (paläoethnologischen) Fragen, also das Problem der Identifizierung einzelner archäologischer Fundgruppen mit uns aus jüngerer Zeit literarisch überlieferten Stämmen bzw. deren Vorfahren gefunden. Da ist noch vieles unsicher, und insbesondere sind manche Prähistoriker gegenüber der Möglichkeit solcher Identifizierungen skeptisch. Während der archäologische Nachweis der latinofaliskischen Gruppe in der Mischkultur des westlichen Mittelitalien wohl kaum mehr umstritten ist, macht es noch immer große Schwierigkeiten, die italischen Stämme der Apenninen in den ersten Jahrhunderten des 1. Jahrtausends archäologisch ausfindig zu machen. So ist etwa die Identifizierung der Umbrer mit der Villanova-Kultur im mittleren Italien fraglich (darüber vgl. unten bei der Besprechung des Herkunftsproblems der Etrusker). Die Unsicherheit ist wohl auch deswegen so groß und Zurückhaltung angemessen, weil sich manche italischen Stämme so, wie wir sie seit dem späten 4. Jh. (und nicht früher) aus der Literatur zu kennen beginnen, wohl spät, manche wahrscheinlich erst um 500 v. Chr., gebildet haben dürften. Auf jeden Fall sind die altstammeskundlichen Fragen komplexer, als es früher erschien. So kann auch die von F. VON DUHN [191] vor ca. 60 Jahren aufgestellte These, daß die beiden großen Gruppen der Umbro-Sabeller und Latino-Falisker anhand ihrer Bestattungsriten zu scheiden und also archäologisch zu erfassen seien − die Latino-Falisker waren danach die verbrennenden, die umbro-sabellischen Stämme die bestattenden Italiker −, in dieser Weise nicht aufrechterhalten werden. Mag sich auch eine ganze Reihe von Fundumständen mit der These VON DUHNS decken, läßt sich jedoch bei den z. T. verwirrenden Fundverhältnissen ein einzelnes Kriterium kaum zum Maßstab aller kulturellen Äußerungen machen. Die unterschiedliche Bestattungsform weist

Identifizierung der Stämme mit archäologischen Fundzusammenhängen

eher auf den Wandel des Grabritus innerhalb derselben Gruppe, kann also als eine äußere Beeinflussung angesehen werden, die wir chronologisch, aber nicht zur Bestimmung von Stämmen auswerten dürfen [vgl. 315: MÜLLER-KARPE, 38 ff.]. Im ganzen gesehen stellt man sich die Stammesbildung heute meist komplexer vor. Es steht nicht mehr der ethnisch homogene, wandernde und erobernde Stamm im Mittelpunkt des Denkens, sondern es gewinnt immer deutlicher die Vorstellung Raum, daß sich die Stämme aus heterogenen ethnischen und kulturellen Elementen nur sehr allmählich bilden und folglich der uns in literarischer Zeit begegnende Stamm in prähistorischer Zeit schwer und, je weiter wir zurückgehen, um so schwerer oder gar überhaupt nicht greifbar ist; in diesem Sinne etwa auch PALLOTTINO [179].

Die illyrische Frage    Bis heute ist auch ein früher lebhaft diskutiertes stammeskundliches Problem noch offen, die sogenannte illyrische Frage. Es wird zwar gewiß nicht mehr bezweifelt, daß das indogermanische Volk der Illyrer hinter dem archäologischen Substrat des ganzen eisenzeitlichen Balkans steht [183; 184: PITTIONI]; aber schon die Frage, wieweit die Illyrer zeitlich und räumlich nach Norden zu der Lausitzer Kultur und der von ihr angeregten Urnenfelderkultur zurückverfolgt werden können, wird verschieden beantwortet, und auch der Anteil des illyrischen Elements auf der Apenninen-Halbinsel ist strittig. So wird von einigen Forschern die ganze Urnenfelderkultur für die Illyrer in Anspruch genommen, und auch für die jüngere Zeit rechnen manche, so besonders auf Grund vor allem sprachwissenschaftlicher Untersuchungen KRAHE [193; 194; er gab später seine radikale Position auf: 195: 6.10], mit einer weitgehenden Illyrisierung auch der italischen Halbinsel, die dann durch neue Wanderungswellen überlagert, aber in Namensresten (u. a. Ortsnamen mit einem st-Infix, z. B. Ateste, Tergeste) sowie in religiösen und privaten Einrichtungen vielfach auch später noch zu erkennen sei. So weit geht heute kaum noch jemand. Die Verwandtschaft der Veneter mit den illyrischen Liburnern, auch die mancher südostitalischer Stämme mit dem illyrischen Volkstum wird von manchen noch anerkannt, von der Sprachwissenschaft indessen heute meist zurückgewiesen, die venetische Sprache eher italischen Sprachen zugeordnet [199: UNTERMANN; 192: CONWAY, dort auch das inschriftliche Material, doch ist seit 1933 manches hinzugekommen] und die Bestimmung des Messapischen offengelassen [200: DE SIMONE; das sprachliche Material bei DE SIMONE und UNTERMANN in 195: KRAHE, das inschriftliche bei 201: PARLANGELI]; vgl. auch 183; 184: PITTIONI und 197: PISANI.

Mutterrechtliche Spekulationen    Für die Beurteilung des vorindogermanischen Substrats der Apenninen-Halbinsel sei noch auf die heute nur mehr selten vertretene, aber wissenschaftsgeschichtlich interessante These von der ursprünglich mutterrechtlichen Ausrichtung der mediterranen Welt verwiesen. Sie hat JOHANN JAKOB BACHOFEN aus Basel (1815–1887) vor allem durch eine sinngemäße Auslegung der antiken Mythologie und Grabsymbolik, aber auch unter Hinzuziehung antiker literarischer Quellen, darunter auch Sagen, zu belegen versucht [203–205]. Heute können

die von BACHOFEN zur Stützung seiner These angeführten Argumente als widerlegt gelten, wie denn auch seine methodische Prämisse nirgendwo mehr anerkannt wird, wonach alle alte Überlieferung nicht „dem Maßstab gewöhnlicher
Glaubwürdigkeit" unterworfen werden dürfe, also dem rationalen wissenschaftlichen Zugriff entzogen sei [in: Die Geschichte der Römer, Ges. Werke, hrsg.
von K. MEULI, 1, Basel 1943, 131; vgl. M. GELZER, in: J. J. BACHOFEN, Ges.
Werke 1, 490 ff.]. Zu den Etruskern, für die auf Grund der besonderen Stellung
der Frau im gesellschaftlichen Leben und des häufigen Gebrauchs des Metrony-
mikons (allein oder neben dem Patronymikon) nicht nur von BACHOFEN mutterrechtliche Spekulationen angestellt worden sind, vgl. SLOTTY [207]. Trotz evi-
denter Forschungsergebnisse, welche die Annahme mutterrechtlicher Verhältnisse in der vorindogermanischen Mittelmeerwelt nicht zulassen, wird bisweilen,
und dies nicht nur in populären Darstellungen, die mutterrechtliche These wieder aufgefrischt [so für die frühägäische Geschichte von R. F. WILLETS, Aristo-
cratic society in ancient Crete, London 1955, 59 ff.], wobei dann häufig nicht
einmal eine klare Definition dessen, was unter ‚Mutterrecht' verstanden werden
soll (politischer Wert; Bezug nur auf den Erbgang bzw. die Namensgebung
usw.), vorgenommen wird.

2. Etrusker und Griechen

a. Die Etrusker

Quellen  Die Quellen unseres Wissens über die Etrusker liefern zum weitaus größten Teil die verschiedenen Gattungen der archäologischen Denkmäler: Die Anlagen der Städte und Nekropolen und die in ihnen gefundenen Gegenstände des privaten, öffentlichen und militärischen Bedarfs sind die Grundlage aller Etruskologie. Die Inschriften bereichern unser Wissen nur wenig (über sie unten). Hingegen schöpfen wir manche Daten aus der griechischen und römischen Überlieferung, und dies sowohl auf direktem Wege durch Nachrichten über politische Verhältnisse oder die allgemeinen Lebensgewohnheiten der Etrusker als auch auf indirektem Wege durch die Analyse römischer Einrichtungen, die etruskischen Ursprungs sind, und durch die Namensforschung. Insbesondere können religiöse und öffentlich-rechtliche Einrichtungen, welche die Römer in ihrer etruskischen Frühzeit übernahmen, uns Einblick in entsprechende etruskische Lebensverhältnisse vermitteln; doch haben wir uns dabei vor einer Überinterpretation, wie sie z. B. in der Darstellung des Ämterwesens vorgenommen wurde [225], zu hüten. Oft können wir nur die Institution selbst, nur bedingt auch den hinter ihr stehenden Sinn erkennen. Es steht aber z. B. zweifelsfrei fest, daß die bei den Römern gebräuchliche Deutung der Zukunft aus Zeichen (Beobachtung des Vogelflugs, Blitzeinschlags, der Leber u. a.) etruskischen Ursprungs ist (auch die Archäologie kann hier der Bestätigung dienen). Die besondere Form der römischen Städtegründungen mit ihrer − von Fachleuten (agrimensores) vorgenommenen − rechteckigen, schachbrettartigen Aufmessung des Stadt- und Siedlungsgebietes (lat. limitatio) stammt indessen nicht, wie von der älteren Forschung meist angenommen, von den Etruskern, sondern übernahmen die römischen Landvermesser von den Griechen Unteritaliens und Siziliens, für die entsprechende Stadtpläne bis ins späte 8. Jahrhundert nachgewiesen worden sind [Megara Hyblaia, Poseidonia, Akragas u. a.; vgl. 293: HEIMBERG; Luftbildaufnahmen von Limitationen in Etrurien: 240: BRADFORD].

Herkunft  Die Literatur zu dem Problem der Herkunft der Etrusker ist umfangreich und
der Etrusker  vielschichtig. Die antiken Ansichten stehen u. a. bei Herodot 1,94 und Dionys von Halikarnaß 1, 28−30. Die früher vorherrschende Theorie, daß die Etrusker vorindogermanische Einwanderer aus dem Osten gewesen seien, vertreten in Anlehnung an BRIZIO [227] unter vielen anderen DUCATI [229], PIGANIOL [233] und SCHACHERMEYR [228]. Im allgemeinen nimmt man dabei an, daß die etruskischen Einwanderer mit den Trägern der orientalisierenden Kultur der Toscana (Erdbestatter), die indogermanischen Umbrer mit den Trägern der Villanova-Kultur (Brandbestatter) identisch seien. Über den Zeitpunkt der Einwanderung

gehen die Meinungen, wie in vielem anderen auch, auseinander: SCHACHERMEYR z. B. nimmt mehrere Wellen seit 1000 v. Chr. an; PIGANIOL tritt für ein spätes Datum ein, das sogar noch nach der Ankunft der ersten Griechen liegen soll. Wer die Einwanderung spät ansetzt, verbindet sie auch mit den Unruhen, welche die Einfälle der Kimmerier am Beginn des 7. Jhs. in Kleinasien ausgelöst haben. Zur Stützung der Einwanderungstheorie wurden und werden u. a. die plötzliche, ohne äußeren Anstoß schwer vorstellbare Blüte von Wirtschaft und Kultur, die städtische Siedlungsform des Ostens und die Kunstfertigkeit der Etrusker in der Metallbearbeitung, die aus dem Osten mitgebracht worden sein könnte, vorgebracht, ferner die vor allem in Mesopotamien durchgebildete Mantik (Leberschau!), gewisse Sprachverwandtschaften, die an Ortsnamen, aber auch an Sprachresten vorindogermanischer Völker des Ostens festgestellt werden konnten [so auf Lemnos, vgl. 266: KARO; 267: KRETSCHMER; 268: BRANDENSTEIN], und schließlich ganz allgemein die Fremdartigkeit und Unabhängigkeit des Etruskischen gegenüber den bekannten Kultursubstraten in Italien. Unter dem Eindruck von Grabungen und theoretischen Spekulationen des vorigen Jahrhunderts war auch eine Einwanderung aus dem nordalpinen Raum erwogen worden; danach hätte es sich bei den Etruskern um Indogermanen gehandelt [176: PIGORINI; 208: K. O. MÜLLER]. Sie kann nach den jüngeren Ausgrabungen insbesondere im Villanova-Gebiet wohl als erledigt gelten. – Die anfangs weniger verbreitete Theorie, daß die Etrusker sich aus in Italien alteingesessenen, also vorindogermanischen (autochthonen) Bevölkerungsgruppen entwickelt haben, beruft sich vor allem darauf, daß die archäologischen Funde in der Toscana ohne Bruch ineinander übergehen, vor allem in dem Übergang von dem Villanova-Substrat zum Etruskischen kein Hiat festgestellt werden kann; so scheint z. B. die Entwicklung der Grabformen (Brandgrab – älteres Grubengrab – etruskisches Kammergrab) in einer zusammenhängenden Linie zu stehen. Es sähe danach so aus, als ob die seit ca. 200 Jahren bestehende Villanova-Kultur um 700 v. Chr. ohne Wechsel der die Kultur tragenden Menschen in die früheste Periode dessen, was wir mit Bestimmtheit als etruskisch erkennen (orientalisierender Stil), übergegangen sei. Das spezifisch Etruskische ist danach unter dem Einfluß östlicher Kultursubstrate, die u. a. auch durch Händler oder einzelne Ankömmlinge vermittelt worden seien [210; 235], in einem langen, weitgehend autonomen Prozeß der Aktivierung der eigenen Ansätze mehr oder weniger selbständig gebildet worden. Den Anstoß zu diesem Akt der Neubildung und kulturellen Bereicherung hat nach den meisten die Entdeckung und Ausnutzung der Kupfer- und Eisenvorkommen auf der Insel Elba und deren Terra ferma gegeben. Die Lehre von der Ausbildung des Etruskischen im eigenen Land haben zunächst vor allem italienische Gelehrte vertreten [210: PALLOTINO], darunter auch Sprachwissenschaftler [262: TROMBETTI und 220: DEVOTO], doch hat sie heute über Italien hinaus viele Anhänger gefunden. Aber auch sie ist in ihrem Bemühen, die Etrusker mit einheimischen Fundumständen zu identifizieren, zu sehr unterschiedlichen Ergebnissen, auch zu Kompromissen mit der Wanderungstheorie und schließlich sogar zu der ganz neuen Vorstellung eines komplexen, aus den mannigfaltigsten Quellen gespeisten (aber im Prinzip von Autochthonen getragenen) Entstehungsprozesses gekommen. Obwohl es noch Verfechter der beiden extremen Thesen gibt, neigt die überwiegende Mehrheit der Forscher heute dazu, die Etrusker als Substrat unterschiedlicher Bevölkerungsgruppen zu sehen, das seit dem 8. Jahrhundert in der Toscana entstanden ist [230: ALTHEIM; 210; 211: PALLOTTINO; 216: PFIFFIG; 217: WEEBER; vgl. 183: PITTIONI; 235: HENCKEN]. Man spricht jetzt gern von der Ethnogenese, weniger von der Herkunft der Etrusker. In den Etruskern vereinigte sich danach − ethnisch und kulturell − die vorindogermanische Bevölkerung der bronzezeitlichen Apenninen-Kultur mit indogermanischen Einwanderern aus dem Norden, die wir in der eisenzeitlichen Villanova-Kultur erkennen, und dieses neue Ethnos verband sich seinerseits wieder mit einem − zahlenmäßig eher geringen − Einwandererschub aus dem Osten (Ostägäis), der durch seine geistige und kulturelle Überlegenheit dann den eigentlichen Anstoß zu der Ausbildung dessen, was wir als das Etruskische bezeichnen, gegeben hat. Manche Zweifel bleiben und bisweilen auch Skepsis gegenüber dem neuen Denkansatz [vgl. 218: BLOCH]. Und gelegentlich wird das komplexe und darum besser gesicherte Bild von der etruskischen Ethnogenese auch durch Thesen gestört, die alles wieder zum Einsturz bringen könnten, so wenn PALLOTTINO [210: 65 f.] und SÄFLUND [234] die Etrusker bereits als Träger der Villanova-Kultur in Anspruch nehmen möchten.

Sprache und Schrift      Kaum weniger komplex ist der Forschungsstand zur etruskischen Sprache, und das in ihm steckende Problem scheint zudem vom Material her unlösbar zu sein. Die Schrift bietet keine Schwierigkeiten: Das etruskische Alphabet ist ein westgriechisches, nach den grundlegenden Forschungen von KIRCHHOFF, der das Verbreitungsgebiet der verschiedenen griechischen Alphabete mit Farben kennzeichnete, ein ‚rotes Alphabet' [255: KIRCHHOFF; vgl. 256−258: HAMMARSTRÖM, GRENIER und CRISTOFANI]. Es gehört in die Frühphase der Entstehung des roten Alphabetes, also bereits in das späte 8. Jh., und kann mit keiner der bekannten Untergruppierungen und folglich auch mit keiner bestimmten griechischen Stadt fest verbunden werden [257: GRENIER]; doch ist nichtsdestoweniger häufig und jüngst wieder von CRISTOFANI [258] seine Nähe zu Kyme hervorgehoben worden. Zum heutigen Stand der Alphabetforschung vgl. CRISTOFANI [in: 185: RIDGWAY, 373−418]. Für das Sprachstudium stehen ca. 10000 Inschriften, darunter auch einige, allerdings wenig aussagefähige kleine Bilinguen zur Verfügung. Die weitaus meisten sind jedoch Grab- und Weihinschriften oder gehören zu anderen Inschriftengattungen stereotypen Inhalts, so daß wir aus ihnen z. B. manches über Verwandtschaftsbezeichnungen und Götternamen, darüber hinaus aber kaum Informationsmaterial erhalten. Es gibt nur wenige längere Texte. Die beiden umfangreichsten sind die Agramer Mumienbinde mit ca. 1300 Wörtern (ein beschriebenes Leinentuch, das später, in Streifen zerrissen, zur Konservierung einer Mumie verwendet wurde; in Alexandria gefunden, man entdeckte aber erst im 19. Jh. die Schrift), die religiöse Vorschriften enthält

[264: VETTER; 265: OLZSCHA], und der Ziegel von Capua (jetzt in Berlin, ca. 300 Wörter), auf dem Bestimmungen des Totenkults festgehalten zu sein scheinen. 1964 ist bei Grabungen in Pyrgi eine etruskisch-phönikische Bilingue auf zwei Goldblechen gefunden worden; doch haben die anfänglichen Hoffnungen enttäuscht: Das Vergleichsmaterial ist schmal (nur einige Zeilen), und der phönikische Text stellt offensichtlich nicht die wörtliche Wiedergabe des etruskischen dar [269—272: PFIFFIG, HEURGON, OLZSCHA und FERRON]. — So kann man heute — mit Ausnahme der Eigennamen — erst ca. 100 etruskische Wörter übersetzen [Liste bei 247: PALLOTTINO, 34—36] und nur wenige Flexionen einigermaßen sicher erkennen. Selbst in der Bestimmung der allgemeinen Sprachstruktur herrscht Unsicherheit. Manche halten das Etruskische für vorindogermanisch [262: TROMBETTI], andere für indogermanisch bzw. protoindogermanisch [P. KRETSCHMER, Glotta 28 (1940), 260 ff.; 30 (1943), 213 ff.]. DEVOTO vermutete, daß die Grundlage der Sprache ein nichtindogermanisches Idiom sei, das indogermanische Einflüsse aufgelöst und zersetzt hätten [Studi Etruschi 17 (1943), 359—367; 18 (1944), 187—197; 31 (1963), 93—98]. Auch eine neuere, gründliche Untersuchung von DURANTE [261; vgl. 216: PFIFFIG, 11 ff.] kam zu dem Ergebnis, daß das Etruskische und das Indogermanische voneinander getrennte Wurzeln haben. Mit einiger Sicherheit darf man nur festhalten, daß neben wohl überwiegend mediterranen Sprachbestandteilen auch indogermanische Formen stehen, deren Zuweisung und Deutung aber kontrovers sind. Einen echten Fortschritt in der Lösung der Frage hindert das Fehlen umfangreicher Bilinguen, die einen tieferen Einblick in die Syntax vermitteln könnten.

## b. Die Griechen

Aus der älteren geographischen Literatur der Griechen erfahren wir manches über die damaligen Vorstellungen zur Geographie und Ethnographie des westlichen Mittelmeeres und der atlantischen Küsten. Durch das Werk des Geographen und Seefahrers Pytheas von Massalia (Marseille) aus der zweiten Hälfte des 4. Jhs. *Über das Weltmeer* (d. i. der Atlantische Ozean), das uns fragmentarisch erhalten ist, besitzen wir wichtige, nicht immer leicht zu entschlüsselnde Nachrichten über die Küsten Westeuropas, über Südengland, Island und die Gegend an Nordsee und Ostsee [Übers. und Kommentar von D. STICHTENOTH, Pytheas von Marseille, Köln/Graz 1959]. Eine unter dem Namen des Skylax erhaltene Kompilation mehrerer Küstenbeschreibungen (Periplus), deren Quellen ebenfalls bis in das 4. Jh. zurückreichen, beschreibt die Küsten *Europas, Asiens und Libyens* (das sind die Küsten des Mittelmeeres und des Schwarzen Meeres) und gibt u. a. eine klare Darstellung der italischen Küste; in ihr wird zum ersten Mal die Stadt Rom namentlich erwähnt [Ausgabe mit lat. Übers.: *Geographi Graeci minores*, ed. K. MÜLLER, Bd. 1, Paris 1855, 15—96]. Von Avienus schließlich, einem römischen Dichter des späten 4. Jhs. n. Chr., ist ein größeres Fragment einer Küstenbeschreibung (*ora maritima*), nämlich die Darstellung der Meeres-

Quellen zu den geographischen Vorstellungen der Zeit

küste von der Bretagne über Gibraltar bis Marseille (das Werk behandelte die Küsten bis zum Schwarzen Meer), in 700 jambischen Versen auf uns gekommen, deren griechische Quellen in das 4., vielleicht sogar bis in das 6. Jh. v. Chr. zurückreichen [Ausgabe mit Übers. und Kommentar: Rufus Festus Avienus, *Ora maritima*, hrsg. von D. STICHTENOTH, Darmstadt 1968]. Zu der antiken geographischen Literatur vgl. GÜNGERICH [285].

Datierung der
frühen
Stadtgründungen

Für die Einwanderungsgeschichte der Griechen hat in den vergangenen Jahrzehnten die Frage der Datierung der frühen Gründungen eine große Rolle gespielt. Unsere Daten entstammen zunächst aus griechischen literarischen Quellen, für Sizilien insbesondere aus der Skizze des Thukydides über die Urgeschichte Siziliens [6,2−5; alle Daten sind zusammengestellt von 274: BÉRARD, 91]. Die in jüngerer Zeit vorgenommene Auswertung archäologischen Materials, insbesondere der protokorinthischen Keramik, für die Datierung der griechischen Gründungen im Westen hat die Ansätze vor allem des Thukydides im großen und ganzen bestätigen können [vgl. 286: SCHWEITZER; 291: BYVANCK; 290: VILLARD; 273: DUNBABIN]; aber es gab auch abweichende Ergebnisse, welche u. a. die Gründungen gegenüber Thukydides um ca. 50 Jahre später ansetzten [287: ÅKERSTRÖM]. Diesen archäologischen Untersuchungen ist neuerdings durch VAN COMPERNOLLE [292] entgegengehalten worden, daß die relative Chronologie der Keramik allenfalls die relative Abfolge der Gründungen bestätigen könne, für die Umwandlung der relativen in eine absolute Chronologie hingegen die antike Tradition, die doch gerade durch die Archäologie bestätigt werden soll, hier in einem circulus vitiosus vorausgesetzt werde. Entsprechend hat dann VAN COMPERNOLLE, in der Nachfolge von BELOCH [277], die thukydideischen und anderen Daten der griechischen Historiographie als Konstruktionen des 5. Jhs. entlarvt, und er schien damit jeder absoluten Chronologie den Boden entzogen zu haben. Mögen seine methodischen Einwände auch richtig sein, beruhen die absoluten Daten der protokorinthischen Keramik indessen nicht allein auf der griechischen Überlieferung, sondern sind in ein breites Spektrum von Datierungsansätzen, die bis in den Alten Orient reichen, eingebettet. Die von den älteren archäologischen Untersuchungen erarbeiteten Gründungsdaten dürften daher, mit einer Fehlerquote von ca. 30 Jahren, ihre Gültigkeit bewahren, und wenn sie auch nicht mehr die historiographische Überlieferung der Griechen bestätigen können, kommt die Datierung auf Grund der Keramik doch zu einem annähernd gleichen Ergebnis wie diese. Danach wären die Gründungen von Syrakus und Kyme auf ca. 740, die ersten Ansiedlungen auf den Pithecussae bereits auf ca. 770 anzusetzen [vgl. auch 109: HEURGON, 371 ff.].

Zu dem Verhältnis Roms zu den Griechen vor den Samnitenkriegen vgl. neuerdings BAYER [294], aber vor allem die Akten des 8. Kongresses über Großgriechenland in Tarent [295], in denen auch die archäologischen Denkmäler als Zeugnisse der Beziehungen angemessen berücksichtigt sind.

3. Quellen und allgemeine Forschungstendenzen
zur älteren römischen Geschichte (bis ca. 300 v. Chr.)

*a. Die Quellen*

Die auf uns gekommenen Nachrichten zur Königszeit (8.–6. Jh.) und zur früh- Glaubwürdigkeit<br>der Annalistik
republikanischen Geschichte (5. und 4. Jh. v. Chr.) entstammen zum weitaus
größten Teil den Werken der annalistischen (von *annales*, weil die Ereignisse
Jahr für Jahr berichtet wurden) Historiker aus der hohen und späten Republik
(seit dem Ende des 3. Jhs., Schwerpunkt jedoch in der sullanischen und augusteischen Zeit). Sie stehen bei Livius (Buch 1–10, bis 293 herabgehend), Dionys von
Halikarnaß (Buch 1–11, bis 443 herabgehend, danach nur noch Fragmente), in
der ebenfalls annalistisch angelegten Universalgeschichte des Diodor (vom 7.
Buch an in verstreuten Mitteilungen bis B. 18, d. i. bis zum Jahre 318 v. Chr.;
von 19,10 setzt eine neue, verläßlichere Überlieferung zur römischen Geschichte
ein) und in den Plutarchbiographien über Romulus, Numa, P. Valerius Poblicola (cos. 509), C. Marcius Coriolanus und M. Furius Camillus. Die annalistische Tradition konnte sich jedoch für ihre Berichte auf so gut wie keine vertrauenswürdigen Quellen stützen; sie ist aus dem Bewußtsein einer Spätzeit konstruierte Geschichte und darum auch nur für diese Spätzeit interessant. Dieser
für die Rekonstruktion der älteren römischen Geschichte fundamentale Tatbestand ist erst im 19. Jh. erkannt worden, wird aber trotz grundsätzlicher Anerkennung in der modernen Forschung nicht immer angemessen berücksichtigt.
Die mit der Beurteilung der Quellen zur älteren römischen Geschichte zusammenhängende Problematik rechtfertigt eine Besinnung auf die Entstehung der
Kritik an dem Quellenwert der Annalistik, auf die von ihr vorgebrachten
Begründungen und auf die sich daraus ergebenden Konsequenzen für die Rekonstruktion der älteren römischen Geschichte.

Die Annalistik, also insbesondere das Werk des Livius und des Dionys von
Halikarnaß, galt bis in das 19. Jh. hinein als unbestrittene Quelle unseres Wissens
über die Republik und die ihr vorangehenden älteren Perioden der römischen
und latinischen Geschichte. Nach einer 200jährigen kritischen Beschäftigung mit
ihr ist deren Glaubwürdigkeit vor allem für die Königszeit und für die ältere
republikanische Geschichte bis ca. 320 schwer erschüttert worden. Die bereits in
das 18. Jh. zurückreichende immanente Kritik – als ihre bedeutendsten Vertreter
können J.-C. Lévesque de Pouilly (Dissertation sur l'incertitude de l'histoire
des premiers siècles de Rome, Paris 1723) und Louis de Beaufort (Dissertation
sur l'incertitude des cinq premiers siècles de l'histoire romaine, Utrecht 1738.
1750²) gelten – wies auf Ungereimtheiten, Anachronismen, Irrtümer und Fehler
hin. Aber erst die wissenschaftliche Kritik des 19. Jhs. schuf die methodische

Basis für ein angemessenes Urteil über die Annalistik, indem sie nicht mehr nur immanente Kritik am überlieferten Text übte, sondern nach der Entstehungsgeschichte der Annalen und damit nach den Voraussetzungen ihrer Glaubwürdigkeit fragte. Das Ergebnis dieser Untersuchungen war, daß es vor dem Ende des 4. Jhs. keine brauchbare Überlieferung gegeben habe und folglich alles, was über die Zeit davor berichtet wird, aus der Bewußtseinslage einer Spätzeit heraus konstruierte Geschichte sei. Diese Erkenntnis beruht auf folgendem Entwicklungsschema der Annalistik:

Entstehungs-
geschichte
der Annalistik

Am Anfang stand ein Festkalender, an den zum Zwecke der (vor allem bei Gericht benötigten) Jahreszählung eine Liste des bzw. der eponymen Beamten angehängt wurde. Die Liste der Beamten – *fasti* genannt, weil sie in erster Linie Gerichtszwecken diente (*fasti = dies, quibus fas est, lege agere*) – wurde weiter ergänzt durch wichtige politische Ereignisse (z. B. die Eroberung einer Stadt) oder herausragende religiöse Vorzeichen (*prodigia*), weil auch sie das Zeitgedächtnis stützen konnten. Diese dürre Liste von Fakten erhielt erst am Ende des 4. Jhs. den Charakter einer *Chronik*, als sich mit dem Eindringen von Plebejern in das Pontifikat – die Liste war von den Pontifices als den für alle Aufzeichnungen kompetenten Personen geführt worden – das politische Interesse an einem Geschichtsbild, insbesondere an der Aufbereitung von Vorstellungen zur Rechtfertigung plebejischer Ideologie, und an Familiengeschichte bildete [vgl. Liv. 8, 40, 4; die wachsende Intensität aristokratischer Selbstdarstellung brachte etwa zur gleichen Zeit, d. h. seit ca. 300, auch die Anfänge einer politischen Repräsentationskunst hervor, dazu vgl. 456: HÖLSCHER]. Diese Pontifikalchronik ist bis ca. 125 v. Chr. geführt worden, als der *pontifex maximus* P. Mucius Scaevola alles Vorhandene unter dem Namen *annales maximi* in 80 Büchern herausgab und darauf verzichtete, die Chronik fortzuführen. Eine Weiterführung der Chronik erschien Scaevola deswegen nutzlos, weil bereits seit der zweiten Hälfte des 3. Jhs., als sich die lateinische Literatur zu entwickeln begann, Historiker, die sich auf die pontifikale Chronik stützten, die Aufgabe der Vermittlung historischer Daten übernommen und zum Zwecke der Vervollständigung des Geschichtsbildes ihre Darstellung sogar bis in die älteste, von der Chronik gar nicht erfaßte Zeit verlängert hatten. Die ersten, noch griechisch schreibenden Annalisten waren Q. Fabius Pictor und L. Cincius Alimentus, von denen nur Fragmente auf uns gekommen sind. Auch die ersten lateinisch schreibenden Annalisten aus der Mitte und der zweiten Hälfte des 2. Jhs. und die Annalisten der sullanischen Zeit – Valerius Antias, Q. Claudius Quadrigarius und Licinius Macer, dazu der etwas später schreibende Q. Aelius Tubero – sind uns nicht erhalten. Wir finden die gesamte Überlieferungsmasse erst bei den Annalisten der augusteischen Zeit, bei Livius und Dionys von Halikarnaß, teilweise auch bei Diodor (etwas älter als die beiden Genannten, ca. 90–30 v. Chr.), aus denen wir die älteren Annalisten nur unvollkommen herausarbeiten können. Denn da alle Annalisten ihre Bücher durch Zusätze umfangreicher gestalteten als ihre Vorgänger und jeder mehrere Vorlagen ineinanderarbeitete, ist eine Rekonstruktion der einzelnen älteren annalistischen Werke sehr schwierig, oft sogar unmöglich. Wie immer auch das Verhältnis der Annalisten zueinander ist: Wir haben aus unserer Erkenntnis über die Entstehung der Annalistik als sicher festzuhalten, daß die gesamte Annalistik für die ältere Zeit außer einer Liste der eponymen Beamten (*fasti*) kaum ein Ereignis überliefern konnte, weil es keine Überlieferung darüber gab. Die älteste annalistische Überlieferung von Wert gehört erst in das späte 4. Jh., und die ältesten für uns greifbaren Daten stehen bei Diodor [ab 19,10 = 317/316 v. Chr., vgl. etwa 43: SCHWARTZ, 691 ff.; 301: ROSENBERG, 113 ff.] und bei Polybios [2, 18 ff. über die älteren Keltenkriege]. Eine Chronik, die den Namen verdient, beginnt darum erst gegen Ende des 4. oder zu Beginn des 3. Jhs. [vgl. vor allem 300: KORNEMANN mit älterer Literatur].

Alle hier vorgetragenen quellenkritischen Überlegungen sind im Prinzip bereits im 19. Jh. angestellt worden. Schon A. SCHWEGLER hat in der Mitte des vorigen Jahrhunderts die römische Frühgeschichte als Produkt späten Denkens entlarvt [100], und selbstverständlich setzt auch die Römische Geschichte MOMMSENs [102; vgl. 298] die Kritik bereits voraus. Auch in diesem Jh. ist auf dem Gebiet weitergearbeitet worden, nicht zuletzt von Philologen, so unter vielen anderen von SOLTAU [299; 302], KLOTZ [304] und TRÄNKLE [56]. Die meisten Historiker haben sich infolgedessen gegenüber den Berichten der Annalisten über die römische Frühzeit die strengsten Reserven auferlegt, so insbesondere auch E. PAIS [in: Storia di Roma, Bd. 1, Roma 1898–1899; Storia critica di Roma durante i primi cinque secoli, 5 Bde., Roma 1913–1920] und G. DE SANCTIS [104]. Angesichts des Erfordernisses, eine breite Überlieferung vollständig zu verwerfen, hat es hingegen nicht an Versuchen gemangelt, wenigstens Teile des Überlieferten zu retten. So sollen Familienarchive [etwa 299: SOLTAU, 181 ff.] oder auf einem angeblich historischen Kern beruhende Sagen – die Heldenliedertheorie von B. G. NIEBUHR [296: 2 ff.] findet immer wieder Anhänger – die Lücke füllen. Aber abgesehen davon, daß wir über solche Quellen nichts wissen, könnten wir sie, selbst wenn es sie gegeben hätte, mangels methodischer Grundlage in unserer annalistischen Überlieferung nicht erkennen; vgl. zur Kritik vor allem MOMIGLIANO [307 und 318], ferner BLEICKEN [424: 55 ff.]. – Auch das Bemühen, die Annalistik durch moderne Ausgrabungen zu bestätigen, mußte scheitern, da nicht bestätigt werden kann, was nicht vorhanden ist oder war. Entsprechende Versuche unternahm in jüngerer Zeit vor allem GJERSTAD; zur Kritik an ihm vgl. u. S. 114. – Es ist bedauerlich, daß trotz der prinzipiellen Einigkeit in der Beurteilung der annalistischen Tradition immer wieder annalistische Daten zur Rekonstruktion der älteren römischen Geschichte herangezogen werden. Nachdem die erste Hälfte dieses Jhs. eher durch eine kritische Haltung gekennzeichnet war, wächst heute die Anzahl der Gelehrten, welche die ältere Annalistik trotz aller quellenkritischen Einwände nicht grundsätzlich verwerfen mögen, sondern jeden einzelnen Bericht jeweils auf das Für und Wider seiner Historizität untersucht wissen möchten. Methodische Argumente für ein solches Vorgehen werden meist nicht gebracht oder durch den allgemeinen Hinweis

Heutige
Einstellung
zur Annalistik

ersetzt, daß man ja nicht blind vertraue. Fühlt man sich doch zu einer Rechtfertigung veranlaßt, beschränkt man sich in aller Regel auf den Vorwurf der Hyperkritik bzw. des Pyrrhonismus gegenüber denjenigen, die an dem quellenkritischen Grundsatz festhalten [vgl. für viele 106: PIGANIOL, XV]; doch drückt sich in derlei Wendungen nur das schlechte Gewissen eines wissenschaftlich nicht vertretbaren Erzähltriebs aus. Demgegenüber verdient die gründliche und methodisch ehrliche Untersuchung von POUCET [332] zur Überlieferung der römischen Frühgeschichte bis einschließlich der voretruskischen Könige (also bis Ancus Marcius) besondere Aufmerksamkeit. POUCET weist nicht nur die annalistische Tradition als Pseudogeschichte aus; er stellt auch ihren Wert als Produkt politischen bzw. literarischen Gestaltungswillens einer späteren Zeit heraus.

Hingegen ist die ältere Annalistik bei weitem noch nicht für die Analyse des Geschichtsbewußtseins der Zeit ausgeschöpft, in der sie konstruiert wurde, obwohl sie auf weite Strecken sogar als Quelle für Ereignisse und insbesondere für die politische Terminologie dieser Zeit benutzt werden kann. So hat etwa GABBA nachgewiesen, daß die ‚Verfassung‘ des Romulus aus der sullanischen [Athenaeum N. S. 38 (1960), 175–225] und die Sp. Cassius-Geschichte aus der gracchischen Zeit heraus [Athenaeum N. S. 42 (1964), 29–41] konstruiert worden sind. Der Frage nach der Auswertbarkeit der römischen Frühgeschichte bei Livius für die spätrepublikanische Geschichte ist neuerdings GUTBERLET [309] auf einer breiten Basis nachgegangen.

Quellen
zur römischen
Frühgeschichte

Da die annalistische Geschichtsschreibung für eine Rekonstruktion der älteren republikanischen Zeit so gut wie ganz ausfällt, müssen wir das Geschehen aus einer Summe von Einzelnachrichten der verschiedensten Quellengattungen rekonstruieren. Es kommen hier in Betracht:

1. Einzelne Dokumentarquellen (z. B. im direkten Wortlaut überlieferte Sätze der XII-Tafeln, vgl. u. S. 123 f.).

2. Archäologische Quellen (z. B. Grabungsberichte über die ältesten Tempel und die Mauer Roms, vgl. u. S. 114 f.).

3. Sprachgeschichte (z. B. Rückführung von Wörtern auf ältere Bedeutungszusammenhänge) und Namenskunde (besonders zu Orts- und Personennamen; vgl. zu letzteren 346: SCHULZE, und 347: RIX).

4. Rückschlüsse aus Institutionen und Rechtsgewohnheiten der späten Zeit auf ältere Verhältnisse (z. B. aus dem Aufbau und der Begrifflichkeit der verschiedenen Typen von Volksversammlungen – vgl. u. S. 115 f., 122 f. – und aus dem Familien- und Erbrecht; zu letzterem 113: KASER, 44 ff. 81 ff.).

5. Nachrichten aus griechischen Quellen über die altitalische Geschichte (z. B. Berichte zur Westkolonisation der Griechen in Südfrankreich, Unteritalien und Sizilien vom 8.–6. Jh., über italische Verhältnisse im Zusammenhang der Überlieferung zur syrakusanischen Geschichte z. Zt. Dionysios’ I. oder zur Geschichte des Königs Pyrrhos). Da die griechische Quelle, wie z. B. Fragmente aus der ‚Sizilischen Geschichte‘ des Timaios von Tauromenion (ca. 350 – nach 260 v. Chr.) zur älteren sizilischen und italischen Geschichte, z. T.

recht lange nach den mitgeteilten Ereignissen geschrieben wurden, bedürfen auch sie selbstverständlich einer kritischen Analyse.

Aus der Entstehungsgeschichte der Annalistik folgt, daß deren ältester Teil eine Liste der eponymen Beamten (Fasten) ist und diese jedenfalls im Prinzip auch für die frühe Zeit Glaubwürdigkeit beanspruchen kann. Abgesehen davon, daß wir damit die regierenden Familien kennenlernen, könnten wir, sofern die Anzahl und Reihenfolge der überlieferten Eponymen richtig ist, mit Hilfe dieser Liste auch datieren. Allerdings ist die Vertrauenswürdigkeit der Liste vor allem in ihrem ältesten Teil strittig und jedenfalls teilweise von Fälschungen der später freier konstruierenden Annalisten überwuchert. Es hat sich daher seit den Anfängen der Geschichtswissenschaft eine umfangreiche Forschung mit den Fasten beschäftigt und sich um die Rekonstruktion einer von annalistischen Interpolationen freien Liste bemüht. Dazu einige Bemerkungen.

Die Fasten

Die Liste der eponymen Beamten wird aus Angaben von Annalisten (Livius, Diodor usw.), aus spätantiken Chronographen, die auch auf Annalisten zurückgehen (Chronograph von 354; die Konsulliste des Hydatius aus dem 5. Jh. u. a.), und aus den inschriftlich überlieferten Verzeichnissen zusammengestellt. Von letzteren sind am wichtigsten die Fasti Capitolini (nach ihrem jetzigen Aufbewahrungsort, dem Konservatorenpalast auf dem Kapitol in Rom, benannt), die in augusteischer Zeit am Augustus-Bogen auf dem Forum Romanum angebracht waren und weitgehend erhalten sind [Ausgabe: A. DEGRASSI, Torino 1954]. Es gab auch in den Städten außerhalb Roms neben lokalen Beamtenverzeichnissen Konsullisten; so sind uns aus Antium (Anzio) die Konsuln der Jahre 164−84 (mit Lücken) erhalten [91: DEGRASSI, Nr. 8]. Die Möglichkeit der Datierung mit Hilfe dieser Listen hängt nun davon ab, inwieweit wir ihnen vertrauen können, dies sowohl was die Namen als auch was die Anzahl und Reihenfolge der angegebenen Beamtenpaare anbelangt. Die sich damit befassenden, im engeren Sinne chronologischen Untersuchungen bemühen sich vor allem darum, die problematischen älteren, d. h. vor der Mitte des 5. Jhs. liegenden Namen der Liste als echt oder als interpoliert zu erweisen, und versuchen mittels einer bereinigten Liste den Beginn der Republik, mit dem die eponyme Beamtenliste möglicherweise begonnen haben könnte, oder auch andere Daten der frührepublikanischen Geschichte wenigstens annähernd zu bestimmen. Dieser vor allem von MOMMSEN [297] und BELOCH [105: 1−62] vertretenen Forschungsrichtung steht eine andere gegenüber, die in radikaler Skepsis den älteren Teil der Liste ganz oder doch fast ganz verwirft; zu ihr gehören u. a. KORNEMANN [300] und ROSENBERG [301]. Die gründlichste Untersuchung der neueren Zeit von WERNER [362] kommt u. a. zu dem Ergebnis, daß von 472/470 an eine echte Überlieferung der Fasten vorhanden und also neben anderen, sich nicht aus der Fastenkritik ergebenden Gründen auch von der Fastenforschung her mit diesem Datum der Beginn der Republik anzusetzen sei.

Eine neuere Untersuchung von PINSENT [306] hält auch die jüngeren Fasten zwischen 444 und 342 v. Chr., die im allgemeinen mehr Vertrauen gefunden haben, weitgehend für ein spätes Konstrukt; zumindest die Namen aller plebejischen Konsulartribunen und die der plebejischen Konsuln zwischen 366 und 342 sind danach fingiert, und PINSENT rückt in Konsequenz seiner Überlegungen auch das Datum der Zulassung eines Plebejers zum Konsulat auf 342 hinab. Seine auf einem methodisch nicht immer sicheren Fundament ruhenden Ergebnisse müssen indes mit Zurückhaltung aufgenommen werden. – Eine neuere Forschungsübersicht findet sich bei 308: RIDLEY.

### b. Allgemeine Tendenzen der Forschung

Die Forschung zur älteren römischen Geschichte, d. h. zu der Zeit von der Gründung Roms bis zu den Anfängen der Samnitenkriege im ausgehenden 4. Jh., ist von der besonderen Quellensituation dieser Zeit her bestimmt. Da sich seit den Anfängen der modernen Geschichtswissenschaft niemand mehr den Angaben der Annalisten unreflektiert anzuvertrauen wagt, geht jede Forschung von der Kritik an der Überlieferung aus. Insofern jedoch nicht alle Historiker die Annalistik auf Grund ihrer oben dargelegten Entstehungsgeschichte grundsätzlich verwerfen, sondern nicht wenige dieses oder jenes erhalten wissen möchten, ist die gesamte Forschung über diese Zeit nach dem Grad ihres Vertrauens zu den Angaben der Annalisten gespalten: Mit dem Konsens über die Quellen ist zugleich der gemeinsame Ausgangspunkt für die Beurteilung der Geschichte verlorengegangen, und dies in einem Ausmaße, daß bei erheblich anderer Ausgangsbasis – also wenn der Annalistik in stark abweichendem Maße vertraut wird – ein Gespräch von vornherein unterbunden ist. Entsprechend werden bei unterschiedlicher Einstellung zu den Quellen die Forschungen von der jeweils anderen Seite so gut wie überhaupt nicht zur Kenntnis genommen.

Auch diejenigen, welche innerhalb der annalistischen Erzählungen über diese Zeit echte Überlieferungsträger vermuten, sind hingegen von den quellenkritischen Überlegungen so weit beeinflußt, daß sie den Angaben der Annalisten mißtrauen. Das hat dazu geführt, daß alle Gelehrten, die sich mit Themen der römischen Frühgeschichte beschäftigen, das Schwergewicht ihrer Forschungen auf die Verfassungsgeschichte (unter Einbeziehung selbstverständlich der Sozial- und Religionsgeschichte) gelegt haben, weil wir zu ihr Daten besitzen, die von der Annalistik unabhängig sind [vgl. o. S. 108; daß nichtsdestoweniger oft auch annalistische Angaben herangezogen werden, ist dann eine andere Sache]. Die entsprechenden Forschungen, die sich meist auf entlegene und verstreute Zeugnisse stützen und mit den verschiedensten methodischen Ansätzen arbeiten müssen, sind in aller Regel sehr komplex und deren Ergebnisse naturgemäß auch umstritten. Die Arbeiten etwa zu den frühen Verfassungsinstitutionen (Volksversammlungen, *interregnum*, oberste Beamten) und zu der ältesten sozialen Schichtung (Patrizier, Plebs) sind daher für den Außenstehenden nicht leicht zugänglich. Dem mit diesen Fragen weniger Vertrauten mag der für derartige Untersuchungen notwendige Aufwand oft nicht in einem Verhältnis zu dem schließlichen Ergebnis stehen. Aber jeder Einstieg in die römische Frühgeschichte führt über diese Arbeiten. Die unten gegebene Auswahl kann nur einige wenige Fragestellungen der vielfältigen und in Einzeluntersuchungen zerrissenen Forschung vorstellen.

Gerade in den letzten Jahrzehnten hat vor allem auch die Archäologie zur Erforschung der Gründungsgeschichte Roms beigetragen.

### 4. Die römische Frühzeit (bis 338 v. Chr.)

*a. Die Quellen*

Königszeit

Die römische Überlieferung zur Vorgeschichte Roms und zur Königszeit steht bei Livius, Buch 1, Cicero, *de re publica*, Buch 2, bei Dionys von Halikarnaß, Buch 1–4, in den Lebensbeschreibungen des Romulus und Numa Pompilius von Plutarch sowie in den Fragmenten des 7. und 8. Buches des Diodor von Agyrion. Daneben informieren uns zahlreiche Fragmente aus vielen verschollenen Schriften der römischen und griechischen Literatur. Die Fragwürdigkeit dieser Überlieferung ist durch die moderne philologisch-historische Wissenschaft nachgewiesen worden [s. o. S. 105ff.]. Sowohl der Gründungsmythos als auch die schematisierte Königsgeschichte, in der sowohl die verschiedenen Einrichtungen des Staates (staatliche Institutionen, religiöser Apparat, Bauten) als auch die Außenpolitik (Expansion) auf einzelne Könige aufgegliedert wurden, ist seitdem nur noch interessant für die Analyse des Geschichtsbewußtseins der Zeit, in der diese Konstruktionen entstanden. Nichtsdestoweniger haben manche Forscher gerade daran gearbeitet, einzelne annalistische Nachrichten der römischen Frühzeit als vertrauenswürdig zu erweisen, oder sie suchten zumindest hinter ihnen einen ‚echten historischen Kern' aufzuzeigen. Das hat u. a. zu besonders intensiven Bemühungen um eine Historisierung der alten latinischen bzw. griechischen Wanderungssagen geführt. So soll die Aeneas-Sage der Reflex einer historischen Westwanderung sein [353: MALTEN: die illyrischen Elymer; 274: BÉRARD: pelasgische Westwanderung]. – Neuere, sich vor allem auch auf archäologische Funde stützende Arbeiten machen eine frühe Übernahme der Aeneas-Sage über die Etrusker als Vermittler wahrscheinlich [vgl. 350–352: BÖMER, ALFÖLDI und SCHAUENBURG]; die These von PERRET, wonach die Aeneas-Legende von den Römern in der Zeit des Pyrrhos-Krieges im Dienste römischer Außenpolitik entwickelt worden sei [349], dürfte damit weitgehend widerlegt sein.

Alle Forschung zur römischen Königszeit muß sich indessen vor allem auf nichtannalistische Quellen stützen [vgl. o. S. 108]. Unter ihnen nimmt die Archäologie für die Königszeit naturgemäß einen besonders hohen Rang ein. Inschriftliche Quellen besitzen wir für diese Zeit kaum. Die älteste lateinische Inschrift steht auf einer Gewandfibel des 7. Jhs.: *Manios med fhefhaked Numa-sioi* [= *Manius me fecit Numasio*, 91: DEGRASSI, Nr. 1]. Der auf dem Forum Romanum gefundene, als *lapis niger* bekannt gewordene Stein trägt das Fragment einer Inschrift mit vielleicht grabrechtlichen Bestimmungen; doch ist sie bis heute nicht wirklich entschlüsselt worden [= 91: DEGRASSI, Nr. 2; vgl. R. E. A. PALMER, The king and the comitium, Wiesbaden 1969].

Frühe Republik

Für die Quellen zur frührepublikanischen Geschichte bis ca. 320 gilt dieselbe, oben S. 105 ff. dargestellte Problematik wie für die zur Königszeit. Die entsprechenden Angaben der Annalisten stehen vor allem bei Livius (Buch 2–8), Dionys von Halikarnaß (Buch 5–11, bis 443 herabgehend, danach nur Fragmente), Diodor (von 10,22 an verstreute Mitteilungen) und in den Plutarchviten des P. Valerius Poblicola, C. Marcius Coriolanus und M. Furius Camillus. Unter den nichtannalistischen Quellen, auf die allein wir uns stützen dürfen, sind die Ergebnisse der Analyse von rechtlichen und religiösen Institutionen sowie von Sätzen des Rechts und der Gewohnheit besonders wichtig, die, obwohl nur aus späterer Zeit bekannt, uns doch bisweilen erlauben, die politischen, sozialen und religiösen Verhältnisse einer älteren Zeit zu rekonstruieren. Eine besondere Stellung nehmen für die Erhellung der allgemeinen politischen und privaten Lebensverhältnisse und deren Entwicklung die uns erhaltenen Fragmente der XII-Tafeln, für die Außenpolitik die bei Polybios überlieferten älteren Karthagerverträge ein. Diese Verhältnisse haben sich auch in der Forschung niedergeschlagen und sind darum ebenfalls hier gebührend berücksichtigt worden.

## b. Die Gründung Roms

Die Vorstellung von einer Gründung Roms als des Zusammenschlusses einer Siedlung von Latinern auf dem Palatin (die *Roma quadrata* der literarischen Tradition) und von sabinischen Siedlungen auf den östlichen Hügeln (*colles*) stützt sich auf die Existenz doppelter religiöser Institutionen in Rom, nämlich der ansonsten ganz gleichartigen Kollegien der Salier (*Salii Palatini* und *Collini*) und Luperci (*Luperci Quinctiales* und *Fabiani*). Neben manchen anderen Daten der Institutionenkunde hat von Duhn auch archäologische Zeugnisse zur Stützung der These herangezogen: Die Zuweisung der Brandbestatter an die Latiner der Palatinsiedlung und der Erdbestatter an die sabinischen Hügelbewohner schien den doppelten Ursprung Roms zu bestätigen [vgl. o. S. 97], ebenso die Mythengeschichte, in der der Latinerkönig Romulus sich mit dem Sabinerkönig Titus Tatius zu einer Herrschaft unter Romulus vereinte (Geschichte vom Raub der Sabinerinnen, Liv. 1,9–14,3). Den Dualismus der Bevölkerung glaubten manche auch in dem ältesten sozialen Aufbau der römischen Bevölkerung wiederzuerkennen [z. B. 316a: Piganiol, bes. 247 ff.: Die Patrizier waren das latinische und gleichzeitig indogermanische, die *plebs* das sabinische und stärker vorindogermanische Element]. Der Spekulation sind in dieser quellenarmen Zeit kaum Grenzen gesetzt, und die Lehre vom Synoikismos zweier Gemeinden als Hintergrund der Stadtgründung kann in dieser oder jener Form noch heute auf viele Anhänger zählen. Sie ist jedoch einmal durch die aufblühende Etruskologie, die immer deutlicher die Abhängigkeit des frühen Rom von den in der älteren Theorie überhaupt nicht berücksichtigten Etruskern offenbarte, zum anderen durch die Fortschritte der archäologischen Forschung in Latium und auf dem Gebiet der Sieben-Hügelstadt selbst erschüttert worden [zur Kritik der These vom dualistischen Ursprung Roms vgl. die eingehende Analyse von 321: Poucet].

*Moderne Theorien zur Stadtgründung*

Archäologen sehen heute die Bodenfunde des römischen Siedlungsgebietes in einem größeren, Südetrurien und ganz Latium einschließenden Zusammenhang. Es zeigt sich dabei, daß die ältesten Siedlungsspuren früher, als manche bisher annahmen, anzusetzen sind [316: MÜLLER-KARPE], und das Datum der Stadtgründung wird durch die Frage danach, was archäologisch als städtische Siedlung anzusprechen ist, komplexer. E. GJERSTAD, der nach dem Kriege auf dem Forum Romanum unter dem Reiterstandbild Domitians und auf einem Teil der Sacra Via (zwischen der Regia und der Umfassungsmauer des Vestalinnenbezirks; fast der ganze übrige Teil des Forums war durch die Grabungen von G. BONI am Anfang des Jhs. bereits ausgegraben worden und also die Fundsituation hier, weil gestört, nicht mehr überprüfbar) die ältesten Grabungen nach moderneren Methoden überprüfen, korrigieren und verfeinern konnte, tritt für die Unabhängigkeit der ältesten präurbanen Einzelsiedlungen und für einen späten Zusammenschluß dieser Siedlungen zur Stadt Rom (ca. 575) ein [310: vor allem Bd. 3, und 311; dagegen mit guten Argumenten 323: VON GERKAN, 86 ff. und 324: 139 ff.]. Bei aller Sorgfalt der Grabungsmethoden GJERSTADs leidet seine Auswertung des Materials an einer unverantwortlichen Konfundierung literarischer und archäologischer Daten [310; 311]. Die saubere Trennung dieser ganz verschiedenen Quellengruppen, deren Ergebnisse erst nach der getrennt durchgeführten Analyse zusammengestellt werden dürfen, ist auch bei Historikern nicht immer gesichert, die bisweilen so, wie es ihnen gerade paßt, archäologische Daten in ihre Argumentationsketten einfügen [zur Kritik vgl. vor allem 318: MOMIGLIANO und 365: DE MARTINO, 227 ff.]. Eine zuverlässige Zusammenstellung des archäologischen Materials findet man bei VON DUHN [191] und MÜLLER-KARPE [315; 316]. Letzterer tritt für ein früheres Datum der ältesten Siedlungsspuren ein (10. Jh.) und sieht im übrigen die Siedlungen sich nur allmählich zu einer städtischen Form entwickeln. Ihm hat sich, wenn auch in der Frage der Stadtwerdung mit deutlicher Neigung zur Harmonisierung der gegensätzlichen Standpunkte, im Prinzip PALLOTTINO, der zu den besten Kennern der Materie zählt, angeschlossen [319: 29 und 320: 33 ff.]. Neuerdings hat MEYER [320a] die Thesen von GJERSTAD und MÜLLER-KARPE erneut überprüft und eine revidierte absolute Chronologie der latinischen Eisenzeit aufgestellt. Auch nach ihm hat sich Rom erst in einem längeren Urbanisierungsprozeß zur Stadt entwickelt und beginnt die urbane Periode in der Mitte des 9. Jhs. (Septimontium); in der Mitte des 8. Jhs. erkennt MEYER einen Synoikismos des latinischen Septimontiums mit dem sabinischen Quirinal. In der Königszeit seien die Latiner den Etruskern kulturell durchaus nicht unterlegen gewesen. – Zu der Diskussion über die Stadtwerdung Roms und die ältesten Institutionen der Stadt vgl. auch den For

Die Stadtmauern schungsbericht von MOMIGLIANO [318]. – Zur Spätdatierung der sog. Servianischen Mauer vgl. SÄFLUND [322]. GJERSTAD, der diese Mauer ebenfalls in das frühe 4. Jh. datiert, nimmt nichtsdestoweniger eine alle Hügel (nicht nur Palatin, Kapitol und eventuell den Quirinal) umschließende Befestigung mit einem Erdwall (*agger*) während der Königszeit an [310: Bd. 3, 37 ff.]; dagegen mit guten

Gründen VON GERKAN [323: 92 ff. und 324: 135 ff.] und RIEMANN [325: 103 ff.];
vgl. auch A. ALFÖLDI [331: 112 f.].

*c. Die Königszeit*

Zu dem Verhältnis der Etrusker zu Rom, dessen Bedeutung nach den Grabungen der vergangenen Jahrzehnte nicht mehr unterschätzt wird, vgl. OGILVIE
[327], und zum etruskischen Ursprung lateinischer Namen SCHULZE [346:
62–421] und RIX [347]. – Eine Doppelaxt mit Rutenbündel ist in einem Grab
des 7. Jhs. bei Vetulonia gefunden worden [tomba del littore, Notizie degli Scavi,
1898, 156; vgl. A. M. COLINI, Il fascio littorio, Roma 1933, 5 f.]; das Abbild
eines etruskischen Königs mit bestickten Gewändern, Schnabelschuhen und
Szepter, auf einer *sella curulis* sitzend, besitzen wir aus einem Grab in Cerveteri
[spätes 6. Jh.; Abbildung bei G. Q. GIGLIOLI, L' arte etrusca, Milano 1935,
108,1]. – Daß die Gründung Roms das Werk eines Etruskers war, hebt als Konsequenz des erkennbaren etruskischen Einflusses in der Königszeit unter vielen
anderen DE MARTINO [420: 1,90 ff.] hervor; doch vermögen viele sich noch nicht
von dem durch die römische Annalistik geprägten Bild eines ältesten (dem etruskischen vorausgehenden) latinischen Königtums zu trennen. – Entgegen verbreiteter Ansicht ist der römische Triumph wohl kaum etruskischen Ursprungs,
sondern geht in allen seinen wesentlichen Elementen auf voretruskische, latinische Wurzeln zurück und hat in der Zeit der etruskischen Herrschaft über Rom
lediglich Veränderungen formaler Natur (Name, Insignien des Triumphators
usw.) erfahren [335: WARREN]. Zu der lebhaft diskutierten Frage, ob der Triumphator als Inkarnation des höchsten Gottes oder lediglich als Herrscher (König,
Magistrat) auftrat, vgl. neben WARREN auch W. EHLERS, Triumphus, in: RE A 7
(1939), 493 ff. mit weiterer Literatur.

Die im Text vertretene Auffassung zum *interregnum* ist nicht unbestritten.
Eine Reihe von Forschern setzt die Entstehung des Instituts sogar erst in die Zeit
nach Vertreibung des letzten Königs, wo es eine ‚Zwischenform‘ in dem Übergang vom Königtum zu einer neuen Herrschaftsform der Zukunft dargestellt
haben soll [419: VON LÜBTOW, 179 ff.; 362: WERNER, 256 f.]; doch wird diese
Erklärung dem Begriff des *interrex*, der das intakte *regnum* vorauszusetzen
scheint, nicht gerecht. Einen stufenweisen Abbau des Königtums vertritt MAZ-
ZARINO [360: 177 ff.]; vgl. auch HANELL [366]. – Zu dem *interregnum* als Ausdruck der kollektiven Regierungsgewalt der *patres* (Patrizier) zuletzt 368:
HEUSS.

Noch heute wird vielfach die Ansicht vertreten, daß die Curiatcomitien nicht
die einzige Volksversammlung der Königszeit gewesen seien, sondern die nach
Centurien geordnete Volksversammlung, die heute meist für ein Produkt erst
der Ständekämpfe gehalten wird, im Einklang mit der römischen Tradition
bereits von dem König Servius Tullius eingerichtet worden sei. Diese Ansicht
verkennt die in der Königszeit schwer vorstellbare sozialpolitische Funktion der

*Marginal notes:*
Etruskischer Einfluß

*interregnum*

Älteste Volks-
versammlung;
Tribus

durch die Centuriatcomitien repräsentierten timokratischen Ordnung. Zur Diskussion vgl. u. S. 122 f. – Über die drei Tribus der Ramnes, Tities und Luceres und deren Verhältnis zu den Kurien ist ebenfalls viel spekuliert worden. Für den Reflex einer ursprünglich ethnisch verschiedenen Zusammensetzung der Römer (Latiner, Sabiner, Etrusker) hält sie u. a. VON LÜBTOW [419: 39ff.]; zu weiteren Spekulationen vgl. ERNST MEYER [421: 477,57]. Einige Wahrscheinlichkeit verdient die Theorie, daß die drei Tribus, wie die späteren 35 Tribus, lokale Bezirke waren und Rekrutierungszwecken dienten; in diesem Sinne PALMER [328], der alle die Kurien und Tribus betreffenden Fragen dieser Zeit neu durchdacht hat.

Charakter der *gens*   Auch der ursprüngliche Charakter der *gens* ist umstritten. Bei allem Gewicht, das den *gentes* in der frühen Zeit zukommt, bleiben doch große Vorbehalte gegenüber der Theorie von der politischen Autonomie als der ältesten Rechtsstellung der *gens*. Danach wäre die *gens* vor der Gründung Roms ein auf gemeinsamer Herkunft beruhender, selbständiger und geschlossen siedelnder Verband gewesen und hätte die Vereinigung mehrerer solcher *gentes* unter einem (etruskischen) Herrn die Staatwerdung Roms bedeutet. In diesem Sinne P. BONFANTE, Storia del diritto romano 1 (1934[4]), 60 ff., DE FRANCISCI [326: 126 ff., bes. 188 f.], DE MARTINO [420: 1,1 ff.], ähnlich auch VON LÜBTOW [419: 31 ff.]; kritisch u. a. W. KUNKEL, SZ 77 (1960), 352 ff. – Eine andere Theorie sieht in der *gens* einen eher genossenschaftlichen Zusammenschluß von Familien, die nur aus bestimmtem Anlaß zu gemeinsamen Aktionen zusammenfanden, so etwa P. FREZZA, Corso di storia del diritto romano, Roma 1954, 11 ff.

Patrizier   Auch zu dem Charakter des ‚Standes‘ der Patrizier in der frühen Zeit gibt es mehrere Deutungen. Bei vielen Gelehrten gewinnt die Überzeugung Raum, daß die Gruppe der Patrizier sich allmählich entwickelt und sich erst am Ende der Königszeit bzw. unter dem Druck der Ständekämpfe im 5. Jh. endgültig als Gruppe konstituiert habe [339: BOTSFORD, 16 ff.; 334: A. ALFÖLDI; 360: MAZZARINO, 220 ff.; mit Einschränkung 318: MOMIGLIANO, 117 f.; vgl. auch 390: LAST]. Ganz anders betrachtet demgegenüber RICHARD [338] die Patrizier als den ältesten senatorischen Adel. Auch A. ALFÖLDI a. O. geht es vornehmlich um die politische Bedeutung der Patrizier; doch hat er stärker die Entstehung dieser Schicht vor Augen, wenn er die Patrizier sich aus einer Reitertruppe entwickeln und durch Standesabzeichen von den anderen Reichen und Einflußreichen abgrenzen sieht. H. J. WOLFF [336] hebt als das die Patrizier verbindende Element den Gedanken der sakralen Gemeinschaft hervor. Nicht alle diese Ansichten, zu denen sich mühelos weitere Theorien stellen ließen [vgl. RICHARD a. O.], schließen einander aus, sondern betonen meist einen Wesenszug bzw. ein Entwicklungsmoment der betrachteten Gruppe besonders.

Plebs und Clienten   Über die Entstehung der Plebs und ihr Verhältnis zu den Clienten gibt es viele und unter ihnen auch vom politischen Standpunkt des Schreibers abhängige Theorien; vgl. dazu vor allem BINDER [342: 171 ff. mit ausführlicher Besprechung der Literatur vor 1909], ferner DE MARTINO [420: 1,64 ff.] und ERNST MEYER [421: 476,53]. Wie schon W. IHNE hat MOMMSEN [102: 1[10], 61 f. und 412:

3,66ff.] die These vertreten, daß es an sozialen Gruppierungen, abgesehen von den Sklaven, zunächst nur die Patrizier und die Clienten gegeben und sich dann durch eine allmähliche Loslösung von Clienten aus der Abhängigkeit der patrizischen Familien die Plebs gebildet habe. Dieser eher idealtypischen Konstruktion steht die andere gegenüber, daß die Plebs aus ‚freien Bauern‘, Handwerkern und Händlern hervorgegangen sei, die im Laufe der Zeit von auswärts nach Rom gezogen waren. Danach hat es also in Rom immer eine von den Patriziern unabhängige, dritte soziale Gruppe gegeben; in diesem Sinne etwa DE FRANCISCI [326: 776ff.], HOFFMANN [343: 76f.], WESTRUP [344: 4,82ff.], ERNST MEYER [421: 33f.], DULCKEIT [418: 18f.], CH. MEIER [445: 26f.] und, mit differenzierten Vorstellungen wirtschaftspolitischer Art, DE MARTINO [420: 1,71ff.] und ROULAND [341], der, auf weiten Strecken ziemlich frei konstruierend, eine Geschichte des gesamten Clientelwesens bis auf die Kaiserzeit verfaßt hat. Es wurden auch sehr radikale, eher abwegige Entstehungstheorien aufgestellt und konnten sich jedenfalls bedingt eine Zeitlang behaupten, wie die von BINDER, wonach die Plebs ein ganz anderes Volk als die Patrizier gewesen sein soll [342: 298ff., bes. 314ff.]. Neuerdings ist das ganze Problem von RICHARD [338] mit gründlicher Erörterung der vielfältigen Forschungsmeinungen wieder aufgenommen worden. Wie immer man seine (und andere) Thesen nun beurteilen, vor allem den Ursprung der Plebs sehen will, er wird wohl darin das Richtige getroffen haben, daß die Plebejer erst im 5. Jh., also in republikanischer Zeit, zu politischer Bedeutung gelangt sind. – Auch der Ursprung der Clientel wird verschieden gesehen; die Vorstellungen darüber hängen naturgemäß oft davon ab, wie man sich die Entstehung der Plebs denkt. Eine sichere Antwort ist kaum möglich. Es leuchtet vielleicht am ehesten die Vorstellung ein, daß die Clienten sich aus Besiegten und sich freiwillig in den Schutz von Mächtigen begebenden Fremden [so bereits 101: NIEBUHR, 1, 359 und 100: SCHWEGLER, 1,640], ferner aus freigelassenen Sklaven rekrutierten; in diesem Sinne etwa WESTRUP [337: 451ff.]; zur älteren Literatur vgl. VON PREMERSTEIN [340: 24ff.].

Das Verhältnis Roms zu den Latinern hängt von der Datierung der polybianischen Karthagerverträge ab; zu ihnen vgl. u. S. 119f.

### d. Die Begründung der Republik

Das Datum für den Beginn der Republik ist strittig. Es wird von der modernen Forschung mit mehr oder minder sicherem Erfolg teils auf Grund der Ergebnisse der Ausgrabungen in Rom [s. o. S. 113f.], teils auch mittels einer Rekonstruktion der Liste der eponymen Beamten, die ja eine Liste aufeinanderfolgender Jahre sein soll [dazu o. S. 109f.], bestimmt. Es hat nicht an Versuchen gefehlt, auch unabhängig von archäologischen Untersuchungen und von der Fastenforschung an dem von den Annalisten überlieferten Jahr 509 oder 508/506 als dem Beginn der Republik oder zumindest als dem Weihedatum des Juppiter-Tempels auf dem Kapitol (das allerdings heute nicht mehr mit dem Beginn der Republik

*(Marginalie:)* Datum des Beginns der Republik

gleichgesetzt werden kann, vgl. 362: WERNER, 34ff.) festzuhalten. Sie beruhen auf einer bei Plinius, nat. hist. 33,19 überlieferten Dedikationsinschrift aus d. J. 304 (oder 303), wonach seit der Gründung des Tempels 204 Jahre vergangen sein sollen; die Jahreszählung soll durch eine Zählung der (angeblich) jährlich rituell im Juppiter-Tempel eingeschlagenen Nägel gesichert sein, von welchem Ritus Livius 7,3,5 (*lex vetusta*) berichtet. Doch die Überlieferung bei Plinius ist fragwürdig und die Nagelung als eine durchgängige Jahreszählung unbewiesen [369: PEKÁRY]; der Ritus der Nagelung ist mit großer Sicherheit als ein Sühnemittel zur Bannung von Unheil zu verstehen, also eine apotropäische Handlung, die lediglich auf bestimmten Anlaß hin erfolgte [130: LATTE, 154; vgl. 362: WERNER, 26ff. mit weiterer Literatur 28,6]. WERNER a.O. 240ff. setzt den Beginn der Republik auf Grund von Fastenkritik und verfassungspolitischen Überlegungen auf 472/470, also in die Jahre nach der etruskischen Niederlage bei Kyme.

Struktur des obersten Amtes     Mit ungewöhnlichem Interesse hat sich die Forschung der Frage nach der ursprünglichen Beschaffenheit und der Entwicklung des republikanischen Oberbeamten gewidmet. Die Antwort ist naturgemäß nicht unabhängig davon, ob die ältere Liste der Fasten einstellig oder zweistellig rekonstruiert wird. Die im Text vertretene Auffassung, wonach sich aus dem Königssturz zunächst nur die Annuität, nicht schon die Kollegialität ergäbe, letztere vielmehr erst ein Ergebnis der Ständekämpfe sei, hat am klarsten DE MARTINO [420: 1,234ff. und 365: 233ff.] vertreten. Vor allem auch auf Grund der Fastenforschung sind viele Gelehrte für die ursprüngliche Einstelligkeit der obersten Magistratur eingetreten, die als eine Art Zwischenstufe zwischen dem Königtum und der Konsulatsverfassung angesehen und meist als ‚Diktatorenverfassung‘ bezeichnet wird [so bereits W. IHNE, Forschungen auf dem Gebiete der römischen Verfassungsgeschichte, Frankfurt a. M. 1847, 43ff., danach unter vielen anderen105: BELOCH, 231ff. und 419: VON LÜBTOW, 166ff., 182ff. mit Übersicht über die Forschung]; auf Grund von Liv. 7,3,5, wonach den ‚jährlichen‘ Nagel ein *praetor maximus* im Juppiter-Tempel einzuschlagen hat (s. o.), nennen andere diesen Oberbeamten *praetor* [zur Verwendung dieses Beleges für die Konstruktion des frührepublikanischen Oberamtes vgl. die kritischen Bemerkungen von 363: MOMIGLIANO, 24ff.]. Dem einstelligen Oberamt stellt die Forschung dann oft einen (so dem Diktator einen *magister equitum*) oder mehrere Unterbeamte [so 406: HEUSS, 68f.; 367: WESENBERG; 417: SIBER, 35f.] zur Seite. Viele beharren jedoch darauf, daß die Kollegialität des obersten Amtes vom Beginn der Republik an bestand [vgl. etwa 326: DE FRANCISCI, 743ff. und 368: HEUSS mit einem neuen Versuch zur Rekonstruktion der Entwicklung]. Für die Vielzahl der Meinungen, die jeweils weniger mit neuen Argumenten arbeiten, als die alten verschieden gewichten, vgl. neben VON LÜBTOW a.O. die Übersichten bei WERNER [362: 247ff.], der selbst in dem *praetor maximus* einen untergeordneten Militärbefehlshaber der Königszeit sieht, die Republik hingegen mit dem zweistelligen Konsulat beginnen läßt, und ERNST MEYER [421: 481,8], der ebenfalls auf der ursprünglichen Doppelstelligkeit des Oberamtes besteht.

*e. Die äußere Lage Roms zwischen ca. 500 und 338 v. Chr.*

Die Rekonstruktion der außenpolitischen Situation Roms im 5. und in der ersten Hälfte des 4. Jhs. hängt wesentlich davon ab, wie unsere Nachrichten über das Verhältnis Roms zu den anderen latinischen Städten beurteilt werden. Eine früher meist angenommene Hegemonie Roms in einem Bund latinischer Städte, die lediglich durch eine politische Schwäche nach dem Sturz des Königtums unterbrochen worden sei, wird heute eher mit Skepsis betrachtet; vgl. A. ALFÖLDI [330: 95 ff. und 331: 194 ff.]. Für die äußere Lage Roms, insbesondere auch für seine Stellung innerhalb der latinischen Städte, spielt eine entscheidende Rolle die Interpretation der drei Verträge Roms mit Karthago, die bei Polybios 3,22–25 überliefert sind [= 158: BENGTSON/SCHMITT, Bd. 2–3, Nr. 121, 326 und 466; ein weiterer, von Philinos berichteter, aber von Polybios 3,26; Liv. 9,43,26 bestrittener Vertrag würde, falls historisch, in das Jahr 306 gehören]. Über sie existiert eine beinahe schon unübersehbare Literatur; zur Forschungslage vgl. vor allem WERNER [362: 299 ff.], A. ALFÖLDI [330: 305 ff. und 331: 119 ff.] und PETZOLD [375]. Der erste, von Polybios auf das 1. Jahr der Republik (509) datierte Vertrag grenzt die gegenseitigen Interessensphären genau ab, wobei die karthagischen Interessen handelspolitischer (Einschränkung des römischen Handels in dem von Karthago kontrollierten Raum), die Roms machtpolitischer Natur sind (Begrenzung der karthagischen Aktivität im latinischen Gebiet). Nach den Voraussetzungen des Vertragstextes erstreckt sich der karthagische Machtbereich dabei, abgesehen von dem karthagischen Kerngebiet (dem heutigen Tunesien), auf Libyen, Sardinien und Sizilien (bzw. den Westen dieser Insel), der der Römer auf das Hinterland der Küsten zwischen Tibermündung und Tarracina. Der Text des zweiten Vertrages weicht im Prinzip nicht von dem des ersten ab, stellt also eine Erneuerung dieses Vertrages dar. Der dritte, auf den Übergang des Pyrrhos nach Sizilien (280) datierte Vertrag ist inhaltlich nicht weiter ausgeführt. An der Echtheit der Verträge wird nicht gezweifelt; es geht so gut wie ausschließlich um deren Datierung. Die Argumente verbinden quellenkritische Überlegungen [repräsentativ dafür TH. MOMMSEN, Römische Chronologie bis auf Caesar, Berlin 1859², 320 ff.] mit solchen über die Funktion der Verträge innerhalb des historiographischen Kontextes [so 375: PETZOLD] und vor allem mit Erwägungen der historischen Wahrscheinlichkeit. Für eine Frühdatierung liegt die größte Schwierigkeit in der im ersten Vertrag vorausgesetzten Hegemonie Roms über Latium bis nach Tarracina, was kaum für diese frühe Zeit wahrscheinlich zu machen ist. Die meisten Forscher nehmen heute ein Datum nach den Einfällen der Kelten in Italien an und verbinden daher mit ihm die Angaben bei Liv. 7,27,2 und Diodor 16,69,1, die erst zum Jahre 348 von einem e r s t e n (so wörtlich Diodor a. O.) Karthagervertrag berichten. Der zweite, von Polybios nicht datierte Vertrag dürfte wegen seines mit dem ersten Vertrag eng verbundenen Inhalts nicht viel später liegen, der dritte, wie bei Polybios, auf 280 oder 279/278 zu datieren sein. In diesem Sinne etwa ALFÖLDI und PETZOLD

Die Verträge Roms mit Karthago

(s. o.). Die Diskussion kann nicht als abgeschlossen gelten; doch sind auf Grund der festliegenden Quellen keine revolutionären neuen Ansätze zu erwarten.

Verhältnis zu den Latinern    Mit dem Urteil über den ersten und zweiten Karthagervertrag hängt das über die Datierung des *foedus Cassianum,* das eine auch privatrechtliche Annäherung der Latiner stipulierte [Dionys v. Hal. 6,95,1–2], eng zusammen [vgl. 158: Bd. 2 (BENGTSON), Nr. 126]. Der Vertrag ist sicher historisch; noch Cicero sah die Urkunde auf einer bronzenen Säule [*columna aenea,* Balb. 53; vgl. Liv. 2,33,9]. Er wird von der Annalistik [Liv. 2,33,9, vgl. Cic. a.O.] auf 493 datiert und mit einem Sp. Cassius, Konsul dieses Jahres, verbunden. Aber die Cassier sind ein plebejisches Geschlecht und darum, wie alle plebejischen Namen des älteren Teiles der Fasten, mit großer Wahrscheinlichkeit interpoliert [vgl. 105: BELOCH, 189ff., bes. 193]. Auch aus inhaltlichen Gründen ist der Vertrag, der die Hegemonie Roms und eine enge privatrechtliche Annäherung der Latiner voraussetzt, für diese frühe Zeit ganz unwahrscheinlich [vgl. zuletzt 330: A. ALFÖLDI, 133ff. und 331: 194f.; anders 493: BERNARDI, 26f., der aber keinerlei Kriterien für die Behandlung annalistischer Texte zur frührömischen Geschichte zu erkennen gibt]. Livius berichtet von einer Erneuerung des Vertrages im Jahre 358 [7,12,7]. Er dürfte indes erst damals unter dem Druck der keltischen Einfälle abgeschlossen worden sein, vielleicht 358 oder auch etwas früher; BELOCH [105: 194.323ff.] rückt den Sp. Cassius in die siebziger Jahre des 4. Jhs. und datiert den Vertrag auf ca. 370. WERNER [362: 443ff.], der den Vertrag zuletzt am ausführlichsten besprochen hat, setzt ihn in die Zeit zwischen 465 und 450. Die Annahme von ROSENBERG [371], der Vertrag sei nach 287 mit den Altlatinern und den Bewohnern der Latinischen Kolonien abgeschlossen worden und habe deren Verhältnis zu Rom grundlegend festgelegt, verlegt den Vertrag in eine Zeit lange nach dem Ende der politischen Selbständigkeit der Latiner, wo er keine Funktion mehr gehabt hätte und damit die Vertragsform gegenstandslos gewesen wäre, und geht zudem davon aus, daß die Römer in einer Art Generalgesetz strukturell völlig verschiedene Bundesgenossen (altlatinische Städte und Städte, deren Bewohner ursprünglich Römer waren) zusammengefaßt hätten; abgesehen von allem anderen sind solche Generalisierungen, soweit wir sehen, den Römern fremd und in diesem Fall auch ganz ohne Sinn.

Kelten    Die wichtigsten Angaben zu den Kelteneinfällen stehen bei Polyb. 1,6; 2,17–18 und Diod. 14,113–117. Zu den Kämpfen der Kelten mit den Römern vgl. vor allem BAYET [377] und WOLSKI [378], zu den Kelten allgemein HUBERT [379] und MOREAU [380].

## 5. DIE STÄNDEKÄMPFE

In den Ständekämpfen, die das gesamte 5. und 4. Jh. durchziehen, hat sich der römische Staat so, wie wir ihn dann in der Zeit der Weltherrschaft vor uns sehen, gebildet. Nicht von ungefähr sind daher diese inneren Unruhen das die Forschung zur republikanischen Frühgeschichte beherrschende Thema. Die Quellen und allgemeinen Forschungstendenzen zu ihnen sind bereits oben Kapit. 3 behandelt worden.

### a. Ursprung, Verlauf und Ausgleich der Ständekämpfe

Die Absicherung der plebejischen Organisation durch eine religiöse Verpflich- **Die plebejische** tung der Plebejer [*lex sacrata*; der Eid bei Liv. 2,33,3; 3,55,10; Festus S. 422/24 **Organisation** L.; zu ihrem gemein-italischen Charakter vgl. 387: ALTHEIM] ist als ein Akt revolutionären Willens zu verstehen, der sich gegen die übermächtige Staatsgewalt auf längere Zeit behaupten muß und sich darum organisiert. Die bereits in der römischen Annalistik vertretene [Dion. 6,84; Liv. 4,6,7] und in der modernen Forschung verbreitete Ansicht [vgl. etwa 421: ERNST MEYER, 47], die Einrichtungen der Plebs seien von den Patriziern förmlich, d. h. rechtens anerkannt worden, ist abwegig; sie kann sich auch nur bedingt auf MOMMSEN [bes. 412: 3,143 ff. und 102: 1,269 ff.] berufen, der die faktische Gültigkeit der plebejischen Organisation auf Grund der seinem Werk zugrunde liegenden Prämissen zwar konstatieren mußte, aber dabei doch sehr zu differenzieren wußte und vor allem die Problematik selbstverständlich klar überschaute: Die „organisierte Revolution", wie er den Vorgang auch nennt, erhält durch die Dauerhaftigkeit der Auseinandersetzungen zwar institutionelle Konturen und auch faktische Anerkennung, aber sie ist in der Zeit des Kampfes nicht de iure legalisiert worden, weil sich damit die Voraussetzungen der revolutionären Situation aufgehoben hätten. Es ist demnach davon auszugehen, daß das tribunizische *auxilium* nur Effektivität hatte, wenn alle Plebejer dem Tribunen tatsächlich beistanden, daß ferner die Plebiszite nur Resolutionen, keine das ganze Volk bindenden Gesetze waren [so vor allem schon 417: SIBER, 4.61 und ders.: 384] usw. Die Normativität des Faktischen galt zwar auch in den 150 bis 200 Jahren des Ständekampfes, doch dies nur in Zeiten abnehmender oder schwindender innenpolitischer Spannungen; denn auch die Faktizität kann keine Normen erzeugen, wenn der Normenkonsens fehlt.

Die Herkunft der plebejischen Ädile aus Vorstehern des Tempelbezirks der Ceres auf dem Aventin ist unbestritten [vgl. 386: MOMIGLIANO; 343: SIBER, 168 f.], die der Volkstribune hingegen kontrovers. Die Annahme, die letzteren seien aus den Vorstehern der vier städtischen lokalen Tribus hervorgegangen

[381: ED. MEYER; 105: BELOCH, 275ff.], setzt voraus, daß die lokalen Tribus sehr alt sind, und findet auch in den späteren Aufgaben der Tribune kaum Stützen. Eine andere Vermutung sieht in ihnen eine parallele Bildung zu den Militärtribunen, die damals wohl die Befehlshaber einer Tausendschaft gewesen sein dürften; danach hätte sich die Plebs analog zum militärischen Aufgebot organisiert [so auf Grund von Varro l.L. 5,81: 412: MOMMSEN, 2, 273ff.; 421: ERNST MEYER, 44f. u.a.]. – Die Spekulationen über die ursprüngliche Zahl der Tribune hängen naturgemäß von der Antwort auf die Frage nach deren Herkunft ab.

Die neue Volksversammlung (Centurienordnung) Entstehungszeit, ursprüngliche Form und politische Absicht der Centurienordnung sind umstritten, die Ansichten dazu mannigfaltig und z. T. sehr spekulativ. Der Zusammenhang der uns nur in der Form der entwickelten Volksversammlung (*comitia centuriata*) überlieferten Ordnung mit dem Heer ist offensichtlich und auch in der Antike unbestritten (sie heißt auch in der späten Republik noch *exercitus*; die Gliederung bezieht sich auf Waffengattungen; *centuria* ist eine militärische Einheit; die Centuriatcomitien versammeln sich wegen ihres militärischen Charakters immer außerhalb des Pomeriums, durch das der zivile Sektor Roms begrenzt wird, nämlich auf dem Marsfeld); doch ist sie in ihrer komplexen späten Form eine reine Abstimmungsmaschinerie und als solche das Ergebnis einer langen Entwicklung [die spätrepublikanische Ordnung ist bei Liv. 1,43 und Dion. 4,16–22 beschrieben; unsere Kenntnisse über diese späte Form sind durch eine frühkaiserzeitliche Inschrift korrigiert und erweitert worden, dazu vgl. 396: TIBILETTI und 397: TAYLOR]. Nicht wenige Gelehrte datieren die Entstehung dieses Typs von Volksversammlung wie bereits die römische Tradition, die ihn dem König Servius Tullius zuweist, in die Königszeit, so FRACCARO [392 und 393], DE FRANCISCI [326: 668f.], DE MARTINO [420: 1, 161ff.] und, mit Einschränkung, auch VON LÜBTOW [419: 52ff. 66ff.]; doch überwiegt heute die Spätdatierung zumindest der mit der Centurienordnung verbundenen politischen Absichten [vgl. die souveräne Interpretation von 390: LAST]. In der Tat hat eine timokratische Abstimmungsordnung in der Königszeit nichts zu suchen: Die timokratische Struktur der Centurienordnung ist Ausfluß eines politischen Denkens, das auf eine neue Machtverteilung gerichtet ist; ihre Einrichtung sollte den Entscheidungsprozeß (bei Wahlen, Gerichten, Gesetzen) verändern und stellte somit einen politischen Umbruch dar, der eine innere Unruhe breiter Schichten voraussetzt. Diese können wir aber vor den Ständekämpfen nicht nachweisen. Als eine reine Heeresordnung ohne jeden politischen Nebensinn, d.h. als bloße Gliederung nach Waffengattungen – die wegen der für Reiter und Fußsoldaten verschiedenen Belastung (Selbstausrüstung!) auch bereits eine grobe Einteilung nach Vermögen zumindest für die Fußsoldaten, die von der ärmeren Bevölkerung abgegrenzt werden mußten (die Reiter waren damals wohl noch ausschließlich die Vornehmen), enthalten haben mag – kann die Centurienordnung hingegen durchaus älter sein, vielleicht sogar in die Königszeit zurückgehen. Denn der soziale Wandel, der sich in dem Wechsel

vom adligen Einzelkampf zum Kampf in der Schlachtreihe manifestierte und zu
der timokratischen Ordnung führte, geht dem Bewußtsein von seiner politischen
Bedeutung voraus [die Trennung nahm bereits 389: ROSENBERG vor; vgl. ferner
LAST a.O. und 343: SIBER, 133 ff.]. Als reine Heeresordnung umfaßte die Centurienversammlung ursprünglich gewiß nur drei Gruppen, nämlich die Reiter
(*equites*), die Fußsoldaten (*classis*) und die nicht als (schwer)bewaffnete Phalangi-
ten dienenden Bürger (*infra classem;* zum Begriff vgl. Gell. 6,13). Die älteste
Heeres- und auch Abstimmungsordnung dürfte aus drei Reiterabteilungen, auf
welche Zahl die ältesten 3 gentilizischen Tribus verweisen (s. o. S. 116), und 30
Abteilungen Fußsoldaten bestanden haben, die dann im späten 5. oder eher 4. Jh.
verdoppelt worden sind. Auf die Zahl 30, später 60, für die *classis* weisen die
Centurienzahl der Legion, die 60 betrug, und die 6 Militärtribune für jede
Legion hin. Wahrscheinlich hat also das Heer (und die Centurienordnung) einmal aus 3 Reiterabteilungen und 30 *centuriae* (das sind Hundertschaften) = 3000
Fußsoldaten bestanden, darauf, durch die Erweiterung des Bürgergebietes, aus 6
Reiterabteilungen und 60 Centurien = 6000 Fußsoldaten; dieses Aufgebot ist
dann in zwei Korps (*legiones*) geteilt worden, wobei auch die Anzahl der Abtei-
lungen und Tribune für jedes Korps beibehalten wurde (welche Anomalie eben
gerade die älteren Verhältnisse noch durchscheinen läßt), und ebenso wurde bei
der am Ende des 4. Jhs. erfolgten nochmaligen Verdoppelung des Heeres auf vier
Legionen, nämlich je zwei Legionen für jeden Konsul, verfahren. In diesem
Sinne vgl. etwa FRACCARO [392], ERNST MEYER [421: 48 ff.] und SUMNER [394].
Gegen diese Versuche, die Entwicklung der Centurienordnung mit Hilfe des
Aufbaus der späteren Legion zu erklären, hat sich zuletzt KIENAST [395: bes.
110 ff.] gewandt. Zur weiteren Diskussion s. auch VON LÜBTOW [419: 65 ff.] und
die Forschungsübersicht von E. S. STAVELEY, Historia 5 (1956), 75−84. − Die in
der spätrepublikanischen Centurienordnung so außergewöhnlich differenzierte
Vermögensgliederung ist selbstverständlich langsam gewachsen. Ihre Entwicklung ist heute nicht mehr zu rekonstruieren. Es läßt sich lediglich sagen, daß das
Vermögen bei dem Fehlen jeglicher Geldwirtschaft bis in das 3. Jh. hinein nach
Grundbesitz bzw. eher nach Ernteertrag berechnet wurde und also − was sich
bei der damaligen Heeresordnung, in der sich jeder selbst ausrüstete, und auch
nach der Absicht derjenigen, welche die Heeresversammlung in dem ersten Ausgleich des Ständekampfes als Abstimmungskörper einrichten, von selbst versteht
− die Ordnung auf die Besitzenden abgestellt war.

Der Text der Zwölf-Tafeln ist uns nur sehr fragmentarisch durch einzelne
Zitate von Juristen, Grammatikern, Rednern und anderen Schriftstellern überliefert; die Fragmente sind zusammengestellt bei BRUNS/GRADENWITZ [92:
S. 14−40] und bei RICCOBONO [93: S. 21−75]; eine Ausgabe mit deutscher Übersetzung und einigen kommentierenden Anmerkungen gibt es unter den Tuscu-
lum-Büchern von R. DÜLL [398]. Kurze und treffende Bemerkungen zu dem
Inhalt und der Problematik hat WIEACKER [401: 45 ff.], ausführlichere Würdigungen der Forschungslage haben BINDER [342: 488 ff.], BERGER [399] und

Die Rechts-
kodifikation
der Zwölf-Ta-
feln

WENGER [115: 357–372] vorgelegt; in das Privatrecht der Zeit führt u. a. auch WATSON [400] ein.

Die radikale Kritik von E. PAIS und É. LAMBERT, welche die Überlieferungsgeschichte der Zwölf-Tafeln bestritten und das überlieferte Material sogar für nicht einmal von öffentlicher Seite zusammengestelltes (LAMBERT) Rechtsgut einer sehr viel späteren Zeit hielten, ist heute aufgegeben (vgl. WENGER a.O. 360 ff.). Doch wird, jedenfalls von der Mehrzahl der Historiker, nur *ein* Kollegium von Dezemvirn als Verfasser der Kodifikation angenommen, also das sog. 2. Dezemvirat, das nach der römischen Überlieferung im folgenden Jahr (450) das angeblich unvollständige Werk durch die letzten zwei Tafeln ergänzt und sich dann unter Führung von Ap. Claudius zu einer Tyrannis entwickelt haben soll, in den Bereich annalistischer Erfindung verwiesen [105: BELOCH, 242 ff.; 403: TÄUBLER]. – Der griechische Einfluß, insbesondere die griechische Hilfe bei technischen Fragen der Kodifikation, aber auch bei der Lösung von Problemen des materiellen Rechts (z. B. Bestimmungen, betreffend den Grabluxus und das Nachbarschaftsrecht; Übernahme von Rechtsbegriffen wie poiné = *poena*) ist unbestritten [405: DELZ]; doch hält man die von der römischen Tradition überlieferte Gesandtschaft nach Athen überwiegend für eine späte Konstruktion [404: RUSCHENBUSCH, anders u. a. WENGER a.O. 364 ff. und DELZ a.O.] und sucht die Verbindungen eher im großgriechischen Raum, nach WIEACKER [402, dort auch die Besprechung der älteren Literatur zu dem Problem] vor allem in den dorischen Städten der Magna Graecia.

Es herrscht in der Forschung Einigkeit darüber, daß das Zwölftafelwerk kein ‚Verfassungswerk‘ im engeren Sinne, nicht einmal eine Gesamtkodifikation des geltenden Rechts ist (es sind z. B. die für das damalige Privatrecht grundlegenden Spruchformeln, die *legis actiones*, offenbar als etwas allzu Bekanntes nicht mit aufgenommen worden), sondern eine Zusammenstellung für wichtig gehaltener alter und auch mancher neuer Rechtssätze, Rechtsgedanken und Gewohnheiten darstellt; viele dieser auch schon vorher geltenden Verhaltensnormen wurden erst durch die Kodifikation zu Recht. Eine starke Wirkung der Sammlung ergab sich schon aus der Art und Form der Zusammenstellung selbst, demgegenüber die Schaffung neuer Normen oder neuer Rechtsideen völlig zurücktrat. Die Wirkung der Kodifikation liegt also vor allem in der Auswahl, und in ihr tritt – neben einem eventuellen griechischen Einfluß – der spezifische Zeitgeist und also auch die Problematik des Ständekampfes hervor (so z. B. in der Milderung des Schuldrechts, tab. 3,2–4; in der gesetzlich abgesicherten Ablösung der Blutrache durch eine Geldbuße, 8,2–4; durch die kapitale Strafandrohung gegen den betrügerischen Patron, 8,21 und durch die Einschränkung des Grabluxus, 10,2–9). Es ist jedoch nicht immer leicht zu sagen, inwieweit das ‚modernere‘, eine ältere Entwicklung offensichtlich hinter sich lassende Rechtsgut einfach nur die in der Zwölftafelzeit erreichte Stufe der Rechtsentwicklung wiedergibt oder es einem reformerischen Gedanken der Zeit selbst verpflichtet ist. Zur Diskussion vgl. insbesondere WIEACKER [401: 54 ff. und 402: 314 ff.], der mit Recht betont, daß die sozialpolitische Zielsetzung der Zwölf-Tafeln bereits in der Stoffauswahl und -gliederung zu erkennen ist.

Über die Ausbildung der Konsulatsverfassung herrscht auch heute noch keine Einigkeit; die Meinungen hierzu hängen auch stark davon ab, wie der einzelne Gelehrte über die Fastentradition denkt (zur Diskussion s. o. S. 109 f.). Wer die Republik nicht nur mit jährlich wechselnden Beamten (Annuität), sondern auch mit der Doppelstellung der obersten Jahresmagistratur (Kollegialität) beginnen läßt, kennt im Grunde kein Problem der Entstehung des Konsulats, das danach vielmehr in der Geburtsstunde der Republik ,geschaffen' worden ist; soweit eine solche Ansicht dem Konsulat überhaupt eine Vorgeschichte zubilligt, wird sie in der (im übrigen schwer zu rekonstruierenden) Entwicklung der unter dem König tätigen Beamten gesehen. Die im Text vertretene Meinung, daß das zweistellige Oberamt (Konsulat) ein Ergebnis des Ausgleichs der Stände ist und also nicht ohne das Verhältnis der Stände zueinander gesehen werden kann, gründet sich u. a. darauf, daß ein so komplexes Rechtsinstitut wie die Kollegialität nicht aus dem Nichts entstanden sein kann, sondern es seine Entstehung einer spezifischen historischen Situation verdanken muß, daß ferner die Schaffung der städtischen Prätur (*praetor urbanus*), die unbestritten in die Mitte des 4. Jhs. gehört, offensichtlich das Relikt der ursprünglich einstelligen (patrizischen) Höchstmagistratur, des *praetor maximus*, ist (darauf verweisen: der Name; die Stadt Rom als zentraler Ort der Amtstätigkeit; die — trotz der faktischen Einschränkung auf den zivilen Gerichtssektor — niemals verlorengegangene militärische Kompetenz; das Verhältnis zum Senat u. a.) und daß schließlich im Konsulartribunat bereits einmal durch gelegentliche Abgabe einer der obersten Stellen an einen Plebejer das ständisch gemischte oberste Beamtenkollegium als ein möglicher Ausweg praktiziert worden ist. Am eindeutigsten hat sich in diesem Sinne bisher DE MARTINO [420: 1,234 ff., vgl. auch 365: 233 ff.] ausgesprochen; auch nach BERNARDI [407], der im übrigen eigenwillige Ansichten über die Entwicklung des Oberamtes hat, ist das Institut der Kollegialität aus dem Bedürfnis nach Kontrolle der Stände innerhalb des nun aus Patriziern und Plebejern besetzten obersten Amtes entstanden. Ähnliche Gedanken verfolgt u. a. VON LÜBTOW [419: 166 ff.], der auch eine breit angelegte Übersicht der recht komplexen Forschung vorgelegt hat [ein nur wenig späterer Forschungsbericht für die Jahre 1940—1954 stammt von E. S. STAVELEY, in: Historia 5 (1956), 90—101; vgl. auch 362: WERNER, 240 ff.]. Indessen ist auch heute noch die ältere Lehre, die eine Entwicklungsgeschichte des obersten Amtes abstreitet, weit verbreitet oder eher noch vorherrschend [so auch 421: ERNST MEYER, 38 ff.; WERNER a.O. 256 ff.], und sie kann sich — abgesehen von der römischen Überlieferung — auf das ,Römische Staatsrecht' von TH. MOMMSEN berufen [412: 1,28, vgl. auch ders. 102: Bd. 1, 246 f. und, in sehr extremer Ausprägung der Vorstellung, daß die Kollegialität nicht das Produkt einer Entwicklung, sondern eine geniale ,Erfindung' der Römer sei, 462: ROSENBERG, 81]. Es widerstrebt indessen jeder historischen Betrachtungsweise, das spätere Konsulat wie einen hieratischen Block, der

Die Konsulats-verfassung

in der Urzeit, keiner weiß recht wie, einmal ,aufgestellt' wurde, unverändert durch die den römischen Staat im übrigen stark verändernden Jahrhunderte der römischen Geschichte wandern zu lassen. Angesichts des Gewichts der Geschlechter war der Aufgabenbereich des obersten Beamten ursprünglich wohl weitgehend auf den militärischen Sektor beschränkt gewesen [406: HEUSS]. Erst im Laufe der Zeit hat sich das oberste Amt differenziert, insbesondere in den Ständekämpfen, als es unter dem Druck der rebellierenden Plebejer seine Kompetenz auf den innenpolitischen Sektor ausdehnte und u. a. die Aburteilung des politischen Verbrechens an sich zog. Der Abschluß der Ständekämpfe hat dem Amt dann für längere Zeit feste Umrisse gegeben: Es wurde aus dem Wunsch nach Kontrolle und nach Beschneidung der innenpolitischen Macht ein Kollegium von zwei Personen und verlor, wie schon durch die Zwölf-Tafeln, die den Plebejern mißliebige politische Strafgerichtsbarkeit im Bereiche *domi* (d. h. in der Stadt Rom; im Bereiche außerhalb Roms, lat. *militiae*, blieb die Macht des obersten Beamten unbeschränkt). Letzteres wurde durch die *lex Valeria de provocatione* auch gesetzlich festgelegt (300 v. Chr.). Die politische Strafgerichtsbarkeit lag künftig bei den Volksversammlungen, und damit war das schwerste Hindernis für den endgültigen Ausgleich der Stände beseitigt.

Die Entstehung der Nobilität    Nach der Zulassung der Plebejer zum Konsulat (366) bildete sich aus alten patrizischen und jungen plebejischen Geschlechtern eine neue Führungsschicht, für die später der Begriff *nobilitas* erscheint. In diesem Prozeß hat sich eine ganze Reihe von patrizischen Geschlechtern behauptet und ihre Position bis an das Ende der Republik gewahrt (Cornelii, Fabii, Valerii, Aemilii, Claudii u. a.); aber auch eine wachsende Anzahl von plebejischen Familien vermochte sich dauerhaft durchzusetzen (Licinii, Popillii, Domitii, Iunii, Sempronii u. a.), andere, die zunächst sogar großen Einfluß hatten, wie die Genucii, verschwinden wieder aus den Konsullisten (Fasten). Wir können die Entwicklung für die Frühphase (bis 320), für die wir die Annalistik noch nicht als Quelle heranziehen dürfen, nur an ihnen ablesen, aber auch noch für die folgenden Jahrzehnte (bis 219) schwer überschauen. Die Gründe dafür, warum diese Familie Erfolg hatte, jene nicht, bleiben uns angesichts des Überlieferungsstandes weitgehend verborgen. Ohne Zweifel hat es jedoch bei diesem Prozeß der Bildung einer neuen Elite eine Wechselwirkung zwischen Innen- und Außenpolitik gegeben, und es dürfte dabei besonders die militärische Leistung einen Regulator gebildet haben: Die Keltenabwehr, der Kampf gegen die Volsker, der Latinerkrieg und vor allem dann die großen Samnitenkriege setzten Maßstäbe für den Anspruch auf politischen Einfluß. In dieser Zeit ist die militärische Leistung die Bedingung für die Teilhabe am Regiment der Stadt geworden, und zwar die selbst (nicht lediglich durch die Ahnen) geleistete Tat [vgl. 429: BLEICKEN]. Man geht gewiß nicht in der Annahme fehl, daß dabei nicht nur die objektiven Gefahren von außen auf das innere Geschehen wirkten, sondern auch umgekehrt die innere Situation, also der Kampf der patrizischen und plebejischen Geschlechter um Etablierung in der neuen Führungsschicht, das außenpolitische Geschehen gesteuert und damit einen Motor für die Expansion in Italien gebildet hat. – In einer neueren Dissertation ist die Leistung der Nobilität in Krieg und Frieden während der italischen Phase der römischen Expansion als die neue Legitimierungsgrundlage herausgestellt worden, welche die ältere Legitimation des Patrizierstaates, die sakraler Natur gewesen sei, abgelöst habe [425: HÖLKESKAMP]. Diesen bedenkenswerten Überlegungen ist indessen entgegenzuhalten, daß die sakrale Legitimität, die von den Patriziern während des Ständekampfes als Argument gegen die Zulassung von Plebejern zum Oberamt genutzt worden war, als Basis einer Legitimation vielleicht erst in diesem Kampf entstanden ist und die Patrizier in älterer Zeit möglicherweise eine ebenso offene Gesellschaft wie die spätere Nobilität gewesen sind. Das Buch von HÖLKESKAMP ist im übrigen die umfassendste, mit klarem Durchblick geschriebene Darstellung über die Anfänge der Nobilität und deren politische Praxis, in der Beurteilung der Zuverlässigkeit unserer Quellen zum 4. Jh. wohl zu optimistisch, aber ohne jede Neigung zu Spekulation. Über die Frühphase der Nobilität informiert auch DEVELIN [427], doch liegt der Schwerpunkt seiner Untersuchungen auf der Zeit nach den Samnitenkriegen. Es ist in der modernen Forschung strittig, wer zu der *nobilitas* zu zählen ist. Eine antike Definition von *nobilitas* gibt es nicht und konnte es bei der grundsätzlichen Offenheit der Gesellschaft auch nicht geben. GELZER [428: 39 ff.] meinte auf Grund einer Untersuchung des Wortgebrauchs vor allem bei Cicero, daß *nobilis* nur sei, wer unter seinen Ahnen einen Konsul aufweisen konnte. Die rigide Anwendung der Definition führt jedoch zu z. T. unannehmbaren Folgerungen (alle Patrizier ohne konsularische Ahnen wären bei Erringung eines Konsulats *homines novi*; 1/5 aller Konsuln zwischen 200 und 50 v. Chr. wären *homines novi*), und sie ist auch durchaus nicht quellenkonform. Es ist daher richtiger, zu der Definition MOMMSENS zurückzukehren [412: 3, 461 ff.], der alle Patrizier und die Nachkommen aller Inhaber kurulischer Ämter für *nobiles* hielt [so auch in einer erneuten Diskussion der Frage 430: BRUNT]. Vielleicht hat sich auch der Begriff *homo novus* auf Personen beschränkt, die ohne Vorfahren senatorischen Ranges Konsul wurden, wie z. B. Cicero [so 430: BRUNT, 13]. – In der Zeit, als sich die Nobilität bildete, hat auch ihr Selbstverständnis und Wertgefüge feste Konturen angenommen. Möglicherweise war dieses politische Ethos nicht sehr verschieden von dem, das den Patrizierstaat getragen hatte. Ist das der Fall, übernahmen es die neuen plebejischen Geschlechter zugleich mit ihrer Aufnahme in den Kreis der Regierenden. Im Zentrum dieser Lebens- und Weltanschauung standen der bäuerliche Bezug allen Denkens und Handelns, die strenge Bindung an die Tradition und die Ansichten der Vorfahren, das Sozialprestige als Voraussetzung aller politischen Tätigkeit und die persönliche Leistung für den Staat als die Voraussetzung für politischen Einfluß innerhalb der Nobilität. Ein beträchtlicher Teil der für diese Denk- und Verhaltensnormen stehenden Begrifflichkeit (*dignitas, fortitudo, virtus, gloria, sapientia, vir bonus/optimus, mores, instituta maiorum* usw.) ist uns schon für das frühe 3. Jh. dokumentarisch belegt, doch kennen wir die Gesamtstruktur der politschen Sprache erst aus der reichen Literatur der späten Republik [dazu 450: HELLEGOUARC'H; 451: WEISCHE und die wichtige kleine Studie zu dem Wortgebrauch von *factio* von 452: SEAGER]. Diese Lebenshaltung wurde nicht nur gelebt, sondern auch bei gewissen Anlässen betont hervorgehoben und zur Schau gestellt. Besonders das Leichenbegängnis (dazu Polyb. 6,53−54), bei dem alle Ahnenbilder als Zeugen für den Ruhm des Geschlechtes mitgeführt wurden [der Brauch war auf die Nobilität beschränkt: *ius imaginum*; vgl. dazu 412: MOMMSEN, 1, 442ff.; H. DRERUP, Totenmaske und Ahnenbild bei den Römern, Röm. Mit. 87 (1980), 81−129 hat die auf uns gekommenen Totenmasken in Gips, Wachs und Stuck publiziert], die Leichenrede [*laudatio funebris*; zu der *laudatio* auf L. Caecilius Metellus, cos. 251, vgl. Plin. n.h. 7,139ff., zu der auf die Frau eines spätrepublikanischen/frühkaiserzeitlichen Nobilis 90: DESSAU 8393 und E. WISTRAND, The so-called *laudatio Turiae*. Introduction, text, translation, commentary, Lund 1976], Ehreninschriften [*elogium* auf C. Duilius, cos. 260, vgl. 91: DEGRASSI, Nr. 319] und Grabinschriften [vgl. vor allem die der Scipionen aus dem Geschlechtergrab vor der Porta Capena, nämlich die des L. Cornelius Scipio Barbatus, cos. 298, seines Sohnes, cos. 259, und anderer Mitglieder der Gens, 90: DESSAU, Nr. 1−10 = 91: DEGRASSI, Nr. 309−317; zu dem Grab: F. COARELLI, Il sepolcro degli Scipioni, in: Dialoghi di Archeologia 6 (1972), 36−106] boten Gelegenheit, den einzelnen Nobilis und sein Geschlecht durch den ausdrücklichen Bezug auf den alle bindenden Konsens als Vorkämpfer und Repräsentant der ganzen Gesellschaft herauszuheben.

## b. *Der römische Staat nach den Ständekämpfen*

Die Verfassung der römischen Republik ist seit jeher Gegenstand großen Interesses gewesen. Im Mittelalter und in der frühen Neuzeit war die Beschäftigung mit ihr vor allem durch die Erwartung bestimmt, aus ihr für die Staatskunst der Gegenwart lernen zu können; die republikanische Verfassung und die moralischen Verhaltensweisen der Römer galten den Späteren als Muster und Vorbild. Die berühmtesten Versuche dieser Art stammen von NICCOLÒ MACHIAVELLI (1469−1527; discorsi sopra la prima deca di Tito Livio) und CHARLES-LOUIS MONTESQUIEU (1689−1755; Considérations sur les causes de la grandeur des Romains et de leur décadence).

Barthold
Georg Niebuhr   Die wissenschaftliche Beschäftigung mit dem römischen Staat beginnt mit BARTHOLD GEORG NIEBUHR (1776−1831), der durch eine grundsätzlich neue Art der Quellenbehandlung die römische Geschichte und hier insbesondere die Verfassungsgeschichte aus der Starrheit und Leblosigkeit, in die sie durch ihre Rolle als Lehrstück und Vorbild verfallen war, löste und durch die Hineinnahme moderner Probleme und Fragestellungen mit politischem Leben füllte. Über seine Ergebnisse, die vor allem in der im Jahre 1811/1812 in erster Fassung erschienenen ‚Römischen Geschichte' [101] zusammengetragen wurden, ist die

Forschung heute längst hinausgelangt; doch hat Niebuhr der gesamten historischen Forschung methodisch den Boden bereitet.

Das Fundament der wissenschaftlichen Behandlung des römischen Staates hat
Theodor Mommsen (1817–1903) gelegt. Sein ‚Römisches Staatsrecht' [412], das
den römischen Staat von der Königszeit bis zum Ende der Hohen Kaiserzeit (bis
ca. 284 n. Chr.) systematisch zusammenfaßt, ist indessen nicht nur eine Zusammenfassung aller einschlägigen Daten, sondern ist einer bestimmten, in der Zeit
Mommsens modernen, von Juristen entwickelten Methode verpflichtet. Die
durch die Historische Schule Friedrich Carl von Savignys (1779–1861) und
durch dessen Schüler Georg Friedrich Puchta (1798–1846) begründete juristische Methodenlehre ging davon aus, daß sowohl die Gesamtheit der privaten
als auch der öffentlichen Verhältnisse in den Rechtsordnungen schaubar und auf
Grund der im Recht angelegten Logik und Vernunft auch in einem geschlosse-
nen System darstellbar sei. Das System ist danach in sich vernünftig und vollständig zugleich. Mommsen übertrug als erster diese auch als Begriffsjurispru-
denz bekannt gewordene Lehre auf einen historischen, eben den römischen
Staat. Sowohl diese Wendung vom Bereich des geltenden zu dem des historischen, endgültig vergangenen Rechts als auch die der Lehre zugrundeliegende
Prämisse, daß, wie das private Leben, so auch der Staat allein in seinem Recht
schaubar sei, wird heute abgelehnt [zur Kritik vgl. 415: Heuss, 33 ff. und 424:
Bleicken, 16 ff.]; doch ist das Staatsrecht Mommsens sowohl durch die glänzende Bearbeitung sämtlicher Einzeldaten als auch durch die geniale Erfassung
der wesentlichen Formelemente des öffentlichen Lebens heute immer noch der
Ausgangspunkt jeder Beschäftigung mit dem römischen Staat.

Theodor
Mommsen

Die Forschung nach Mommsen bemühte sich zunächst darum, die Systematik, in der der historische Wandel zu kurz gekommen war, wieder dem Entwick-
lungsgedanken zu verpflichten; in diesem Sinne vgl. etwa Siber [417] und Dul-
ckeit/Schwarz [418]. Jüngere Überblicke über die republikanische Verfassung
stammen von Ernst Meyer [421] und Bleicken [422], von denen der erstere
den Gegenstand stärker chronologisch, der zweite systematisch dargestellt hat.
Die zunächst noch sehr von Mommsen abhängigen Fragestellungen haben mit
Nachdruck erst nach dem 2. Weltkrieg zu neuen Ansätzen geführt. An erster
Stelle sind hier Arbeiten zur Sozial- und Wirtschaftsgeschichte zu nennen: Gelzer [428] untersuchte die sozialen und wirtschaftlichen Voraussetzungen der
Nobilität und begründete damit einen fruchtbaren Forschungszweig, der über
die Nobilität hinaus den gesamten Senatoren- und den Ritterstand in seine
Arbeiten einschloß [vgl. 431: Münzer; 442: Stein; 443: Hill und 444: Nico-
let]; zur Clientel hat u. a. Ch. Meier [445] neue Gedanken entwickelt [zur älteren Forschung vgl. 340: A. von Premerstein]. Für die Wirtschaftsgeschichte,
insbesondere die Agrargeschichte, hatte bereits Max Weber den Grund gelegt
[Die römische Agrargeschichte in ihrer Bedeutung für das Staats- und Privatrecht, Stuttgart 1891; Agrarverhältnisse im Altertum, in: Handwörterbuch der
Staatswissenschaften 1³, 1909, 52 ff.]. – In jüngerer Zeit sind politologische Fra-

Neuere
Forschungs-
tendenzen

gestellungen hinzugekommen, welche vor allem die Funktion der Institutionen sowie die hinter ihnen stehenden sozialen Kräfte und deren Wandel herausarbeiten wollen; für sie seien stellvertretend das Buch von CH. MEIER über die späte Republik (a.O.) und die Arbeiten zur Volksversammlung und zum Wahlrecht [vor allem 446: TAYLOR] sowie zur Funktion des öffentlichen Rechts [424: BLEICKEN] genannt. – In Anlehnung an moderne Problemstellungen hat auch die Begriffsgeschichte, die aus dem Bedeutungswandel und der Neubildung von Begriffen neue und sonst kaum faßbare Erkenntnisse schöpft, in der althistorischen Forschung ihren Platz erhalten [vgl. dazu die Aufsätze 448, 449 und 453: HEINZE und KNOCHE über *auctoritas*, *fides* und *gloria*, sowie 454: WIRSZUBSKI und 455: BLEICKEN über *libertas*]. – Eine z.T. eingehende Diskussion der Forschungen zum römischen Staat, die auch den Sektor der Wirtschaft und der Finanzen einschließt, enthält 109: NICOLET, 1.

6. Der Kampf um Italien

Das Zeitalter, in dem Rom die Herrschaft über Italien gewann, fällt noch in die Vorbemerkung vorliterarische Zeit Roms, denn erst in der Mitte des 3. Jhs. beginnt zaghaft eine zu den Quellen noch ganz von griechischen Vorbildern abhängige römische Literatur. Da wir und Forschungs-tendenzen jedoch damit rechnen dürfen, daß spätestens gegen Ende des 4. Jhs. eine wenn auch wenig umfangreiche römische Chronik einsetzt, deren Angaben in die spätere Annalistik eingingen, vermögen wir jetzt unter dem Wust annalistischer Übertreibungen und Erfindungen zumindest ein schmales Fundament echter Überlieferung herauszuarbeiten. – Die Zeit zwischen 326 und 272, in der Rom – bis dahin lediglich im mittleren Westen eine Macht von Rang – die Herrin ganz Italiens wurde, ist eine Phase außergewöhnlicher Expansion, deren Ursachen wir angesichts der Quellenlage schwer überschauen können (vgl. aber u. S. 133 ff. die Diskussion über den sog. Imperialismus in der Phase der Welteroberung). Daß am Anfang kein Wille auf Herrschaft über Italien gestanden hat, versteht sich von selbst, und es sind deshalb Wendungen wie die auch hier gewählten – ,der Kampf um Italien' oder ,die Eroberung Italiens' – entsprechend zu relativieren. Zu einem nicht leicht zu bestimmenden Zeitpunkt, auf jeden Fall nicht vor dem Ende des Dritten Samnitenkrieges, haben die Römer dann aus Sicherheitsgründen die Notwendigkeit gesehen, das ganze Italien in ihr hegemoniales System hineinzunehmen. Nach Theodor Mommsen war die Einigung Italiens unter römischer Führung das eigentliche Ziel der römisch-republikanischen Geschichte und war dies den Römern zumindest seit dem Ende der Samnitenkriege auch selbst bewußt. Mommsen hat den politischen Zusammenschluß Italiens unter Roms Hegemonie als ,Nationalkampf' bezeichnet, und er bekennt selbst, daß er in seiner ,Römischen Geschichte' die Geschichte Italiens, nicht die der Stadt Rom hat erzählen wollen [102: 1,6 f. und 428 f.]. Diese aus der Mitte des 19. Jhs. verständliche Einstellung wird heute nicht mehr geteilt, und es ist wohl auch als eine Reaktion auf dieses Geschichtsbild, das die Geschichte aller italischen Staaten auf ein r ö m i s c h e s Italien ausrichtet, zu verstehen, wenn man sich heute zunehmend mit dem vorrömischen Italien beschäftigt. Da wir die tieferen Ursachen des Geschehens nicht, die äußeren Anlässe der Verwicklungen kaum und sogar den bloßen Verlauf der Ereignisse nur unvollkommen verfolgen können, tritt in der Forschung an die Stelle einer Ursachendiskussion für diese Phase das Studium der Entwicklung der Formen und Funktionen des römischen Bundesgenossensystems in Italien (da es bis in die uns besser bekannte spätrepublikanische Zeit bestand, kennen wir es recht gut), also des Herrschaftsinstrumentes, das nicht nur die Eroberung Italiens und die dauernde Herrschaft über dieses Land sicherte, sondern auch für den Aufstieg Roms zur Herrin über den gesamten Mittelmeerraum eine unabdingbare Voraussetzung war. Es wird uns

demnach die Außenpolitik dieser Jahrzehnte nicht so sehr über die Ereignisge-
schichte als vielmehr über die Darstellung und Entwicklung der römischen Herrschaftsorganisation nahegebracht. Gegenüber diesen Forschungen treten die rein
verfassungsgeschichtlichen Arbeiten zum römischen Staat, die für die vorangehende Zeit des Ständekampfes überwogen, zurück: Der römische Staat scheint
sich nach dem Abschluß des Ständekampfes nur noch wenig weiter zu entwik-
keln und in eine Phase der Ruhe und Statik eingetreten zu sein. Lediglich die
Umbildung des patrizischen Adels zu einer patrizisch-plebejischen Nobilität, die
erst mit dem Ende der Samnitenkriege als abgeschlossen gelten kann, findet in
der Forschung noch einen stärkeren Niederschlag, und im Zusammenhang damit
haben auch einzelne Politiker, die jetzt zum ersten Male als individuelle Personen faßbar werden, einiges Interesse gefunden.

### a. Die Samnitenkriege

Quellen  Zusammenhängende Quellen zu den Samnitenkriegen besitzen wir nur in der
1. Dekade des *Livius* (bis 293 v. Chr.) und bei *Diodor*, Buch 19–20
(318/317–302) sowie in der Pyrrhos-Biographie des *Plutarch*; aus den Geschich-
ten der Völker und Landschaften von *Appian* sind von der Samnitiké nur Fragmente auf uns gekommen. – Über das öffentliche und private Leben der Samniten und anderen italischen Stämme sind wir schlecht unterrichtet, da sie selbst
keine Literatur hervorbrachten und alle römischen und griechischen Quellen nur
das vom Standpunkt des römischen Eroberers Wissenswerte – und das war in
aller Regel auf die Mitteilung römischen Heldenmuts beschränkt – berichten.
Die italischen Dialekte sind für uns vor allem in den nicht sehr zahlreichen
Inschriften faßbar; sie sind gesammelt von Conway [467]. Eine gute, kommen-
tierte Auswahl haben Pisani [197] und Vetter [468] zusammengestellt; zu den
Alphabeten der Italiker vgl. auch Radke [469]. Die angesichts dieser Quellenlage
wichtigen archäologischen Denkmäler sind erst in diesem Jahrhundert mit größerer Intensität untersucht worden. Eine Summe des Forschungsstandes findet
sich in dem auch gut bebilderten Buch von Bianchi Bandinelli/Giuliano
[466, mit ausführlicher Bibliographie].

Die Samniten    Die Summe der Forschung zu den Samniten und den Kriegen Roms gegen sie
ist von Salmon [463] zusammengetragen und mit abgewogenem Urteil zu einem
eigenen Meinungsbild verdichtet worden. Da wir unsere Kenntnisse des privaten
und öffentlichen Lebens der Samniten und anderen italischen Stämme vornehmlich einer sinngemäßen Interpretation religiöser und rechtlicher Einrichtungen,
die wir aus Inschriften und anderen Quellen kennen, verdanken, hat sich die
Forschung mit ihnen intensiver befaßt. Insbesondere hat sich an den Stadtverfas-
sungen der italischen Stämme, die wir so gut wie ausschließlich nur aus der Zeit
kennen, als diese Städte bereits zu römischen Städten geworden waren, eine Diskussion entzündet. Während Mommsen in den uns aus späterer, römischer Zeit
überlieferten verschiedenen Institutionen der Städte, vor allem in den Bezeich-

nungen von Amtspersonen, einen Widerschein aus der Zeit der städtischen Unabhängigkeit sah und folglich glaubte, daß die autonome Stadtverfassung mit der Hineinnahme der Stadt in den römischen Bürgerverband nicht völlig vernichtet, sondern lediglich „umgestaltet" worden sei [412: 3, 773 ff.], und ROSENBERG diese Meinung im Prinzip anerkannt und (mit teilweise kritisch zu beurteilenden Ergebnissen) weiterentwickelt hat [462], sieht RUDOLPH [505] in den uns überlieferten mannigfaltigen städtischen Organisationsformen lediglich verschiedene Entwicklungsstufen römischer Ordnungen. Danach wären also die Organisationsformen der Italiker mit ihrer Hineinnahme in Rom aufgehoben und durch (in zeitlichem Abstand jeweils verschiedene) römische ersetzt worden, um schließlich durch Caesar in einer allgemeinen Munizipalordnung aufzugehen; erst das Caesarische Gesetz habe auch den Städten, deren Kompetenzen mit der Annexion außergewöhnlich beschnitten worden seien, insbesondere auf dem Gebiet der Jurisdiktion wieder eine beschränkte Autonomie eingeräumt. An dieser These ist vor allem von quellenkritischen Überlegungen her vielfach Kritik geübt worden, vgl. STRASBURGER, Gnomon 13 (1937), 177–191; MANNI [506: 91 ff.] und SARTORI [464]; doch besticht RUDOLPHs These (vielleicht abgesehen von der Caesar in der munizipalen Entwicklung zugewiesenen Rolle) nicht nur durch die Klarheit der Konzeption und die innere Logik der Beweisführung, sondern hat bei allen Interpretationsschwierigkeiten und trotz der nicht seltenen Mehrdeutigkeit der Quellen doch auch die Überlieferung auf ihrer Seite.

Zur Devotion vgl. LATTE [130: 125 f.]; die Devotionsformel steht bei Liv. 8,9,6–8; vgl. 8,10,11–14; 10,28,13 ff. Von den Devotionen der drei P. Decii Mures (340 in der Schlacht am Vesuv gegen die Latiner, 295 bei Sentinum und 279 bei Ausculum gegen Pyrrhos) dürfte nur eine historisch sein, vielleicht die mittlere [300: KORNEMANN, 23 ff.]; doch wird auch den anderen der Vorzug gegeben und werden sogar sämtliche Devotionen in den Bereich der Sagenbildung verwiesen [so 105: BELOCH, 440 ff. mit der Neigung, wenn überhaupt eine, dann die letzte Devotion für historisch zu halten]. *Die Devotion*

### b. Das römische Bundesgenossensystem in Italien

Die Forschungsgeschichte des römischen Bundesgenossensystems in Italien zeigt deutlich die Abhängigkeit von der besonderen Überlieferung zu dem Komplex: Da die Phase der Entstehung dieses Systems aus der verzerrten oder gar gänzlich konstruierten annalistischen Tradition nicht mehr erkannt werden kann und zudem seit 293 überhaupt eine zusammenhängende historische Überlieferung fehlt, werden lediglich die uns überlieferten völker- bzw. staatsrechtlichen Formen (*colonia Latina, civitas sine suffragio* usw.) zum Gegenstand der Untersuchung herangezogen, die dann – wegen des Fehlens entwicklungsgeschichtlicher Hinweise – meist nebeneinandergestellt und in aller Regel darauf untersucht werden, wieweit in ihnen Prinzipien römischer Herrschaft enthalten sind. Zwar sehen auch die meisten der Neueren, daß diese Formen nicht alle gleichzeitig *Das Forschungsproblem* entstanden sein können; aber das Prinzip der Entstehung wird doch, soweit man überhaupt nach ihm fragt, so gut wie ausschließlich aus dem Willen der Römer nach herrschaftlicher Organisation abgeleitet. Diese Art des Denkens setzt das fertige System und mit ihm die unbestrittene Herrschaft Roms über die Bundesgenossen bereits voraus. Sie reproduziert gleichzeitig damit die Bewußtseinslage der römischen Annalisten, die – ausgerüstet mit Kenntnissen, die jedenfalls für das 4. und 3. Jh. nicht viel reichhaltiger gewesen sein dürften als die unsrigen heute – bereits für das 5. Jh., ganz zu schweigen für die spätere Zeit, mit der römischen Herrschaft als einer festen Größe rechneten. Die Verzerrungen, zu denen diese verfehlte Sehweise geführt hat, beeinträchtigen heute das gesamte Bild der Forschung zu dieser Phase römischer Geschichte. So war es etwa wegen der herrschenden Vorstellung von dem gleichsam apriorischen Übergewicht Roms über alle seine völkerrechtlichen Partner durchweg unmöglich, andere als herrschaftsorganisatorische Rücksichten für die Entstehung neuer Formen anzunehmen, und man gab bei diesen Überlegungen den militärischen Erfordernissen für eine jeweils neue oder veränderte Form der Beziehungen naturgemäß den Vorrang, und in der Tat haben bei der Konstruktion der Latinischen Kolonie auch militärische Erwägungen im Vordergrund gestanden [463: SALMON]. Hingegen wurden für die neuen Organisationsformen, so etwa für die *civitas sine suffragio*, kaum innenpolitische Gründe erörtert, hier auch nicht solche der Organisation eines sich erweiternden Bürgerverbandes, ferner nicht Rücksichten auf neue Gruppen innerhalb des eigenen Territoriums und das Bemühen um Absicherung der gewonnenen Stellung, die gerade noch nicht eine Herrschaft zu organisieren, sondern verschiedene Kräfte in der Balance zu halten hatte, in Rechnung gestellt. Besonders in der Frage der Bürgerrechtspolitik ging man auf diese Weise völlig falsche Wege, indem das römische Bürgerrecht (das übrigens auch seine Geschichte hat und nicht in seiner späten Begrifflichkeit für das 4. Jh. vorausgesetzt werden darf) prinzipiell als eine erstrebenswerte Rechtsstellung angesehen wurde, in die alle Nichtrömer hineindrängten; hier wurde und wird die politische Situation der römischen Weltstellung bereits in der Frühzeit unterstellt, in der gerade umgekehrt jeder Nichtrömer auf die Bewahrung der Autonomie seiner Stadt aus war und er sogar überhaupt kein Bewußtsein davon besaß, daß es demgegenüber eine Alternative geben könnte. Die Zerstörung eines politischen Bewußtseins geschieht in der Dimension der Zeit, und sie wird nicht schon durch die Erkenntnis der bloßen Herrschaft Roms, die sich bald einstellen mochte, sondern erst durch deren freie Anerkennung herbeigeführt, und d. h. sie ist nicht früher als die innere Aushöhlung der staatsrechtlichen bzw. völkerrechtlichen Formen dieses Bundesgenossensystems anzusetzen, und folglich wird von der oben kritisierten Forschung für die Entstehungsphase der betrachteten Formen vorausgesetzt, was in deren Endphase gehört.

Die allgemeine heutige Forschungssituation   Die juristische Position ist von den beiden bis heute wichtigsten Autoren zu diesem Komplex, MOMMSEN [412: 3, 570–823] und BELOCH [489 und, mit teilweise sehr wichtigen Ergänzungen und Korrekturen, 105: 488–627], vertreten worden. Trotz der hier und andernorts geübten grundsätzlichen Kritik an ihnen sind beide nicht nur wegen des von ihnen zusammengetragenen Materials, sondern auch wegen vielfacher Forschungsleistung im einzelnen weiterhin heranzuziehen. MOMMSEN hat durch sein Abstraktionsvermögen mit den von ihm aufgestellten juristischen Kategorien für die weitere Forschung überhaupt erst den Grund gelegt, und BELOCH die von seinem großen Vorgänger übernommenen Gedanken kritisch beleuchtet und durch die für ihn typischen bevölkerungspolitischen Untersuchungen ergänzt. Bei aller Skepsis gegenüber der juristischen Position bleiben denn auch die überlieferten Organisationsformen die Grundlage aller neueren Überlegungen; sie beiseite zu legen, hieße, sich der einzig vertrauenswürdigen Quelle zu berauben und sich stattdessen unverbindlichen Spekulationen etwa wirtschafts- und sozialgeschichtlicher Natur hinzugeben (die gerade nur durch eine sinngemäße Interpretation der juristischen Formen gewonnen werden können) oder sich gar der fabulierenden annalistischen Historiographie anzuvertrauen. So hat etwa GALSTERER in seinem in vielen Punkten wichtigen Buch [491] gerade durch die bewußte Abkehr von der ,juristischen Methode' mit ihren normativen Kategorien die alte Sackgasse eher reproduziert, insofern in der strikten Gegenposition die alte Position ja enthalten ist: in seiner These von der unendlichen Vielzahl der Formen, in denen sich Rom mit den Völkerrechtssubjekten verbunden bzw. seine Herrschaft über sie abgesichert habe, löst sich nämlich mit der Regelhaftigkeit zugleich ein erkennbarer Sinn der Form selbst auf; angesichts der praktisch unendlichen Vielfalt ist die jeweilige Funktion einer jeden politischen Handlung verhüllt bzw. sind der Spekulation darüber keine Grenzen gesetzt.

Müssen daher die juristischen Formen Ausgangspunkt aller unserer Überlegungen bleiben, dürfen wir sie jedoch nicht mehr lediglich als Ausdruck römischen Herrschaftswillens von rückwärts her denken, sondern müssen von einer entwicklungsgeschichtlichen Betrachtung her nach ihrer Funktion fragen, die zu dem bestimmten Zeitpunkt die jeweils bestimmte Form hervorgebracht hat. Einen ganz neuen Ansatz in dieser Richtung hat TH. HANTOS [492] unternommen, indem sie das Verhältnis Roms zu seinen Bundesgenossen von der jeweiligen Dichte und Qualität der Integration her angeht und auf diese Weise ein deutliches Bild von dem Charakter und dem Wandel der jeweiligen Beziehungen gewinnt. Sie hat auch den Versuch gemacht, durch eine neue, der Sache angemessene moderne Terminologie von den römischen Begriffen (und falschen Begriffen der modernen Forschung) Abstand zu gewinnen und sich damit für eine neue Betrachtung den Weg frei zu halten. Auch der in diesem Buch verwendete Ausdruck ,das römische Bundesgenossensystem in Italien' stammt von ihr.

Für die oben skizzierte falsche Sehweise ist die Geschichte der Erforschung der *civitas sine suffragio* typisch. Von der Spätzeit her gesehen, als die Bewohner Italiens durch die römische Weltstellung und durch die inzwischen weitgehend vollzogene Angleichung an die römischen Verhältnisse (Romanisierung) danach strebten, Römer zu werden, mußte diese Form, in der die ,Bürger ohne Stimm-

*civitas sine suffragio*

recht' in den römischen Legionen, also wie römische Bürger dienten und damit Lasten trugen, aber an den politischen Institutionen Roms keinen Anteil hatten, als ein zurückgesetztes Bürgerrecht erscheinen. MOMMSEN nennt daher auch diese Form der Integration konsequenterweise ‚Halbbürgerrecht', deren Inhaber nach der Logik des in diesem Begriff enthaltenen Sinns danach streben müssen, das ‚volle' Bürgerrecht zu erhalten. Dieser Auffassung sind so gut wie alle Forscher, auch die, welche den Begriff meiden, verpflichtet, auch noch der Autor der letzten ausführlichen Abhandlung zu dem Thema, HUMBERT [509], obwohl er zu differenzieren weiß. Andere, die den sicheren Boden der juristischen Formen verlassen und sich den trügerischen Angaben der Annalisten anvertraut haben, glauben in der *civitas sine suffragio* sogar eine besondere, ursprüngliche Form völkerrechtlicher Verbindung, vergleichbar der griechischen Isopolitie, zu sehen und ziehen zur Unterstützung anstatt der überlieferten juristischen Begriffe (*civitas sine suffragio, tabula Caeritum* usw.) ganz abwegige und mit den zur Debatte stehenden Gegenständen nicht zusammengehörige Belege heran, wie etwa SORDI [508]. Bei der *civitas sine suffragio* haben wir jedoch von der Frage auszugehen, welches Ziel diese Form in dem Augenblick ihrer Schaffung gehabt haben kann, und es wird sich dann herausstellen, daß es dabei nicht nur um die Organisation von Herrschaft, sondern vor allem um die Bewältigung von Situationen ging, denen gegenüber sich die Römer unsicher, unterlegen, auf jeden Fall aber ihren jeweiligen Partnern gegenüber nicht überlegen fühlten und in die auch die jeweilige innenpolitische Konstellation hineinwirkte. Die *civitas sine suffragio* dürfte eine milde Form der Angliederung an Rom gewesen sein, die den so Angegliederten aus mannigfachen Gründen − Größe der Stadt, Fremdheit u. a. − die alten Organisationsformen weitgehend beließ. Auf jeden Fall konnten die *cives sine suffragio* die mangelnde Teilnahme am politischen Leben in Rom zunächst nicht als Zurücksetzung empfinden, weil sie ja die eigene Ordnung behielten. Das Gefühl der Zurücksetzung (und ohne Zweifel auch der Begriff *civitas sine suffragio*, der die Vorstellung der Zurücksetzung enthält) stellte sich erst viel später ein. Zum Begriff und seinem Verhältnis zu dem, was jeweils sachlich darunter verstanden wurde, vgl. auch HEUSS [510].

*municipium*     Auch über den Begriff des *municipium* gibt es eine kaum noch zu überblickende Literatur, vgl. u. a. MOMMSEN [412: 3, 773 ff.]; BELOCH [489: 117 ff.]; KORNEMANN [504]; VON LÜBTOW [419: 635 ff.] und SHERWIN-WHITE [501: 38 ff.]. Die Herleitung des Begriffs von *munera capere* in dem Sinne von ‚Lasten übernehmen' ist bereits antik und wird heute durchgehend anerkannt [die Übersetzung ‚Geschenke empfangen' haben m. W. nur P. DE FRANCISCI, Storia del diritto romano 2, 1938, 22, und SORDI a. O. 109 f.]. Der Begriff ist vielleicht aus der Situation der *cives sine suffragio* entstanden, die in den Legionen dienten, ohne Anteil an den politischen Rechten in Rom zu haben [vgl. u. a. 510: HEUSS]. Er könnte zuerst für die Bewohner derjenigen *civitates sine suffragio* verwandt worden sein, die keine volle innere Autonomie behielten, sondern von einem römischen Präfekten verwaltet wurden, wie Fundi und Formiae; zu ihnen vgl.

MOMMSEN a.O. 3, 581 f.; die unterschiedliche Rechtsstellung der *cives sine suffragio* ist indessen umstritten, vgl. 492: HANTOS]. − In der ausgehenden Republik heißen *municipia* alle Städte auf römischem Boden mit (beschränktem) Selbstverwaltungsrecht, soweit sie nicht *coloniae* sind; als solche werden nur diejenigen Städte bezeichnet, die in einem einmaligen Gründungsakt neu errichtet (also nicht von einer ehemals fremden in eine römische Stadt umgewandelt) worden sind.

Die Latinischen Kolonien, über deren Funktion und Organisation in der Forschung weit mehr Einmütigkeit besteht, besaßen nach den Quellen nicht alle einheitliches Recht. Es werden zwei Gruppen unterschieden. Alle Latiner dürften *conubium* und *commercium* mit Rom, doch sollen nach MOMMSEN [412: 3, 623 ff.] nur die vor 268 gegründeten Koloinien unbeschränkte politische Rechte in Rom und Freizügigkeit (Übersiedlung nach Rom) besessen haben. BELOCH [489: 155 ff.] u. a. identifizieren hingegen die Latinischen Kolonien herabgesetzten Rechts mit den zwölf Städten, die im Zweiten Punischen Krieg die volle militärische Leistung verweigerten und daraufhin im Jahre 204 gemaßregelt wurden. Hätte MOMMSEN recht, wäre die Einschränkung des latent römischen Status seit 268 vielleicht bereits als Reaktion auf eine veränderte Bewußtseinslage der Latiner zu verstehen, in der nach der Vollendung der römischen Hegemonie über Italien die herrschaftspolitische Funktion der Latinischen Kolonie nicht mehr so ernst genommen und daher die Freizügigkeit zum Schaden der Wehrfähigkeit der Kolonie zu unbedenklich praktiziert wurde, so daß der römische Senat ihr entgegensteuern mußte; vgl. zu der Frage zuletzt, mit abweichenden Ergebnissen, 493: BERNARDI, 66 ff.

Der Begriff des *foedus iniquum* ist nicht antik, wie denn seinem Wesen nach der Begriff des Vertrages eine Ungleichheit zwar enthalten, aber diese nicht begrifflich als solche deklarieren kann oder dies wenigstens vermeidet. Die Majestäts-Klausel steht u. a. bei Cicero, Balb. 35 f., Proculus, Dig. 49,15,7,1 und Liv. 38,11,2; vgl. zu ihr zuletzt BAUMAN [498]. Der Begriff *foedus aequum*, der vielfach überliefert ist [Belege bei 412: MOMMSEN, Bd. 3, 664,2], stellt keinen technischen Begriff dar; er ist ein Pleonasmus, der bereits die Spannung zwischen dem *foedus* und der späteren Vertragswirklichkeit voraussetzt [492: HANTOS].

Die Bezeichnung des gesamten römischen Bundesgenossensystems durch die Nennung seiner drei wichtigsten Gruppen steht in der im Text angegebenen Form in dem uns inschriftlich überlieferten Siedlungsgesetz vom Jahre 111, Zeile 21 [92: BRUNS/GRADENWITZ, Nr. 11] und ist in leicht abgewandelter Form vielfach überliefert; Belege bei MOMMSEN a.O. 3, 611,2 und 661,2.

Die im Text angegebenen Zahlen zur Bevölkerung und zum Areal der Römer, Latiner und Bundesgenossen sind BELOCH [489] entnommen, der sie in seinem großen Werk über die Bevölkerung der griechisch-römischen Welt [499] dann weiterverarbeitet hat; eine neuere Diskussion der Zahlen findet man bei BRUNT [500: 44 ff.]. Das Verzeichnis aller Waffenfähigen, das angesichts der Keltengefahr des Jahres 225 zusammengestellt worden ist, steht bei Polybios 2,24.

*Marginalien:*
*colonia Latina*

*socii*

Benennung des Bundesgenossensystems

Angaben zu den Zahlen im Text

## 7. Der Aufstieg Roms zur Weltherrschaft

Vorbemerkung zu den Quellen und Forschungstendenzen
Die Zeit zwischen dem Ausbruch des Ersten Punischen Krieges und dem Beginn der großen inneren Krise seit den Gracchen (264–133 v. Chr.) ist im großen ganzen durch griechische und römische Quellen so weit abgedeckt, daß wir, zum ersten Male in der römischen Geschichte, von einer zwar schmalen, aber streckenweise durchaus vertrauenswürdigen antiken Überlieferung ausgehen können. Wir besitzen jetzt auch bereits einzelne zeitgenössische Autoren (Cato, Polybios); doch sind die Dokumentarquellen noch außerordentlich spärlich.

In den Forschungen zu dieser Periode tritt die innere Entwicklung Roms gegenüber der äußeren vollkommen zurück. Der römische Staat erscheint ohne innere Dynamik; er befindet sich gleichsam in seinem ‚klassischen‘ Status. Der Druck, der von den außenpolitischen Anstrengungen und Erfolgen ausgeht, läßt die staatlichen Institutionen und gesellschaftlichen Verhältnisse, so scheint es, auf dem einmal erreichten Punkt erstarren. Soweit Bewegung erkennbar ist, wird sie als Konsolidierung des Vorhandenen empfunden, oder aber man neigt dazu, sie – wie die Entwicklung der italischen Agrarwirtschaft und die Anfänge des Ritterstandes – als Vorgeschichte der Krise seit den Gracchen zu verstehen und sie damit jedenfalls insoweit, als diese Phänomene ein eigenständiges Gewicht haben, in die folgende Zeit zu verweisen.

In der äußeren Entwicklung überwiegt naturgemäß das Interesse an den Ursachen der Expansion, die jetzt faßbarer als in der italischen Phase zu sein scheinen. Diese in der modernen Literatur meist unter dem Begriff des Imperialismus gefaßten Probleme glaubt man nicht zu Unrecht vor allem durch eine Analyse der Ursachen und Anlässe der großen, entscheidenden Kriege, also vor allem des Ersten und Zweiten Punischen und des Zweiten und Dritten Makedonischen Krieges, in den Griff zu bekommen; auch die Erforschung der großen Herrschaftskrise in der Mitte des 2. Jhs. schien diesem Ziel dienen zu können. Trotz der zunehmenden Vielfalt der Forschungsaspekte ragen diese Untersuchungen wegen des allgemeinen Interesses, das sie gefunden haben, heraus, und da dies durchaus mit dem Gewicht des von ihnen behandelten Gegenstandes korrespondiert, ist dem auch in dieser kurzen Übersicht Rechnung getragen worden.

### a. Der Kampf mit Karthago (264–201 v. Chr.)

Quellen
Unsere Quellen haben die Ereignisse zwischen 264 und 201 v. Chr. unterschiedlich gut überliefert. Eine genuin karthagische Überlieferung gibt es nicht. Karthagische Quellen liegen uns lediglich in den nicht zahlreichen und zudem wenig ergiebigen phönikischen Inschriften (gesammelt im *corpus inscriptionum Semiticarum*) und in dem archäologischen Material vor; zu letzterem vgl. das ausge-

zeichnete Werk von LAPEYRE/PELLEGRIN [525], das auch das bis zum Jahre 1939 gefundene Material aus dem Hinterland Karthagos und aus dem westlichen Mittelmeer vorstellt, und in Ergänzung dazu CINTAS [526]. Im übrigen ist der jeweilige karthagische Standpunkt lediglich in der griechischen Historiographie enthalten, die gelegentlich bei Polybios durchscheint. In den uns vorliegenden Quellen haben wir also durchweg die Interpretation der Ereignisse durch den römischen Sieger vor uns, dessen Urteil zu einem Bestandteil noch unseres heutigen historischen Bewußtseins geworden ist. – Eine Skizze der karthagischen Geschichte bis zum Anfang des 4. Jhs. steht bei Justinus 18–19, eine Erörterung der karthagischen Verfassung bieten Aristoteles, Politik 2,11 = 1272b–1273b und Polybios, 6,51–52.

Ein guter Abriß des Ersten Punischen Krieges liegt uns in dem 1. Buch der Universalgeschichte (*historiae*) des *Polybios* vor; durch ihn wollte Polybios sein Werk an die ‚Sizilische Geschichte' des berühmten Timaios von Tauromenion anschließen. Derselbe Historiker hat uns auch für die Zwischenkriegszeit (Buch 2) und den Zweiten Punischen Krieg bis Cannae (Buch 3) eine brauchbare und gewissenhafte Darstellung gegeben; für die spätere Zeit sind uns von ihm nur Fragmente erhalten. Seine Hauptquellen bildeten Fabius Pictor, der älteste römische Geschichtsschreiber und Zeitgenosse Hannibals, und mehrere griechische, teils auch im Sinne Hannibals schreibende Historiker, so Philinos von Akragas (nur für den Ersten Pun. Krieg), Sosylos von Lakedaimon und Silenos von Kale Akte (alle Zeitgenossen des Fabius, die beiden letzteren im Gefolge Hannibals und als dessen ‚Hofhistoriographen' anzusehen). Zur Interpretation im Detail vgl. den Kommentar von WALBANK [65: Bd. 1], zur Beurteilung des Polybios im allgemeinen ferner ZIEGLER [66], LEHMANN [67] und PETZOLD [68]. Für den Zweiten Punischen Krieg kommt die dritte Dekade des *Livius* hinzu (Buch 21–30), eine ausführliche, von spätrepublikanischen Annalisten, vor allem L. Coelius Antipater, aber auch von Polybios (so für die sizilischen und griechischen Ereignisse) abhängige Darstellung. Zum Quellenproblem vgl. KLOTZ [304] und ders., Appians Darstellung des Zweiten Punischen Krieges, in: Studien zur Geschichte und Kultur des Altertums 20,2, Paderborn 1936. Weiteres, im allgemeinen wenig ergiebiges Material besitzen wir in den Fragmenten der Universalgeschichte *Diodors* (Bücher 23–27) und der Römischen Geschichte des *Cassius Dio* (Bücher 11–17; vgl. auch den Auszug aus Zonaras. Zu Cassius Dio vgl. A. KLOTZ, Über die Stellung des Cassius Dio unter den Quellen zur Geschichte des zweiten punischen Krieges, Rhein. Mus. 85, 1936, 68–116). Von größerem Wert, wenn auch weitgehend von der jüngeren Annalistik abhängig, sind die von geographischen Räumen ausgehenden Darstellungen *Appians*, nämlich die Sikeliké, Iberiké, Hannibaiké, Libyké und Illyriké (zu ihnen vgl. ED. SCHWARTZ [5]), ferner die Biographien *Plutarchs*, von denen uns für diesen Zeitraum solche über Q. Fabius Maximus Cunctator und M. Claudius Marcellus erhalten sind, und die beiden kleinen Viten Hamilkars und Hannibals des *Cornelius Nepos*, eines Zeitgenossen Ciceros.

Von den Dokumentarquellen der Zeit sind vor allem zu nennen: Die Grabinschrift des Konsuls im Jahre 259, L. Cornelius Scipio, die zu den Inschriften der Scipionengräber vor der Porta Capena in Rom gehört [= 90: DESSAU, Nr. 2–3; 91: DEGRASSI, Nr. 310; vgl. 144: NASH, 2, 352ff.], das Elogium auf C. Duilius, den Sieger in der Seeschlacht von Mylae (260), gefunden auf dem Forum Romanum [eine Abschrift aus der frühen Kaiserzeit = 90: DESSAU, Nr. 65; 91: DEGRASSI, Nr. 319; vgl. M. NIEDERMANN, L'inscription de la colonne rostrale de Duilius, Rev. Étud.Lat. 14 (1936), 276–287], und der Vertrag, den die Römer im Jahre 212 mit den Ätolern gegen Philipp V. von Makedonien abgeschlossen haben [Text und Interpretation bei G. KLAFFENBACH, Der römisch-ätolische Bündnisvertrag vom Jahre 212 v. Chr., SB. d. Deutschen Akad. d. Wiss., 1954, 1].

*Allgemeine Darstellungen zur karthagischen Geschichte*    Zu allen die Geschichte und Verfassung Karthagos berührenden Fragen ist jetzt die Neubearbeitung der karthagischen Geschichte von HUSS [521] heranzuziehen; doch liefert auch die ältere Darstellung von O. MELTZER/U. KAHRSTEDT [518] noch manchen darüber hinausgehenden, nützlichen Hinweis. Zur vorläufigen Information eignen sich die Überblicke von WARMINGTON [524] und CHARLES-PICARD [523]. Ein kurzer Abriß der karthagischen Geschichte ist aus dem Nachlaß von W. HOFFMANN [529] herausgegeben worden; den im Text dargelegten Zusammenhängen von äußerer Politik und Verfassung ist HEUSS [528] nachgegangen. Über das phönikische Engagement im vorbarkidischen Spanien liegt jetzt eine Monographie von BARCELÓ [522] vor; für das barkidische Spanien sei auf die jüngste Darstellung von HUSS a.O. 269ff. verwiesen.

*Vorgeschichte und Ausbruch des Ersten Punischen Krieges*    Die Vorgänge, die zum Ausbruch des Ersten Punischen Krieges führten, sind nicht nur für die Kriegsschuldfrage, sondern auch für das Verständnis der Ursachen der römischen Expansion insgesamt und damit für die Frage des römischen Imperialismus von großer Bedeutung. Die wichtigsten antiken Quellen hierzu sind Polybios 1,8–11, Diodor 22,13; 23,1 und Zonaras (aus Cassius Dio) 8,8,1–9,4; sie fußen alle letztlich auf Philinos und Fabius Pictor, die trotz ihrer politisch unterschiedlichen Einstellung auch ineinandergearbeitet sind. Die Überlieferung erschien den meisten Forschern auch in Detailfragen widersprüchlich und voll von Mißverständnissen zu sein, so daß für die Interpretation der Quellen nicht selten die sachliche Kritik und die historische Wahrscheinlichkeit maßgebend sein mußten [vgl. 531: HEUSS, 468; 539: BERVE, 3]. Indessen hat jüngst RUSCHENBUSCH [538] durch eine genaue Analyse unserer drei Hauptquellen – und unter bewußter Absehung von der Sekundärliteratur – nachgewiesen, daß diese Autoren eine jedenfalls im Grundschema einheitliche Darstellung geben. Von ihm ist künftig auszugehen.

Der durch Polybios auf uns gekommene Bericht (nach Fabius Pictor) geht davon aus, daß für die römische Kriegserklärung die karthagische Machtausdehnung auf Sizilien und damit eine Bedrohung Italiens ausschlaggebend gewesen sei (1,10; vgl. Cass. Dio 11,43,2; Zon. 8,8,3). Sie setzt den Gegensatz zwischen Rom und Karthago, der erst durch den Krieg gebildet wurde, bereits voraus und ist also anachronistisch, ebenso wie die bei Philinos überlieferte karthagische Version, wonach die Römer mit dem Übergang nach Sizilien einen angeblichen Vertrag mit den Karthagern, nach dem sich die Vertragspartner von Sizilien respektive Italien fernzuhalten hätten, gebrochen hätten; dieser bereits von Polybios angezweifelte Vertrag [vgl. dazu zuletzt S. ALBERT, Zum Philinos-Vertrag, Würzburger Jahrb. für die Altertumswiss. N.F. 4 (1978), 205–209, anders 530: HAMPL, 422 f.] ist wohl eine sinngemäße Interpretation der älteren karthagisch-römischen Verträge, die ja handels- bzw. machtpolitische Abgrenzungen der Partner vorsahen [s. o. S. 119, dazu 538: RUSCHENBUSCH, 75 f.].

Sowohl für den antiken als auch für den modernen Betrachter liegt die eigentliche Schwierigkeit bei der Interpretation der Umstände, die zum Kriegsausbruch führten, in der offensichtlichen Diskrepanz zwischen den auf einen lokalen, begrenzten Konflikt hinweisenden Anfängen und dem weiteren Kriegsverlauf oder gar dem Ergebnis des Krieges. Man ist daher versucht, der Annahme des Mamertinischen Hilfegesuchs durch die Römer möglichst viel von dem zu unterstellen, was denn als dessen Konsequenz zu sehen ist, so vor allem die Aussicht auf einen großen Krieg mit den Karthagern und den Beginn einer neuen Außenpolitik (,Weltpolitik'). Das hat denn die ältere Forschung in aller Regel auch getan, unter anderen TH. MOMMSEN [102: 1,510 ff.]. Demgegenüber hat HEUSS im Jahre 1949 dargelegt [531], daß der Krieg in der Vorstellung der Römer zunächst ein begrenzter Konflikt mit den Syrakusanern war und die in ihm verborgenen Weiterungen sich Rom ebenso wie wohl auch den anderen kriegführenden Parteien erst im Verlaufe der ersten Kriegsjahre zeigten. Dieses Ergebnis konnte auch die eingehende Quellenanalyse von RUSCHENBUSCH [538] bestätigen, der davon spricht, daß die Kontrahenten in den krieg „hineingeschlittert" sind (S. 71). Nach HEUSS ist jedoch die Forschung weitgehend zu einer eher entgegengesetzten Lösung gekommen. Den Anstoß für die Wiederbelebung der Diskussion über die Präliminarien dieses Krieges lieferte eine erneute Besinnung auf die zeitliche Abfolge der dem römischen Übergang nach Sizilien vorausgehenden Ereignisse. Danach hätten die Mamertiner nach ihrer Niederlage am Longanos-Fluß nicht, wie Polybios es darstellt (1,10,1), gleichzeitig ein Hilfegesuch an die Karthager und an die Römer gerichtet, sondern hätte die Longanos-Schlacht bereits 269, also fünf Jahre früher, stattgefunden und wären um Hilfe gegen Hieron zunächst nur die Karthager angegangen worden, die dann auch eine Besatzung nach Messana gelegt hätten [68: PETZOLD, 149 ff.; 533: HOFFMANN; doch sind wohl mit 538: RUSCHENBUSCH die Berichte zu den Jahren 269 und 264 als Doubletten anzusehen und die Schlacht wieder auf 264 zu datieren]. Erst einige Jahre später und nur gegen diese Besatzung, derer man überdrüssig geworden wäre, hätten dann die Mamertiner die Römer herbeigerufen [vgl. dazu auch 532: LIPPOLD], und die Römer hätten die Hilfe gewährt, um den alten status quo in dieser Ecke Siziliens wiederherzustellen. Hier ist von Anfang an Karthago der Gegner, nicht Syrakus, und es liegt auch deutlich das (allerdings begrenzte) machtpolitische Interesse der Römer in diesem Konflikt offen [533:

HOFFMANN; noch radikaler im Hinblick auf die machtpolitischen Absichten der Römer 530: HAMPL]. – Der polybianische Text bietet noch manche Schwierigkeiten und Unklarheiten, so daß stets neue oder die Bestätigung alter Thesen möglich sind, wie denn kürzlich MOLTHAGEN glaubte nachweisen zu können, daß die Römer nicht nur von den Mamertinern allein gegen Hieron gerufen worden waren, sondern sie auch – anders als die gesamte bisherige Forschung annahm – bis 262 überhaupt nur gegen ihn im Kampf gestanden hatten und es dann Karthago war, das in Reaktion auf den von Rom in Ostsizilien gewonnenen Einfluß den Krieg eröffnete [534 und 535]. Dem hat wiederum WELWEI [537] widersprochen, und es dürfte heute in der Tat eher die Meinung vorherrschen, daß die Karthager von den Römern schon bei Ausbruch des Krieges – neben Hieron – als Gegner klar ‚erkannt' waren und eine gewisse „Risikofreudigkeit" [WELWEI a.O. 586] bei der Aufnahme der Kriegshandlungen bestand. Die römische Intervention kann bei dieser Interpretation der Ereignisse bereits den Wert eines Präventivkrieges zur Vermeidung einer Machtzusammenballung (Karthago; Syrakus/Karthago) vor seiner Haustür oder gar eines Krieges mit „imperialistische(n) Ambitionen" [530: HAMPL, 425] erhalten. Auch für HUSS [521: 218ff.] ist Rom die zum Krieg treibende Macht; er vermutet, daß es wirtschaftliche Motive waren, „die Sizilien zum Objekt des römischen Imperialismus werden ließen" [vgl. auch 652: HARRIS, 182ff.]. Doch es sprechen nicht nur die Quellen (s. RUSCHENBUSCH), sondern auch manche allgemeinere Überlegungen gegen diese Interpretation und für die Annahme, daß die Römer die Weiterungen eines Krieges mit Karthago nicht im Auge gehabt haben, so die Überlegung, daß sie auf Grund der gegensätzlichen Interessenlagen keineswegs von der Dauerhaftigkeit einer Koalition Hierons mit Karthago ausgehen konnten, daß sie ferner nach allen unseren Quellen von den Mamertinern zuvörderst gegen Hieron, der den Römern wegen ihrer gerade aufgerichteten Hegemonie über die griechischen Städte Unteritaliens in der Tat als ein potentieller Rivale erscheinen konnte [vgl. 534: MOLTHAGEN, 106], zu Hilfe gerufen wurden, weiter daß der römische Senat, wenn wir Polybios (1,11,1) trauen dürfen, entschlußlos war und die Entscheidung den Konsuln und der Volksversammlung, die – ebenfalls nach Polybios (1,11,2) – von einem Beutekrieg ausgingen, überließ, was er bei einer Sachlage weltpolitischen Ausmaßes sicher nicht getan hätte, endlich die Überlegung, daß die klare Vorstellung eines Krieges mit Karthago die Vertreibung dieser von der ganzen Insel nach sich gezogen hätte und also die militärischen Aktionen von Anfang an darauf hätten abgestellt sein müssen, was nicht der Fall war [vgl. u. a. 531: HEUSS, 469], und schließlich der Umstand, daß das gerade unter römischer Hegemonie geeinte Italien in diesem Augenblick ein großzügiges außenpolitisches Engagement weder erlaubte noch überhaupt die Vorstellung davon aufkommen lassen konnte.

Über den Ausbruch des Zweiten Punischen Krieges gibt es eine umfangreiche Literatur; sie hat sich weniger mit den tieferen Ursachen des Krieges, die wohl in dem machtpolitischen Dualismus Rom–Karthago im vorhinein als erledigt

angesehen wurden, als mit der auf den Ereignissen der unmittelbaren Vorkriegs-
zeit fußenden Kriegsschuldfrage beschäftigt. Bei ihr haben wir zu berücksichti-
gen, daß nicht nur die römische Annalistik (vor allem durch Livius erhalten),
sondern auch Polybios uns die römische Version der Schuldfrage bewahrt haben,
in der die dem Krieg vorausgehenden politischen Aktivitäten im römischen Sinne
zurechtgerückt und gerechtfertigt worden sind. Seit Cicero, der in seinen philosophischen Schriften die römische Weltherrschaft durch die Behauptung, daß
alle römische Außenpolitik von der Idee der Gerechtigkeit getragen sei, ethisch
legitimiert hat [s. u. S. 155 f.], ist auch der Ausbruch des Zweiten Punischen
Krieges noch zusätzlich ideologisch aufbereitet, nämlich die Bündnistreue Roms
gegenüber Sagunt als entscheidender Kriegsgrund in den Mittelpunkt gerückt
worden. Aber wiewohl sich diese Rechtfertigungsideologie von selbst dekuv-
riert, sind doch Angriffe auf Bundesgenossen und auf Gesandte sowie Vertrags-
brüche, hinter denen ja Interessenkonflikte stehen, selbstverständlich seit jeher,
auch ohne jene spezifische, von dem Tatbestand der römischen Weltherrschaft
inspirierte moralische Aufladung, wirklicher oder vorgeblicher Anlaß von
Kriegserklärungen gewesen und haben auch in der Vorgeschichte des Zweiten
Punischen Krieges ihren Platz.

Der Angriff Hannibals auf Sagunt, eine 150 km südlich der Ebromündung liegende Stadt, war nach der römischen Überlieferung der Grund für die römische
Kriegserklärung an Karthago. Die Stadt war wohl erst nach dem Ebrovertrag mit
Hasdrubal (226), der die militärischen Aktivitäten der Karthager nach Norden
hin mit der Ebro-Linie begrenzte (Polyb. 2,13,7), auf jeden Fall nach dem Friedensvertrag von 241 (nach dem römischen Stipulanten, dem Konsul von 242, C.
Lutatius Catulus, Lutatius-Vertrag genannt), in den ausdrücklich die beiderseiti-
gen Bundesgenossen hineingenommen worden waren, in engeren Kontakt mit
Rom getreten. Rom hatte für die Stadt schiedsrichterliche Funktionen wahrgenommen, doch mit ihr danach wahrscheinlich kein formelles Bündnis abgeschlossen; Sagunt besaß aber seitdem den Status eines von Rom anerkannten und
befreundeten Staates (*amicus populi Romani*) oder stand in einem clientelartigen
Schutzverhältnis zu Rom [vgl. 554: Dorey; 559: Errington, 41 ff.; 558: Euk-
ken, 94; 496: Dahlheim, 156, 87 mit weiterer Literatur; 521: Huss, 289f. Es
herrscht aber über die Frage keine Einigkeit; anderer Meinung sind u. a. 555:
Picard, 759ff. und 530: Hampl, 429f.]. Im Rechtssinne ist Sagunt wohl niemals
Bundesgenosse der Römer (*socius populi Romani*) geworden, sondern haben die
Römer die politischen Beziehungen zu der Stadt in den Verhandlungen, die dem
Krieg unmittelbar vorausgingen, aus Gründen der besseren Optik rhetorisch
aufgewertet und ist dann diese Bewertung in die römische Überlieferung der
,Kriegsschuldfrage' eingegangen. Es ist aufschlußreich, daß der für die römische
Erörterung der Kriegsschuld so fundamentale Status der Saguntiner gegenüber
Rom sogar in unserer Überlieferung, die doch von dem römischen Standpunkt
beherrscht wird, unsicher bleibt: Nach Polyb. 3,20,6 brachen die römischen
Gesandten in Karthago die ganze Erörterung der Rechtsfrage ab, nachdem ihnen

gesagt worden war, daß im Lutatius-Vertrag der Name Sagunts nicht verzeichnet (und damit die Stadt nicht als römische Einflußzone anerkannt) wäre; nach Liv. 21,2,7 (u. pass.) erscheint dann aber Sagunt im Hasdrubal-Vertrag als aus den beiden Herrschaftszonen ausgeklammert, dies ganz offensichtlich eine nur mühsam kaschierte Ersatz-Argumentation für das Fehlen des Namens im Lutatius-Vertrag. Als unsicher muß auch der Zeitpunkt der ersten Kontakte zwischen Rom und Sagunt gelten. Es ist trotz Polyb. 3,30,1, wonach „sich die Saguntiner schon mehrere Jahre vor der Zeit Hannibals in den Schutz (πίστις) der Römer begeben hatten", durchaus möglich, daß die Beziehungen erst anläßlich der für Sagunt bedrohlichen Operationen Hannibals im Gebiet der Olkaden, also erst im Jahre 221, aufgenommen worden sind [521: Huss, 289ff.]. Nach der energischen Wiederaufnahme der Eroberungspolitik durch Hannibal, welche die eher diplomatischen Aktivitäten Hasdrubals ablöste, hatte 220 eine römische Gesandtschaft in Spanien Hannibal offensichtlich auf den Ebrovertrag festlegen wollen und, darauf konzentrieren sich unsere römisch beeinflußten Quellen, Sagunt unter den ausdrücklichen Schutz der Römer gestellt, also einen Angriff auf diese Stadt als casus belli deklariert (Polyb. 3,15,5ff.), und sie wiederholte diesen Standpunkt auch gegenüber der Regierung in Karthago. Trotzdem griff Hannibal im Frühjahr 219 die Stadt an und eroberte sie acht Monate später (wahrscheinlich Dezember 219; mit Sicherheit steht nur die achtmonatige Dauer der Belagerung fest; Polyb. 3,17,9; Liv. 21,15,3; vgl. 65: Walbank, 1, 327f.). Noch im Winter 219/218, spätestens jedoch im März 218 hat dann nach der Überlieferung Rom das Ultimatum in Karthago überreicht (Auslieferung Hannibals und anderer Schuldiger oder Krieg) und, als es abgelehnt wurde, den Krieg erklärt. Hannibal, der – nach dem polybianischen Text noch *vor* der römischen Kriegserklärung (3,21,1 gegen 3,34f.) – den Ebro überschritten und die Völker zwischen diesem Fluß und den Pyrenäen zu unterwerfen begonnen hatte, zog darauf, den spanischen Krieg seinem Bruder überlassend, in einem Gewaltmarsch nach Italien. Der eigentliche Kriegsgrund ist danach, trotz der darauf folgenden Verletzung des Ebrovertrages, der Angriff auf Sagunt. Der größte Teil der älteren Forschung ist dieser römischen Darstellung im großen ganzen gefolgt, und es ist danach der Krieg von Rom wegen Sagunt erklärt, aber von keiner der Parteien ausdrücklich geplant worden; die aktiven, den Krieg letztlich herbeiführenden Faktoren sind die karthagische Expansion in Spanien und die antirömische Einstellung Hannibals [vgl. bes. 549: Ed. Meyer].

Die antike Dartstellung bietet zahlreiche Schwierigkeiten. Eine zentrale Rolle spielt der unklare Status der Beziehungen zwischen Rom und Sagunt (s. o.), ferner auch die Verbindlichkeit des mit Hasdrubal abgeschlossenen Ebro-Vertrages, der als ‚Feldherrnvertrag' gilt und von manchen Gelehrten als für Karthago nicht verbindlich angesehen wird, also gar nicht ‚gebrochen' werden konnte und damit aus der Kriegsschulddiskussion herausfiele. Die karthagische Regierung hat in der Tat den Ebrovertrag als für sich (und sicher auch für Hannibal) nicht verbindlich angesehen (Polyb. 3,21,1; Liv. 21,18,11), und die Römer haben sich ebenfalls, mochten sie auch den Vertrag z. Zt. Hasdrubals als nützlich und gültig betrachtet haben, in der Kriegsschulddiskussion doch nicht in erster Linie auf ihn, sondern auf die mit dem Angriff auf Sagunt zusammenhängenden Rechtsverletzungen berufen. Diese Zurückhaltung selbst der Römer weist darauf hin, daß ein Rechtsstandpunkt, der auf die Gültigkeit des Ebrovertrages auch für Hannibal gepocht hätte, zumindest unsicher, jedenfalls für die Verwendung in der Kriegsschuldfrage unbrauchbar war. Selbst wenn daher die Römer aus reinem machtpolitischen Kalkül nicht den Angriff auf Sagunt, wie sie vorgaben, sondern die Überschreitung des Ebro als casus belli angesehen haben sollten, wie manche Gelehrte glauben (s. u.), mußten sie dies bei der Erörterung der Kriegsschuld verdecken; denn in solchen, vor einer breiten Öffentlichkeit geführten Diskussionen wirken nur Standpunkte des Rechts und der Moral, nicht die nüchterne Abwägung von Interessen. Die karthagische Regierung hat übrigens ihre Interessen sehr klar gewahrt, d. h. trotz aller vorhandenen Spannungen die Barkiden, insbesondere Hannibal, zu keinem Zeitpunkt desavouiert, weder in der Ebro-Frage noch auch im Hinblick auf Sagunt [u. a. 550: KOLBE, 9 f.], und es dürfte ihr dies um so leichter gefallen sein, als der karthagische Rechtsstandpunkt der bessere gewesen zu sein scheint: Wie der Ebro-Vertrag als begrenzter Feldherrnvertrag interpretiert werden konnte, war die saguntinische Frage durch den Hinweis auf den Lutatius-Vertrag von 241 zugunsten Karthagos entschieden, da Sagunt erst nach diesem Vertrag in den Schutz der Römer gekommen war. Die Schwierigkeiten der Römer in der Kriegsschuldfrage liegen demnach offen zutage, und sie zeigen sich auch deutlich in den Quellen. Denn der eigentliche Angelpunkt des ganzen Problems um die Kriegsschuldfrage liegt darin, daß die Römer den Angriff auf Sagunt, den sie als Kriegsgrund hinstellten, gar nicht mit einer Kriegserklärung beantwortet haben, sondern sie die ganze lange Belagerungszeit hindurch (8 Monate) untätig geblieben sind, um erst nach der Eroberung der Stadt diplomatisch aktiv zu werden.

Die Untätigkeit der Römer während der Belagerung Sagunts, die doch ihr sofortiges Eingreifen für ihren bedrängten Bundesgenossen (was die Stadt nach ihrer Version ja war) gefordert hätte, bleibt in der Tat kaum erklärbar. Das hat HOFFMANN [552] dahin geführt, den chronologischen Ablauf der Ereignisse erneut zu überprüfen, und er kam dabei in der Aufklärung der Vorgeschichte des Krieges zu einem ganz neuen Ansatz. Danach haben die Römer nicht den Angriff auf Sagunt, sondern erst die Überschreitung des Ebro durch Hannibal als Kriegsgrund genommen und hat Hannibal, offenbar durch das Fehlen einer raschen römischen Reaktion auf die Eroberung Sagunts in dem Ausmaß seines militärischen Spielraums getäuscht, den Ebro in der Annahme überschritten, daß die Römer eine Ausdehnung des karthagischen Einflusses bis an die Pyrenäen noch hinnehmen würden. HOFFMANN hat seine Gedanken auch durch strategische Überlegungen abgestützt: Der Feldzug Hannibals gegen die spanischen Stämme nördlich des Ebro, der im Frühjahr 218 begann, und der in demselben Jahr begonnene Zug nach Italien sind zwei völlig verschiedene militärische

Unternehmungen, die Hannibal nicht für ein und dasselbe Jahr planen konnte. Folglich ging er bei der Überschreitung des Ebro nicht von einem Krieg mit Rom aus; er wurde durch ihn vielmehr erst im Sommer, mitten während der Kriegshandlungen im Ebro-Gebiet, überrascht und mußte seine militärischen Pläne daraufhin radikal umstellen. HOFFMANNS These hat breite Zustimmung gefunden, u. a. von WALBANK [65: 1,335], DAHLHEIM [496: 156, 87], HEUSS [110: 82f.], SCHMITT [158: 206], RUSCHENBUSCH [561] und mit Einschränkungen von SCULLARD [553]; auch SCHWARTE [563: 66ff.] sieht mit HOFFMANN die Überschreitung des Ebro als Ursache der römischen Kriegserklärung an. Doch ist die These wegen der für die Rekonstruktion der Chronologie der Ereignisse unsicheren Quellengrundlage auch als zu spekulativ abgelehnt worden; vgl. die Diskussion bei HAMPL [530: 430ff.] und zu der Frage der verzögerten Reaktion der Römer auf die Belagerung Sagunts RICH [562]. Der Rekonstruktionsversuch HOFFMANNs hat jedoch den großen Vorteil, daß durch ihn die eigentlichen Ursachen für den erneuten Ausbruch der Feindseligkeiten – nicht nur der Anlaß und die Frage der formellen Kriegsschuld – zu einem für die Römer nicht sehr günstigen Zeitpunkt (219 Ausbruch des 2. Illyrischen Krieges) deutlicher hervortreten. Wir sind zunächst einmal davon entbunden zu glauben, daß die Römer den Zweiten Punischen Krieg, den sie an den Ausmaßen des Ersten messen mußten, aus Treue für eine Stadt begonnen haben sollen, mit der sie nicht einmal ein ordentliches Bündnis hatten und die zudem noch in einem Gebiet lag, das von ihnen selbst vertraglich als potentielle karthagische Einflußsphäre deklariert worden war. Man darf den Römern so viel klaren Verstand und so viel Egoismus zutrauen, daß sie ihre Interessen abzuschätzen und zu wahren wußten [vgl. 550: KOLBE, 20ff.]. Und hier spricht nun vieles dafür, daß die Massilioten, die um ihr Handelsgebiet an der spanischen Ostküste fürchteten, Rom auf den karthagischen Machtausbau hingewiesen haben [vgl. 550: KOLBE, 24f.; 559: ERRINGTON, 41] und die Römer dann diese Hinweise zu einem Zeitpunkt aufgriffen, als sie von Norden her, nämlich von den Kelten, gefährdet waren. Diese Situation dürfte ihre Bemühungen um den Ebro-Vertrag von 226, der die karthagische Interessensphäre geographisch eingrenzte und eine breite Pufferzone zwischen die beiden Erzfeinde der Römer, nämlich Karthager und Kelten, legte, veranlaßt haben [vgl. ERRINGTON a.O.]. Der eigentliche Kriegsgrund muß daher in der Überschreitung des bereits z. Zt. Hasdrubals als kritische Linie festgelegten Ebros gelegen haben, und in der Tat fällt der Zeitpunkt der Kriegserklärung gerade auch in eine Phase erneuter römischer Aktivität im Keltengebiet, nämlich in Oberitalien. Die zeitlich vor der Ebro-Überschreitung liegenden Händel um Sagunt hätten dann für die Römer gegenüber dem südlich des Ebro dynamischer ausgreifenden Hannibal lediglich als Gradmesser für das Ausmaß der barkidischen militärischen Dynamik gedient, und es hätte der römische Senat den Verlust der Stadt hingenommen. Da Hannibal den Ebro-Vertrag für seine Person nicht als verbindlich ansah und die karthagische Regierung ihm hierin folgte, hätten die Römer bei dieser Interpretation der Vorgänge in der Kriegsschuldfrage rechtlich die schwächeren Argumente gehabt. Sie begannen den Krieg danach aus einem nüchternen machtpolitischen Kalkül heraus und legitimierten ihn hinterher, insbesondere durch die nachträgliche Aufwertung ihrer Beziehung zu Sagunt zu einem Bundesverhältnis, mehr schlecht als recht auch rechtlich/ moralisch, aber, wie noch die moderne Diskussion zeigt, doch sehr wirksam, zumal die römische Weltherrschaft später alle anderen Berichte und Deutungsversuche erstickt hat.

Die These HOFFMANNS ist heute aber keineswegs auch nur mehrheitlich anerkannt. Es steht sogar bei den meisten Darstellungen weiterhin Sagunt als Kriegsanlaß im Mittelpunkt, wobei entweder Rom wegen des Vertragsbruchs von seiten Hannibals und aus machtpolitischen Rücksichten [554: DOREY; 557: ASTIN; 530: HAMPL] oder Hannibal als treibende Kraft hingestellt werden, letzterer, weil er Sagunt nicht im Rahmen spanischer Eroberungspolitik, sondern um Rom zum Krieg zu provozieren, angegriffen [549: ED. MEYER, 367] oder er auf die römische Interventionspolitik in Spanien übermäßig – völkerrechtlich ausgedrückt: mit einem Repressalienexzeß – reagiert habe [vgl. 559: ERRINGTON, 49: a tragic... misunderstanding; 53: „misapprehension"]. Der Umstand, daß der römische Senat sich gegenüber dem Angriff Hannibals auf Sagunt zunächst so passiv verhielt, wird schon in der älteren Forschung und auch in jüngeren Darstellungen [zuletzt 560: WELWEI] mit dem Hinweis darauf erklärt, daß die Römer im Jahr 219 durch den illyrischen Krieg an einem Eingreifen gehindert und überhaupt nicht sehr gut gerüstet waren.

Für die Analyse der Vorkriegsereignisse auf der iberischen Halbinsel liegt ein großer Unsicherheitsfaktor auch in der sicheren Identifizierung von geographischen Angaben unserer Quellen. Für Polybios ist Sagunt ganz offensichtlich nördlich des Ebro gelegen (bes. klar 3,30,3, vgl. aber auch 3,15,5), und dasselbe scheinen auch andere Quellen vorauszusetzen [vgl. 521: HUSS, 288]. Da ein so grober Irrtum kaum vorstellbar ist, stellte im Jahre 1953 zuerst CARCOPINO [551] die These auf, daß es sich bei dem Iber/Hiberus der Quellen gar nicht um den Ebro, sondern um den südlich von Sagunt liegenden Jucar handele. Manche sind ihm darin gefolgt, zumal es mehrere Flüsse mit Namen Iber gegeben hat (vielleicht ein iberisches Wort für ‚Fluß'); doch mochte die überwiegende Mehrheit der Gelehrten ihm nicht folgen, weil das Wort ohne einen erklärenden Zusatz nur den großen Strom gemeint haben kann [vgl. zu den Gegenargumenten 558: EUCKEN, 44ff.; dagegen aber wieder 556: SUMNER, 222ff.]. Die Identifizierung des Iber mit einem kleineren, weiter südlich gelegenen Fluß kann indessen auch eine sorgfältige Überprüfung der geographischen Ausdehnung des karthagischen Machtbereichs in der Zeit zwischen Hamilkar und Hannibal nahelegen. Entsprechende Untersuchungen von SUMNER a.O., bestätigt und weitergeführt von VOLLMER [544], haben ergeben, daß die Karthager bis 219 nicht über den mittleren Tagus hinausgekommen waren und die Küste etwa nur bis Carthago Nova erreicht war. Der Angriff Hannibals auf Sagunt ließe sich dann, ganz in Übereinstimmung mit den Quellen, als Abwehr von Einmischung der Saguntiner in die karthagische Expansion in Mittelspanien begreifen. Der Ebro-Vertrag kann sich bei dieser Sachlage schwerlich auf den weit im Norden liegenden großen Ebro-Strom beziehen, sondern muß einen südlicheren Fluß im Auge gehabt haben. Es gibt Hinweise darauf, den Segura als den im Hasdrubal-Vertrag genannten Iber zu identifizieren (VOLLMER). Folgt man dem, bedeutet auch so der Angriff Hannibals auf Sagunt eine Nichtachtung der Nahestellung dieser Stadt zu den Römern und verletzte ebenso den Hasdrubal-Vertrag. Die Römer hätten ferner auch danach, wie die römische Überlieferung behauptete, formal wegen der Bestürmung und Eroberung Saguns den Krieg erklärt, doch wäre ihr politisches Ziel ein anderes gewesen, als nach der These HOFFMANNS rekonstruiert werden kann: Der Krieg sollte nicht die Kelten von den Karthagern trennen – Mittelspanien und Südgallien liegen weit voneinander entfernt –, sondern die karthagische Expansion frühzeitig bremsen, und es wäre dann wohl wieder Massalia, das aus Furcht vor der Gefährdung seiner Interessengebiete an der spanischen Ostküste die Römer auf die Bedrohung aufmerksam gemacht hätte. Auch diese These, die von VOLLMER gut belegt wird, läßt indessen manche Frage offen. Denn wenn die Römer schon die karthagische Expansion in Mittelspanien bremsen wollten, warum blieben sie dann die langen acht Monate der Belagerung Saguns untätig und erklärten erst nach dem Fall der Stadt den Krieg? [vgl. aber dazu 562: RICH]. Auch vermißt man bei Nennung des Iber = Segura (oder welcher kleinere Fluß in Mittelspanien es auch immer gewesen sein mag) einen erklärenden Zusatz, der eine Verwechslung mit dem großen, allen bekannten Ebro im Norden ausschlösse. Ferner hängt bei dieser These der Feldzug Hannibals des Jahres 218 in Nordspanien, der bei HOFFMANN Sinn macht, in der Luft. VOLLMER muß ihn logischerweise bereits als Teil des 2. Punischen Krieges betrachten (Hannibal erwartete die Römer in Nordspanien; erst spät im Sommer entschloß er sich wegen der sehr langsam anlaufenden römischen Rüstungen zu seinem Italienfeldzug). Schließlich haben wir mit VOLLMER davon auszugehen, daß die politische Dynamik der Römer in dieser Zeit beinahe unbegreiflich stark war: Nicht um eine unmittelbare Bedrohung abzuwenden, sondern um der Machtentfaltung des alten Gegners in einem sehr entfernten Teil der Welt Einhalt zu gebieten, hätten sie sich in einen, wie man wohl voraussehen konnte, großen Krieg gestürzt. Karthago erscheint so nicht mehr als der alte Feind, dessen Bewegungen man im Auge behalten muß, sondern schon als Rivale im Kampf um die Herrschaft im Westen des Mittelmeerraumes.

Wie immer man die Vorgeschichte des Krieges rekonstruiert, immer sind es die Römer, die, vom Völkerrecht nur unvollkommen oder auch gar nicht gedeckt, aus einem nüchternen Machtkalkül heraus den Krieg beginnen. Es ist für uns nicht klar zu erkennen, wer unter den mächtigen Nobiles die Kriegspolitik forciert hat. Wenn in dem Führer der Gesandtschaft nach Karthago, einem Fabier, Q. Fabius Maximus Verrucosus (der spätere Cunctator) erkannt werden darf, ist er wohl kaum als Vertreter einer Kriegspartei gekommen; die Identifizierung ist aber unsicher [vgl. F. MÜNZER, RE 6 (1909), 1815 ff.; 156: BROUGH-

TON, 1,241]. Wie immer das ist, es scheint im Senat keinen dezidierten Widerspruch gegen den Kriegsbeschluß gegeben zu haben.

Von den militärischen Unternehmungen Hannibals sind zwei wie kaum **Alpenübergang** andere zur Berühmtheit gelangt, nämlich sein Alpenübergang und die Schlacht **Hannibals** von Cannae. Die Literatur zum Alpenübergang ist unübersehbar; mit ihm haben sich auch viele Laien beschäftigt, so u. a. vor nicht allzu langer Zeit J. HOYTE, der selbst mit einem Elefanten die von ihm vermutete Route wagte und dessen Buch über dieses Abenteuer großen Widerhall fand [Trunk road for Hannibal, 1960]. Für die wissenschaftliche Erhellung der Frage bleibt hingegen die Quellenanalyse die Basis jeder Untersuchung. Die entscheidenden antiken Berichte stehen bei Polybios 3,47−56 und Livius 21,31−38, doch verdient nur der polybianische, wohl auf Silenos, einem Teilnehmer des Marsches, fußende Bericht Vertrauen; die livianische Darstellung ist jedenfalls teilweise literarische Fiktion. Die zentrale Frage, welche Route Hannibal eingeschlagen hat, dürfte, nach dem Vorbild von A. DE LAVIS-TRAFFORD, durch die Arbeiten von ERNST MEYER [566], D. PROCTOR [567] und E. DE SAINT-DENIS [568] gelöst worden sein. Danach zog Hannibal durch das Isèretal in das Alpenmassiv, bog von dort südlich in das Arctal ab und überquerte den Hochkamm über einen heute weniger bekannten, vornehmlich noch von Schmugglern benutzten südlichen Nebenpaß des Mt. Cenis, den Col de Savine-Coche (in geringer Entfernung vom Col du Clapier, 2482 m).

An Cannae interessierte naturgemäß vor allem das strategische Konzept Han- **Cannae,** nibals und dessen Durchführung; dazu vgl. KROMAYER [135: 3,1,278−388; **Kriegsverlauf** 4,610−625], GRAF VON SCHLIEFFEN [569] und WALBANK [65: 1,435 mit weiterer Literatur]. Unter manchem anderen ist auch die Frage nach der genauen Örtlichkeit der Schlacht nicht zweifelsfrei beantwortet; so ist etwa noch immer strittig, auf welcher Seite des Aufidus das Schlachtfeld lag, und auch neuere Grabungen, welche Nekropolen aufdeckten [575: DEGRASSI/BERTOCCHI, 83−109; vgl. auch 571: LUDOVICO], führten zu keinem eindeutigen Ergebnis. − Zu den militärischen Operationen des Krieges vgl. jetzt die zuverlässige Monographie von LAZENBY [573]. Der militärischen Entwicklung hat auch HOFFMANN in seinem kleinen Hannibal-Buch [578] große Aufmerksamkeit geschenkt und dem sizilischen Kriegsschauplatz eine besondere Studie gewidmet [574]; u. a. korrigiert er hier die in der modernen Forschung oft wiederholte Behauptung, daß an der Verschlechterung der militärischen Lage seit Cannae vor allem die mangelnde Unterstützung Hannibals durch die karthagische Regierung schuld gewesen sei; eine Isolierung Hannibals habe sich vielmehr erst als Folge des Scheiterns seines großen Kriegsplans ergeben.

Großes Interesse hat in der Antike und in der Moderne die Persönlichkeit **Persönlichkeit** Hannibals gefunden. Über die mannigfachen, mit seiner Person zusammenhän- **Hannibals** genden politischen und militärischen Probleme informieren GROAG [577], HOFFMANN [578] und die Sammlung von Aufsätzen über Hannibal in den ,Wegen der Forschung' [565]. Hier sollen lediglich einige Bemerkungen zu dem historischen Urteil über Hannibal angefügt werden [einen Überblick gibt 579: CHRIST und 565: ders., 4–13].

Einig sind sich alle, Bewunderer und Kritiker, darüber, daß Hannibal – trotz einer kritisch zu sehenden Bereitschaft zum Risiko auch auf Kosten großer Menschenverluste – geniale militärische Fähigkeiten besaß. Im übrigen gehen die Meinungen z. T. weit auseinander. Aber wie sehr sie auch von dem jeweiligen Naturell des Schreibenden abhängig oder dem Zeitgeist verpflichtet sind, haben sie doch alle eine weitere gemeinsame Prämisse darin, daß sie Hannibal nicht als einen Vertreter des karthagischen Volkes und Staates, sondern als Einzelkämpfer Rom gegenüberstellen (der ältere Cato macht da eine Ausnahme). Diese Prämisse wurzelt nicht nur in der überragenden Persönlichkeit des Mannes, sondern vor allem auch in dem historischen Tatbestand, daß das karthagische Militär, dessen Exponent Hannibal war, eine neben dem Staat stehende und auch geographisch von der staatlichen Mitte separierte Institution war und daß – nach dem Verlust Siziliens – diese separierte Machtbastion von der Familie Hannibals in Spanien neu errichtet und zu einer Art Sekundogenitur der karthagischen Macht ausgebaut worden war. Schon für die Römer war daher der Gegner nicht in erster Linie Karthago, sondern Hannibal und war der Krieg ein Rachekrieg der barkidischen Familie gegen Rom; Hannibal soll schon als neunjähriger Knabe seinem Vater geschworen haben, niemals ein Freund der Römer zu sein (Polyb. 3,11–12; Liv. 21,1; 35,19). Zu der Konzentration der Feindschaft auf Hannibal trug weiterhin das militärische Unterlegenheitsgefühl der Römer ihm gegenüber bei, das alle Emotionen (Haß, Furcht, verletzten Stolz) mit seiner Person verband und die regierende karthagische Gesellschaft wie eine verachtete Versammlung von Krämern beinahe unbeachtet beiseite ließ. In Hannibal schienen sich folglich, stellvertretend für Karthago, auch alle negativen Eigenschaften, welche die Römer den Karthagern vorwarfen, insbesondere die Grausamkeit (*crudelitas*) und Treulosigkeit (*perfidia*), zu vereinigen. Wenn TH. MOMMSEN dann in positiver Umkehrung dieses düsteren Bildes aus den Barkiden, vor allem aus Hannibal, die großen Nationalhelden machte, die ihr Land gegen die kurzsichtige Regierung der eigenen Vaterstadt und gegen das Schicksal zu verteidigen suchten [102: 562 ff.], haben wir darin nicht nur den Geist des 19. Jhs., sondern auch eine moderne Umdeutung des antiken Bildes von dem Einzelkämpfer gegen Rom zu sehen. – Sieht man einmal ab von jenen allzu zeitgebundenen, über die historischen Bedingungen hinwegsehenden Urteilen, welche, von der semitischen Herkunft Hannibals ausgehend, mit rassistischen Prämissen arbeiten [vgl. einzelne Aufsätze des von J. VOGT herausgegebenen Sammelbandes, Rom und Karthago, Leipzig 1943], und läßt man auch die eher der moralisierenden Geschichtsschreibung zuzurechnenden, meist apodiktischen Urteile beiseite, die in der Frage gipfeln, ob Hannibal nun eine positive oder negative, eine moralische oder unmoralische Persönlichkeit gewesen sei [auch dies eine Einstellung, die von der Geschichte eher absieht und damit zufrieden ist, den Finger zu heben; vgl. 112: BENGTSON, 95], verdienen unter den modernen Beurteilungen vor allem diejenigen Beachtung, die der Persönlichkeit Hannibals durch deren Einordnung in die hellenistische Welt gerecht zu werden suchen: Griechische Bildung und hellenistische Kriegskunst, vor allem aber politisches Denken und königlicher Stolz stellen ihn danach neben die Herrschergestalten des griechischen Ostens [578: HOFFMANN, bes. 131 f. u. a.], und auch die karthagischen Münzen Spaniens sind in diesem Sinne interpretiert worden [E. S. G. ROBINSON, Punic coins of Spain and their bearing on the Roman republican series, in: Essays in Roman coinage, pres. to H. MATTINGLY, Oxford 1956, 38.45]. Allerdings könnte man im Zweifel darüber sein, ob die hellenistische Komponente in Hannibal stärker ausgebildet gewesen ist als bei den Karthagern allgemein, und vermuten, daß Hannibal in dem Verhältnis zum Griechentum doch eher das Lebensgefühl der Mehrzahl der karthagischen Aristokraten repräsentierte. Aber wie immer es auch damit stehen mag: In dieser Ansicht ist die Isolierung Hannibals, ist seine Trennung von Karthago am weitesten geführt und der Krieg gegen Rom dann in der Tat nicht mehr ein ‚Punischer Krieg', sondern ein ‚Hannibalkrieg', als welcher er uns ja auch heute geläufig ist.

P. Cornelius Scipio, der Sieger von Zama, ist von der römischen Überlieferung als Kontrastfigur zu Hannibal aufgebaut worden. Als Lichtgestalt und unabhängige Persönlichkeit hat ihn – in moderaten Tönen (vgl. S. 752 f.) – auch TH. MOMMSEN [102: 632 f.] porträtiert und damit das antike Urteil bestätigt. Jüngere Charakteristiken stehen dem Urteil MOMMSENs kaum nach [583: CHRIST]; manche haben sogar versucht, in ihm den Vertreter einer neuen, ‚imperialistischen' Politik zu erkennen [581: SCHUR; 582: SCULLARD, 241 u. pass.]. Aber solche Urteile müssen mit Vorsicht aufgenommen werden. Denn einmal ganz abgesehen davon, ob in der aristokratischen Gesellschaft dieser Zeit ein einzelner überhaupt auf Dauer eine von ihm bestimmte neue politische Richtung durchzusetzen vermochte [dazu 110: HEUSS, 551], läßt sich noch bis weit in das 2. Jahrhundert hinein kein politisches Herrschaftskonzept nachweisen, das über das römische Bundesgenossensystem in Italien hinausgegangen wäre. Was als ‚Individualität' und Originalität in Scipio gewürdigt wird, ist eher als Selbstsicherheit, Stolz und Gewißheit göttlichen Schutzes innerhalb eines unbezweifelten gesellschaftlichen Komments zu begreifen. Scipio ragte aber als glänzender Feldherr und Soldatenführer unter seinen Standesgenossen heraus. Seine größte Bedeutung liegt darin, das römische Heer nach Organisation, Ausrüstung und Taktik auf den Stand der hellenistischen Armeen gebracht zu haben. Aber neben dem Sieg von Zama steht das Debakel in Spanien: Die erneute Unterwerfung des Landes soll nicht vergessen lassen, daß Scipio seine strategische Aufgabe, deretwegen er nach Spanien entsandt worden war, nämlich die Abschirmung Italiens von karthagischem Entsatz aus Spanien, nicht erfüllt hat: Er ließ Hasdrubal nach Italien entwischen und beschwor damit eine tödliche Gefahr für die gerade konsolidierten militärischen Verhältnisse in Italien herauf; der Sieg über Hasdrubal am Metaurus war nicht sein Verdienst.

Die Persönlichkeit des älteren Scipio

### b. Rom und der griechische Osten (200–168 v. Chr.)

Quellen Die Quellen zu den Beziehungen Roms mit dem griechischen Osten (hier bis ca. 133 besprochen) stützen sich wiederum vor allem auf *Polybios*. Dieser selbst ist uns für diese Zeit allerdings nur in Fragmenten erhalten (Buch 15–39, bis 146/144 v. Chr.). Hingegen besitzen wir in den Büchern 31–45 des *Livius* (bis 167 hinabreichend) eine durchgehende, weitgehend auf Polybios zurückgehende Quelle. Die uns von *Diodor* erhaltenen Fragmente (Buch 28–33, bis 133 v. Chr.) sind ebenfalls von Polybios abhängig. Daneben besitzen wir noch in einigen der historischen Abrisse einzelner Landschaften von *Appian* (hier: Illyriké, Makedoniké, Syriaké und Libyké) sowie in den Biographien *Plutarchs* über Flamininus, Cato Maior, Aemilius Paulus und Philopoimen zusammenhängende Darstellungen mit eigenem, jedenfalls zu einem großen Teil von Polybios unabhängigen Quellenwert. Schließlich ist uns noch ein Abriß der Geschichte von 205–146 bei *Iustinus* (Lebenszeit unsicher), Buch 30 ff., erhalten, den er aus den *historiae Philippicae* des Pompeius Trogus zusammengestellt hat. – E. WILL [586] hat nach jedem einzelnen Abschnitt seiner umfangreichen Darstellung der hellenistischen Geschichte die jeweiligen Quellen und wichtigen modernen Beiträge angeführt. – Zu den Problemen der uns bei Polybios und Livius erhaltenen Überlieferung vgl. – in Ergänzung der o. S. 107 angegebenen Literatur – H. NISSEN, Untersuchungen über die Quellen der 4. und 5. Dekade des Livius, Berlin 1863, und 56: TRÄNKLE. Die S. 55 berichtete Szene zwischen C. Popillius Laenas und Antiochos IV. steht u. a. bei Polyb. 29,27,1–8 und Cic. Phil. 8,23.

Für das 2. Jh. gewinnen auch die griechischen Inschriften großes Gewicht. Ein Verzeichnis der für das Verhältnis zu Rom vor allem in Frage kommenden Inschriften steht in der CAH 8, 730–733 [107: bis z. J. 1930], doch ist seitdem manches hinzugekommen. Eine nützliche Sammlung von Quellen, fast ausschließlich Inschriften, zu den Beziehungen Roms mit dem griechischen Osten vom Ende des 3. Jhs. bis auf Augustus hat R. K. SHERK, Rome and the Greek East to the death of Augustus, Cambridge 1984, zusammengestellt (nur Übersetzung mit kleinem Kommentar). Derselbe Autor hat einige uns aus griechischen Inschriften bekannt gewordene Senatsbeschlüsse und magistratische Schreiben an östliche Adressaten, die in diese Zeit gehören, gesondert herausgegeben und kommentiert [94].

Zweiter   Da mit dem Jahr 200 ziemlich abrupt eine dynamische römische Ostpolitik
Makedonischer   einsetzte, und dies unmittelbar nach Beendigung des langen Zweiten Punischen
Krieg   Krieges, hat die Vorgeschichte des Zweiten Makedonischen Krieges nicht geringeres Interesse gefunden als die der beiden ersten Punischen Kriege [vgl. die Übersicht bei 609: RADITSA]. MOMMSEN ging davon aus, daß die Römer wegen des durch die Schwäche Ägyptens gestörten Gleichgewichts zwischen den östlichen Großmächten in den Krieg zogen, sie also nicht aus Eroberungsdrang oder aus wirtschaftlichen Interessen, sondern aus einem nüchternen machtpolitischen Kalkül heraus diesen ersten Feldzug im griechischen Osten begonnen [102:

1, 698 ff.]. Dieser Ansicht sind viele gefolgt, die meisten jedoch mit der wichtigen Nuance, daß die treibende Kraft dabei nicht die Römer selbst, sondern griechische Mittelstaaten, vor allem die Ätoler, Rhodos und Pergamon, gewesen seien, die durch die aggressive Politik Syriens und vor allem Makedoniens gegen das geschwächte Ägypten für ihre eigene Sicherheit fürchteten und Rom entsprechend informierten. In den Warnungen der nach Rom ziehenden Gesandtschaften dieser und anderer Staaten spielte dabei ein wohl 202 abgeschlossenes Geheimabkommen zwichen Philipp V. und Antiochos III. eine große Rolle, in dem die beiden Könige die ptolemäischen Außenbesitzungen untereinander aufgeteilt haben sollen; in diesem Sinne u. a. HOLLEAUX [590: 312 ff. und 591: 4,26−75], MACDONALD/WALBANK [612], SCHMITT [596 und 602: 64 f.], WALBANK [610: 128], PETZOLD [614] und DAHLHEIM [496: 234 ff.]. Die Existenz dieses Vertrages ist von MAGIE [613] bestritten worden. Doch obwohl ihm manche zugestimmt haben, u. a. ERRINGTON [615], geht die überwiegende Mehrheit der Forschung von der Richtigkeit der polybianischen Überlieferung aus, und wenn auch die Möglichkeit bleibt, daß das Abkommen von den in Rom klagenden griechischen Mittelstaaten aufgebauscht, insbesondere als ein gegen Rom gerichteter Vertrag denunziert und in seiner formalen Ausgestaltung hochstilisiert worden ist, bedarf es doch stringenterer Beweise als der von MAGIE angebotenen, um die Nachrichten unserer Quellen zu widerlegen. − Es ist in der Nachfolge älterer, meist beiläufig gebrachter Überlegungen auch erwogen worden, daß eine wieder auflebende dynamische Politik Philipps im illyrischen Raum, der seit 229/228 römische Einflußzone war und schon zum ersten Krieg mit Philipp (215−207) geführt hatte, die tiefere Ursache des Krieges gewesen sei. Demgegenüber komme der von den griechischen Mittelstaaten so bedrohlich ausgemalten Störung des Gleichgewichts im Osten jedenfalls keine ausschlaggebende Wirkung auf die Entscheidung des Senats zu, auch wenn sie aus erklärlichen Gründen den vor der griechischen Öffentlichkeit verbreiteten Kriegsgrund abgegeben habe; in diesem Sinne etwa BADIAN [545: 91 ff.]. Das Urteil darüber, ob die Entscheidungen des römischen Senats stärker von italisch-illyrischen als von ägäischen Verhältnissen her bestimmt worden sind, hängt auch davon ab, wieweit die Nobilität zu diesem Zeitpunkt an dem griechischen Osten interessiert und über ihn wirklich informiert war. Der Ansicht HOLLEAUXs, daß die Römer im 3. Jh. über die hellenistische Welt kaum etwas gewußt und entsprechend wenig Verbindungen dorthin hatten, ist oft widersprochen worden. Aber der Einwand, daß HOLLEAUX sich für seine Ansicht den außergewöhnlich schlechten Quellenstand in diesem Jh. zunutze gemacht habe [so etwa 106: PIGANIOL, 87], kann nicht überzeugen; der Mangel an Quellen gilt nicht für die griechischen Inschriften dieser Zeit, die keine überzeugenden Hinweise auf engere Verbindungen gebracht haben. Die Frage ist mit kritischer Distanz zu beiden genannten Thesen von GRUEN [592: 382 ff.] erörtert worden. − Erstaunlich und erklärungsbedürftig bleibt es jedoch, daß nach Erringung der Herrschaft über den Westen sich eine dynamische Ostpolitik unmittelbar anschloß. Konnten den

Römern die Probleme der hellenistischen Staatenwelt damals so vertraut und wichtig sein, daß sie gleich nach dem entsetzlichen Hannibalkrieg neue kriegerische Verwicklungen in Übersee auf sich nahmen? Welche Interessen standen dahinter? Bleibt man gegenüber einer plötzlichen, kaum erklärbaren Wende der römischen Außenpolitik mißtrauisch und sucht vielmehr nach außenpolitischer Kontinuität, böte der Erste Makedonische Krieg eine Erklärung für das erneute Eingreifen im Osten. Es wäre vorstellbar, daß bei den Römern die illyrische Frage über den Frieden von Phoinike (205) hinaus (der in späterer Sicht wegen der karthagischen Gefahr die Frage nur aufgeschoben, nicht gelöst hätte) aktuell geblieben wäre und man nach 201 in einer harten Abrechnung mit Philipp die Angelegenheit ein für alle Mal bereinigen wollte. Die eigentliche Ostpolitik wäre dann nicht schon mit Beginn des Zweiten Krieges gegen Philipp anzusetzen, sondern erst als dessen Konsequenz – nämlich wegen des Scheiterns der nach diesem Krieg in Griechenland aufgerichteten Ordnung – zu betrachten [so 544: VOLLMER]. Wären in der Diskussion vor Kriegsbeginn tatsächlich Probleme des ägäischen Raumes ins Spiel gebracht worden, käme ihnen dann für den Kriegsentschluß nur sekundärer Wert zu.

Der Niedergang der hellenistischen Staatenwelt

Der Niedergang und die schließliche Auflösung der hellenistischen Staatenwelt umfaßt die Zeit zwischen dem Ausbruch des Zweiten Makedonischen Krieges (200) und der Einziehung des ptolemäischen Ägypten durch Octavian (30 v. Chr.). Darüber informieren – neben den allgemeinen Darstellungen zur hellenistischen Geschichte [so vor allem 585 und 587] – diejenigen Arbeiten, welche die Geschichte dieser Zeit aus der Perspektive des Verhältnisses von Rom zu den griechischen Staaten betrachten. Hier stehen wieder neben allgemeineren, die gesamte östliche Welt erfassenden Werken, wie die von COLIN [589], HOLLEAUX [590f.], NICOLET [109: 1] und vor allem die beiden jüngsten Darstellungen von GRUEN [592, bis 30 v. Chr. hinabreichend] und SHERWIN-WHITE [623; nur von 168 v. Chr. bis 1 n. Chr.], diejenigen, die sich lediglich mit dem Verhältnis Roms zu einzelnen Staaten bzw. mit speziellen Fragen befassen [vgl. die Nr. 595–635 des Literaturverz.]. Diese letztere, in den vergangenen Jahrzehnten besonders umfangreich gewordene Literatur wird u. a. durch Neufunde von Inschriften, unsere wichtigste Quellengattung für weite Bereiche der hellenistischen Geschichte, immer wieder angeregt und in Gang gehalten. – Eine lebhafte Diskussion hat sich – außer an den Ursachen des Zweiten Makedonischen Krieges – vor allem an der Frage der Neuordnung der östlichen Staatenwelt nach dem Sieg über Antiochos III. [vgl. neben 594–595: BOUCHÉ–LECLERCQ und WILL insbesondere 586: WILL, 2,221ff. und 592: GRUEN, 639ff.], an den Präliminarien des Dritten Makedonischen Krieges [619: GIOVANNINI und 620: WALBANK] sowie an der staatlichen Auflösung Makedoniens und dem politischen Ende des Achäischen Bundes [634: DELPLACE; 633: FUKS; 627: DEININGER, 220ff.; 586: WILL, 2,387ff.] entzündet. – Mit Nachdruck hat sich die jüngere Forschung auch um die Erhellung der Hintergründe der sozialen Spannungen und Unruhen bemüht, die den politischen Niedergang begleiteten [626: BRISCOE; 632: PASSE-

RINI; 633: FUKS und 634: DELPLACE]; ebenso ist man in Spezialstudien den aus der römischen Herrschaft resultierenden Veränderungen des politischen Bewußtseins der Griechen wie auch der Römer nachgegangen [630: TOULOUMA-KOS; 631: BRINGMANN]. In diesem Zusammenhang gehört auch die Entstehung eines Roma-Kultes im griechischen Osten, zuerst nachweisbar i. J. 195 in Smyrna. Der Kult muß mit anderen religiösen Kulten und Erscheinungen zusammen gesehen werden, durch welche die veränderte politische Situation von seiten der Römer wie der Griechen begriffen und bewältigt wurde. Der Roma-Kult ist nicht lediglich Ausdruck griechischer Untertänigkeit oder gar Unterwürfigkeit, darf nicht isoliert und nicht lediglich aus der griechischen Perspektive gesehen werden. Die Komplexität dieser im 2. Jh. aufstrebenden Kulte, in denen der politische Umbruch bei Griechen wie Römern zu einer Verquickung von politischen Formen und Verhaltensweisen mit solchen religiöser Natur drängte, hat FEARS [608] treffend gezeichnet. Das Material zu dem östlichen Roma-Kult ist von MELLOR [606; vgl. auch ders., The goddess Roma, in: ANRW 17,2 (1981), 950 ff.] zusammengestellt worden, doch überzeugt nicht seine These von dem rein politischen und letztlich eher formalen Charakter des Kultes. Der kleine Überblick in dem auch die Kaiserzeit einbeziehenden Buch von FAYER [607] ist weniger einseitig und vermittelt eine Vorstellung von der Ausbreitung des Kultes; doch ist auch hier der Blick zu starr auf die Roma allein gerichtet. – Zu der Liquidierung des pergamenischen Königreiches i. J. 133 besitzen wir ein Dekret der Stadt Pergamon, das in Kenntnis der römischen Erbschaft und unter Berufung auf sie eine Reihe rechtlicher Verfügungen trifft [OGIS 338], und zwei Senatsbeschlüsse [94: SHERK, Nr. 11 und 12, mit reicher Literatur], die uns interessante Details über die Modalitäten der Übernahme des Reiches vermitteln.

Die schnelle Entwicklung Roms von einem mittelgroßen Stadtstaat am unteren Tiber zunächst (innerhalb von ca. 50 Jahren, 325–270) zur Herrin Italiens und dann (innerhalb von ca. 100 Jahren, 264–168) zur Herrscherin über die Welt wirft die Frage nach dem politischen Charakter dieses Vorgangs auf. Sie wird heute meist unter dem Stichwort des römischen Imperialismus diskutiert. Zeitgenössische antike Reflexionen darüber sind nicht auf uns gekommen, und es hat sie mit einiger Sicherheit auch nicht gegeben. Daß die römische Herrschaft in der Mitte des 2. Jhs. die Welt, d. h. den größten Teil der damals bekannten und bewohnten Erde (Oikuméne) umfaßte, war allerdings nicht erst in der späten Republik, sondern bereits im 2. Jh. klar bewußt [Polyb. 1,1,5; vgl. 661: VOGT]. Die antiken Gedanken darüber enthalten jedoch selten Ansätze zu einer rationalen Erklärung dieses politischen Tatbestandes [vgl. aber Polyb. 3,4,10–11], sondern beschränken sich im allgemeinen auf das Bemühen, den Aufstieg Roms aus den Tugenden des römischen Bauernvolkes zu erklären, und darauf, die bereits vollendete Weltherrschaft aus ebenfalls moralischen Kategorien zu rechtfertigen. Unter diesen Gedanken hat das größte Gewicht die vor allem in augusteischer Zeit anerkannte und verbreitete Lehre Ciceros erhalten,

Das Problem
des römischen
Imperialismus

nach der das politische, vor allem auch militärische Handeln der Römer stets von
der Idee der Gerechtigkeit, so z. B. von dem Willen zur Verteidigung seiner
Bundesgenossen, getragen und also im Prinzip jeder von Rom geführte Krieg ein
gerechter Krieg (*bellum iustum*) gewesen sei. Diese von Cicero insbesondere in
seinen philosophischen Schriften *de re publica* und *de officiis* [Hauptstellen: rep.
3,35; off. 1,20ff.; 2,26f.; vgl. 662: Capelle; 663 und 664: Hampl] entwickelten, von der stoischen Philosophie, vor allem von Panaitios und Poseidonios
abhängigen Gedanken sind als moralische Aufwertung eines seit jeher in Rom
geltenden Prinzips zu verstehen, nach dem jeder Krieg in rechtlichen, und d. h.
bei der ursprünglich engen Verbindung von Recht und Religion auch sakralrechtlichen Formen, also regelgerecht (das heißt hier ursprünglich *iustum*)
erklärt sein müsse. Für die Einhaltung des Prinzips hatte eine besondere Priesterschaft, die Fetialen, zu sorgen, und danach hießen die mit der Kriegserklärung
zusammenhängenden Formalien *ius fetiale*. Wenn daher auch in älterer Zeit der
Bruch von Verträgen oder die Verletzung des Gesandtenrechts zur Rechtfertigung von Kriegserklärungen benutzt worden sind, weist doch das *ius* des Fetialrechts zunächst nur auf die Form (und auf die in der formalen Ankündigung des
Krieges enthaltene Forderung nach Wiedergutmachung, *rerum repetitio*), nicht,
wie nach Cicero, auf die Gerechtigkeit der politischen Handlung hin, und vor
allem: Es geht hier nur um die Kriegserklärung; das Ergebnis des Krieges, nämlich die Suprematie über den Besiegten, ist in das Problem der Kriegserklärung
oder der Kriegsschuldfrage, die ja die Frage nach der Gerechtigkeit des Friedens-
abschlusses gar nicht enthält, nicht hineingenommen. So ist die ciceronische
Lehre der deutliche Versuch, durch eine Umdeutung des Fetialrechts das Phänomen der Weltherrschaft, die hier als ein positives politisches Phänomen vorausgesetzt wird, nachträglich mit den Anforderungen eines entwickelteren Staats-
ethos in Einklang zu bringen. – Auch der Friedensgedanke (*pax Romana*) ist in
der späten Republik zur Rechtfertigung der Herrschaft herangezogen worden
[z. B. Cicero *ad Quintum fratrem* 1,1,34].

Bei der Frage nach dem Charakter des römischen Imperialismus, um die es
hier geht, ist aber nicht nach der nachträglichen Rechtfertigung, sondern nach
den inneren Triebkräften für die Entstehung der Herrschaft gefragt. Die Forschung ist bei der Beantwortung dieser Frage vielfach und unter dem Eindruck
der jüngsten Imperialismusdebatte besonders intensiv wieder in den letzten Jahrzehnten von dem modernen Begriff ausgegangen. Wenn nicht gerade verlangt
wird, daß der Historiker sich bei dem Gebrauch des Begriffs den modernen, für
das späte 19. Jh. geltenden Normen anzupassen habe, was ja angesichts der Ver-
schiedenartigkeit der Verhältnisse so gut wie unmöglich ist, wird doch seit dem
großen Werk von Triepel [650] nach einer Definition des Imperialismusbegriffs
gesucht, die dem heute diskutierten Begriffsinhalt möglichst nahekommt, aber
doch abstrakter und also auch für ältere Verhältnisse brauchbar ist. Auch Althistoriker haben Versuche in dieser Richtung unternommen [658: Werner],
andere resignierten eher angesichts der scheinbar auf das 19. Jh. festgelegten

Definitionsmöglichkeiten oder wegen der Schwierigkeit, die einmal gefundene Definition mit den historischen Gegebenheiten in Deckung zu bringen [659: FLACH]. In der Tat muß man zweifeln, ob das Verständnis historischer Zusammenhänge durch die Verwendung eines inhaltlich festgelegten Begriffs, der zudem erst mühsam aus seiner historischen Verflechtung gelöst werden muß, gefördert werden kann, zumal der Erfolg des Lösungsprozesses angesichts der heutigen Aktualität der Imperialismusdebatte zweifelhaft bleibt. Es ist angemessener, den Begriff des Imperialismus, auf den man auch in der wissenschaftlichen Diskussion nicht zu verzichten brauchte, nicht mit starren Definitionen zu belasten und mit ihm zunächst nur ein an das allgemeine historische Bewußtsein appellierendes (vorwissenschaftliches) Vorverständnis des zu betrachtenden Phänomens zu erreichen, um im übrigen das konkrete Urteil über die Entstehung einer Großmacht aus der Betrachtung der einzelnen historischen Daten zu gewinnen [vgl. auch 652: HARRIS, 4].

Suchen wir, unbeeinflußt von der modernen Problematik des Imperialismusbegriffs, den Ursachen der römischen Weltstellung näherzukommen, ist es ratsam, von THEODOR MOMMSEN auszugehen. MOMMSEN legte seiner ‚Römischen Geschichte‘ die Vorstellung zugrunde, daß das römische Weltreich die Konsequenz einer eher defensiven Außenpolitik war: Das römische Sicherheitsstreben habe durch die folgerichtige Absicherung des im Konfliktfall (Krieg) Gewonnenen jeweils zur Erweiterung des vorherigen Machtbereichs geführt. Die These will das römische Verhalten nicht rechtfertigen, räumt selbstverständlich auch dem Ehrgeiz und dem persönlichen Interesse einzelner oder von Gruppen einen angemessenen Anteil an dem Expansionsdrang ein, sieht aber in dem Gedanken der Sicherheit, der uns in kritischen Situationen auch als Angst und Furcht (*tumultus* bzw. *metus Gallicus* und *Punicus*) entgegentritt (als Motiv für eine harte Außenpolitik ernstgenommen von 667: BELLEN), den Motor der steten Ausdehnung der römischen Macht (‚defensiver Imperialismus‘; vgl. etwa 102: MOMMSEN, 1,781 f.). Die These, die sich auf manche Verhaltensweisen und politische Prinzipien, die wir von den Römern kennen (Politik der Gründung von Siedlungen als Festungen; Stärke der defensiven gegenüber der offensiven Kriegführung u.a.), berufen kann, hat breite Anerkennung gefunden, so vor allem auch von T. FRANK [517] und HOLLEAUX [590; vgl. auch 657: VEYNE], und sie hat in der Tat auch manches für sich. Denn sie verbindet das eigene, römische Interesse, in das gegebenenfalls auch sehr Verschiedenes und Besonderes hineingelegt werden kann, mit dem guten Gewissen dessen, der auf diese Weise Macht gewinnt [vgl. 531: HEUSS; ders.: 656 und 110: 552; vgl. auch 660: GESCHE, 86 ff.], und läßt sich darum mit mannigfachen Erscheinungen des römischen politischen und gesellschaftlichen Lebens gut verrechnen, ohne das überlieferte Geschehen mit ‚konstruktiven‘ Prämissen zu belasten. Jedenfalls müssen demgegenüber Thesen, welche die entscheidenden Triebkräfte der Expansion im ökonomischen Bereich suchen, sehr viel stärker konstruierend in die Überlieferung eingreifen und die spärlichen Daten der Wirtschaftsgeschichte für das

gewünschte Bild zurechtstutzen. Anhänger solcher Thesen gibt es selbstverständlich nicht nur bei denjenigen, die in den Kategorien des Imperialismusbegriffs Lenins denken. Auch in der nichtmarxistischen Literatur, welche die Interpretation des Geschehens nicht mit normativen oder gar teleologischen Prämissen belastet, wird der Ökonomie innerhalb weiterer Bezüge ein oft großes, u. U.
sogar bestimmendes Gewicht für den Umfang und die Entwicklung der Expansion zugemessen [589: COLIN; 543: ED. MEYER; 652: HARRIS, 54ff.; GRUEN, in:
655: HARRIS, 59–82]; doch werden heute derlei Überlegungen überwiegend
zurückgewiesen [u. a. von 651: BADIAN, 34ff.]. Indessen ist jüngst erneut das
ökonomische Motiv als Triebkraft der Expansion herausgestellt worden, und
dies nicht erst für die Phase der überseeischen Expansion, sondern bereits für
den Prozeß der Unterwerfung Italiens [654: STARR]. Abgesehen davon, daß wir
dafür keine Quellen haben, kann sich eine solche These nur durch eine eher
gewaltsame Auslegung einzelner Zeugnisse behaupten [vgl. R. RILINGER, Gnomon 54 (1982), 279ff.].

Nur wer festlegt, was Imperialismus ist, und danach das Phänomen der römischen Expansion beurteilt, kann auch auf den Gedanken kommen, den Beginn
imperialistischer Politik bei den Römern bestimmen zu wollen [so z. B. 517: T.
FRANK, 356: Anfang des 3.Jhs.; J. CARCOPINO, Les étapes de l'impérialisme
romain, Paris 1961², 10: Ende des 3.Jhs.]. Lehnt man hingegen die Anpassung
an einen spezifischen Gebrauch des Begriffs ab, stellt auch die Frage nach dem
politischen Bewußtsein einer auf Expansion gerichteten Politik zurück, die auf
Grund unserer Quellenlage auch kaum zu beantworten ist, und beschränkt sich
auf eine Analyse der tieferen ‚objektiven' Ursachen der Expansion, so ist man für
deren Erklärung weniger auf die Gedanken einzelner oder Gruppen als auf die
Struktur der ganzen Gesellschaft, auf deren Mentalität und auf die im außenpolitischen Verkehr üblichen Denkkategorien verwiesen. Überlegungen dieser Art
dürften wohl in die Nähe der Gedanken MOMMSENS führen, ohne von ihnen
wirklich befriedigt zu werden. Denn es bedarf sowohl die defensive Verhaltensweise selbst als auch das trotz dieser Haltung doch unübersehbare, immer bereite
militärische Engagement der Römer einer Erklärung. Die römische Stärke in der
Defensive mag man u. a. auf die besonderen Verhältnisse der römischen Familie
und Clientel zurückführen, die dem römischen Soldaten an Gehorsam und Disziplin zumuten konnten, was kein anderes Land der damaligen Welt von seinen
Bürgern verlangen durfte. Die stets bereite kriegerische Energie ferner hat gewiß
auch darin eine ihrer Ursachen, daß die Zugehörigkeit zur regierenden Gesellschaft auf dem Nachweis von öffentlicher Tätigkeit und hier in erster Linie von
militärischer Leistung beruhte und also die besondere, auch in der Antike einmalige Beschaffenheit dieser Gesellschaft eine Bedingung der Expansion war. Es ist
vor allem HARRIS [652], der – wie schon vor ihm auch BADIAN [651: 15ff.] – die
Bedeutung des aristokratischen Standesethos für die Expansion herausgearbeitet
hat; die in diesem Zusammenhang bedeutsamen Verhaltensweisen stehen hinter
abstrakten Wertbegriffen wie *dignitas, gloria, laus, virtus, honos, salus.* Das muß

nicht heißen, daß die Wertvorstellungen der Gesellschaft auch für die bisweilen erkennbare Aggressivität in der Planung und Durchführung von Kriegen verantwortlich zu machen sei; sie stehen lediglich j e d e r z e i t bereit, eine selbst ersonnene oder durch äußere Verwicklungen zur Diskussion stehende auswärtige Aktion mit einem positiven Vorzeichen zu versehen. Es ist darum weiterhin nicht darauf zu verzichten, für jeden Kriegsausbruch sorgfältig die Motive der Römer zu untersuchen, und HARRIS selbst hat mit Recht darauf hingewiesen, daß die Expansion von verschiedenen Ursachen, die in ihrer jeweiligen Intensität wechseln und sich zudem gegenseitig bedingen, getragen wurde: Soziales Verhalten wurde in aller Regel erst bei äußeren oder auch innenpolitischen Anlässen für eine expansive Politik wirksam, ebenso das ökonomische Interesse, das übrigens eher auf Beutemachen und Ausplünderung gerichtet war als auf die Investition dauernder und fester Wirtschaftsverbindungen (54 ff.), aber darum nicht weniger einen ökonomischen Faktor der Expansion darstellte. Besonders in der italischen Phase der Expansion, aber nicht lediglich in ihr, hatten zudem nicht nur die Aristokraten, sondern auch die breite Masse ein Interesse an Expansion, weil sie durch sie ständig mit Land versorgt wurde, und wie diese Ansiedlungen nicht in erster Linie Versorgungspolitik, sondern (durch den mit der Kolonisation verbundenen Bau von Festungen) Sicherungspolitik darstellten, bilden hier, wie stets, mehrere Faktoren ein Syndrom von sich wechselseitig bedingenden inneren und äußeren Ursachen für die Ausbreitung Roms. Die defensive Einstellung der Römer ist daher immer nur eine von mehreren möglichen Denk- und Verhaltensweisen; vielleicht ist sie die tragende, auf jeden Fall die immer wiederkehrende und angesichts der wachsenden Dissonanz zwischen den eigenen Kräften und dem Umfang der Macht eine eher zunehmende als abnehmende Haltung. Es ist aber auch nicht zu verkennen, daß die Expansion zunehmend nicht mehr von dem Willen der römischen Entscheidungsträger, sondern − bei komplexer werdenden Verhältnissen − von Faktoren gesteuert wurde, über die die Römer keine Gewalt hatten. Gegenüber HARRIS betont NORTH [653], daß die Römer weitgehend die Gefangenen ihrer eigenen Wertvorstellungen, ihrer materiellen Wünsche und einer meist nicht systematisch geordneten, sondern lediglich in der Balance gehaltenen auswärtigen Lage wurden und damit der Spielraum freier Entscheidungen sich verengte; was den Zeitgenossen als freier Wille erscheinen mochte, war tatsächlich weitgehend Reaktion auf gegebene Umstände. Insbesondere hat dann die einmal vollendete Machtstellung Roms auch aus sich heraus eine Eigendynamik entwickelt, die außerhalb jeder Kontrolle von seiten der Regierenden stand und auf die weiter nicht reflektiert wurde. Sie konnte sich in der Notwendigkeit nach weiterer Absicherung der Herrschaft, aber auch in willkürlichem Machtgebrauch, der allein um der Mehrung willen nach Expansion strebte, äußern, und sie dürfte in zunehmendem Maße nicht nur bei den Aristokraten, sondern auch unter den einfachen Bürgern einen ganz „naiven Besitzanspruch" [663: HAMPL, 524; vgl. 652: HARRIS, 105 ff.], in dem Expansionsstreben und Rechtfertigung zu einer Einheit verschmolzen sind, erzeugt haben. Eben das drückt auch die Erzählung über die Änderung einer alten zensorischen Gebetsformel aus, die der jüngere Scipio in seiner Zensur (142) vornahm: In der Formel *di immortales ut populi Romani res meliores amplioresque faciant* ersetzte Scipio die letzten drei Wörter durch *perpetuo incolumes servent* und bat damit künftig anstatt um Mehrung nur noch um den Erhalt der Herrschaft (Val. Max. 4,1,10). Obwohl sich die Bitte der Formel ursprünglich nicht auf Expansion, sondern auf die allgemeine Wohlfahrt (Fruchtbarkeit der Felder usw.) bezogen haben dürfte, dachte bei ihr, wie die Art der Korrektur beweist, zumindest der Zeitgenosse Scipios bereits an den Machtzuwachs, und selbst in der Bescheidenheit Scipios liegt noch die Arroganz des Mächtigen. – In etlichen jüngeren Arbeiten ist auch das römische Bundesgenossensystem in Italien als mögliche Triebkraft der Expansion herausgestellt worden. A. MOMIGLIANO (Alien wisdom, 1975, 45) meinte, daß die Wehrkraft der Italiker beschäftigt werden mußte, damit ihre Loyalität durch Ruhm, Beute und wirtschaftliche Vorteile, die sie durch die Kriege erwarben, erhalten blieb. NORTH [653] sieht in der Kriegführung die eigentliche Wesensbestimmung des Bundesgenossensystems, und es habe daher die bloße Verfügbarkeit über das bundesgenössische Wehrpotential Entscheidungen für oder gegen den Krieg positiv beeinflußt: „War-making was the life-blood of the Roman confederation in Italy" (S. 7). In der Tat mag die Disposition über ein großes Wehrpotential Kriegsbeschlüsse erleichtert haben, aber dies doch gewiß nur innerhalb eines komplexen Zusammenwirkens verschiedener Ursachen. Man darf auch nicht vergessen, daß eine allzu große Beanspruchung der Italiker im Interesse einer loyalen Haltung nicht ratsam war, und schließlich ist die römische Expansion älter als das Bundesgenossensystem [655: HARRIS, 89ff.].

Als in der ausgehenden Republik die Politik, insbesondere auch die Außen- und Militärpolitik, in die Hände einzelner mächtiger Potentaten geriet (Pompeius, Caesar, Crassus u. a.), änderten sich die Voraussetzungen der Expansion. Sie wurde nunmehr einerseits von den persönlichen Machtinteressen der einzelnen und ihrer Militärclientel getragen und aktiviert, andererseits von den Möglichkeiten einer zentral gesteuerten Politik bestimmt. Das sollte in der Kaiserzeit zu einer ganz anderen Einstellung gegenüber den Untertanen im Reich führen; an die Stelle der Gleichgültigkeit bzw. Ausbeutung trat die Fürsorge. In den Machtkämpfen der späten Republik wirkten sich diese strukturellen Veränderungen eher ungünstig aus. Dem einzelnen Mächtigen dienten die Provinzen als Ressourcen seines Kampfes gegen den Rivalen, und die gewaltige Expansion des Reiches in der ausgehenden Republik hatte dasselbe Ziel: Erweiterung der Machtbasis und Ausplünderung der Provinzialen zur Finanzierung des Kampfes und zur Befriedigung der wirtschaftlichen Interessen der Anhänger. Schon bevor die großen Potentaten auftraten, hatten auch neue Gruppen der Gesellschaft ihr Interesse an dem Reichtum der Provinzen angemeldet. Seit den Gracchen und bis zu der großen spätrepublikanischen Kolonisation waren – neben den Potentaten mit ihren Armeen – auch Ritter und die hauptstädtische Plebs an der Ausbeutung des Reiches beteiligt [651: BADIAN, bes. 69 ff.]. Das Reich war seit 133 immer stärker Gegenstand politischen Willens verschiedenster Gruppen und Parteiungen in Rom geworden, dies aber nicht um seiner selbst willen, sondern lediglich als Beschaffer der für den inneren Kampf benötigten Subsistenzmittel.

Ganz außerhalb der althistorischen Forschung zum römischen Imperialismus steht die Studie von PODES [666], der von einem sozialwissenschaftlichen Ansatzpunkt her eine Ursachenanalyse vorgelegt hat, dabei den Vorgang der römischen Expansion vor allem anhand von modernen Theorien (Imperialismus-Theorie von J. GALTUNG, Nutzentheorie von K. KAUFMANN-MALL und Krisentheorie von K.-D. OPP) zu erhellen sucht. So interessant dieser Ansatz zu erscheinen vermag, müssen sich doch Zweifel über den Nutzen der verwendeten Methode für die römische Geschichte einstellen. Die historische Sozialwissenschaft arbeitet trotz ihres Anspruches, eine historische Disziplin zu sein, nicht nach der historisch-philologischen Methode. Die Quellenanalyse fehlt; die Quellen sind in einem abstrakten Denkmodell und einem nicht minder abstrakten Argumentationsgang eher eingehängt und dazu noch zu einem für die Methode passenden Maß verkürzt und also die Ergebnisse nicht aus einer Quellenkritik und einer Bewertung der durch sie erarbeiteten historischen Zusammenhänge herausgeholt worden. Wenn der Sozialwissenschaftler auf diesen Einwand erwidern würde (und wird), daß ja gerade die Theorie bzw. die Hypothese des Historikers und n i c h t die Quellenkritik der Ausgangspunkt der Analyse sei und darin eben die Stärke und der höhere Wahrheitsgehalt dieses methodischen Vorgehens läge, wird der von den Quellen ausgehende Historiker zu entgegnen haben, daß eben auch die Theorie (die Hypothese, das Konzept, oder wie man es sonst nennen will) bereits eine gewisse Kenntnis des Gegenstandes voraussetzt, eine Kenntnis, die eben nicht durch Quellenanalyse, sondern durch ein wie auch immer erworbenes V o r urteil zustandegekommen ist und also auch das Ergebnis solchen Forschens nichts anderes sein kann als die Bestätigung dieses Vorurteils.

## c. Die Krise der Herrschaft

Die allgemeine Herrschaftskrise in der Mitte des 2. Jhs. hatte ihre Ursache nicht darin, daß die Römer geschwächt und sie ihre Stellung als Beherrscher des Mittelmeerraumes mit den ihnen zur Verfügung stehenden Kräften nicht wahrzunehmen in der Lage waren, sondern sie war umgekehrt ein Ergebnis gerade der römischen Stärke, welche Rom in unglaublich kurzer Zeit die Weltherrschaft gebracht hatte [700: HEUSS, 53]. Die Krise war eine Folge der Größe des beherrschten Raumes, und sie äußerte sich zunächst in einer veränderten Bewußtseinslage der römischen Aristokraten, die angesichts des ungeheuren Mißverhältnisses zwischen der Zahl der Römer und der ihrer Untertanen verunsichert waren und damit in eine psychische Situation gerieten, in der rationale Erwägungen, wie z. B. die Berechnung militärischer Kräfteverhältnisse, einen

*Ursachen der Krise*

schweren Stand hatten. Die eigentliche Ursache für diese Unsicherheit lag aber in der mehr oder weniger bewußt empfundenen Unfähigkeit, das Herrschaftsgebiet, das man militärisch niedergezwungen hatte, mit den Mitteln der stadtstaatlich-aristokratischen Ordnung auch zu regieren. Der strukturelle Mangel erzwang vor allem die Bevorzugung der indirekten Herrschaft, welche das eigentliche Unglück der Beherrschten war. Die Übernahme des untertänigen Gebietes in die direkte Verwaltung (Provinzialisierung) erfolgte lediglich unter dem Druck besonderer außenpolitischer Lagen [anderer Ansicht neuerdings 652: HARRIS, 131 ff.].

Vernichtung       Aus der psychologischen Situation einer unbewältigten Herrschaft heraus ist
Karthagos     auch die Vernichtung Karthagos zu verstehen (vgl. bes. Appian, Libyké 68 ff.; Plutarch, Cato Maior 26—27). Die Zerstörung der abhängigen und von den Numidern ständig geplagten Stadt durch die Römer ist den Menschen immer erklärungsbedürftig gewesen. In unseren antiken Quellen herrscht die Meinung vor, daß Karthago ein zwar nicht mächtiger, aber in Erinnerung an seine einstige Größe doch auch nicht völlig ungefährlicher Staat war, daß er aber aus Gründen machtpolitischer Raison hätte erhalten bleiben müssen, damit die Römer sich nicht, befreit von jedem äußeren Druck, dem reinen Genuß der Herrschaft hingäben und moralisch verkämen. Als Vertreter dieser Politik der künstlichen Erhaltung einer Bedrohung *(metus Punicus)* wurde P. Cornelius Nasica angesehen, dem M. Porcius Cato mit der Forderung nach der Vernichtung der Stadt entgegentrat. Diese vor allem in der spätrepublikanischen Krise des 1. Jhs. verbreitete, aber vielleicht auch bereits in der Mitte des 2. Jhs. nicht unbekannte, von moralphilosophischen Gedanken abhängige Lehre wirkt noch in die moderne Forschung hinein: In dem Streit zwischen Cato und Nasica um die Zerstörung Karthagos wird auch heute gelegentlich Nasica als der Moralist hingestellt, dem der politische Realist bzw. ‚Annexionspolitiker' Cato gegenübersteht [648: GELZER]. Demgegenüber ist nachgewiesen worden, daß Nasicas Widerspruch gegen Cato weniger gegen die Zerstörung der Stadt als gegen die mangelnde juristische (und damit zusammenhängend: religiöse) Legitimierung gerichtet war [649: HOFFMANN]. Die tiefere Ursache des Krieges ist danach am ehesten in einer wachsenden Unsicherheit gegenüber dem Herrschaftsgebiet zu suchen, aus der heraus Cato und andere Nobiles die traditionelle Form der indirekten Herrschaft, an der Nasica noch festhalten wollte, als gescheitert und die direkte Herrschaft als einzig bleibenden Ausweg ansahen und darum dem karthagischen Problem eine größere Bedeutung zumaßen, als es tatsächlich hatte [HOFFMANN a.O.; 110: HEUSS, 553 f.; 673: KIENAST, 130 ff.].

Der Krieg ermöglichte den Römern auch, durch die Annexion des karthagischen Staates und seine Umwandlung in eine Provinz der numidischen Expansion, und damit den Träumen von einem ganz West- und Mittelnordafrika umfassenden numidischen Großreich, ein Ende zu setzen. Ob das aber der eigentliche Kriegsgrund gewesen ist, wie KAHRSTEDT [518: 3,610 ff.] vermutete, darf bezweifelt werden; doch kann es vielleicht auf die Wahl des Zeitpunktes

Einfluß gehabt haben. Die schon von MOMMSEN [102: 2,22 f.] vertretene und seitdem oft wiederholte These [z. B. 106: PIGANIOL, 119], daß Rom, vertreten durch Cato, Karthago aus handelspolitischer Rivalität vernichtet habe, ist mit Recht von KAHRSTEDT [a.O. 615 f.] und anderen zurückgewiesen worden; der Umfang des im Jahre 150 noch verbliebenen Staatsgebietes und die überlieferten archäologischen Produkte dieser Zeit geben keinen Hinweis auf eine handelspolitisch bedeutsame Prosperität der Stadt. — Der Cato heute in den Mund gelegte Ausspruch *ceterum censeo Carthaginem esse delendam* ist in dieser Form nicht antik, aber inhaltlich sowohl lateinisch [Cic. Cato Maior 18 u. a.] als auch griechisch [Diodor 34,33,3; Plut. Cato M. 27,2] gesichert.

### d. Die innere Entwicklung zwischen 264 und 133 v. Chr.

Aus dem Hannibalischen Krieg ist die Nobilität gefestigt hervorgegangen. Immer seltener stießen über die Bekleidung des Konsulats neue Leute (*homines novi*) in den Kreis der regierenden Geschlechter vor. Der äußere Erfolg und auch der Umstand, daß alle Erweiterungen außerhalb Italiens herrschaftlich organisiert waren, das Bürgergebiet darum nicht mehr wuchs und somit die Expansion der römischen Gesellschaft keine neuen Kräfte zuführte, machte aus der Nobilität einen exklusiven Klub. Da die Politik nicht programmatisch festgelegt war, sondern der einzelne Nobilis seine Entscheidungen in den jeweils aktuellen Sachfragen meist nicht unabhängig von den Ansichten fällte, die darüber in den befreundeten Familien herrschten [dazu 428: GELZER, bes. 62 ff.; 431: MÜNZER], haben die Familienverbindungen (*necessitudines, amicitia;* das Gegenteil: *inimicitia*) Gewicht, und es läßt sich u. U. schon an einem Namen die dahinterstehende politische Richtung ablesen. Da der Wahlleiter einen großen Einfluß auf die Wahlversammlungen des Volkes hatte (nur er, und sonst kein anderer Bürger, konnte Wahlvorschläge machen; das Volk war zudem bei den Abstimmungen auf Grund seiner Clientelbindungen von der Autorität der Vornehmen und besonders auch von der der Magistrate abhängig), haben einige Gelehrte gemeint, daß die Familien des Wahlleiters und der unter seinem Vorsitz Gewählten stets freundschaftliche Beziehungen hatten und man folglich an den Namen des Wahlleiters und der Gewählten, die wir durch die uns überlieferten Beamtenlisten meist kennen (der Wahlleiter ist nicht immer bekannt), die jeweilige politische Konstellation innerhalb der Aristokratie ablesen könne. Da diesen politischen Freundschaften zudem Dauerhaftigkeit unterstellt wurde, glaubte man eine ziemlich lückenlose politische Familiengeschichte schreiben zu können [MÜNZER a.O.]. Mag es nun auch oft zutreffen, daß Wahlleiter und Gewählter einander politisch nahestanden, geht es doch nicht an, dies zu einem Automatismus umzugestalten [wie es H. H. SCULLARD, Roman politics, 220–150 B.C., Oxford 1951 getan hat]. Auch trifft die Voraussetzung, daß die konstruierten Verbindungen dauerhaft und der politische Wille des Wahlleiters und der der Gewählten stets mit dem ihrer Familie identisch gewesen seien, jedenfalls nicht

*Die Entwicklung der Nobilität*

generell zu [vgl. zur Kritik u. a. M. GELZER, Historia 1 (1950), 634−642 = ders., Kl. Schr. 1, Wiesbaden 1962, 201−210; 435: RILINGER und 427: DEVELIN]. Politische Freundschaft und der Einfluß des Wahlleiters beim Wahlvorgang bilden a priori keine Einheit und erzeugen aus sich keinen Mechanismus, der den jeweiligen Stand der politischen Beziehungen gleichsam automatisch zu erkennen gibt. Die Politik als eine Konsequenz von Familienverbindungen zu sehen, ist nichtsdestoweniger weit verbreitet, auch wenn man gegenüber dem von MÜNZER begründeten und von SCULLARD ad absurdum geführten methodischen Ansatz zurückhaltender geworden ist. LIPPOLD [433] sieht denn auch, obwohl er den Wahlvorgängen noch große Bedeutung für Familienverbindungen beimißt, die Politik stärker von einzelnen herausragenden Männern getragen. Auch wer den methodischen Ansatz von MÜNZER und SCULLARD verwirft, ist darum nicht immer zu besseren Ergebnissen gekommen. So beruht die Annahme von CASSOLA [432], daß sich politische Gruppen vor allem aus wirtschaftlichen Interessen oder zur Durchsetzung einer bauernfreundlichen Politik gebildet hätten, auf einer teils ganz willkürlichen Interpretation unserer Zeugnisse. Es wird kaum so viel spekuliert wie darüber, auf welche Weise die politischen Entscheidungen im 3. und 2. Jh. zustande gekommen sind. Vorläufig müssen wir uns wohl darauf beschränken, von jeweils nur kurzfristigen Familienverbindungen auszugehen, mögen sie nun durch persönliche Nahestellung, durch ein individuelles Sachinteresse, durch die Überzeugung von der Richtigkeit einer Politik oder auch durch ein Zusammenwirken aller oder einiger dieser Motive zustande gekommen sein. − Es ist versucht worden, den Umfang eines neuen Kreises von Familien, in denen sich das Konsulat gleichsam vererbte (inner elite), für die Zeit von 249 bis 50 v. Chr. auf statistischer Grundlage zu bestimmen und darüber hinaus die Fluktuation der konsularischen Familien genauer zu erfassen [von HOPKINS und BURTON, in: 434: HOPKINS, 31−119]. Die Ergebnisse sind indessen durch manche Vorgaben präjudiziert und die Argumentation leidet an einem nicht immer notwendigen hohen Grad an Abstraktion, der abschreckt. Trotzdem können solche Ansätze jedenfalls dort weiterführen, wo die Statistik sich auf hinreichend Material stützen kann. − In der Zeit der Weltherrschaft, die dem einzelnen immer größere Möglichkeiten bot und dem Senat es immer schwerer machte, die Leitung aller Geschäfte fest in der Hand zu behalten, mußten die Mitglieder der regierenden Gesellschaft an einem Ausbrechen aus dem Komment durch ein immer engmaschigeres Netz von Rechtsregeln gehindert werden, welche die alten, auf *mores* beruhenden oder auch bisher überhaupt nicht reflektierten Normen ersetzten oder ergänzten. Der Ämterehrgeiz wurde durch die genaue Regelung der Ämterlaufbahn [669: ASTIN; 436: RILINGER], die Neigung zu Luxus und Extravaganz durch eine umfangreiche Aufwandsgesetzgebung [670: BALTRUSCH] gebändigt, das Gewinnstreben durch die gesetzliche Beschränkung von Handelsgeschäften gebremst (*lex Claudia de nave senatorum* v. J. 218), die Bindung besonders des in Übersee tätigen Beamten durch die Beigabe von Senatslegaten gestärkt [438: SCHLEUSSNER] u. a. m. Im ganzen hat der

Senat, also die Mehrheit der Nobilität, sich noch bis in die Zeit der Gracchen gegenüber dem einzelnen Nobilis durchgesetzt, dies indessen nicht ohne seinen Mitgliedern ebenso wie vielen Rittern im Reichsgebiet verhältnismäßig freie Hand zu lassen: Der Niedergang und die Ausbeutung der Provinzen waren nicht einer spezifisch römischen Rücksichtslosigkeit und Profitgier zu verdanken, sondern waren die Konsequenz der politischen, auf die Stadt Rom zugeschnittenen Struktur des römischen Staates. Die Ökonomie kann als Motiv für politische Entscheidungen nur ganz selten zweifelsfrei nachgewiesen werden; sie ist in der Regel nur eines unter anderen Motiven. Es fehlt jede ökonomische Dynamik; ökonomische Überlegungen gingen in Rom wie bei den Griechen von dem Gedanken der Rendite bzw. des Erhalts des sozialen Status aus [125: FINLEY]. Wirtschaftliche Motive mochten bisweilen wirksam sein, waren aber in der Regel unsystematisch, von dem besonderen Anlaß abhängig, und die Geschäfte eines Nobilis oder auch Ritters wurden nicht von einer bürokratisierten und formalisierten Zentrale, sondern meist über Freunde oder Angehörige der eigenen Familie bzw. Clientel geführt und waren entsprechend auch von dem Dasein geeigneter Personen abhängig [vgl. 441: SCHLEICH]. In einer Reihe jüngerer Arbeiten ist das Material über die Vermögenslage der Senatoren, deren Einkommensquellen, Ausgaben und geschäftliche Verbindungen sowie über die Formen ihrer Geschäfte zusammengetragen worden; auf Grund der Quellenlage betreffen alle diese Arbeiten die Zeit nach 200 v. Chr. Von ihnen ist am nützlichsten das Buch von SHATZMAN [695], sowohl wegen der nüchternen und erschöpfenden Darstellung als auch vor allem wegen der ökonomischen Prosopographie, in der alle Senatoren zwischen 200 und 49 v. Chr., von denen wir wirtschaftliche Daten besitzen, mit den Angaben über ihr Vermögen aufgeführt sind. Auch SCHNEIDER [693] ist wegen der reichen Dokumentation der wirtschaftlichen Daten der Senatorenschaft heranzuziehen, doch leidet die Arbeit unter einer marxistischen Prämisse. D'ARMS [696] hat versucht, den Handel als einen wichtigen Bereich wirtschaftlicher Tätigkeit des Senators herauszustellen; seine Ergebnisse sind wegen der oft weiten Auslegung der herangezogenen Zeugnisse nicht immer überzeugend.

In dem Übergang vom Stadtstaat zum Weltreich hat der wachsende Einfluß griechischen Gedankengutes auf die Vornehmen und Reichen in Rom einen wichtigen Stellenwert. Er machte sich auf fast allen Lebensgebieten, besonders aber in der Religion und in der geistigen Tradition, ferner auch in der politischen Repräsentationskunst [456: HÖLSCHER] sowie in der Verwendung rein materieller Güter, darunter auch Luxusgüter des Ostens, bemerkbar. Auch auf dem Gebiet der Literatur wurden die Römer seit der Mitte des 3. Jhs. die gelehrigen Schüler der Griechen. Sie waren hier jedoch nicht bloße Imitatoren, sondern haben das griechische Vorbild, in dieser Zeit vor allem in der Historiographie, Komödie und Sachliteratur, umgeformt und den eigenen Gedanken adaptiert; zu diesem Vorgang vgl. vor allem FUHRMANN [83: 11 ff.], FRANK [677], DUFF [678], WILLIAMS [679] und HARDER [682]. Manche Nobiles sahen in einer allzu intensi-

*Einfluß griechischer Gedanken in Literatur und Religion*

ven Übernahme griechischen Gedankengutes eine Gefahr und sträubten sich gegen die östlichen Einflüsse, welche die römischen Wertmaßstäbe durcheinander zu bringen schienen. Eine allzu frei argumentierende athenische Gesandtschaft, die aus den Vorstehern der drei großen Philosophenschulen (Akademie, Peripatos und Stoa) bestand und wegen des Streits um das böotisch/attische Grenzstädtchen Oropos gekommen war, wurde 155 sogar aus Rom verwiesen. Durch Gesetze gegen den Luxus (*leges sumptuariae*) suchte man sich auch gegen den Strom neuartiger und aufwendiger Güter des materiellen Konsums abzusichern. Cato war hier ein wackerer Streiter im Kampf gegen solche Auswüchse; aber selbst er hat sich gegen die Aufnahme griechischen Geistesgutes nicht grundsätzlich gewehrt, wie seine eigene (im übrigen sehr originelle) schriftstellerische Tätigkeit zeigt [673: KIENAST; 674: ASTIN]. Es gab auch einzelne Personen und Gruppen, die einen engeren Kontakt zum Hellenismus eingingen. P. Cornelius Scipio Aemilianus, der Enkel des Hannibalbezwingers und Sieger über die Karthager und über die Spanier in Numantia, empfing in seinem Haus den Historiker Polybios und den Stoiker Panaitios, zwei Geistesgrößen der Zeit, ferner den römischen Komödiendichter Terenz, den Satiriker Lucilius und andere. Diese heute meist als ‚Scipionenkreis‘ zusammengefaßten, tatsächlich aber nur lose, jedenfalls kaum zu einem festen literarischen Zirkel verbundenen Personen haben dazu beigetragen, Rom dem griechischen Einfluß weiter offenzuhalten [vgl. 680: BROWN sowie die Literatur zu Scipio Aemilianus, welche diese Kontakte mehr oder weniger stark als ‚Kreis‘ versteht, während 681: STRASBURGER dieser Interpretation der Verbindungen skeptisch gegenübersteht]. – Zu den religiösen Einflüssen vgl. LATTE [130: bes. 264 ff.]. Die älteste uns inschriftlich erhaltene politische Urkunde Roms, der Senatsbeschluß über die Bacchanalien (das sind Dionysos-Feiern), betrifft die Abwehr östlicher Religiosität in den römischen und bundesgenössischen Städten Italiens. Selbst wenn es bei den Feiern zu ‚Orgien‘ und kriminellen Straftaten gekommen sein sollte, wie die Überlieferung behauptet, ist die harte Reaktion des Senats nur aus dem Willen zu verstehen, die neuen religiösen Formen nach eigenen traditionellen Maßstäben zu beurteilen, und schließt also sowohl das Nicht-wissen-Wollen als auch Unwissen und Mißverständnisse ein; der Text bei DESSAU [90: Nr. 18], DEGRASSI [91: Nr. 511] und BRUNS/GRADENWITZ [92: Nr. 36]; vgl. dazu Liv. 39,8–19; zur Interpretation FRAENKEL [683], GELZER [684] und DIHLE [685]. – In den letzten Jahrzehnten hat sich die Forschung mit besonderem Nachdruck auch der Rezeption der hellenistischen Architektur und Kunst in Italien, vornehmlich in Mittelitalien, während des 2. und 1. Jhs. zugewandt. Den besten Einblick in die dabei verfolgten Ansätze und in die Ergebnisse vermitteln die auf einem Kongreß in Göttingen 1974 gehaltenen und im Druck vorliegenden Vorträge [686: ZANKER].

Zu den Rittern sowie den wirtschaftlichen Veränderungen auf dem Agrarsektor s. u. S. 184 ff., 171 ff.

Die Provinzen    Die Übernahme des außeritalischen Herrschaftsgebietes in eine direkte Herrschaftsverwaltung war mit der Einrichtung von Provinzen verbunden. Die Provinzialisierung des Herrschaftsraumes ging aus sozialpolitischen Gründen nur sehr langsam voran: Jede neue Provinz bedeutete einen mächtigen Magistrat mehr, der von der Nobilität außerhalb Italiens durch rechtliche Kontrollen so gut wie gar nicht, durch Mittel der kollektiven Überwachung mittels Gesandtschaften nur unvollkommen kontrolliert werden konnte. Nach der Einrichtung der Provinzen Sicilia und Sardinia/Corsica nach dem 1. Punischen Krieg und der beiden spanischen Provinzen (Hispania Ulterior und Citerior) am Anfang des 2. Jhs. hat der Senat daher selbst nach dem Zusammenbruch seiner indirekten Herrschaftsmaximen im Osten nur widerwillig den makedonischen und karthagischen Staat zu Provinzialgebiet gemacht (Macedonia; Africa). Die römische Herrschaftsorganisation stützte sich in den Provinzen auf die zahlreichen Städte, deren Selbstverwaltung unter römischer Aufsicht weiterlief, und übernahm auch, soweit vorhanden, die vorrömische (karthagische, makedonische) Herrschaftsorganisation; darüber hinaus bediente sie sich, wie in Sizilien, für die Steuereintreibung der Hilfe privater Unternehmer (Steuerpächter). Unter den veränderten politischen Umständen wandelte sich das politische Bewußtsein der Provinzbewohner verhältnismäßig schnell, und wenn auch die alten Formen, insbesondere der städtische Rahmen, trotz mancher Angleichungen erhalten blieb, verblaßte doch die alte politische Begrifflichkeit und wurde selbst der Wille zu Eigenstaatlichkeit schwächer. Alle diese Verhältnisse sind von DAHLHEIM [687] neu durchdacht und breit ausgeführt worden.

8. URSACHEN UND BEGINN DER INNEREN KRISE SEIT DEN GRACCHEN

Vorbemerkung zu den Quellen und Forschungstendenzen

Zu der wichtigen und wirkungsgeschichtlich bedeutsamen Periode zwischen den Gracchen und Sulla besitzen wir relativ wenige Quellen, und auch diese sind lückenhaft und teilweise unzulänglich. Vor allem fehlen zeitgenössische Nachrichten so gut wie ganz, und der Mangel wird auch nicht durch einige wertvolle Inschriften ausgeglichen. Zudem sind die wenigen Quellen meist in griechischer Sprache geschrieben, so daß u. a. auch die politische Terminologie weitgehend aus späteren Angaben rekonstruiert werden muß. Manches aus dem politischen Kampf und der politischen Begrifflichkeit der gracchischen und sullanischen Zeit hat sich auch in etlichen Partien der 1. Dekade des Livius niedergeschlagen, dessen Quellen für die Frühzeit vor allem lateinisch schreibende Historiker der gracchischen und sullanischen Zeit waren; denn diese Historiker haben in Ermangelung von Quellen zur älteren römischen Geschichte diese Zeit, insbesondere den Ständekampf, mit den Problemen und Schlagwörtern des inneren Haders ihrer eigenen Zeit beschrieben und ausgemalt; vgl. o. S. 105 ff.

Wie die Forschungen zur vorangehenden Epoche von dem außenpolitischen Aspekt beherrscht wurden, so werden sie es für die Zeit von den Gracchen bis zum Ausgang der Republik von der Innenpolitik, und dies in einem solchen Ausmaß, daß die Außenpolitik oft nur noch als ein Aspekt der Innenpolitik gesehen wird. Die Mittelmeerwelt erscheint hier in der Vorstellung der Forschenden bereits als ein römischer Binnenraum, der kein Eigengewicht mehr besitzt. So richtig es ist, daß Rom jetzt das Mittelmeerbecken beherrscht und alle Staaten dieser Welt, soweit sie noch selbständig sind, in aller Regel nur passive Faktoren römischer Politik sein können, verkürzt diese Sehweise doch den Blick auf Rom und unterdrückt andere, z. T. erst später in Rom aufgehende, aber damals noch virulente politische Kräfte (Germanen, Kelten, Mithradates mit den Griechen u. a.). Das hat u. a. HEUSS veranlaßt, in seiner ‚Römischen Geschichte‘ die Außenpolitik der Revolutionszeit gesondert abzuhandeln [110].

Bei der Bearbeitung innenpolitischer Fragestellungen liegt das Schwergewicht naturgemäß auf der Interpretation der gracchischen Politik und auf der Bestimmung der tieferen – politischen bzw. auch wirtschaftlichen – Ursachen der Krise. Da in dem weiteren Verlauf der inneren Auseinandersetzungen immer stärker einzelne Gruppen der Bevölkerung – Bewohner der Stadt Rom, Ritter, Soldaten, Italiker – zu den Trägern politischer Forderungen werden und sie ‚die Revolution‘ in Gang halten, sind die wissenschaftlichen Untersuchungen zu dieser Zeit weitgehend sozialgeschichtlich, weniger rechtsgeschichtlich bzw. institutionenkundlich ausgerichtet.

*a. Die Quellen*

Es sind außergewöhnlich wenige Quellen zur römischen Geschichte zwischen Quellen 133 und 79 v. Chr. auf uns gekommen, insbesondere sind von der ursprünglich reichen Literatur fast alle lateinischsprachigen Werke verlorengegangen. So besitzen wir nichts von der reichen Memoirenliteratur der Zeit, die gerade jetzt zu einer wichtigen Literaturgattung auch der Römer wird (M. Aemilius Scaurus, cos. 115; P. Rutilius Rufus, cos. 105; L. Cornelius Sulla). Ebenso gingen die *annales* des L. Calpurnius Piso Frugi, cos. 133, und die (vielleicht nur die Zeitge- schichte behandelnden) des C. Fannius, cos. im 2. Tribunatsjahr des C. Grac- chus (122), und andere zeitgeschichtlichen Werke, wie die *historiae* des Sempro- nius Asellio (umfaßte wohl die Zeit zwischen 146 und 91) und die Geschichte des Bundesgenossenkrieges (in griechischer Sprache) von L. Licinius Lucullus, cos. 74 und Sieger über Mithradates, sowie die *historiae* des L. Cornelius Sisenna (er behandelte die Zeit von 91−79) und die reiche Rednerliteratur verloren; die Fragmente der Reden sind von MALCOVATI [88] gesammelt worden. Es ist ferner besonders bedauerlich, daß wir auch von dem umfangreichen Geschichtswerk des Poseidonios, das in Fortsetzung des polybianischen Werkes die Zeit zwi- schen 146 und Sulla erfaßt hatte, nur Fragmente besitzen [87: JACOBY, Nr. 87]. Ein uns zufällig erhaltenes, umfangreiches Fragment aus diesem Werk handelt von der Wanderung und den Sitten der Kimbern [JACOBY a.O. Nr. 87,31 mit Kommentar 179 ff.].

Die wichtigsten erhaltenen literarischen Quellen zu dieser Zeit sind in griechi- scher Sprache geschrieben. Es sind dies einmal die Bücher über die ‚Bürgerkriege' (das ist die Revolutionszeit) von *Appian* (das 1. Buch geht bis zum Jahre 70 v. Chr. hinab; zu ihm sind der ausführliche Kommentar von E. GABBA [2] und dessen quellenkritische Untersuchungen zu dem Gesamtwerk der Bürgerkriege [5] heranzuziehen) und die Biographien des *Plutarch* über Ti. und C. Gracchus, Marius, Sertorius und Sulla. Von *Sallust* ist uns die Monographie über den Jugurthinischen Krieg (*bellum Iugurthinum*) erhalten. Einzelne Informationen bringen auch Fragmente aus *Diodor* (Buch 34−39), und eher überblickartige Nachrichten, gelegentlich auch Details enthalten die Inhaltsangaben (*periochae*) der Bücher 58−90 (133 bis zur sullanischen Zeit) des *Livius*, ferner die Kapitel 2,2−28 des Kompendiums der römischen Geschichte von *Velleius Paterculus*, einem Schriftsteller der frühen Kaiserzeit, und die entsprechenden Partien einer kurzgefaßten römischen Kriegsgeschichte des im 2. nachchristlichen Jh. schrei- benden *Florus*. Angesichts der dürftigen Quellenlage gewinnen selbst die mage- ren und gesichtslosen Viten eines unbekannten, wohl dem späten 4. Jh. zuzu- rechnenden Autors Gewicht (*de viris illustribus*; die Viten sind zusammen mit den Schriften des Sex. Aurelius Victor überliefert worden und werden auch in den modernen Ausgaben zusammen mit diesen ediert). Schließlich sind uns bei *Granius Licinianus*, einem Historiker des 2. nachchristlichen Jhs., einige Anga- ben über die Germanenkriege und den Bürgerkrieg zwischen Marius bzw. den

Marianern und Sulla erhalten. – Für eine Gesamtanalyse der Quellen zur Geschichte der Gracchenzeit sind – neben dem oben bereits genannten Quellenwerk von GABBA [5] – noch immer die Untersuchungen von ED. MEYER [739] und die ausführliche Rezension von E. SCHWARTZ zu diesem Werk [740] am nützlichsten; für die folgenden Jahrzehnte informiert dann GABBA. Die Quellenprobleme der Plutarchviten hat SCARDIGLI [63] in einer auch die ältere Literatur einbeziehenden Übersicht erörtert.

Wir besitzen aus dieser Zeit auch einige bedeutsame Dokumentarquellen (Inschriften). Die wertvollste unter ihnen ist eine umfangreiche, in Fragmenten auf uns gekommene, doppelseitig beschriebene Bronzeinschrift, die große Teile zweier für die Geschichte der Gracchenzeit überaus wichtiger Gesetze enthält [Text: TH. MOMMSEN, CIL I 2², Nr. 583 und 585 = Ges. Schr. 1, Berlin 1905, 1–64 und 65–145; 92: BRUNS/GRADENWITZ, Nr. 10–11; 93: RICCOBONO, Nr. 7–8]. Es handelt sich bei den Gesetzen einmal um ein Repetundengesetz, das wahrscheinlich dem M.' Acilius Glabrio, einem Anhänger des C. Gracchus und Tribun im Jahre 123 oder 122, zuzuschreiben ist [vgl. zur Zuweisung und Interpretation den Kommentar von MOMMSEN a.O. sowie 714: EDER], zum anderen um das (auf der Rückseite dieser Inschrift erhaltene) Ansiedlungsgesetz aus dem Jahre 111, das die sempronische Siedlungsgesetzgebung abschloß und gleichzeitig manche von deren Intentionen zunichte machte [es ist wohl mit dem dritten der bei Appian 1,27, 121–124 genannten Gesetze gleichzusetzen; zur Interpretation vgl. den Kommentar von MOMMSEN a.O. sowie 737: JOHANNSEN und 753: MEISTER]. Wichtig ist auch das Fragment eines Gesetzes aus der marianischen Zeit, das Probleme des östlichen Mittelmeerraumes regelte und nach überwiegender Meinung vor allem das Piratenunwesen eindämmen sollte; manche [so u. a. 786: HINRICHS] sahen darin den Versuch, Marius ein umfangreiches Militärkommando zu verschaffen und vermuteten Appuleius Saturninus hinter der Aktion; umgekehrt schreiben HASSALL/CRAWFORD/REYNOLDS [787], FERRARY [788] und GIOVANNINI/GRZYBEK [789] das Gesetz den Gegnern des Marius zu. Tatsächlich scheint es indessen nicht ausschließlich dem Piratenunwesen gegolten und die Schaffung eines außerordentlichen Kommandos bezweckt, sondern lediglich einer allgemeineren Regelung von Verhältnissen östlicher Provinzen gedient zu haben (dazu vgl. demnächst TH. GÖHMANN in einer Göttinger Dissertation). Die Inschrift ist herausgegeben von H. POMTOW, Delphische Neufunde V, in: Klio 17 (1921), 171–174, Nr. 156; dazu ist jetzt ein neues, in Knidos gefundenes Fragment des Gesetzes hinzuzuziehen, publiziert von HASSALL/CRAWFORD/REYNOLDS [787]. Eine Übersetzung und kurze Kommentierung beider Fragmente bei SHERK, Nr. 55 (zitiert o. S. 152).

Einen besonders interessanten Hinweis auf die gracchische Agrargesetzgebung liefert uns eine Inschrift aus Polla in Lukanien, in der ein römischer Magistrat nach Aufzählung etlicher Leistungen für den Staat sich rühmt: *primus fecei, ut de agro poplico aratoribus cederent paastores* (sic) [CIL I 2², Nr. 638; 90: DESSAU, Nr. 23; 91: DEGRASSI, Nr. 454]; der Satz verweist auf die Umwandlung von Weideland der Latifundien in Ackerland infolge der gracchischen Viritanas-signationen. MOMMSEN identifizierte in seinem Kommentar im CIL a.O. den Magistrat mit P. Popillius Laenas, dem Konsul des Jahres 132 und Gegner der Gracchen; ihm sind die meisten gefolgt, u.a. F. T. HINRICHS, Historia 18 (1969), 251–255. G. P. VERBRUGGHE, Class. Philology 68 (1973), 25–35 denkt hingegen eher an Ap. Claudius Pulcher, Mitglied der ersten Ackerkommission und Schwiegervater des Ti. Gracchus, und es sind auch noch andere Identifikationen vorgenommen worden. – Von den anderen uns inschriftlich erhaltenen Dokumenten dieser Zeit sind vor allem noch herauszuheben: ein Senatsbeschluß aus dem Jahre 78, der drei griechische Schiffsherren, die sich im ‚Italischen Krieg‘ (90/89 oder 83/82) verdient gemacht hatten, privilegiert und ehrt und der wegen der Art und des Umfangs der Privilegien bedeutsam ist [92: BRUNS/GRADEN-WITZ, Nr. 41; 91: DEGRASSI, Nr. 513 und 94: SHERK, Nr. 22]; ein Edikt des Cn. Pompeius Strabo, cos. 89 und Vater des Pompeius Magnus, das einer Schwadron spanischer Reiter das römische Bürgerrecht und etliche Privilegien verleiht und wegen der daran angefügten Liste von 58 Personen, die bei Verhandlungen dieser Sache im *consilium* des Strabo gesessen haben, interessant ist [90: DESSAU, Nr. 8888 und 91: DEGRASSI, Nr. 515], und eine noch unpublizierte umfangreiche Inschrift aus Ephesus v.J. 62 n.Chr., die ein Statut der Bedingungen für die Pacht des asiatischen Zolls durch *publicani* enthält und auf ältere Regelungen aus den Jahren 75 und 72 v.Chr. zurückgeht [vgl. H. ENGELMANN/D. KNIBBE, Epigraphica Anatolica 8 (1986), 19–31].

Eine brauchbare Sammlung historischer Quellen dieser Periode haben A. H. J. GREENIDGE/A. M. CLAY, Sources for Roman history 133–70 B.C., Oxford 1960², zusammengestellt.

### b. Die Krise der politischen Führung (die Gracchen)

Die Krise der politischen Ordnung war die Konsequenz der Weltherrschaft, die auf den römischen Staat einwirkte, und sie wurde u. a. auch von den Problemen ausgelöst, welche sich unter dem Druck der veränderten weltpolitischen Situation auf dem Agrarsektor in Italien bildeten und das römische Volk, das idealtypisch als ein Volk von Bauern und kleinen Gutsbesitzern gesehen werden kann, bedrohten. Der Historiker erhält hier auf Grund der Tatsache, daß die Agrarfrage damals in das Bewußtsein der Menschen trat und sie also auch einen Widerschein in unseren Quellen fand, einen ersten näheren Einblick in die wirtschaftlichen, insonderheit agrarwirtschaftlichen Verhältnisse der Republik und in deren Einfluß auf die Politik. Damit wird das Verhältnis von Staat und Wirtschaft angesprochen, und besonders in jüngster Zeit werden die gracchischen Unruhen und die ihnen vorausgehende Entwicklung auf dem Agrarsektor unter wirtschaftspolitischem Aspekt gesehen; es wird gerade aus ihnen die Forderung nach Wirtschaftsgeschichte als einem gesonderten Aspekt auch der Alten Geschichte gestellt.

Die Agrarkrise des 2.Jhs.

Moderne
· wirtschafts-
geschichtliche
Spekulationen

Daß die sozio-ökonomischen Verhältnisse den Gang der Geschichte bestimmen, versteht sich für die marxistische Geschichtsschreibung von selbst und bedarf keines weiteren Kommentars. Für sie nimmt die antike Gesellschaft als Sklavenhaltergesellschaft eine bestimmte Stufe innerhalb der gesetzmäßigen Entwicklung von der Urgesellschaft zur klassenlosen Gesellschaft der Zukunft ein, und es ist gerade die römische Republik des 2. und 1. Jhs., auf die sich die marxistischen Historiker für ihre Vorstellungen von der Ausbildung und Entwicklung dieser Stufe nachdrücklich berufen. In jüngster Zeit hat diese Position u. a. STAERMAN [722] vertreten [dort auch eine breite, vorwiegend die marxistische Position berücksichtigende Forschungsübersicht; dazu vgl. ferner auch 772 und 773: VITTINGHOFF]. Die eigentliche Schwierigkeit der Marxisten liegt für die römische Republik (wie für die gesamte Antike überhaupt) in dem Nachweis einer Klasse von Sklaven mit klassenspezifischen Interessen und einem klassenspezifischen Bewußtsein; es läßt sich für die Sklaven nicht nachweisen und nur gegen die Überlieferung konstruieren. Auch außerhalb marxistischer Denkweise ist der Wirtschaft gelegentlich eine gewisse Autonomie innerhalb des historischen Prozesses eingeräumt worden. Am bekanntesten ist wohl die Diskussion zwischen KARL BÜCHER [Die Entstehung der Volkswirtschaft, 1893. 1904⁴] und EDUARD MEYER [Die wirtschaftliche Entwicklung des Altertums, Jena 1895, Vortrag = Kl. Schr. 1, Halle 1910, 79–168] geworden, in der der erstere dem gesamten Altertum die „geschlossene Hauswirtschaft" zuweisen wollte, demgegenüber MEYER nachwies, daß alle drei von BÜCHER angenommenen Wirtschaftsstufen der Menschheit, nämlich Haus-, Stadt- und Volkswirtschaft, im Altertum vertreten waren.

Staat
und Wirtschaft

Stärker als durch diese Diskussionen, welche die Geschichte in die Stufen regelhafter wirtschaftlicher Entwicklung hineinzwängen wollen, ist ein großer Teil der Forschung durch die ohne jede Reflexion vorausgesetzte Annahme bestimmt, daß die ‚Wirtschaft' ein autonomer Bereich der Politik und also ‚Wirtschaftspolitik' damals wie heute eine für die Interpretation der historischen Verhältnisse einkalkulierbare politische Größe sei. ‚Wirtschaft' ist aber in der Antike und also auch in Rom tatsächlich der allgemeinen Politik stets nachgeordnet, von ihr abhängig und als ein Sonderbereich des öffentlichen Lebens nicht oder doch nur ganz unvollkommen bewußt gewesen. Eine Hauptaufgabe der Stadt lag zwar in der Sicherung der Ernährung ihrer Bewohner (trophé; *annona*); aber sie erfolgte durch den direkten Zugriff auf die Subsistenzmittel (z. B. Einkauf von Getreide) und steht jeder wirtschaftspolitischen Überlegung fern. Es gab selbstverständlich überall und immer zwar materielle Bedürfnisse, gab Ausbeutung und Gier nach Reichtum; aber all das ist keine aus der Vorstellung von ‚Wirtschaft' resultierende oder auf sie zielende Verhaltensweise [in diesem Sinne etwa 125: FINLEY, bes. 179 ff.]. Es wird daher heute zwar mit Recht über antike Wirtschaft gehandelt und werden Wirtschaftsgeschichten geschrieben; doch dürfen alle diese Forschungen nicht isoliert von Sozialgeschichte, innerer und äußerer Geschichte gesehen werden, weil diese Sehweise, abgesehen davon, daß die

Wirtschaft zu keiner Zeit ein isolierter Aspekt sein kann, für die Antike zu der ihr unangemessenen Vorstellung führen könnte, als ob, wie heute, in dem Bewußtsein der handelnden Subjekte Wirtschaft als ein selbständig denkbarer Komplex lebendig gewesen wäre. – Das Fehlen einer spezifisch kommerziellen oder gar ‚kapitalistischen' Note in dem ökonomischen Verhalten des antiken Menschen drückt sich auch in der heute durchweg anerkannten, vor allem von MAX WEBER in seinem Werk ‚Wirtschaft und Gesellschaft' (1922) herausgearbeiteten Vorstellung aus, daß der antike Mensch stärker die Haltung des Konsumenten als des Produzenten einnahm und er eher auf Rendite (auch bei der Sklavenhaltung) denn auf Gewinn (Mehrgewinn) aus war.

Die agrarwirtschaftliche Entwicklung in der vorgracchischen Zeit ist, wie im Text dargelegt, einerseits durch die Bildung eines umfangreichen, in erster Linie mit Sklaven wirtschaftenden Großgrundbesitzes bestimmt, dies vor allem als Folge des wachsenden Reichtums der einflußreichen Schichten und der beinahe schrankenlosen Verfügbarkeit von Sklaven als Arbeitskräften in der Phase der Eroberung der Welt, zum anderen durch das Stocken der Kolonisationstätigkeit, wodurch die teils verelendeten, teils von den Großgrundbesitzern aufgekauften Bauern und die Söhne kinderreicher Familien trotz der andauernden Expansion keine neuen Landstellen erhielten und sie die arbeits- und brotlose Masse in Rom und in anderen Städten Italiens vermehrten [507: SALMON, 112 ff.]. Die vor allem auch durch die unzureichende Quellenlage bedingten schwierigen Forschungsprobleme zu dieser Entwicklung und zu der Agrargesetzgebung der Gracchen selbst sind gerade in den letzten Jahrzehnten ausführlich diskutiert worden. Die allgemeine wirtschaftliche Entwicklung in Italien haben u. a. insbesondere KROMAYER [717], TIBILETTI [719 und 720], TOYNBEE [584] sowie DOHR [724] und WHITE [721], die agrarrechtlichen Fragen ZANCAN [728] und KASER [729; vgl. 730, bes. 239 ff.] behandelt; letzterer hat insbesondere auch die Bedeutung des Besitzes am öffentlichen Boden für die Entwicklung des römischen Besitz- und Eigentumsbegriffs herausgestellt. – Für einen allgemeinen Einblick in die Agrarverhältnisse der Zeit, über die uns u. a. besonders die Schrift des älteren Cato über den Landbau (*de agri cultura*) jedenfalls für den kleineren Gutsbetrieb etwas besser informiert, sind die Arbeiten von GUMMERUS [723] und DOHR a.O. sehr nützlich.

Auf Grund der desolaten Quellenlage ist die Frage schwer zu beantworten, wo, in welchem Ausmaß und unter welchen besonderen Bedingungen sich der Großgrundbesitz, der mit großen Sklavenmassen und rationellen Produktionsmethoden arbeitete, entwickelt hat. TOYNBEE a.O., der mit einer starken Zunahme des Großgrundbesitzes auf der Grundlage rationalisierter Sklavenwirtschaft in Italien und auf Sizilien rechnet, ist zu Recht u. a. von EARL [743], DOHR a.O. und WHITE a.O. widersprochen worden. Die Latifundienwirtschaft im eigentlichen, von TOYNBEE charakterisierten Sinne entwickelte sich wohl vor allem auf dem nach dem Hannibalischen Krieg entvölkerten und wüsten *ager publicus* in Unteritalien, den meist die Wohlhabenderen okkupierten, und auf

*Wandel der landwirtschaftlichen Betriebsformen im 2. Jh.*

dem *ager censorius* Siziliens. Ein mit dieser Entwicklung zusammenhängendes Problem ist die Frage nach der Art der produzierten Güter und der Organisationsform der Betriebe. Die riesigen Weideflächen konzentrierten sich mit großer Wahrscheinlichkeit vor allem auf Unteritalien, demgegenüber in Mittelitalien und auf Sizilien, wie hier die Verrinen Ciceros deutlich zeigen, auch auf den Latifundien der Getreideanbau überwog. Da der letztere arbeitsintensiver als die Weidewirtschaft ist, massierten sich die Sklaven stärker in Gebieten mit überwiegendem Getreideanbau. Das war etwa auf Sizilien der Fall, wo der 1. Sklavenkrieg in der intensiven, auch auf einen umfangreichen Export ausgerichteten Getreidewirtschaft der Insel, gerade nicht in der Weidewirtschaft – wie auf Grund von einigen Stellen bei Diodor 34/35,2, unserer Hauptquelle zu diesem Sklavenaufstand, vermutet wurde – eine seiner wesentlichen Ursachen gehabt haben dürfte. Zu den sizilischen Verhältnissen vgl. insbesondere VERBRUGGHE [726], dessen Umdeutung des 1. Sizilischen Sklavenkrieges zu einem letzten Aufstand der griechischen Städte gegen Rom [727] allerdings wenig Zustimmung finden dürfte, da sie die aktive und zentrale Beteiligung von vielen Freien an den Kämpfen voraussetzt. Daß dies nicht nur bei den Sklavenerhebungen auf Sizilien, sondern besonders auch beim Spartacus-Aufstand der Fall gewesen sei, wird allerdings in der Forschung häufiger vertreten, nachdrücklich neuerdings wieder von GUARINO [849]; doch sind die als Beleg beigebrachten Hinweise etwa bei Appian und Plutarch alles andere als eindeutig.

Die Siedlungs-<br>gesetzgebung<br>der Gracchen Das agrarpolitische Gesetzgebungswerk der Gracchen und ihrer Fortsetzer wurde unter vielen anderen von HINRICHS [734] und FLACH [735] erneut einer kritischen Überprüfung unterzogen. Durch den glücklichen Umstand, daß uns das die gracchische Agrargesetzgebung abschließende Gesetz vom Jahre 111 in großen Teilen erhalten ist [s. o. S. 170], ist auch von denjenigen Arbeiten, welche sich mit der Interpretation dieses Gesetzes beschäftigt haben, die gracchische Agrarpolitik immer wieder durchgesprochen worden, so zuletzt ausführlich von HINRICHS [736] und JOHANNSEN [737].

Zu einzelnen<br>Sachfragen<br>der gracchischen<br>Siedlungsgesetze Von den vielen Fragen, die sich dem Historiker hier stellten, seien nur drei herausgehoben. Die eine betrifft das Höchstmaß von Staatsland, das den Okkupanten, den *veteres possessores* der Quellen, zur Nutzung überlassen wurde. Das von Ti. Gracchus eingeräumte Normalmaß (500 Morgen) ist nach der römischen Überlieferung bereits durch die Licinisch-Sextische Gesetzgebung von 387/67 festgesetzt und damit die agrarpolitische Situation der gracchischen Zeit in das 4. Jh. zurückverlegt worden. Das ist offensichtlich ein Anachronismus, und dies sowohl wegen der Höhe des Maßes, die in dieser frühen Zeit nicht denkbar ist, als auch weil es damals brachliegendes Staatsland wohl überhaupt nicht gegeben hat, sondern (etwa nach Kriegen) anfallendes Land sofort verteilt wurde. Staatsland, das nicht sofort nach der Annexion assigniert worden ist, dürfte es in großem Ausmaß lediglich als Folge des Hannibalischen Krieges gegeben haben, in dem das von den abgefallenen Bundesgenossen eingezogene Land wegen Mangels an Siedlern nicht hatte vergeben werden können. Wir müssen folglich das

Licinisch-Sextische Gesetz, wie so vieles andere aus der annalistischen Tradition, als ein spätes Konstrukt ansehen, und es kann darum auch nicht das Licinische Gesetz über die Beschränkung von Landokkupationen, von dem der ältere Cato spricht, mit diesem annalistischen Produkt verbunden werden. Das gut beglaubigte Licinische Gesetz Catos datierte NIESE [731] in die Zeit zwischen 200 und 167, vielleicht um 180 v. Chr., als die Ansiedlungen in Italien allmählich aufhörten und ein Gesetz, das die Okkupationen der Wohlhabenden begrenzte, wegen des Staus ansiedlungswilliger Römer Sinn macht und als auch noch genügend Staatsland aus den Enteignungen des Hannibalkrieges vorhanden war, so daß man sich über dessen Nutzung Gedanken machen konnte. TIBILETTI [732], der NIESE im Prinzip zugestimmt hat, möchte indessen auch an dem älteren Gesetz des 4. Jhs. festhalten, das nach ihm ein geringeres Maß festgesetzt haben soll, und nimmt folglich für die ältere Zeit die Existenz eines größeren Areals von Staatsland an. BRINGMANN [733], der mit NIESE nur das jüngere Licinische Gesetz für echt hält, meint, daß man für die Zeit um 180/167 noch von keinem Landbedarf kleinerer Bauern ausgehen darf, vielmehr durch die Verluste im Hannibalkrieg und die zahlreichen Ansiedlungen auf Staatsland, ferner durch Verpachtung und Verkauf von diesem Land bis in die späten siebziger Jahre des 2. Jhs. eher Mangel an Siedlungswilligen herrschte. Er sieht in der Begrenzung der Landokkupationen des Licinischen Gesetzes den Versuch, den Zugriff auf Staatsland von seiten Angehöriger der Oberschicht zu streuen und damit eine allzu starke ökonomische Differenzierung innerhalb der führenden Familien zu verhindern. Das Licinische Gesetz wäre danach keine Agrarreform im eigentlichen Sinne, sondern Teil eines auf mannigfachen Lebensbereichen zu beobachtenden Bemühens, die Einheitlichkeit der politischen, sozialen und geistigen Lebensgrundlagen in der Oberschicht zu bewahren und diese damit konsensfähig zu halten; es griff nicht in das Spannungsfeld zwischen reichen und armen Bürgern ein, sondern regulierte nur die Verhältnisse unter den Reichen. – Neuerdings hat auch die stadtrömische Bevölkerung größere Aufmerksamkeit gefunden, so vor allem von BOREN [765] und YAVETZ [764]. Insbesondere der erstere weist auf die große Verschlechterung der wirtschaftlichen Lage der hauptstädtischen Bevölkerung seit den frühen dreißiger Jahren des 2. Jhs. hin (Teuerung!). – Unsere Kenntnisse über die praktische Durchführung der gracchischen Ansiedlung hat neuerdings MOLTHAGEN [749] zusammengefaßt. Hier ist u. a. auch der tatsächliche Effekt der Landverteilungen strittig. Die Zensuszahlen weisen zwischen den Jahren 131 (318 823) und 125 (394 726; die des Jahres 115 sind denen von 125 in etwa gleich; vgl. Liv. per. 59.60.63) einen starken Zuwachs auf. BELOCH nahm eine Verschreibung an: statt 394 726 sei 294 726 zu lesen [499: 312 ff.]. GABBA [808: 187 ff.], MOLTHAGEN [749: 439 ff.], EARL [743: 30 ff.] und andere möchten die überlieferten Angaben durch die Annahme stützen, daß die Zahlen lediglich die *adsidui*, also die ansässigen römischen Bürger (der fünf *classes* der Centurienordnung) erfaßt hätten, man darum nicht von einer Vermehrung der Bürgerzahl in so kurzer Zeit ausgehen müsse, was in der Tat unwahrscheinlich ist, sondern vielmehr gerade die höhere Zahl d. J. 125 auf die Ansiedlung zahlreicher Besitzloser verweise. Das widerstreitet indessen dem deutlichen Hinweis unserer Quellen darauf, daß die Zensuslisten alle römischen Bürger erfaßten [500: BRUNT, 15 ff., bes. 24 f.]. Will man daher nicht BELOCH folgen, sondern die überlieferten Zahlen retten, ist man zu teils schwierigen Erklärungen gezwungen. So erwägt BRUNT [500: 79], daß die Zensoren nicht immer effizient gearbeitet und insbesondere die landlosen *proletarii* nur unvollkommen erfaßt hätten, daß dann aber in der Zeit der gracchischen Landverteilung die Besitzlosen von sich aus um ihre Registrierung bemüht gewesen seien und so die höheren Zensuszahlen seit 125 zustande gekommen wären. Vgl. zur Diskussion vor allem BRUNT [500: bes. 75 ff.] und ERNST MEYER [421: 532 f.].

Die Gracchen    Zur Geschichte der Gracchen sind noch immer die RE-Artikel von MÜNZER eine ausgezeichnete Information [741 und 742]. Zu den beiden Gracchen sind zwei Monographien von BOREN [744] und STOCKTON [746] erschienen. Ziel und Wirkung der gracchischen Politik hat VON STERN [747] in einem auch für Kritiker seiner Thesen bedenkenswerten Aufsatz dargestellt.

Mehrere neuere Werke sind Tiberius Gracchus allein gewidmet; er findet deshalb größeres Interesse als sein Bruder, weil aus seiner Politik die Ursachen der nun einsetzenden großen Krise und die politischen Zielsetzungen dessen, was dann später *popularis ratio* hieß, gesucht werden. Neben den beiden Monographien von EARL [743] und BERNSTEIN [745] ist hier vor allem der Forschungsbericht von BADIAN [748] zu nennen. Von den zahlreichen Forschungsproblemen seien im folgenden nur drei skizziert, nämlich die Motivation und das Ziel der Politik des Tiberius Gracchus, die (mit der Art der politischen Durchsetzung zusammenhängende) Wirkung seiner Politik und die Frage nach etwaigen Vorbildern.

Das politische Ziel des Ti. Gracchus    Das Ziel der Politik des Ti. Gracchus hat nach den meisten älteren und vielen neuen, von sozial- und wirtschaftsgeschichtlichem Interesse getragenen Darstellungen vor allem in der Behebung sozialer Mißstände gelegen, die sich als Folge der Veränderungen auf dem landwirtschaftlichen Sektor (s. o.) eingestellt hatten. Neuerdings sucht man häufiger die Motivation der Agrargesetzgebung auf militärpolitischem Gebiet; die Ansiedlungen dienten danach in erster Linie der Stärkung der Rekrutierungsbasis, die wegen des für den Soldatendienst geforderten Mindestvermögens (Selbstausrüstung!) sehr geschwächt gewesen sei [so vor allem 743: EARL; 748: BADIAN, 673 ff.], und diese Meinung kann sich bereits auf antike Quellen berufen (besonders Appian, b. c. 1,11, 43). Die sozialpolitische Motivation ist aber von der militärpolitischen schwer zu trennen, insbesondere der soziale Aspekt bei dem, der vor Massen argumentiert, gewiß nicht auszuschließen. Welcher Aspekt auch überwogen haben mag, es ist sich die Forschung in dem Punkt einig, daß das Ansiedlungsgesetz keinen sozialrevolutionären Hintergrund hatte; es war in jedem Fall einem eher konservativen, auf die Wiederherstellung älterer Zustände gerichteten Denken verpflichtet [so u. a. VON STERN a. O.].

Vor allem in der jüngeren Forschung finden sich indessen noch andere Überlegungen zu den Ursachen und Anfängen der Politik des Tiberius, und in der Tat dürften diese komplexer gewesen sein, als die auf die sozio-ökonomische Komponente fixierte ältere Forschung es dargestellt hat. Es ist bei den politischen, sozialen und geistigen Traditionen der Römer auch schwer vorstellbar, daß ein römischer Politiker eine Reform um ihrer selbst willen vertritt und dazu noch mit einer Dynamik durchzusetzen versucht, die alles bisher Dagewesene hinter sich läßt. Der seiner Idee verpflichtete, sozial und human denkende, gleichsam selbstlose Reformer Ti. Gracchus ist ein Mythos, an dem von C. Gracchus bis auf moderne Darstellungen gearbeitet wurde. Es ist der reformerische Gedanke nicht einfach vorauszusetzen, vielmehr zunächst nach dem Kontext zu fragen, aus dem heraus Ti. Gracchus zu dem Entschluß kommen konnte, eine soziale Krise lösen zu wollen, und es ist nach der Ursache dafür zu suchen, warum er diesen Entschluß um jeden Preis durchsetzen wollte. Teilweise älteren Ansätzen folgend hat vor allem die jüngere englischsprachige Forschung Antworten gesucht. So hat BOREN [765; vgl. auch 751: NICOLET] den Anstoß zu dem Reformwerk in der aktuellen Notlage gesehen, in welche die Bevölkerung der Stadt Rom durch das Ausbleiben der Getreideschiffe aus Sizilien geraten war; der schon seit 135 tobende Sklavenkrieg auf der Insel hätte zu einem akuten Getreidemangel geführt, der die Massen aufgewühlt und zu einer grundsätzlichen Lösung des Problems angeregt hätte. EARL [743] ferner hat versucht, das Gesetzeswerk aus dem Zusammenhang der Kämpfe von Nobilitätsfaktionen um mehr Einfluß zu verstehen. Dies ist gewiß ein richtiger Ansatz, auch wenn EARL in dem Urteil über die Dauerhaftigkeit solcher Familienverbindungen viel zu weit gegangen ist (vgl. o. S. 163 f.). Noch bedenkenswerter ist der Hinweis darauf [745: BERNSTEIN, 180 f.], daß Ti. Gracchus durch die Mancinus-Affäre − er hatte i. J. 137 als Quästor zur Rettung des von den Numantinern eingeschlossenen römischen Heeres zusammen mit dem Konsul C. Hostilius Mancinus einen Vertrag mit den siegreichen Belagerern abgeschlossen, der dann vom Senat verworfen wurde − in seiner *fides* und *dignitas* tief verletzt und, obwohl von seiner Herkunft her gleichsam für das Konsulat bestimmt, doch durch diese Affäre und durch den daraus resultierenden Dissens ein so gut wie gescheiterter Politiker war, der für einen neuen Anlauf zur Fortsetzung seiner Karriere besondere Mittel einsetzen mußte. Die auch durch die antiken Quellen (Plutarch, livianische Überlieferung) bestätigte Isolierung des Ti. Gracchus erklärt seine Rücksichtslosigkeit gegenüber der Senatsmehrheit, und auch nur so ist es möglich, seinen ins Maßlose gesteigerten Duchsetzungswillen zu begreifen. Hat bei Tiberius jedenfalls zunächst der Wille nach Rettung seiner Karriere im Vordergrund gestanden, ließe sich auch eine These wie die von BRINGMANN [750] verteidigen, der die soziale Krise vor 133 für weit überschätzt und auch den Umfang der durch das Gesetz von 133 verwirklichten Assignationen schon wegen des Mangels an Staatsland für gering hält. Er glaubt, daß das Ansiedlungsgesetz von 133 erst im nachhinein von „der gracchischen Propaganda" zu einem „Mythos der Reform" hochstilisiert worden sei; doch sind der tiefgreifende Dissens und die breite Unterstützung großer Teile der Bevölkerung bei einem „begrenzten Siedlungsprogramm" nicht leicht verständlich [vgl. J. MOLTHAGEN, HZ 243 (1986), 398f.].

Der Verfassungsbruch   Der von Ti. Gracchus in Gang gesetzte Prozeß entwickelte schnell eine Eigendynamik. Motive und Ziel der Reform traten schnell zurück vor der Bedeutung, die seine politischen Gegner der Methode zumaßen, mit welcher er seine Absichten durchzusetzen suchte: Die Problematik des politischen Handelns liegt bei Ti. Gracchus weniger in dem politischen Ziel als in der Art der Durchsetzung der Politik; erst die Methode der Politik erzeugte den tödlichen Haß, zwang Tiberius zu weiteren Vorstößen und führte in seinen Untergang. Der Verfassungsbruch, der die Revolution bedeutete, lag nach den meisten in der Absetzung des Kollegen Octavius, durch die das wichtigste Kontrollinstrument des Senats über die Beamten, nämlich die Interzession, zerstört und damit dem Senat die Ausschließlichkeit der politischen Entscheidung genommen wurde [so schon 102: MOMMSEN, 2,93; vgl. 747: VON STERN, 248ff. und 107: LAST, in der CAH 9,24ff.; von den Neueren etwa 110: HEUSS, 145 und 744: BOREN, 54]. Das steht vollkommen im Einklang mit allen unseren antiken Quellen: Nicht in erster Linie das Ansiedlungsgesetz selbst, das trotz härtester Kritik — neben dem Verlust von Vermögenswerten fühlten sich viele in ihrem Rechtsbewußtsein verletzt, weil das okkupierte Land von den Besitzern nach den herrschenden Rechtsvorstellungen als Eigentum aufgefaßt werden durfte [vgl. MOMMSEN a.O.] — schließlich hingenommen wurde, sondern die Methode der Durchsetzung hob die Bindungen auf, unter denen in Rom Politik gemacht worden war. Neuerdings wird von manchen Gelehrten indessen nicht mehr in erster Linie die Absetzung des Octavius, sondern das Gesetz zur Heranziehung des Vermögens des Königs Attalos III. von Pergamon für die Zwecke der Ansiedlungen, durch das Tiberius in die Finanzgebarung, eine jahrhundertealte Kompetenz des Senats, eingegriffen habe, als der entscheidende Bruch der Ordnung angesehen [748: BADIAN, 712ff.; 746: STOCKTON, 69; 745: BERNSTEIN, 207ff.]. Demgegenüber wird in dem Konflikt mit Octavius dieser sogar als der eigentliche Schuldige hingestellt, weil er im Widerspruch zur Tradition gegen einen Gesetzesantrag interzediert [so BADIAN a.O. 706ff.] bzw. die Regel für den Zeitpunkt, zu dem die Interzession üblicherweise eingelegt wurde, verletzt [CH. MEIER, Loca intercessionis, in: Mus.Helv. 25 (1968), 94ff.], damit einen „unerträglichen Mißbrauch" (MEIER) begangen und die verfassungsmäßigen Konventionen gebrochen hätte (BADIAN). Wo immer auch der Bruch der Ordnung gesehen wird, nach Ansicht der meisten Gelehrten lief die Wirkung dieser Handlungsweise auf eine Zunahme des Einflusses des Volkes hinaus, auf das sich Tiberius ja auch in der Begründung seines Antrags auf Absetzung des Octavius berief, und manche sprechen dann auch etwas naiv von der Volkssouveränität, die Tiberius aufgerichtet habe [neuerdings wieder 112: BENGTSON, 156.160]. Nun bedeuten in der Tat die Absetzung eines Volkstribunen, die Verfügung über die Gelder des

Königs Attalos durch das Volk, ferner auch die Kontinuation des Tribunats Einbrüche in die tradierte Ordnung. Aber der Begriff ‚Verfassungsbruch' setzt voraus, daß nach dem Bewußtsein der damals handelnden Subjekte ein konstitutiver Bestandteil der Ordnung, der heute (aber damals nicht) als ‚Verfassung' besonders geschützt ist, zerstört wurde. Nach allem, was wir aus der Zeit des Tiberius und aus der Geschichte seiner Wirkung wissen, lag dieser Bruch eben darin, daß dem Senat die Absolutheit des poltischen Regiments aus der Hand gewunden wurde, und also ist, wenn nicht die Absetzung des Kollegen selbst, so doch der darin enthaltene Gedanke, daß Politik auch ohne den Senat denkbar sei, der Verfassungsbruch, und genau das ist es auch, was in dem weiteren Verlauf der ‚Revolution' unter popularer Politik verstanden wurde. Die damalige Ausnahmesituation läßt sich nicht an dem bloßen Rechtsgefühl messen, das die Menschen gehabt haben oder das wir ihnen heute unterstellen. Selbst tiefgreifende Änderungen der Ordnung hat es in Rom häufiger gegeben; aber sie erschienen den Römern nicht als ‚Brüche', wenn sie sich ohne großen Protest oder gar stillschweigend durchsetzten. Für die Berechtigung zur Verwendung des Begriffs ‚Verfassungsbruch' kommt es auf das schwer berechenbare, kaum meßbare, aber an der Reaktion der Menschen ablesbare Bewußtsein von der Bedeutung des Aktes an; und diese lag hier nicht einfach in dem Bruch eines einzelnen geschriebenen oder ungeschriebenen Gesetzes, sondern in der hinter allen genannten Brüchen stehenden Verletzung der gemeinsamen sozialpolitischen Ausgangsbasis, durch die eine von allen gespürte Verunsicherung der verfassungspolitischen Gesamtsituation hervorgerufen wurde. – Zu dem Charakter der politischen Umwälzung seit Ti. Gracchus und zu der Frage der Verwendbarkeit des Revolutionsbegriffs siehe HEUSS [699].

Anders als sein Bruder wurde C. Gracchus nicht erst durch den Verlauf der Ereignisse in die Revolution gedrängt. Er hatte das Schicksal seines Bruders vor Augen, wußte also von den Problemen und Konsequenzen einer Politik, die sich um jeden Preis durchsetzen will, und kannte die Gründe für das Scheitern. Seine vielfältige, weit über die politischen Vorstellungen des Ti. Gracchus hinausgehende Gesetzgebung erscheint daher von einem planenden Geist entworfen zu sein, der einerseits den von Tiberius gesponnenen Faden wiederaufnehmen, andererseits dessen Scheitern vermeiden will, und das letztere zum einen durch eine bessere Absicherung des handelnden Tribunen und eine breitere Fundamentierung der Anhängerschaft (also formal), zum anderen durch eine großzügige Erweiterung des Programms (also inhaltlich) zu erreichen sucht. Für die Forschung liegt die Problematik nicht nur in der Rekonstruktion der vielfach undeutlichen und lückenhaften Überlieferung des Gesetzgebungswerkes [dazu 754: JUDEICH und 746: STOCKTON, 114 ff.], sondern vor allem darin, aus den vielen Einzeldaten eine politische Konzeption sichtbar zu machen. War C. Gracchus vornehmlich der Rächer seines Bruders und unerbittliche Gegner des Senats und dienten seine Gesetze damit in erster Linie dem Ziel, die Basis der Macht, von der er handeln konnte, zu verbreitern und sich selbst abzusichern? Ging sein

*Das politische Ziel des C. Gracchus*

Kampf demnach um politischen Einfluß und um den Erhalt jenes neuen, neben dem Senat stehenden Entscheidungszentrums, das der ‚revolutionäre' Volkstribun Ti. Gracchus mit der Volksversammlung gebildet hatte und jetzt von C. Gracchus erneut aufgerichtet wurde? Oder hatte Gaius auch ein reformerisches Ziel, war er der erste wirkliche Reformer Roms und ging es ihm folglich um neue Ordnungsvorstellungen, nicht lediglich um Macht und Einfluß, fühlte er sich vor allem als Reformator, nicht lediglich als Agitator? Manche Gesetze des Gaius, und unter ihnen gerade die wichtigsten, lassen sich in beide Richtungen hin interpretieren. Diente das Gesetz über die Frumentation der hauptstädtischen Bevölkerung dazu, die *plebs urbana* als Wählerpotential zu gewinnen [102: MOMMSEN 2, 105; 754: JUDEICH, 487] oder war hier ein Staatsmann am Werk, der die ökonomischen Probleme der Menschen in der wachsenden Stadt Rom, die von der patronalen Fürsorge nicht gelöst wurden oder auch nicht gelöst werden konnten, in die staatliche Regie nahm und damit an die sozialpolitischen Grundlagen der *res publica* rührte [so etwa 747: VON STERN, 277ff.; der Engpaß in der Versorgung mit Brotgetreide ist evident und auch durch eine neuere Inschrift aus der Mitte des 2. Jhs. wieder bestätigt worden, wonach in ziemlicher Eile Brotkorn aus Thessalien nach Rom geliefert werden sollte, vgl. P. GARNSEY/ T. GALLANT/D. RATHBONE, Thessaly and the grain supply of Rome during the second century B. C. , in: JRS 74 (1984), 30–44]? Auch das Richtergesetz ist ambivalent. Diente es vor allem dazu, die Ritter als Helfer gegen den Senat zu mobilisieren, wie die Mehrzahl aller Gelehrten meint und auch schon die Römer dachten (z. B. Varro bei Nonius p. 728 LINDS.: *bicipitem civitatem fecit, discordiarum civilium fontem*), oder sollte es – angesichts der bei Prozessen gegen Statthalter stets zur Debatte stehenden wirtschaftlichen Interessen der Ritter schwerer nachvollziehbar – „den Staat auf eine breitere Basis stellen", nämlich durch die Überwachung des Senats eine bessere Administration und also eine neue Ordnung schaffen [so 445: MEIER, 70ff., vgl. 132f.]? Oder wollte C. Gracchus etwa beides zugleich erreichen, sozusagen zwei Fliegen mit einer Klappe schlagen [746: STOCKTON, 152f.]? Ähnlich doppelsinnig lassen sich ebenfalls seine agrarpolitischen Gesetze auslegen. Es kann daher die zentrale Frage nach dem politischen Ziel des C. Gracchus kaum ganz eindeutig beantwortet werden: Wenn er, der (auf seine Wirkung hin besehen) in der Tat ein Brandstifter war (MOMMSEN), sich selbst entschieden nicht so zu sehen vermochte, er sich vielmehr als einen Politiker verstand, der die Schäden des Staates heilen wollte: Wie sollte diese mittels der ‚popularen' Methode durchgesetzte Politik, die an die Stelle des Senatswillens trat, sich auf Dauer etablieren? Etwa durch die Einrichtung des Tribunats als einer ständigen Staatsleitung, die personell von C.Gracchus und anderen auszufüllen wäre? Wollte er auf diese Weise die tradierte Verfassung stürzen und den Senat aus seiner zentralen Stellung verdrängen? MOMMSEN [102: 2,114ff., dazu 110: HEUSS, 150f.] hat das so gesehen. Für ihn ist C. Gracchus ein Monarch, der durch sein persönliches Regiment den Senat bewußt ausschalten bzw. ihm nur so viel lassen wollte, wie er für gut befand. Die Spannung zwischen den verschiedenen Interpretationsmodellen, die als denkbar angesehen werden können, ist groß und darum das Gaius-Bild uneinheitlich. Da die antike Tradition Gaius in weit höherem Maße als seinen Bruder kritisch gesehen hat, ist das meist positivere Urteil der Moderne vielleicht auch als eine Reaktion auf das antike Verdikt anzusehen. Der große Staatsmann, der die Tradition bricht und in seiner Weitsicht über seinen Zeitgenossen steht, stellt letztlich jedoch die Interpretation auf die Person des C. Gracchus ab, von der wir nicht viel wissen. Und ist er wirklich der aktive Neuerer? Erscheint er nicht viel eher in die Probleme verstrickt, die nicht er selbst, sondern andere oder der Zwang der Umstände geschaffen haben?

Sehr breit und mit meist positiven Antworten ist die Frage nach griechischen Vorbildern für die Gracchen diskutiert worden. Die Befürworter führen zur Stützung ihrer Meinung einmal die dem Griechischen aufgeschlossene Familie der Gracchen und griechische Lehrer, vor allem C. Blossius von Cumae, einen Stoiker (vgl. zum griechischen Einfluß auch 751: NICOLET), zum anderen gewisse tatsächliche oder unterstellte politische Ideen an, welche die Gracchen aus dem griechischen Kulturkreis nach Rom übertragen hätten, wie das „Prinzip der unmittelbaren Volkssouveränität" [747: VON STERN, 266. 278 f.; 112: BENGTSON, 160 und viele andere] und den Gedanken der Versorgung der Bevölkerung mit den wichtigsten Grundnahrungsmitteln [VON STERN a.O.]. Aber griechische Bildung war für beinahe jeden vornehmen Römer damals selbstverständlich und blieb ohne erkennbaren Einfluß auf die politischen Entscheidungen, wie der ältere Cato und Cicero beweisen, und was die politischen Ideen der Griechen angeht, so wurde die ‚Volkssouveränität' in Rom weder durch die Gracchen noch durch einen anderen verwirklicht; denn nicht das Volk, sondern der die Volksversammlung leitende Magistrat wurde der Konkurrent des Senats, und die Getreidegesetzgebung ist aus römisch-patronalem Denken leicht erklärbar. Wer fremde philosophische oder politische Einflüsse auf die römische Politik konstruiert, ist auf jeden Fall beweispflichtig, und solange sich etwas aus der römischen Tradition ableiten läßt, hat diese Erklärung vor weitergehenden Annahmen, wie der Übernahme fremder Vorbilder, absoluten Vorrang.

Die Gracchen waren nicht die Vermittler demokratischer Ideen, die ihnen die als Politiker sonst in allem so verachteten Griechen geliefert hätten, sondern sie waren, vom Gang der innerrömischen Entwicklung her gesehen, zunächst einmal die Aufrührer der tradierten Ordnung, die durch sie in Frage gestellt wurde. Da C. Gracchus in größerer Intensität und Bewußtheit als sein Bruder die geltenden Normen angriff, gilt noch heute für ihn das Wort TH. MOMMSENS, daß er „ein politischer Brandstifter" war [102: 2,117], ein Wort, das von MOMMSEN durchaus nicht in erster Linie als Vorwurf, sondern als Feststellung ausgesprochen worden ist. Die in dem Begriff enthaltene Vorstellung, daß die Gracchen, besondes C. Gracchus, viel mehr Unruhestifter als Vertreter einer programmatischen Politik genannt werden müssen, trifft um so eher zu, als beide Gracchen, und hier zuvörderst Tiberius, keine Vorstellung von einer anderen als der beste-

Angebliche griechische Vorbilder der Gracchen

Konsequenz der gracchischen Unruhen für die politische Gesamtordnung

henden politischen Ordnung hatten, sie – ohne die wahren Ursachen der Krise erkennen zu können – demnach keine Reformer, allenfalls Restauratoren waren und das Schwergewicht des Kampfes – das, was sich an ihm als wirksam und zukunftsweisend herausstellte, was mit den inneren Triebkräften und den objektiven Bedingungen der Revolution korrespondierte – nicht in dem Gegenstand, sondern in den Instrumenten der Politik, das heißt in den Mitteln zu deren Durchsetzung lag. – Zum anderen haben die beiden Gracchen die große Unruhe bereits bei ihrem Ausbruch als eine politische Krise, also als Führungs- und Herrschaftskrise, zu erkennen gegeben: Wenn man überhaupt in diesen unruhigen Anfängen schon die Konturen einer neuen politischen Ordnung glaubt erkennen zu können, dann deuten sie gerade nicht auf Demokratie, sondern auf Tyrannis/Monarchie, wie denn das neue politische Zentrum neben dem Senat nicht das Volk, sondern der als Magistrat tätige einflußreiche Nobilis war, und auch dies hat MOMMSEN bereits klar erkannt [a.O. 2,114ff.].

Populare und Optimaten   Die politischen Gruppierungen haben sich in der nachgracchischen Zeit begrifflich in den *populares* und *optimates* polarisiert. Sie vertreten nicht verschiedene soziale Schichten, wie die marxistische Forschung vielfach zu belegen sucht (Volk – Adel), noch stehen sie für bestimmte politische Programme, obwohl die politische Thematik bis zu einem gewissen Grade von der Zugehörigkeit zu einer der Gruppen abhängig sein kann. Sie verkörpern vielmehr verschiedene Richtungen innerhalb der einflußreichen Familien, insbesondere der Nobilität, und heben sich dabei weniger durch das Ziel als durch die Formen voneinander ab, in denen der politische Wille durchgesetzt wird: Die einen stützen sich auf den Senat (politisches Schlagwort: *auctoritas senatus*), die anderen auf die von dem einzelnen Beamten (Volkstribun, Konsul) geleitete Volksversammlung (*libertas populi*). Da der Senat die traditionelle politische Instanz ist, erscheinen die Optimaten im Bewußtsein der Akteure stärker der politischen Tradition, die Populaten einem an den Ständekämpfen ausgerichteten, eher romantischen Bild von dem Kampf des Volkes gegen den Adel verpflichtet. Auch bei den Populaten macht hingegen der einzelne Politiker (als Magistrat), nicht das Volk, das passiv bleibt, die Politik, und es stellt sich also dem nachschauenden Betrachter die Spannung zwischen diesen Gruppen eher als ein Desintegrationsprozeß der führenden Gesellschaft dar. Obwohl den Populaten in der Forschung gelegentlich eine stärkere politische Konzeption bis hin zu einer reformerischen Programmatik unterstellt wird, sind diese Verhältnisse jedenfalls im Prinzip anerkannt. Die Gruppen selbst, ihre Vertreter und ihre Politik sind von STRASBURGER [775] und CH. MEIER [776] in der RE behandelt worden; die Entwicklung der Ziele und Methoden der Gruppen bis in die ausgehende Republik, insbesondere deren jeweilige Funktion innerhalb des konkreten historischen Zusammenhangs, haben MARTIN [777] und ebenfalls wieder CH. MEIER [445: bes. 144ff.] dargestellt.

Die Ritter   Die Ritter bildeten vor der gracchischen Zeit keine von den Senatoren geschiedene Gruppe. Sie waren (zusammen mit den Senatoren) die Wohlhabenden, und die Nicht-Senatoren unter ihnen unterschieden sich von den Senatoren – abgesehen davon, daß sie an den politischen Entscheidungen im Senat und damit an der Regierung keinen direkten Anteil hatten – nur insoweit, als sie Handels- und Geldgeschäfte übernehmen konnten, die den Senatoren seit der *lex Claudia* vom Jahre 218 verschlossen waren. Erst nachdem den Senatoren in der gracchischen Zeit mit dem Eintritt in den Senat das Pferd genommen und den Rittern besondere politische Aufgaben übertragen worden waren, beginnt sich die Ritterschaft allmählich als ein besonderer politischer Stand (*ordo equester*) zu bilden und in der Politik eine wachsende Rolle zu spielen.

Eine vorzügliche Einführung in die republikanische Ritterschaft bieten noch immer MOMMSEN [412: 3,478ff.] und das erste Kapitel des Buches von STEIN [442], dessen Schwergewicht im übrigen auf der kaiserzeitlichen Ritterschaft liegt. Die umfangreichen jüngeren Arbeiten von HILL [443] und NICOLET [444], die sich auf die Republik konzentrieren, sind in ihrem Urteil über die Ritterschaft zu sehr unterschiedlichen Ergebnissen gekommen. HILL sieht in den Rittern einen Mittelstand, an welcher These sowohl der Begriff als auch das mit ihm Gemeinte problematisch sind, während NICOLET die nicht weniger anfechtbare These vertritt, daß die Ritter, zu denen er ausschließlich die Mitglieder der 18 Rittercenturien der Zensusordnung [s. o. S. 122f.], also die höchstens 1800 *equites equo publico* rechnet, eine Dignitätsschicht mit besonderen staatlichen Funktionen gebildet hätten [vgl. kritisch dazu MARTIN, Gnomon 39 (1967), 795ff.]. Beide Bücher sind jedoch nützlich, weil sie das Material und die Probleme ausführlich vorstellen; NICOLET hat im 2. Band seines Werkes auch zum ersten Mal eine vollständige Liste der uns bekannten Ritter der republikanischen Zeit vorgelegt.

Strittig ist, insbesondere wieder nach dem Buch von NICOLET, die Frage, welche Personengruppe unsere Quellen unter den Begriff *equites* fassen. In einem älteren, für uns nur noch indirekt faßbaren Stadium waren die *equites* diejenigen, die, weil vermögend, als Reiter dienten und in den 18 Centurien der Reiter organisiert waren. Als mit der Einführung des Zensus für den Reiterdienst ein Mindestmaß an Vermögen gefordert wurde, bildete dann der Zensus die Grundlage der Zugehörigkeit zu den *equites* und wurde aus dem rein militärischen allmählich ein politischer (und nur noch latent militärischer) Begriff (in der deutschsprachigen Literatur verwendet man für diesen neuen Typus des *eques* den der mittelalterlichen Geschichte entlehnten Begriff Ritter). Da die Anzahl derjenigen, die den Ritterzensus hatten, größer war als die Zahl der in den Rittercenturien als aktive Reiter Dienenden, stellten sich neben die letzteren, denen der Staat Pferd und Futtergeld lieferte (*equites equo publico*), die übrigen, die ihr Pferd auf eigene Kosten unterhielten (*equites equo privato*; der Begriff ist nur einmal, Liv. 27,11,14, und dazu in untypischer Verwendung belegt, die Sache aber unstrittig). In unseren republikanischen Quellen werden unter *equites* sehr wahrscheinlich alle verstanden, die den Ritterzensus aufweisen konnten [gegen NICOLET, s. o.], also sowohl die *equites equo publico* der 18 Rittercenturien als auch die

*equites* mit eigenem Pferd [so u. a. MARTIN a.O. 795; vgl. auch 760: HENDER-
SON. −412: MOMMSEN, 3,480 ff., der, wie NICOLET, die Ritter in strengem Sinne
auf die Staatspferdinhaber beschränkt, räumt jedoch ein, daß im weiteren
Sprachgebrauch auch die Ritter mit eigenem Pferd mitverstanden wurden]. − Es
ist eine offene Frage, wie in der nachsullanischen Zeit, als die Zensur, durch die
der Ritterzensus festgestellt wurde, praktisch entfiel (vor 50 v. Chr. haben mit
Sicherheit nur die Zensoren des Jahres 70 ihr Amt bis zu Ende durchgeführt),
sich die Ritterschaft ergänzte. Wahrscheinlich erfolgte die Ergänzung, wie bei
den Senatoren, automatisch durch die Übernahme bestimmter Funktionen bzw.
Qualifikationen, vielleicht durch den Offiziersdienst [MOMMSEN a.O. 3,486 f.].
Allerdings dürfte die Standeszugehörigkeit damals überhaupt nicht sehr streng
geregelt gewesen sein, eher faktische als normierte Verhältnisse geherrscht haben
und so auch etwa jeder, dessen Vater Ritter gewesen war, und jeder, der das
geforderte Vermögen tatsächlich hatte, sich *eques* genannt haben. Auch das Ros-
cische Gesetz vom Jahre 67, das einen Zensus von 400000 Sesterzen für den Ritter voraussetzte, kann hier keine Ordnung geschaffen haben, weil die reine De-
klaration des Mindestzensus ohne eine den Zensus feststellende Behörde keine
Basis für eine offizielle Gruppenzugehörigkeit schafft.

Die Ritter stellten keine homogene Schicht dar; das haben gegenüber HILL,
aber auch gegenüber der Darstellung mancher allgemeiner Handbücher oder
gegenüber marxistischen Thesen, die von den Rittern als einer Schicht vornehmlich von Kaufleuten und Bankiers ausgehen, neuerdings vor allem wieder BRUNT
[759] und NICOLET a.O. dargelegt. Neben den verschiedensten Berufsgruppen
(Offiziere, Kaufleute aller Art, Steuerpächter, Juristen usw.) stehen Honoratioren der Städte Italiens, die wiederum auch in den genannten Berufen tätig sein
können, und für die meisten ist auch größerer Landbesitz typisch; vgl. dazu, insbesondere zu den *publicani*, auch BADIAN [763].

Gegen NICOLET ist schließlich herauszuheben, daß die Ritter trotz ihrer seit
C. Gracchus wachsenden politischen Bedeutung keine Schicht von Funktionären
darstellten. Der seit C. Gracchus unternommene Versuch, sie vor allem als
Geschworene der Strafgerichtshöfe (*quaestiones*) in einen politischen Gegensatz
zum Senat zu bringen, bedeutete nicht die Übernahme von Herrschafts-, sondern allenfalls von Kontrollfunktionen [MARTIN a.O. 803]. Darüber hinaus gab
es keine spezifischen Ritterämter, sondern lediglich niedere Ämter, die nicht von
Senatoren, sondern meist von Rittern bekleidet wurden und keinen ausgesprochen ständischen Bezug hatten. Die Ritter sind sich als Gruppe zwar durchaus
bewußt gewesen, haben auch gegen Ende der Republik an politischem Gewicht
gewonnen, wodurch ihr Gruppencharakter zusätzlich noch gestärkt wurde;
doch sie sind in republikanischer Zeit nicht zu einem Stand mit festem Personenkreis und einer unbestrittenen politischen Funktion gelangt. Tatsächlich waren
die unterschiedlichen, insbesondere wirtschaftlichen Interessen der Ritter, vor
allem der Steuerpächter und Händler unter ihnen, nicht in den Staat zu integrieren, und es war schon von hieraus gesehen ein großer Teil der Ritter unfähig,

eine Dignitätsschicht zu bilden. Soweit der Ritter politischen Ehrgeiz hatte, suchte er dessen Erfüllung daher auch nicht in seinem ‚Stand', sondern strebte danach, in den Senat aufgenommen zu werden, der in der Tat eine geschlossene und politisch aktive Gruppe repräsentierte.

Im politischen Leben der ausgehenden Republik nahmen die sich seit 149 ent-  Die Entwick-
wickelnden ständigen Geschworenengerichte, welche die älteren Strafverfahren  lung der
der Magistrate und des Volksgerichts sowie das private Kapitalverfahren allmäh-  renengerichte
lich ablösten, einen wichtigen Platz ein. Die Quästionen sind Strafgerichte mit  *(quaestiones)*
51–75 Geschworenen unter Vorsitz eines Magistrats (ein Prätor oder ein eigens
ernannter *iudex quaestionis*), und sie werden seit den siebziger Jahren des 2. Jhs.
zunächst außerordentlicherweise (*quaestiones extraordinariae*), seit 149, in welchem Jahr die erste ständige Quästion (für das Repetundendelikt) aufgestellt
wurde, für jeweils ein bestimmtes Delikt als feste Gerichtshöfe (*quaestiones perpetuae*) eingerichtet. In den folgenden Jahrzehnten werden für eine ganze
Anzahl rein krimineller und politischer Delikttatbestände (Mord, Majestätsver-
brechen, Unterschlagung öffentlicher Vermögenswerte, Wahlumtriebe usw.)
weitere ständige Quästionen aufgestellt. Sulla hat dann das gesamte Quästionen-
wesen neu geordnet und ausgebaut; auch nach ihm ist der Kreis der vor den
Quästionen verfolgten Delikte noch erweitert worden. Daneben werden weiterhin häufig durch Volksgesetz einzelne (außerordentliche) Geschworenenhöfe
wegen besonderer bzw. politisch besonders brisanter Verbrechen eingerichtet
und also auch der ältere Usus fortgeführt.

Die Entwicklung des Quästionenwesens ist in doppelter Hinsicht, sowohl
von einem rein rechtshistorischen, die Entwicklung der Strafrechtsordnung
betreffenden Aspekt als auch wegen ihrer politischen Bedeutung wichtig. Durch
sie wird die Verfolgung von Straftaten, die bis dahin noch weitgehend von der
Privatinitiative (im kapitalen Privatanklageverfahren, für kriminelle Delikttatbestände), von der magistratischen Polizeijustiz und von der Strafgerichtsbarkeit
der Volksversammlung (*iudicium populi*, für politische Delikttatbestände)
geprägt war, in eine systematisch (nach Delikten) geordnete, von Magistraten
geleitete und von einer privaten Anklage bestimmte (danach heißt das neue Verfahren auch Akkusationsprozeß) Strafrechtsordnung übergeführt. An diesem
Vorgang ist sowohl der erkennbar stärkere Einfluß des Staates auf die Strafver-
folgung, dessen Ursache u. a. in dem sich erweiternden Bürgergebiet und der
damit auftretenden Problematik der Rechtssicherheit auf dem Gebiet der Strafrechtspflege zu suchen ist, bedeutsam als auch die Erweiterung des Anklage-
rechts, das früher auf den Geschädigten bzw., bei manchen, insbesondere den
politischen Anklagen, auf die Magistrate beschränkt gewesen war. Die Entwicklung des Quästionenwesens aus den älteren Verfahren hat vor allem KUNKEL
[710 und 711] zu rekonstruieren versucht; das Verfahren selbst und die einzelnen
Delikte sind von MOMMSEN [414] in unübertroffener Weise dargestellt worden.
– Die Quästionen haben jedoch vor allem wegen ihrer herausragenden politischen Bedeutung das besondere Interesse der Historiker gefunden. Durch die

Übertragung der Geschworenensitze dieser Höfe auf die Ritter in der gracchischen Zeit und durch die Bemühungen, ihnen diese wieder zu nehmen, wurden
diese Gerichte zunehmend in die Tagespolitik hineingezogen. Der Kampf um die
Geschworenensitze und die zahlreichen Versuche, mittels Spezialgesetz immer
neue Einzelhöfe zur Aburteilung mißliebiger Personen zu schaffen, sind als ein
Teil der innenpolitischen Auseinandersetzung in der ausgehenden Republik
anzusehen und können als Barometer der jeweiligen politischen Stimmung gelten. Die politische Rolle der Quästionen hat in jüngerer Zeit unter vielen anderen insbesondere GRUEN [793] untersucht.

Die Rolle der
Gewalt in der
späten Republik

Die Zeit von den Gracchen bis auf Caesar ist vor allem auch dadurch gekennzeichnet, daß die politischen Entscheidungsprozesse durch gewalttätige Aktionen, wie man sie seit den Ständekämpfen nicht mehr gekannt hatte, gestört und
beeinflußt wurden, zeitweilig sogar dadurch der gesamte Staatsapparat lahmgelegt werden konnte. Ti. Gracchus und Hunderte seiner Anhänger wurden einfach niedergeknüppelt; beim Ende des C. Gracchus kamen schon Tausende um;
Saturninus (100) und Sulpicius (88) endeten ebenfalls gewaltsam; aber auch sie
selbst hatten die politische Arena durch Anwendung von Gewalt in ihre Hand
bekommen wollen. In den fünfziger Jahren schien sich dann alles in Anarchie
aufzulösen. Die zunehmende Bedeutung der Gewalt (*vis*) erscheint uns zunächst
als eine Konsequenz des Haders innerhalb der Nobilität: Die Senatsmehrheit
meinte, mit dem inneren Gegner, der sich im Volkstribunat eine eigene Bastion
geschaffen hatte, nur noch durch den Einsatz von Brachialgewalt fertig werden
zu können, da die Instrumente nicht mehr griffen, die zur Sicherung der überkommenen Ordnung gegen eigenwillige Standesgenossen geschaffen worden
waren (vor allem die tribunizische Interzession und die Obnuntiation, d.h. die
Verhinderung politischer Aktivität durch die Ankündigung ungünstiger Vorzeichen). Der Höhepunkt dieser vom Inhaber des staatlichen Gewaltmonopols
selbst (Senat) ausgeübten Gewalt ist die Erklärung eben dieser Gewalt zum Notstandsrecht (s. u.). Die populare Gegenseite antwortete mit gleicher Gewalt,
doch fehlte ihr die Legitimität, welche die Verteidigung überkommener Rechte
geben kann. Die populare Gewalt wurde lediglich von der Autorität des jeweiligen Protagonisten getragen und stützte sich auf große Teile der stadtrömischen
Bevölkerung (*plebs urbana*), die durch die gesetzliche Gewährung materieller
oder politischer Vorteile (Ackerland, Getreidezuteilungen, Stimmrecht usw.)
geködert wurde oder als Klientel ihrem Führer, gelegentlich auch als bezahlte
Miettruppe ihrem Brotgeber folgte. Die Aktivierbarkeit von Teilen des Volkes
gegen die tradierte Ordnung bedarf der Erklärung. Eine Ursache für die Verfügbarkeit von Massen lag ohne Zweifel in der elenden wirtschaftlichen Lage vieler
Bewohner der schnell wachsenden Stadt Rom [701: HEATON; 704: BRUNT,
285 ff.]. Aber das allein reicht für eine Erklärung nicht aus, denn es gab auch bessere Jahre, und es ließen sich die Massen gegebenenfalls auch von denen locken,
die nicht die Politik der Versorgung der Armen mit Getreide und Land betrie-
ben. Es kann auch der von modernen Verhältnissen inspirierte Gedanke wenig

befriedigen, daß das Gewaltpotential in der städtischen Bevölkerung auf Grund einer strukturell bedingten Disposition des römischen Staates (totales Befriedungsbedürfnis der Staatsgewalt; Fehlen von Polizei; eine verhältnismäßig umfangreiche, rechtskonforme Selbsthilfe des einzelnen u. a.) latent vorhanden, aber erst durch bestimmte, in der späten Republik auftretende Erscheinungen (innere *discordia*, Teuerungen usw.) aktiviert worden sei [so etwa 702: LINTOTT; vgl. aber CH. MEIER, HZ 213 (1971), 395 ff.]. Es ist ferner zu fragen, ob man der *plebs urbana*, die sich aus den genannten oder anderen Gründen zusammenrottete, eine von den tradierten Ordnungsmechanismen unabhängige politische Rolle zuweisen darf. War sie eine politische Potenz eigener Art? Es ist wohl nicht ganz befriedigend, sie ausschließlich als ein Instrument aristokratischer (optimatischer oder popularer) Politik zu sehen, ihr also überhaupt kein Eigengewicht zuweisen zu wollen [so 445: MEIER, 107 ff.]. Man hat sich für eine Antwort zunächst einmal von der Charakterisierung solcher gewalttätiger Gruppen und deren Führer zu lösen, wie wir sie in unseren Quellen, vor allem bei Cicero, finden [704: BRUNT, 304 ff.]; dort werden sie ausnahmslos als illegale Banden und Abschaum der Gesellschaft (*servi, insani, sentina urbis, mercenarii* usw.) gekennzeichnet. Kommt man für die vorsullanische Zeit vielleicht mit der Interpretation von MEIER aus, zeigen doch gerade die fünfziger Jahre (vor allem Clodius!), daß es jedenfalls Ansätze zu eigenen, von den tradierten Formen unabhängigen Organisationsformen gab (*collegia, Compitalia*); sie wurden allerdings weniger von einem Programm politischer Forderungen als von dem jeweiligen Führer getragen, der durch den Rückgriff auf ein mythisiertes Volkstribunat der Ständekämpfe und durch die Bevorzugung bestimmter Bevölkerungsgruppen (Freigelassene, Sklaven) seine Stellung ideologisch und sozial untermauerte und festigte [vgl. 701: HEATON und die wohl eindringlichste Analyse des Phänomens durch 705: NIPPEL, bes. 81 ff.]. Es muß indessen fraglich bleiben, ob wir in den Aktivitäten solcher Gruppen bereits „die Entwicklung eines neuen Musters von Politik zu erkennen" [NIPPEL, a.O. 73] und in Clodius, der allenfalls in diesem Zusammenhang genannt werden könnte, einen wirklich selbständigen Politiker mit einem durchdachten politischen Programm und mit einer stadtrömischen Clientel (gleichsam eine Art Gegenstück zu der Heeresclientel der spätrepublikanischen Potentaten) zu sehen haben [so 706: BENNER]. Die politische Existenz eines Clodius begründete sich vor allem aus dem Spannungsfeld zwischen Senat und Triumvirn, das den offiziellen Staatsapparat zeitweilig lähmte, war mehr kurzlebiges Nebenprodukt dieses Spannungsfeldes als selbständige Kraft. Die Politik des Augustus beweist indessen, daß dieser Kaiser die alle Ordnung sprengende Aktivität der Plebs von Rom als eine auch noch in der Monarchie virulente Kraft ansah; er traf besondere, zum großen Teil bereits in der späten Republik angelegte Vorkehrungen, um das Gewaltpotential der *plebs urbana* abzubauen bzw. zu paralysieren (*cura annonae* als eine kaiserliche Aufgabe; Rolle des Theaters als Ventil von Gewalt; Herrscherkult; Stationierung von Schutztruppen in Rom); vgl. zu letzterem neben NIPPEL auch YAVETZ [707].

Die spät-
republikanischen
Notstands-
maßnahmen
(*senatus
consultum
ultimum*)

In Konsequenz der Radikalisierung des innenpolitischen Lebens in Rom sind vom Senat auch Notstandsmaßnahmen entwickelt worden, die nicht allein durch ihre Existenz, sondern vor allem deswegen, weil sie umstritten waren, den Charakter des Kampfes und die von den beiden politischen Hauptrichtungen tatsächlich oder vorgeblich vertretenen politischen Ziele offenlegen. Während in älterer Zeit, als der Notstand stets in einer äußeren Notlage begründet war, der Diktator die Notstandsbehörde bildete (er wurde vom Senat ernannt und seine Amtszeit auf 6 Monate streng begrenzt), band der Senat, seitdem mit den Unruhen um Ti. Gracchus eine innere Notstandslage entstanden war, die Exekution der zu treffenden außerordentlichen, die Verfassung teilweise suspendierenden Entscheidungen dadurch stärker an sich, daß er in einem besonderen, ‚letzten‘ Senatsbeschluß, dem *senatus consultum ultimum*, den Notstand nicht nur selbst ausrief, sondern auch einzelne oder alle Beamte besonders anwies, die Ordnung wiederherzustellen (*consules videant ne quid detrimenti res publica capiat*), und schließlich sogar den inneren Feind mit Namen nannte und zum Staatsfeind (*hostis publicus*) erklärte. Der *auctoritas senatus*, auf der diese Initiative politisch und moralisch ruhte und in der sich gleichsam die gesamte Staatsidee kristallisierte, wurde von den Popularen, die in aller Regel der innere Feind waren (einen popularen Senat hat es nur unter Cinna gegeben), die *libertas populi* entgegengestellt, worunter die Freiheit des politischen Handelns mit Hilfe der Volksversammlung (und eben ohne Zustimmung des Senats) zu verstehen ist. Von der Forschung ist diese spätrepublikanische Notstandserklärung in der Nachfolge von Mommsen [412: 3,1240 ff.] unter dem Begriff des Notstandsrechts erörtert und die Sache also unter den Rechtsinstitutionen abgehandelt worden, so von Plaumann [708] und, unter dieser Prämisse in gewisser Hinsicht abschließend, noch von Ungern-Sternberg [709]. In der Tat ist wohl von kaum jemandem in der ausgehenden Republik dem Senat als dem zentralen politischen Gremium das grundsätzliche Recht, bei bürgerkriegsähnlichen Unruhen auch im Bereich *domi* Maßnahmen zur Wiederherstellung der Ordnung zu treffen, bestritten worden; doch gab es gerade wegen der inneren Zerrissenheit in dieser Zeit faktisch keinen vom Senat erklärten Notstand, über den als solchen sich die streitenden Gruppen einig gewesen wären. Die Notstandsmaßnahmen der späten Republik sind daher eher als ein Instrument des politischen Kampfes denn als Anwendung von Rechtsgewalt anzusehen, und sie sind gerade wegen des um sie entbrennenden Streits für die Beurteilung der jeweils besonderen Situation ebenso wie für das Gesamturteil über die ‚Revolution‘ wichtig und interessant. In letzterem Sinne vgl. Bleicken [424: 473 ff.].

## c. Die Krise der Herrschaftsorganisation

Die Marianische
Heeresreform

Über das römische Heer, insbesondere über die Marianische Heeresreform und die weitere Entwicklung des Heeres zu einem Berufsheer in der ausgehenden Republik, informieren allgemein Kromayer/Veith [134], Harmand [807] und die RE-Artikel von W. LIEBENAM s. v. *dilectus* [5 (1903), 609–615] und *exercitus* [6 (1909) 1599–1604].

Die Marianische Heeresreform, die als Ausgangspunkt der Wandlung des römischen Heeres von einem Milizheer zu einem Berufsheer gilt, bedeutete nicht den Beginn von etwas völlig Neuem. In der Nachfolge älterer Forschungsansätze, unter anderen auch von DELBRÜCK [138: 1³, 453 ff.], haben jüngere Arbeiten, vor allem die wichtige Abhandlung von GABBA [808], hervorgehoben, daß die Rekrutierungsformen des Marius etwa in Notzeiten schon früher gelegentlich auch in umfangreicherem Maße geübt worden sind. Allerdings wurden sie erst durch Marius in einem so umfassenden Maße praktiziert, daß sie schließlich die übliche Art der Rekrutierung darstellten, ohne jedoch bis zum Ausgang der Republik die alte Form der Aushebung, den *dilectus ex classibus*, d. h. die Aushebung nach Vermögensklassen auf Grund der allgemeinen Wehrdienstpflicht, je ganz zu verdrängen. Die gegenüber dem alten System grundsätzlichen Änderungen bestanden zum einen in der Aufnahme von Besitzlosen in die Armee (*capite censi*, also die bei der Schätzung durch den Zensor, weil ohne Besitz, lediglich nach Köpfen gezählten Bürger), die nunmehr auch vom Staate ausgerüstet werden mußten, und zum anderen in der Freiwilligkeit der Meldung zum Soldatendienst. Der allmähliche Übergang zum neuen Rekrutierungssystem läßt sich auch deutlich an der mehrfachen Herabsetzung des Mindestzensus für die letzte der fünf *classes*, von denen die drei ersten als Schwerbewaffnete, die beiden letzteren als Leichtbewaffnete dienten, von 11 000 auf zunächst 4000 As im Hannibalischen Krieg und dann auf 1500 As in gracchischer Zeit ablesen; die Unterstellung, daß die Bürger dieses Zensus noch landansässige Bauern (*adsidui*) seien, war bereits damals Fiktion. – Die Ansicht von SMITH [811], daß es seit Marius in den Provinzen bereits „standing armies" gegeben habe, ist ohne Zweifel sowohl der Sache wie dem Begriff nach falsch. Die zeit- und gebietsweise nicht unerheblichen Militäreinheiten in den Provinzen sowie die regelmäßig zum persönlichen Schutz des Statthalters und seiner Hilfsorgane aufgestellten Truppen sind aus aktuellen militärischen, politischen oder einfach polizeilichen Gründen bereitgestellte Formationen, die gerade den Charakter eines stehenden Heeres entbehren, sich allenfalls gelegentlich als Truppen im Übergang von dem einen zu dem anderen System bezeichnen lassen.

Nach Sallust b. Jug. 86,2 f. hat Marius zum ersten Male in seinem 1. Konsulat i. J. 107 bei den Aushebungen für den afrikanischen Feldzug nicht nach den Vermögensklassen (*ex classibus*) ausgehoben. Diese Aushebungen sind zunächst einmal als eine aus einer Notsituation geborene ad-hoc-Maßnahme zu verstehen. Da sich aber durch die großen Verluste in den Germanenkriegen der folgenden Jahre der Soldatenmangel noch erhöhte, hat Marius in seinen Konsulaten 104–100 ohne Zweifel weiter mittellose Bürger in die Legionen aufgenommen. Eine ‚Reform' in dem Sinne, daß damit ein für allemal eine Änderung oder Ergänzung des Rekrutierungsverfahrens festgeschrieben werden sollte, ist diese Neuerung jedoch nicht zu nennen, zumal das traditionelle Verfahren – bis zum

Ende der Republik – bestehen blieb und praktiziert wurde. Der Sache nach rückte diese bequeme Art, viele und länger verfügbare Soldaten zu bekommen, indessen immer mehr in den Vordergrund, zumal die sich seit 103 einbürgernde Versorgung der Soldaten nach der Demobilisierung einen zusätzlichen Anreiz schuf, in das Heer einzutreten und also bei diesem Verfahren wohl immer hinreichend viele Dienstwillige zur Verfügung standen. Erst die Kimbernkriege dürften auch die andere dem Marius zugeschriebene Heeresreform erzwungen haben, nämlich den Übergang von der Manipular- zur Kohortentaktik. Denn nicht die Kämpfe im bergigen Afrika, sondern die Schlachten gegen die Germanenheere, die in aller Regel auf Ebenen ausgetragen wurden, erzwangen gegenüber den in kompakten Haufen kämpfenden Gegnern die größere Infanterieeinheit, eben die *cohors*, die als eine reine Fußtruppe dann die bisher der Legion attachierten anderen Kampfgattungen (Reiterei, Leichtbewaffnete) aus der römischen Kerntruppe herausdrängte und zu Sondereinheiten machte. Letztere wurden in Zukunft meist von fremden – bundesgenössischen oder untertänigen – Völkern gestellt; aber erst Caesar, dessen germanische Reiterei berühmt wurde, scheint hier die Entwicklung zu einem gewissen Abschluß gebracht zu haben, wie denn überhaupt er als der Vollender der Kohortentaktik anzusehen und der genaue Anteil des Marius nur unvollkommen auszumachen ist. Über die Fragen der neuen Taktik hat zuletzt HARMAND [807: 39ff.] ausführlich gehandelt.

Die Politisierung der Armee    Der wohl wichtigste Aspekt des spätrepublikanischen Heeres liegt in der Politisierung der Soldaten als unmittelbare Folge des neuen, auf den Nichtbesitzenden abgestellten Rekrutierungssystems. Da ein stehendes Heer aus sozialpolitischen Gründen undenkbar war, mußte, wie früher, jede Armee nach einem Krieg demobilisiert werden. Da die Soldaten aber durch das veränderte Rekrutierungssystem zu einem sehr großen Teil ohne Besitz waren, hatte der Feldherr, anders als früher, bei der Demobilisation in irgendeiner Weise für deren Zukunft zu sorgen. Die Politisierung der Armee ist also eine Konsequenz aus der Proletarisierung der Soldaten, und es versteht sich von selbst, daß der Feldherr, der nach den Vorstellungen der Zeit für die Versorgung der Soldaten verantwortlich war, diese Politisierung auch zu eigennützigen politischen bzw. persönlichen Zielen auszunutzen suchte. Künftig war mithin jede Entlassung größerer Heereseinheiten ein Politikum. Oft wurden dabei die Forderungen mit mehr oder weniger Gewalt durchgesetzt, und es wird damit alle Politik der Zeit weitgehend von der Armee bzw. deren Führung bestimmt. Die Interdependenz von anstehenden Reichsaufgaben, dem Ehrgeiz des einzelnen Politikers und den sozialen Problemen des Soldaten ist darum stets Gegenstand besonderen Interesses der Forschung zur ausgehenden Republik gewesen und wurde zuletzt eindrucksvoll von GABBA [809], BRUNT [813] und in zusammenfassenden Überblikken von ERDMANN [810] und H.-CH. SCHNEIDER [814] behandelt; wenn letzterer indessen in dem Fehlen einer ‚echten‘ Veteranenversorgung, die von der sozialen Situation des entlassenen Veteranen ausgeht, ein Versäumnis sieht, das zum Untergang der Republik geführt habe, hat er dabei die Möglichkeit versorgungspolitischer Ideen unterstellt, die uns heute vertraut sind, aber auf Grund einer völlig anders gelagerten Struktur der römischen Gesellschaft (Gebundenheit des Bürgers an adlige Personen/Familien; Fehlen eines abstrakten Staatsgedankens mit auf die Zukunft gerichteter Programmatik; Gebundenheit allen Denkens an die Tradition) damals unbekannt waren. In seiner kleinen Skizze der spätrepublikanischen Armee hebt DE BLOIS [816] heraus, daß der Feldherr von seinen Soldaten auch abhängig war und er nicht lediglich als Patron einer ihm blind ergebenen Gefolgschaft anzusehen ist. — Die für die Beantwortung militärpolitischer Fragen von den Quellen her außergewöhnlich ergiebige Triumviratszeit zwischen Caesars Ermordung und der Schlacht von Actium ist von SCHMITTHENNER [815] und vor allem von BOTERMANN [817: begrenzt auf die noch von den Reden und der Korrespondenz Ciceros abgedeckten Zeit, also bis Ende 43] untersucht worden. Die von HARMAND a.O. vertretene These von der Mittelmäßigkeit und Disziplinlosigkeit des spätrepublikanischen Heeres, von der das Caesarische Heer dann positiv abgehoben wird, kann nur sehr bedingt Zustimmung beanspruchen. Die in ihrer Gewichtung jeweils sehr unterschiedlichen politischen, sozialen und auch — im Hinblick auf die oberste Heerführung und das Offizierskorps — persönlichen Implikationen einer Situation lassen sich auf diese Weise nicht polarisieren; vor allem ist der unbestreitbare politische, sich oft in chaotischen Formen darbietende Einfluß der Soldaten bei den Abstimmungen in den Volksversammlungen und der Zusammenbruch der inneren Geschlossenheit des Heeres unter dem Druck von Versorgungs- und Clienteldenken nicht mit Disziplinlosigkeit zu verwechseln. Eine die moralische, auch die militärische Ordnung in Mitleidenschaft ziehende Verwahrlosung der Soldaten, die wir gelegentlich beobachten können, darf nicht verallgemeinert werden, und sie ist zudem immer nur sekundärer Effekt einer von anderen Faktoren gesteuerten Situation, und daran hatte das Heer Caesars in gleicher Weise Anteil wie die anderen Armeen.

Die Italikerfrage ist eine Konsequenz der Auflösung des römischen Bundesgenossensystems in Italien [s. o. S. 133 ff.], die ihrerseits wiederum als die Folge der inneren und äußeren Anpassung der Bundesgenossen an die römische Vormacht und der sich daraus entwickelnden freiwilligen politischen Selbstaufgabe anzusehen ist. Der Verfall der alten politischen Ordnung erklärt sich für die Bürger der Latinischen Kolonien, die ja von ihrer Herkunft her Römer waren und lateinisch sprachen, bereits aus der Funktionslosigkeit ihrer Städte, die seit vielen Generationen gegenüber den Bundesgenossen in Italien keine Überwachungsaufgaben mehr hatten, für die Bundesgenossen aus der jahrhundertelangen Interessenidentität mit den Römern in den Kriegen außerhalb Italiens und im Fernhandel. Die Auflösung der alten politischen Verhältnisse erzeugte nicht automatisch den Wunsch, in den Verband der römischen Bürger aufgenommen zu werden, da die alten Formen ihre Anziehungskraft noch nicht ganz verloren hatten und eine etwaige ‚römische' Zukunft weder notwendig noch (jedenfalls zunächst) besonders vielversprechend erschien. Das politische Stimmrecht war noch von gerin-

*Die Italikerfrage*

gem Wert, weil man kein Programm sah, das durch ein Abstimmungsrecht verwirklicht werden konnte, und auch die materiellen Vorteile des römischen Bürgerrechts (milderes Militärstrafrecht; gleiche Berücksichtigung bei der Verteilung von Kriegsbeute und Land; Gleichbehandlung durch die römischen Provinzialbehörden u. a., vgl. 823: BRUNT) wogen nicht sehr schwer. So war das Gefühl der Zurücksetzung gegenüber den Römern wenig ausgeprägt, und es fehlte sogar zunächst die wichtigste Voraussetzung für ein Streben in den römischen Bürgerverband, nämlich ein allgemeines, über die einzelne Stadt oder den einzelnen Stamm hinausführendes Bewußtsein von der Zusammengehörigkeit aller in Italien wohnenden Nichtrömer oder gar aller dort lebenden Menschen. Diese erkannten die Untertanen in den Provinzen verständlicherweise früher als die Bundesgenossen selbst: Die Griechen nannten die aus Italien in den Osten kommenden Personen ‚Römer‘, sahen also lange vor dem Bundesgenossenkrieg ganz Italien als eine politische Einheit an. Nachdem sich die Bundesgenossen mit den Römern zu identifizieren begonnen hatten, nannten dann auch sie sich im Osten als Einzelpersonen bereits ‚Römer‘, verwandten jedoch zur Gruppenbezeichnung, wohl aus juristischen Gründen, den Begriff *Italici*, [nach 492: HANTOS; vgl. 819: HATZFELD, bes. 238 ff.; F. DURRBACH, Choix d'inscriptions de Delos, Paris 1921, bes. 211 f.]. Dürfte sich das Gefühl der Gemeinsamkeit (und Zurückgesetztheit gegenüber den römischen Bürgern) also vor allem außerhalb Italiens (und natürlich im Heer) geschärft haben, bildete sich der politische Wille, dieses Bewußtsein zu einer Forderung nach Erlangung des römischen Bürgerrechts umzuformen, erst mit den Landverteilungen der gracchischen Zeit, als die Italiker trotz der Rückgabe des von ihnen okkupierten Staatslandes an den Assignationen des Ti. Gracchus nicht beteiligt wurden und wegen der darüber ausbrechenden Spannungen dann die weitere Durchführung der Ansiedlungen gänzlich eingestellt werden mußte [749: MOLTHAGEN, 429 ff.], und mit den Landverteilungen nach den Germanenkriegen. Marius hat bereits freizügig Italikern bei der Einreihung in seine Legionen oder auch besonderer Verdienste wegen das Bürgerrecht verliehen, um die wachsenden Spannungen abzubauen. Durch die inneren Unruhen, in denen die Italikerfrage von den Popularen vor allem zur Gewinnung einer starken Anhängerschaft unter den potentiellen Neubürgern hochgespielt wurde, ist der an sich natürliche und lebendige Vorgang der Anpassung der Italiker an Rom politisch aufgeladen und in der Forderung nach dem Bürgerrecht zugespitzt worden, was schließlich in den Bürgerkrieg mündete. – Einen ansprechenden Überblick über die Entwicklung Italiens zu einer politischen Einheit vom Latinerkrieg 340/38 bis auf Augustus hat SALMON [502] vorgelegt.

In der Forschung sind diese Verhältnisse erst in jüngerer Zeit intensiver behandelt worden, da das Interesse an der Entstehung des Bundesgenossensystems das an dessen Auflösungsphase überwog. Eine durchgängige, alle Fragen dieser Phase behandelnde Darstellung wird aber demnächst HANTOS vorlegen. Einen wichtigen Fortschritt bedeutete bereits ein umfangreicher Aufsatz von GABBA 6820]; doch ist seine These, daß die Fernhändler aus der Oberschicht der bundesgenössischen Städte an dem Prozeß der politischen Bewußtseinsbildung entscheidenden Anteil hatten, weil sie sich von der Teilhabe an der römischen Politik (wie stellt sich G. diese konkret vor?) Vorteile für die Befriedigung ihrer kommerziellen Interessen versprachen, als die einseitige Überspitzung eines Teilaspekts komplexerer Vorgänge anzusehen [vgl. zur Kritik SHERWIN-WHITE, JRS 45 (1955), 168–170].

Der Bundesgenossenkrieg wurde, weil er im Gebiet der Marser begann und dort ein Zentrum behielt, von den Zeitgenossen *bellum Marsicum*, aber auch *bellum Italicum* genannt; *bellum sociale* heißt er erst in den kaiserzeitlichen Quellen. – Zum Verlauf des Krieges vgl., neben den allgemeineren Darstellungen, VON DOMASZEWSKI [821], zu den Gesetzen über die Bürgerrechtsverleihung NICCOLINI [824] und zur Organisation der Italiker während des Krieges, die, entgegen manchen modernen Ansichten, keine Repräsentativverfassung, sondern eine nach bündischen Prinzipien geordnete, in ihren Institutionen an Rom angelehnte und in allem nur provisorische politische Ordnung gewesen sein kann, H. D. MEYER [822].

Der Bundesgenossenkrieg

Eine gute allgemeine Information über Sulla bietet der mit Ausnahme weniger Seiten von H. LAST geschriebene Abschnitt über Sulla in der Cambridge Ancient History [107: 9,261–312]; die kleine Biographie von KEAVENEY [833] beachtet das politische Umfeld zu wenig, ist zu sehr darauf fixiert, Sulla als einen rationalen, vorausdenkenden, für die *res publica* lebenden Mann hinzustellen, und nicht kritisch genug gegenüber den Aussagen unserer Quellen. Der Marsch Sullas auf Rom, mit dem ein neues Kapitel römischer Innenpolitik beginnt, ist recht ansprechend von VOLKMANN [792] dargestellt worden.

Sulla

Angesichts des Mangels selbst an allgemein darstellenden Quellen [Hauptquellen sind Appian und die Biographie Plutarchs über Sulla] ist jedes Bemühen, die Person Sullas zu greifen oder gar sein Werk aus seiner Persönlichkeit erklären zu wollen, von vornherein zum Scheitern verurteilt. Obwohl dies selbst dann, wenn wir hinreichend zeitgenössische Quellen besäßen, fragwürdig wäre, hat die Forschung vornehmlich diesen Weg gewählt. Dazu mögen, neben den ungeheuren Leistungen Sullas, vor allem die augenfälligen Dissonanzen beigetragen haben, die unsere antiken Gewährsmänner seinem Charakterbild geben. Der klare politische Analytiker, mit dem sich keiner seiner Zeitgenossen messen konnte, steht neben dem Glücksritter und Gewaltmenschen, Zynismus neben dem Glauben an den Erfolg und der Aristokrat neben dem Diktator. Alles, was an Sulla unheimlich und unerklärlich war, haben antike Anekdoten und moderne Spekulationen über die Person Sullas zu überspielen versucht, um das vermeintlich Irrationale verständlich zu machen. Sulla selbst hat, vielleicht subjektiv aufrichtig, an dem Mythos, der sich um seine Person rankte, durch den Verweis auf sein Glück und die Gunst der Götter gearbeitet [832: BALSDON]. Daß er jedoch der Erbauer des gewaltigen Tempels der Fortuna Primigenia in Praeneste (Palestrina) gewesen sei, wie früher ziemlich einhellig angenommen wurde, wird heute kaum noch vertreten werden können, nachdem durch eine genauere, durch die Kriegszerstörungen möglich und notwendig gewordene Neuaufnahme des Tempels u. a. auch die chronologischen Fragen neu bedacht werden konnten. Besonders auf Grund der epigraphischen Zeugnisse (A. DEGRASSI, Memorie Acad. Lincei 8,14,2 (1969), 111 ff.) hat der Tempel auf jeden Fall als vorsullanisch zu gelten. Er gehört sehr wahrscheinlich noch in das mittlere oder späte 2. Jh. v. Chr.; Sulla hat ihn lediglich restaurieren lassen; vgl. F. FASOLO/G. GULLINI, Il santuario della Fortuna Primigenia a Palestrina, Roma 1953, 301–323 und 686: ZANKER, 336–340. – Eine nüchterne Betrachtung hat vom Werk, nicht von der Person Sullas auszugehen. MOMMSEN [102: 2,372 ff.], dessen Herz für die Gracchen und Caesar, nicht für die regierende ‚oligarchische Clique‘ schlug, hat Sulla Lob gezollt für die Konsequenz, mit der ein Mann von seiner Couleur die alte Verfassung gerettet hat. Nicht sehr weit von ihm entfernt sieht auch BERVE [828] in Sulla einen Vertreter der optimatischen Richtung der Nobilität, der die seit den Gracchen aufgetretenen politischen Probleme und Fehlentwicklungen mit dem Blick auf die vorgracchischen Verhältnisse regeln bzw. korrigieren wollte. Eine genaue, von einer sorgfältigen Analyse der auf uns gekommenen Quellen ausgehende Bewertung des sullanischen Verfassungswerkes hat indessen erst jüngst HANTOS [831] anhand der beiden Kernstücke dieses Werkes, dem Verhältnis von Aristokratie und Rittern und der Neugestaltung der Exekutive, vorgenommen. Es geht ihr dabei nicht in erster Linie um die Rekonstruktion der Rechtsordnung bzw. um eine Institutionenkunde im Sinne MOMMSENS, sondern um die Erhellung der politischen Sinnhaftigkeit der gesetzlichen Maßnahmen; sie erkennt sie u. a. in der Schwächung der Institution ‚Senat‘, die zu einer faktischen Stärkung des Konsulats und eines ‚inneren Kreises‘ der Konsulare führte, und in dem Bestreben, den allgemeinen Ordnungsrahmen als einen in sich selbst funktionierenden Apparat zu gestalten, um dadurch soziale Reibungsflächen abzubauen (Automatismus von Magistratur und Promagistratur, Erweiterung des Systems von Geschworenengerichten, Vermehrung der Priester, Regelungen des Interzessionsrechts usw.). Sulla erscheint danach nicht einfach als ein Mann der Restauration, sondern als ein Politiker, der um der Konservierung der alten sozialpolitischen Verhältnisse willen über die Ordnung in freierer Weise disponiert und sie damit auch in der Zukunft disponibel macht. Er bedeutet das Ende eines unreflektierten Selbstverständnisses der gegebenen Ordnung und steht in dem Gedanken, daß die Verfassung als das Konstrukt des politischen Willens eines Augenblicks möglich ist, bereits Augustus nahe. – In einer interessanten, aber von den Quellen nicht immer eindeutig gestützten Studie hat GIOVANNINI [434a] u. a. die These aufgestellt, daß Sulla an der Struktur der konsularischen Amtsgewalt nichts geändert hat, vielmehr der Konsul, neben der allgemeinen Staatsleitung, sowohl vor als auch nach Sulla das militärische Kommando über seine Provinz hatte, sobald sie ihm zugesprochen worden war (also auch schon während seines Konsulats), und er es wahrnehmen konnte, wann er wollte; erst Augustus habe durch sein übergreifendes prokonsularisches Kommando die konsularische Gewalt auf den Zivilsektor beschränkt.

Da die verfassungspolitischen Fragen in den vergangenen 50 Jahren durch eine Flut von Gesetzen angegangen worden waren, hat auch Sulla sein Werk auf Gesetze gegründet. In der klaren Erkenntnis, daß eine geschwächte Aristokratie kaum durch das Gesetzgebungswerk allein gestützt werden konnte, hat er jedoch gleichzeitig die restituierte Senatsherrschaft durch einen sozialen Umschichtungsprozeß (Ausrottung der Gegner, Erweiterung des Senats mit Rittern; Konstituierung der Veteranen und der von ihm Freigelassenen als Stützen des Systems) zu stärken versucht.

## 9. Die Auflösung der Republik

Vorbemerkung
zu den Quellen
und Forschungs-
tendenzen
Die drei letzten Jahrzehnte der Republik sind die uns am besten dokumentierte Periode der römischen Geschichte. Sie sind auch die seit dem 18. Jh. am meisten behandelten Jahrzehnte, weil das Ringen um die Erhaltung der republikanischen Ordnung als ein Kampf für die politische Freiheit gegen die Tyrannis angesehen wurde und die politischen Ideen der Neuzeit in der Darstellung der Probleme und Personen der ausgehenden römischen Republik Lebendigkeit und Verbindlichkeit erhielten. Diese Zeit kann daher auch heute auf ein kaum vermindertes Interesse rechnen, und dies nicht lediglich wegen der Sachfragen, sondern auch wegen der unmittelbaren, die Probleme lebendig veranschaulichenden Dokumentation.

Da die Überlieferung vor allem auf den Schriften dreier Zeitgenossen beruht (Cicero, Caesar, Sallust), gehen die modernen Untersuchungen zu der Zeit vielfach von ihnen und ihrem Werk aus. Eine umfangreiche Literatur, die zum größeren Teil von Philologen erarbeitet wurde, behandelt daher Fragen zu dem Werk und zu der Person dieser Autoren. Die politische Geschichte ist entsprechend der Quellenlage weitgehend über die Behandlung von Politikern, die wir besser kennen, erfaßt worden, und folglich stecken gerade auch wegen der Bedeutung, die besonders in diesen Jahrzehnten der starken Einzelperson zukommt, heute wie früher die Ansichten der Forscher zu den sachlichen und strukturellen Fragen der Zeit häufig in detaillierten oder zusammenfassenden Arbeiten über Personen. Neuerdings nimmt auch das Interesse an dem Studium einzelner Gruppen der Gesellschaft zu; entsprechende Forschungen sind vor allem auch in einigen systematischen, größere Zeitabschnitte zusammenfassenden Arbeiten enthalten [vgl. etwa 428: GELZER, 444: NICOLET und 809: GABBA]. Besondere Aufmerksamkeit verdienen diejenigen Bemühungen, die − oft im Zusammenhang einer breiteren Darstellung − den Zusammenbruch der Republik als einen bei den gegebenen Prämissen unabänderlichen historischen Prozeß verständlich machen wollen [z. B. 110: HEUSS und 445: CH. MEIER].

### a. Die Quellen (bis 43 v. Chr.)

Die ausgehende Republik ist der uns am besten überlieferte Zeitabschnitt der römischen Geschichte, weil uns drei in dieser Zeit lebende Schriftsteller, die zugleich das politische Leben mitbestimmten, umfangreiche Werke hinterlassen haben, nämlich Cicero, Caesar und Sallust.

Cicero   Das Corpus der Schriften Ciceros läßt sich nach den literarischen Gattungen grob in drei Gruppen einteilen, nämlich in die Reden (es sind uns insgesamt 58 Prozeßreden und politische Reden, teilweise mit Lücken, erhalten; es hat darüber hinaus jedoch noch mindestens 20 heute – außer Fragmenten – verlorene Reden gegeben, die von Cicero veröffentlicht worden waren), die Briefe (an seinen Freund T. Pomponius Atticus = *ad Atticum*, an seine Freunde = *ad familiares*, an seinen Bruder Quintus, an M. Junius Brutus sowie die Denkschrift über die Bewerbung um das Konsulat = *commentariolum petitionis* von 65/64 v. Chr.; es ist nur etwa die Hälfte der Korrespondenz Ciceros, nämlich ca. 780 Briefe, auf uns gekommen. In den Sammlungen *ad familiares* und *ad Brutum* sind auch ca. 100 Briefe von Korrespondenten aufgenommen worden, darunter solche von Pompeius, Caesar, Brutus, Cassius und Antonius) und in die philosophischen Schriften (für die politischen Auffassungen Ciceros sind vor allem wichtig die Schriften über den Staat = *de re publica*, über die Gesetze = *de legibus* und über die Pflichten = *de officiis*); unter den letzteren stellen die rhetorischen Werke eine besondere Gruppe dar. Der älteste Brief, den wir besitzen, stammt vom November 68 (ad Att. 1,1), der letzte vom 28. Juli 43 (von Munatius Plancus an Cicero, ad fam. 10,24), der letzte von Ciceros Hand vom 27. Juli 43 (ad Brut. 1,18); die älteste veröffentlichte Rede wurde im Frühjahr 81 (*pro Quinctio*, eine Verteidigungsrede im Zivilprozeß), die letzte am 21. April 43 (14. Philippische Rede gegen M. Antonius) gehalten. – Zu den Übersetzungen und Kommentaren des Werkes vgl. Nr. 27–38, zur modernen Forschung Nr. 39; 878–892 des Literaturverzeichnisses. – Den klarsten Einblick in die äußeren Daten des Lebens Ciceros vermittelt das Buch GELZERS [879]; da es in engem Anschluß an die Schriften Ciceros geschrieben wurde und streckenweise sogar eine Paraphrase einzelner politischer Schriften darstellt, kann es gleichzeitig in das Werk des Politikers Cicero einführen.

Von C. Julius Caesar sind uns seine Aufzeichnungen (*commentarii*) über die Eroberung Galliens (8 Bücher *de bello Gallico*; der Buchtitel stammt nicht von Caesar) und über den Bürgerkrieg von 49/48 (3 Bücher *de bello civili*; Titel ebenfalls nicht authentisch) erhalten. Das *bellum Gallicum* ist von Caesar wahrscheinlich im Winter 52/51 in einem Zuge, und zwar bis zum Jahre 52 niedergeschrieben worden [anders 16: BARWICK, 100 ff.; zur Diskussion vgl. 901: GESCHE, 78–83]. Die Ereignisse der beiden letzten Jahre 51/50 hat Caesars Vertrauter A. Hirtius im 8. Buch angehängt. Das Werk begreift sich als nüchterner Kriegsbericht; doch sind die Ereignisse selbstverständlich aus der Sicht Caesars geschrieben worden, ohne deswegen als ‚gefälscht‘ oder verdreht gelten zu können [nach 20: RAMBAUD hat Caesar hier wie in seinem *bellum civile* die Ereignisse bewußt verzerrt]; es wäre absurd, an Caesar die Maßstäbe moderner wissenschaftlicher Arbeitsweise anlegen zu wollen. Das Werk hat hohen literarischen Rang. Die geographischen und ethnologischen Exkurse, die von nicht wenigen Philologen und Historikern als unecht angesehen worden sind, werden heute jedenfalls überwiegend in ihrer Echtheit nicht mehr angezweifelt [vgl. vor allem 19: BECKMANN; zur Diskussion 901: GESCHE, 83–86]. – Das Werk über den Bürgerkrieg ist unvollendet und entbehrt vor allem in den späten Teilen der überarbeitenden Hand; es führt lediglich bis auf die Ermordung des Pompeius

Caesar

hinab. Zu Abfassungszeit, Tendenz [zu RAMBAUD s. o.] und einzelnen histori-schen und philologischen Fragen vgl. GESCHE [901: 121−131]. Anonyme Fort-setzer des *bellum civile*, unter ihnen subalterne Offiziere, haben die weiteren Ereignisse des Bürgerkrieges in kleinen, unter dem Begriff des *Corpus Caesaria-num* zusammengefaßten Einzelabhandlungen von z. T. wenig ansprechender Form dargestellt: *de bello Alexandrino*, *de bello Africano* (von einem talentierten Autor) und *de bello Hispaniensi* (von geringem Niveau). − Zu den Übersetzun-gen und Kommentaren der Schriften Caesars vgl. Nr. 7−12, zur Literatur über Person und Werk Nr. 13−20.

Sallust   Sallust (C. Sallustius Crispus, 86−34) hat uns zwei wichtige Monographien über den Jugurthinischen Krieg [s. o. S. 169] und die Catilinarische Verschwö-rung (*de Catilinae coniuratione*) hinterlassen. Von seinem Hauptwerk, den *historiae* (eine sich an Sisenna anschließende, die Zeit von 78 bis 67 behandelnde zeitgeschichtliche Schrift monographischen Charakters), sind lediglich einige Reden (Lepidus, Philippus, Cotta, Licinius Macer) und Briefe (Pompeius, Mith-ridates) sowie Fragmente [alles gesammelt von 75: MAURENBRECHER] auf uns gekommen; doch besitzen wir noch ein Pamphlet gegen Cicero (*invectiva in Ciceronem*) und zwei fiktive Briefe an Caesar (*epistulae ad Caesarem*), in denen Vorschläge zur Neuordnung der *res publica* gemacht werden (2. Brief, ca. 51/50) bzw. Caesar zur maßvollen Haltung im Sieg angehalten wird (1. Brief, 48 oder etwas später). Die Diskussion um die Echtheit dieser Briefe ist noch immer nicht verstummt. Die kleine Schrift des sonst unbekannten Julius Exuperantius aus dem 4. oder 5. Jh. enthält Exzerpte aus den Werken Sallusts, insbesondere zum ersten Bürgerkrieg und zum Krieg gegen Sertorius [Ausgabe von G. LANDGRAF u. CARL WEYMAN, in: Archiv f. lat. Lexikographie u. Grammatik 12 (1902), 561−578]. − Sallust, den Quintilian einen römischen Thukydides genannt hat, kommt es in allen seinen Schriften auf die politische Analyse der Ereignisse an, die nicht bloße Ursachenforschung sein, sondern durch die Aufdeckung der menschlichen Triebkräfte eine moralische Perspektive enthüllen will. Das Men-schenbild Sallusts ist dabei negativ, seine Auffassung von dem Lauf der Geschichte zutiefst pessimistisch. Er sieht klar den Verfall der Nobilität und mit ihr den der ganzen *res publica*. − Zu den Übersetzungen und Kommentaren vgl. Nr. 71−74, zu dem Historiker Sallust und den literarischen Problemen Nr. 76−80 des Literaturverzeichnisses.

Kaiserzeitliche   Trotz dieser umfangreichen zeitgenössischen Literatur ist unsere Information
Quellen einseitig; sie ist vor allem durch Cicero geprägt. Das wird erst richtig ermessen können, wer sich eine Vorstellung von dem ungeheuren literarischen Reichtum der Zeit, insbesondere von dem reichen politischen Schrifttum (Reden, Pam-phlete, Briefe) und der zeitgeschichtlichen Historiographie (so etwa das verlo-rene Werk des Asinius Pollio, das die Zeit von 60 bis ca. 42 v. Chr. behandelt hat), gemacht hat. Von alledem besitzen wir nur Fragmente, z. T. kennen wir lediglich den Namen der Werke [Fragmente bei 86: PETER und 87: JACOBY]. Um so wichtiger sind uns die erhaltenen Werke später schreibender Schriftsteller, die

nicht nur oder auch überhaupt nicht Cicero, Caesar und Sallust benutzt haben und uns also zu anderen Quellen führen. Unter ihnen sind besonders wertvoll die in diese Zeit fallenden Biographien *Plutarchs* (Sertorius, Lucullus, Pompeius, Crassus, Cicero, Caesar, Cato Minor, Brutus, Antonius) und die Biographie *Suetons* über Caesar (Divus Julius) sowie das 2. Buch der Bürgerkriege *Appians* [es behandelt die Zeit von 64−44; dazu vgl. 6: GABBA] und dessen Syriaké und Mithridateios (zu den Ereignissen im Osten). Mit dem Jahre 68 (Buch 36) setzt auch der erhaltene Teil der Römischen Geschichte des *Cassius Dio* ein, so daß wir von nun an bis zum Ende der Republik auch wieder eine fortlaufende historiographische Quelle von einigem Rang besitzen. Kürzere, aber willkommene Informationen liefern ferner die entsprechenden Kapitel des *Velleius Paterculus* (2,30−57, umfassend die Jahre ca. 72−44) und die Inhaltsangaben (*periochae*) der Bücher 90−116 (78−44 v. Chr.) des *Livius*. Für den Bürgerkrieg zwischen Caesar und Pompeius sind auch die Pharsalia des *Lucanus*, eines der bedeutendsten Epiker der Antike, eine nicht unwichtige Quelle.

Gegenüber der umfangreichen zeitgenössischen Überlieferung treten die Inschriften und anderen Dokumentarquellen zurück, zumal die Produktion der Inschriften noch nicht annähernd den Stand der Kaiserzeit erreicht hat. Die wichtigsten Inschriften aus dieser Zeit sind ein größeres Fragment des Caesarischen Stadtrechtsgesetzes (*lex Iulia municipalis*) v. J. 45 [Text: CIL I 2², Nr. 593; 90: DESSAU, Nr. 6085; 92: BRUNS/GRADENWITZ, Nr. 18; 93: RICCOBONO, Nr. 13; vgl. 505: RUDOLPH, 114 ff.] und das umfangreiche Fragment des Stadtrechtes der von Caesar gegründeten colonia Genetiva Iulia (ehemals Urso) in Hispania Ulterior [Text: CIL I 2², Nr. 594 = II Suppl., Nr. 5439; 90: DESSAU, Nr. 6087; 92: BRUNS/GRADENWITZ, Nr. 28; 93: RICCOBONO, Nr. 21 und unter Einschluß der 1925 gefundenen Fragmente A. D'ORS, Epigrafía jurídica de la España Romana, Madrid 1953, 167 ff.]. Zu den Senatsbeschlüssen und magistratischen Briefen an östliche Adressaten vgl. SHERK [94]. Etliche Senatsbeschlüsse bzw. Anträge zu solchen sind auch in den Briefen und Reden Ciceros erhalten (so ad fam. 8,8,5−8; Phil. 3,37−39; 5,53; 8,33; 9,15−17; 10,25−26; 11,29−31; 13,50; 14,36−38); zu ihnen vgl. P. STEIN, Die Senatssitzungen in ciceronischer Zeit (68−43), Diss. Münster i. W. 1930.

J. SABBEN−CLARE, Caesar and Roman politics 60−50 B.C., Oxford 1971 hat eine nützliche Quellensammlung (nur engl. Übersetzung mit sehr kurzen Kommentierungen) für die fünfziger Jahre zusammengestellt.

*Dokumentarquellen*

## b. Zu den handelnden Personen

Wer die Geschichte der ausgehenden Republik anhand moderner Darstellungen studiert, kann leicht den Eindruck erhalten, als ob diese Zeit durch die Summe der Taten einzelner Individuen darstellbar sei. Der Hinweis darauf, daß damit auch die Sicht der antiken Quellen wiedergegeben werde, ist gewiß keine Rechtfertigung für die moderne Methode; denn kaum einer wird sich heute die morali-

*Zur Problematik von Personengeschichte*

sierende und damit auf Vorbilder (*exempla*) des politischen Verhaltens ausgerichtete Geschichtsbetrachtung der Alten (wenn denn damit überhaupt die ganze römische Geschichtsschreibung charakterisiert ist) zu eigen machen wollen. Die Individualisierung der Geschichte ist in der Sekundärliteratur bereits früh bemerkbar. Schon DRUMANN und sein Bearbeiter GROEBE haben die spätrepublikanische Geschichte in Personengeschichte (Prosopographie, von griech. prósopon, die Person) aufgelöst [689]. Die Arbeit an dem zentralen Lexikon der Altertumswissenschaft, an der Realenzyklopädie (RE), hat durch die Übertragung der Lemmata der einzelnen Personen an besonders hervorragende Gelehrte, unter ihnen vor allem F. MÜNZER und M. GELZER, weiter dazu beigetragen, die prosopographische Sehweise zu stärken [vgl. 110: HEUSS, 558ff.]. Die verbreiteten Monographien GELZERS über Caesar, Pompeius und Cicero [895; 863; 879; vgl. ferner 843] und auch die außerhalb Deutschlands erscheinenden Darstellungen einzelner Personen, so insbesondere die von VAN OOTEGHEM über Marius, Lucullus, Pompeius und die Meteller [780; 840; 864 und 837], sprechen ebenso für die unverminderte Kraft dieser Sehweise wie die Neigung, hinter aller römischen Politik die Entscheidungen fester, kaum wandelbarer Gruppen von Familien zu sehen [vgl. dazu ausführlicher o. S. 163 f.]; für die nachsullanische Zeit ist gerade jüngst wieder gegen CH. MEIER [445] mit Nachdruck die Existenz einer *factio* der Claudier und Meteller herausgestrichen worden, welcher auch Pompeius seinen Aufstieg verdankt haben soll [838: TWYMAN]. Nun lassen sich für die Tendenz zur Personalisierung der Geschichte dieser Zeit manche Gründe und auch Rechtfertigungen vorbringen, darunter vor allem der Umstand, daß auf Grund der besonderen Quellensituation der Zugang zu den Problemen weitgehend über das Studium der Personengeschichte führt, und es läßt sich zudem auch gar nicht bestreiten, daß in der Zeit der revolutionären Unruhe, in der sich die Nobilität als eine geschlossene Gruppe auflöst und sich Soldaten und Vornehme einzelnen Personen zuzugliedern beginnen, die politischen Entscheidungen weitgehend von Einzelpersonen getroffen werden. Allerdings dürfen dabei nicht, wie in manchen der genannten Werke geschehen, der Einfluß und die politische Wirksamkeit von Gruppen, überhaupt die Lage und Problematik solcher Gruppen übersehen und vor allem auch nicht die Analyse der objektiven Bedingungen des historischen Geschehens aus dem Auge verloren werden. Letzteres ist denn auch gerade in den letzten Jahrzehnten von der internationalen Forschung durchaus beachtet worden, und es hat sich sogar eher die Mehrzahl der Gelehrten der Sozialgeschichte im weiteren Sinne und der Strukturgeschichte zugewandt [vgl. o. S. 129 f.]. Doch bei aller auch für unsere Zeit typischen Hinwendung zu einer strukturellen, einer Personalisierung geradezu abgeneigten Betrachtung der Geschichte sind es nicht lediglich unsere antiken Gewährsleute, sondern ist es eben auch die auf eine monarchische Ausrichtung der politischen Ordnung hinstrebende Entwicklung der römischen Republik, die dem Historiker abverlangt, der Person in der Geschichte hier besondere Aufmerksamkeit zu schenken. – Wegen des mangelnden Raumes können im folgenden nur vier Personen auf dem Hintergrund neuerer Forschungen etwas näher betrachtet werden, nämlich Pompeius, Cicero, Sertorius und Caesar [zu ihm s. u. S. 210 ff.].

Vor den Augen seiner modernen Historiographen hat Pompeius wenig Gnade Pompeius gefunden. Der vernichtenden Kritik MOMMSENS [102: 3,436: „ein Beispiel falscher Größe..., wie die Geschichte kein zweites kennt"] sind viele gefolgt, und sie hat auch manchen unter denjenigen beeinflußt, die Pompeius gerecht zu werden suchten. Das negative Urteil geht schon auf die Antike zurück (Sallust!), und es war für das moderne Urteil gewiß auch nicht ohne Einfluß, daß die dem Pompeius gewogene antike Literatur so gut wie verloren ist und wir vor allem – neben dem Kritiker Sallust – seinen Gegner Caesar und den in Distanz zu Pompeius lebenden Cicero hören. Aber das kritische Urteil kann, wenn nicht gerechtfertigt, so doch erklärt werden – ob damit auch korrigiert, sei dahingestellt. An Pompeius war zunächst allen Aristokraten sein ganz irregulärer, kometenhafter Aufstieg zutiefst zuwider und verdächtig, und das allgemeine Mißbehagen schien bestätigt und wurde gestärkt, als er wegen seiner unbestreitbaren militärischen Meriten später weitere und größere außerordentliche Befehlsgewalten erhielt bzw. sie sich mit einigem Druck zu verschaffen wußte. Dabei war Pompeius durchaus nicht von hochfahrender Art und ging seinen Standesgenossen auch nicht wie Cicero mit dem ständigen Palaver über seine Verdienste auf die Nerven. Er fühlte sich als Mitglied seines Standes, war bescheiden, fast bieder, ein guter Hausvater, eher gesellig-leutselig als verschlossen, bisweilen etwas gehemmt und von mäßigem Redetalent. Aber was einen Verfasser altrömischer Annalen zu Begeisterung hingerissen hätte, wurde ihm, dem mächtigen Potentaten, nachteilig ausgelegt, und in der Tat war für eine politische Autorität dieses Ausmaßes der Charakter und die Geisteshaltung des Mannes eher beschränkteren Verhältnissen zugemessen. Es fehlte der große, entschlossen in die Tat umgesetzte Gedanke und der Glanz der Persönlichkeit; besonders letzteres war in der hochgezüchteten spätrepublikanischen Gesellschaft ein nicht auszugleichender Makel, mochte Pompeius auch noch so sehr den großen Taktiker, den verehrten Soldatenvater oder den außergewöhnlich befähigten Organisator in sich herauskehren. Das größte Problem für Pompeius lag darin, seine außergewöhnliche machtpolitische Stellung in die gegebene politische Ordnung, insbesondere in die aristokratische Gesellschaft einzupassen. Eine andere politische Ordnung, in der seine besondere Stellung fest integriert gewesen wäre, konnte er und gewiß überhaupt niemand sich auch nur vorstellen; das verbot nicht nur sein Charakter, sondern vor allem das auf die Tradition festgelegte politische Bewußtsein der Zeit: Die Stellung Roms in der Welt war das Verdienst der traditionellen Kräfte; diese schienen darum mit Rom identisch und also unaufhebbar zu sein. Da Pompeius auch nichts lieber wollte, als etwas zu gelten – und der Adressat seines Ruhmes konnte nur die gegebene Gesellschaft sein –, mußte er ständig zwischen seiner Stellung, welche die überkommenen Maße sprengte, und den Kräften der Tradition lavieren. Das führte zu Unentschlossenheit; er mußte gedrängt, geführt werden, ließ sich dann auch führen, sträubte sich aber zugleich gegen solche Bevormundung. So waren Mißverständnisse unvermeidlich, durch die seine Umwelt ihn wiederum beliebig als Tyrannen oder jedenfalls als den Schuldigen hinstellen konnte. In Pompeius verschränkte sich sozusagen die Widersprüchlichkeit seiner Zeit, in welcher noch Republik genannt wurde, was bereits Monarchie war, und es kann gewiß kein Vorwurf gegen ihn sein, daß er an dieser Zerrissenheit litt und ihrer nicht Herr wurde. Aber eine staatsmännische Begabung ist dies gewiß auch nicht zu nennen. Pompeius wurde von den politischen Verhältnissen und Problemen seiner Zeit eher getragen, als daß er sie trug, und er war eigentlich nur im Felde den ihm angetragenen Aufgaben wirklich gewachsen. − Es hat nicht an modernen Versuchen gefehlt, in Pompeius mehr hineinzuinterpretieren, insbesondere ihm staatsmännische Begabung, zumindest konkrete Gedanken über seine politische Zukunft zu unterstellen. So soll er die Stellung eines ,Reichsfeldherrn‘, was immer das heißt, erstrebt haben [so auch 863: GELZER] und durch seine organisatorischen Maßnahmen vor allem im Osten, aber auch in Rom (Getreideversorgung!) der Baumeister des Kaiserreichs geworden sein [864: OOTEGHEM]. EDUARD MEYER hat diese Vorstellungen in seinem mit Recht beachteten Buch über Caesar und Pompeius am deutlichsten herausgestellt, indem er in der Stellung des Pompeius den vorweggenommenen Prinzipat des Augustus zu sehen glaubte [867: bes. 173 ff.]. Die Annahme einer staatsrechtlich etablierten oder auch nur politisch anerkannten Sonderstellung des Pompeius entbehrt hingegen jeder Stütze in unseren Quellen.

Cicero   Noch leidenschaftlicher als über Pompeius wurde und wird über Cicero geurteilt, auch hier von keinem schärfer als von THEODOR MOMMSEN. MOMMSEN sprach Cicero jedes Talent und jeden Charakter ab, ließ ihn allenfalls, und auch dies mit großer Zurückhaltung [vgl. 102: 3,579 f.], als Stilisten gelten: „Als Staatsmann ohne Einsicht, Ansicht und Absicht, hat er nacheinander als Demokrat, als Aristokrat und als Werkzeug der Monarchen figuriert und ist nie mehr gewesen als ein kurzsichtiger Egoist" [a.O. 3,619]. Wie MOMMSEN haben sich vor ihm bereits DRUMANN [689] und andere nach ihm [so J. CARCOPINO, Les secrets de la correspondance de Cicéron, 2 Bde., Paris 1947] geäußert. Jeder Leser von Reden und Briefen Ciceros weiß, wie solche Urteile zustande gekommen sind. Wir kennen keinen antiken Menschen so gut wie Cicero, und wir kennen durch seine Schriften nicht nur die äußeren Daten seines Lebens genau, wir können seine geheimsten Gedanken und Stimmungen, die sich vor allem in den Briefen bis in die Verzweigungen der Syntax aufspüren lassen, nachvollziehen. Ist ihm daher vor anderen etwas vorzuwerfen, so vor allem deswegen, weil wir ihm sehr viel, seinen Zeitgenossen kaum etwas nachzuweisen vermögen: Negative Charakterisierungen (,herzloser Familienvater‘, ,Verschwender‘, ,politischer Achselträger‘ u. a.) lassen sich aus den Schriften Ciceros leicht belegen und sind also wohlfeil. Aber sie sind nicht nur ungerecht, sondern oft auch sachlich falsch. Die meisten der an Cicero besonders kritisierten privaten und öffentlichen Verhaltensweisen, wie etwa sein Verhältnis zur Ehe oder sein Umgang mit Geld, entsprechen damals anerkannten oder doch tolerierten Verhaltensmustern. Nach römischen Maßstäben bot Cicero kaum Anlaß zu öffentlichem Ärgernis, aber natürlich war er auch kein Heiliger. Der Politiker Cicero hingegen erschien vielfach selbst denen tadelnswert, die ihm sonst manches oder sogar alles nachzusehen bereit waren, aber auch hier ist vor dem Urteil einiges zu bedenken. Der als schwächlich, egoistisch oder prinzipienlos hingestellte Cicero wird oft an einer politischen Moral gemessen, die weder die römische war noch heute mehr als eine edle, aber weltfremde Verhaltenslehre genannt werden kann. Zunächst einmal hat jedes Urteil davon auszugehen, daß Cicero ein *homo novus* in der Nobilität war, was weder er selbst noch seine Standesgenossen auch nur einen Augenblick zu vergessen imstande waren. Das uns heute schier unerträgliche Eigenlob erklärt sich daher jedenfalls zu einem guten Teil aus dem Bedürfnis oder eher, da es alles andere als ein rein subjektives Gefühl darstellte, aus der Notwendigkeit, die persönliche Leistung als Basis der neugewonnenen sozialen Stellung immer wieder herauszustellen. Cicero hatte sich seine Stellung, vor allem das Konsulat, erkämpfen müssen; sie war ihm nicht von den Vorfahren in die Wiege (*in cunabulis*, Cic. de leg. 2,100) gelegt worden. Berücksichtigt man dies und ebenso den hochgeschraubten rhetorischen Geschmack der Zeit, wird manches Wort und manche Tat Ciceros verständlicher, wenn auch nicht alles gerechtfertigt, und erhält die Kritik den ihr angemessenen Rahmen. Das Bild des zwischen den Parteiungen hin- und herschwankenden Cicero ist ferner auf dem Hintergrund aristokratischer Regierungspraxis zu sehen. Politik war nicht nur und oft nicht einmal in erster Linie die Konsequenz rationaler Sachentscheidungen wie heute (wenn es denn heute so ist), sondern das Ergebnis ganz persönlicher Konstellationen. Die *amicitia* absorbierte Politik oder genauer: sie war ein Teil der politischen Entscheidung, und darum bedeutet etwa Ciceros Verhalten gegenüber Caesar nach Luca nicht den Wechsel zu der Politik der Triumvirn und wird vieles Befremdliche und Makabre an dieser Situation zwar gewiß nicht legitimiert, aber doch relativiert. Und wie bei der stärker von persönlichen Bindungen getragenen innenpolitischen Situation der Parteistandpunkt des einzelnen nicht immer klar auszumachen ist, auf jeden Fall immer sachliche und persönliche Bezüge unlöslich ineinander verschränkt sind, dürfte auch die von Mommsen und vielen ihm darin gefolgten Historikern aufgestellte These, daß Cicero in seiner Jugend ein Popularer gewesen und erst später um des Konsulats willen zu den Optimaten gestoßen sei, nicht richtig sein; Cicero war wohl niemals ein Popularer im eigentlichen Wortsinn [886: Heinze].

Es ist unmöglich, der Persönlichkeit Ciceros mit nur wenigen Sätzen gerecht zu werden. Er war kein wirklich großer Staatsmann, aber als ein einflußreicher Politiker doch nicht schlechter als die meisten seiner Standesgenossen in vergleichbarer Stellung auch. Als ein Mann des öffentlichen Lebens verkörperte er eher den Durchschnitt des Nobilis, und seine Schriften sind gerade darum eine hervorragende Quelle für die Mentalität seines Standes. Cicero dachte in den

Kategorien seiner Zeit; die Ansicht REITZENSTEINS [890], daß er in seiner Schrift
*de re publica* den Gedanken des augusteischen Prinzipats vorweggenommen
habe, ist absurd und wurde auch längst widerlegt [891: HEINZE; wie REITZEN-
STEIN denkt indessen auch mancher andere, so 106: PIGANIOL, 168]. Ciceros
politische Vorstellungen waren die der Tradition, konservativ, wie man heute
sagen würde; aber was bedeutet schon das Wort, wenn es für eine andere politische Einstellung weder Name noch Gedanke gab! Und am Ende seines Lebens,
als er die Tradition gegenüber ihren Feinden im römischen Senat trotzig und,
immer einsamer geworden, bis zum bitteren Ende verteidigte, ist er an Mut,
Konsequenz und Aufrichtigkeit sogar über sich selbst und über die meisten seiner Standesgenossen hinausgewachsen. – Vor allem aber sollte man nie vergessen, daß Cicero nicht allein an seinen politischen Leistungen gemessen werden
kann, sondern seine sprachliche und intellektuelle Begabung immer, auch bei
dem Urteil über den Politiker, mitbedacht werden muß. Manches zeigt sich
dann, wie übrigens bereits den Zeitgenossen, in einem etwas anderen Licht. Und
wird Cicero gar allein als literarische Person beurteilt, kann seine Bedeutung nur
erfassen, wer bedenkt, daß er die lateinische Sprache für die Aufnahme der ganzen griechischen Geistigkeit überhaupt erst voll ausgebildet hat und er durch
diese seine sprachschöpferische Kraft, die nicht lediglich stilistische Wendigkeit,
sondern eine geistige Potenz seltener Größe war, für die weitere kulturelle Entwicklung der Antike und des Abendlandes eine wesentliche Bedingung gewesen
ist. – Über die äußeren Lebensdaten Ciceros informiert am gründlichsten das
aus einem RE-Artikel hervorgegangene Buch GELZERs über Cicero [879]; über
Ciceros Entwicklung als geistige Persönlichkeit unterrichtet vorzüglich BÜCH-
NER [880]. Kürzere Würdigungen, die auch das literarische Werk einbeziehen,
haben neben vielen anderen KUMANIECKI [884] und wieder BÜCHNER [883] vorgelegt.

### c. Zu einzelnen Sachproblemen

Sertorius    Eine der interessantesten Figuren dieser Zeit ist Q. Sertorius, ein Marianer, der
noch während der Abwesenheit Sullas im Osten Statthalter des diesseitigen Spanien geworden war (83), von dort durch die Sullaner vertrieben wurde, aber mit
Unterstützung spanischer Stämme, vor allem der Lusitaner, zurückkehrte und
sich viele Jahre in Spanien hielt, die letzten 5 Jahre (76–72) sogar Pompeius
trotzte. Er war enge Bindungen mit iberischen Stämmen eingegangen, hatte in
Osca (nördl. des mittleren Ebro) aus römischen Emigranten einen eigenen Senat
gebildet und fühlte sich so weit unabhängig, daß er internationale Beziehungen,
u. a. auch zu Mithradates, knüpfte. Sertorius wurde in der Antike und Moderne
sehr unterschiedlich beurteilt. Einerseits ist er wegen seiner beeindruckenden
militärischen und staatsmännischen Fähigkeiten zu einer Lichtgestalt hochstilisiert worden. Von den Alten hat Sallust ihn sehr geschätzt, dessen Urteil in die
Sertorius-Vita des Plutarch eingegangen ist. Von den Neueren sah MOMMSEN in

ihm einen ritterlichen Helden von makelloser Ehre [102: 3,19ff.], eine Einschätzung, die sich wohl ebenso sehr auf dem Gegenbild der von ihm so verachteten ‚oligarchischen Clique‘ der sullanischen Restauration wie aus den Daten unserer Überlieferung gebildet hat. SCHULTEN [846] ist dem Urteil MOMMSENs gefolgt und sogar noch darüber hinausgegangen in seinem Bemühen, dem Werk des Sertorius in Spanien – er spricht gelegentlich vom ‚spanischen Reich‘ – festere Konturen zu geben. Auf der anderen Seite ist Sertorius in ungünstigerem Licht gesehen worden, so schon von Appian b.c. 1,505ff. und von der livianischen Tradition. BERVE [847] hat ihn wegen seiner Verbindungen zu Mithradates und den Iberern gar als Hochverräter gebrandmarkt und ihn im übrigen als einen rein destruktiven Menschen ohne jede politische Konzeption charakterisiert [Ansätze zu solchem Urteil schon bei W. IHNE, Römische Geschichte 6, Leipzig 1886, 14ff., bes. 18 und 31f.]. Diese Sehweise, welche die spanischen Ereignisse auf ein Urteil über die Person des Sertorius verkürzt, hat in neueren Arbeiten Kritik gefunden, besonders klar durch GABBA [820: 293ff. bzw. 103ff.]; er ordnet Sertorius und Spanien in den Gesamtzusammenhang des damaligen Geschehens ein und kann dabei u. a. interessante Verbindungen zwischen Spanien und den Italikern aufzeigen, die sowohl für manche Einzelzüge als auch für die Gesamtbewertung der Vorgänge im Spanien des Sertorius neue Akzente setzen. Die Kritik ist berechtigt. So sehr die Persönlichkeit des Sertorius oder das, was die antike Literatur daraus machte, zu einer Bewertung reizen, sind es doch vor allem die in seiner Person wirksam werdenden Verflechtungen zwischen den Provinzen und der römischen Zentrale, die interessieren. In ihm manifestierten sich die Möglichkeiten, die in einer *discordia* der Nobilität das Reich bot: Aus der politischen Zentrale vertrieben, baute Sertorius mit den personellen und materiellen Ressourcen der spanischen Provinzen seine Position aus, so wie es kurz zuvor Sulla mit den östlichen Provinzen gemacht hatte, Caesar es später mit den gallischen tun sollte. Und er tat dies natürlich nicht um der Iberer willen, sondern um, wie Sulla und Caesar auch, gut gerüstet von der Peripherie her wieder in die Hauptstadt zurückzukehren. Er ist ein Beleg dafür, wie in zunehmendem Maße das Reich die Revolution nährte und vorwärts trieb.

Die Catilinarische Verschwörung vom Jahre 63/62, über die wir durch die Reden Ciceros und die Monographie Sallusts einigermaßen unterrichtet sind, hat gewiß nicht die Bedeutung gehabt, die ihr Cicero, dem als Konsul die Aufgabe der Niederschlagung der Insurrektion zukam, zu geben sich bemühte; aber sie war den Zeitgenossen auch kein gleichgültiges Ereignis, wie allein schon die Schrift Sallusts, der in ihr das Symptom einer allgemeineren Krise zu sehen vermochte, bezeugt. Da Catilina gegen die geltende wirtschaftliche (Aufhebung der Schulden!) und sozialpolitische Ordnung aufbegehrte, er auch die bewaffnete Revolte nicht scheute und ihm dabei ein politisches Konzept offensichtlich fehlte, ist er in der modernen Literatur zunächst als ein politischer Abenteurer hingestellt worden, der Unzufriedene, gestrandete Existenzen und Rechtsbrecher zu ganz persönlichen Zielen um sich versammelte, eine Version, zu der

Die Catilinarische Verschwörung

unsere beiden, dem Catilina feindlich gesonnenen Hauptquellen das düstere Vokabular liefern konnten [so schon 101: NIEBUHR, 3,12 und 102: MOMMSEN, 3,175ff., vgl. S. 175: „Catilina war einer der frevelhaftesten dieser frevelhaften Zeit. Seine Bubenstücke gehören in die Kriminalakten, nicht in die Geschichte"]. Der parteiische Standpunkt unserer Quellen und die unnachsichtige politische und moralische Verurteilung Catilinas von seiten moderner Historiker, die bisweilen den Quellen allzu sklavisch zu folgen scheinen, haben zu einem positiveren Urteil herausgefordert, in dem uns Catilina als ein fähiger und ernst zu nehmender popularer Politiker oder gar als ein Sozialrevolutionär begegnet. Diese vor allem auch von der marxistischen Forschung, aber durchaus nicht lediglich von ihr [857: BEESLY; die jüngste Monographie über Catilina feiert ihn geradezu als einen ‚linken' Revolutionär, doch ersetzt hier das Vorurteil die kritische Quellenexegese: P. ZULLINO, Catilina. L'inventore del colpo di Stato, Milano 1985] vertretene Interpretation muß vor allem deswegen zurückhaltend aufgenommen werden, weil alle römischen Sozialreformer der Zeit, anders als Catilina, durchaus im Rahmen der bestehenden Verhältnisse ändern und bessern wollten und uns aus den Quellen zu Catilina, auch bei Berücksichtigung ihres parteiischen Standpunktes, kein klares Bild irgendeines restaurativen oder gar revolutionären Programms entgegentritt. Hingegen verdienen diejenigen Forschungen Beachtung, welche, wie schon Sallust, in der Verschwörung den Ausdruck einer gärenden wirtschaftlichen und sozialen Unruhe erkennen wollen, dabei weniger die Person Catilinas, dafür schärfer einzelne Personengruppen als Handlungsträger ausmachen. Da sich unter den Verschwörern nicht wenige Vornehme, darunter auch Nobiles, befanden, hat man in ihr die Erhebung verschuldeter Aristokraten und damit zugleich die beginnende Auflösung der moralischen und politischen Bindungen innerhalb der aristokratischen Gesellschaft zu erkennen geglaubt [so schon MOMMSEN a.O. 3,174f.]. Nach anderen sollen die verarmten und notleidenden unteren Schichten vor allem der Stadt Rom den Nährboden für die Unruhen abgegeben bzw. sich die Revolte aus einer Verbindung verschuldeter Vornehmer mit Teilen dieses ‚Proletariats' gebildet haben [861: YAVETZ]. Wie immer man die Akzente hier setzen will, Catilina konnte überhaupt nur so viele Anhänger finden und so großen Erfolg haben, weil die staatliche Exekutive in Rom durch den Druck mächtiger, von einzelnen Adligen geführter Gruppen wenig effektiv war – auch der Konsul Cicero war trotz aller seiner anderslautenden Sprüche keine eigenständige Kraft, sondern tat genau so viel, wie die Summe der Umstände ihm zu tun geraten sein ließ – und weil Catilina und seine Anhängerschaft in irgendeiner Form, in Abwehr oder in Zustimmung, in die Pläne der miteinander um Einfluß ringenden Cliquen eingebunden waren; auch für Pompeius bedeutete Catilina ein Stein im politischen Spiele [860: MEIER]. Im ganzen gesehen scheint Catilina eher ein Gegenstand politischer Kräfte gewesen zu sein, als daß er selbst einen lebendigen Faktor der Politik gebildet hätte. – Die Entwicklung der Verschwörung und deren Probleme sind von HOFFMANN [858] in einer kurzen Skizze ansprechend dargestellt worden. Eine umfangreiche Quellensammlung zur Catilinarischen Verschwörung hat H. Drexler, Die Catilinarische Verschwörung, Darmstadt 1976 (mit Übersetzung, breitem Kommentar und ausführlicher Bibliographie), eine Bibliographie bis zum Jahre 1966 (mit systematischem Index) Criniti [859] zusammengestellt.

Über den Gallischen Krieg sind unsere Hauptquellen die *commentarii* Caesars. Der Gallische
Über sie, insbesondere über ihre Abfassungszeit, ihren Zweck und die Frage der Krieg
Echtheit der Exkurse vgl. die Bemerkungen o. S. 197. – Zur Geschichte und Kultur der Kelten Galliens vgl. Jullian [907: Bd. 3] und Grenier [908], zu den militärischen Aspekten der Feldzüge Caesars Rice Holmes [909] sowie speziell zu Vercingetorix Jullian [911] und Le Gall [912]. – Für den Historiker ist von besonderem Interesse die Frage nach dem Ziel des gallischen Feldzuges. Es lag zunächst nahe, die Eroberung des ganzen freien Keltenlandes als imperiale, die weltumspannende Größe Roms versinnbildlichende Tat zu feiern. Entsprechende Töne, welche die Eroberung ganz unreflektiert und naiv mit der Größe Roms in eins setzten, hören wir bereits von den Zeitgenossen Caesars, so von Cicero (prov. cons., bes. 30–35), und wenn hier Gedanken dieser Art vor dem Senat in einem Zusammenhang vorgetragen wurden, in dem die Leistungen Caesars positiv herausgestellt werden sollten (es ging in der zitierten Stelle bei Cicero um die Verlängerung des gallischen Kommandos), muß Cicero davon ausgegangen sein, daß bei den Senatoren zumindest die Eroberungspolitik Caesars nicht den Stein des Anstoßes gebildet hat, ja er in diesem Punkt sogar mit einer gewissen Resonanz bei ihnen rechnen durfte. Da das von Caesar eroberte Keltengebiet schon sehr bald zu einem der Schwerpunkte der kaiserzeitlichen Kultur wurde und auch das spätere Frankreich aus seiner römischen Vergangenheit Kraft und Selbstidentifikation schöpfte, hat der Krieg Caesars in der Weltliteratur kaum Kritik gefunden. Und auch Mommsen, für den Caesar der Vollstrecker des der römischen Geschichte innewohnenden Sinngehalts war, hat in der Einbeziehung des Keltenlandes in das römische Imperium die Tat eines Genius gesehen, welcher „der hellenischen Civilisation, der noch keineswegs gebrochenen Kraft des italischen Stammes hier einen neuen jungfräulichen Boden" gewann [102: 3,222]. Dieser heute meist unter dem Begriff des Imperialismus gefaßte und von dorther kritisierte Expansionsgedanke ist von Timpe in einem ansprechenden Aufsatz [906] in die Dimensionen römischen Denkens und in die konkreten historischen Bedingungen der Zeit zurückgeführt worden. Timpe zeigt einerseits die innenpolitischen Bedingungen des Gallischen Krieges auf, zum anderen den weitgehend sekundären Rechtfertigungsmechanismus für den Krieg, der die Vorstellungen von römischer Sicherheit und dem Schutz bedrohter Bundesgenossen unreflektiert mit einem imperialen Herrschaftsgedanken verbindet: Die Weite der römischen Herrschaft und die vorausgesetzte Überlegenheit der römischen Zivilisation läßt gar nicht den Gedanken von dem Unrecht der Tat aufkommen, sondern faßt Herrschaft und Verteidigung, Eroberung und Patronat über die Völker zu einer Einheit zusammen, in der die einzelnen Elemente nur unvollkommen, allenfalls bei konkretem Anlaß (z. B in der Kritik des innenpolitischen Gegners) für kurze Zeit bewußt werden.

Eine umfangreiche Literatur behandelt den Streit zwischen Caesar und dem Senat über den Endtermin der gallischen Statthalterschaft. Dabei ging es Caesar darum, an seine Statthalterschaft unmittelbar ein zweites Konsulat (es war für 48 geplant) anzuschließen, um nicht eine Zeitlang Privatmann zu sein und so in einem Kriminalprozeß die leichte Beute seiner Gegner zu werden; seinen Feinden im Senat ging es umgekehrt darum, Caesar möglichst früh abzulösen und ihn dabei als Privatmann in Rom zu sehen. Gegenstand des Streites waren u. a. verschiedene Gesetze und Senatsbeschlüsse, vornehmlich die *lex Vatinia* von 59, die Caesar das Prokonsulat auf 5 Jahre gegeben, und die *lex Pompeia Licinia* von 55, die das Prokonsulat um weitere 5 Jahre verlängert hatte. Da nun auf Grund der Verwaltungsreform Sullas das Prokonsulat erst nach dem Konsulat in Rom geführt werden konnte und ferner eine *lex Sempronia* von 123 oder 122 festgesetzt hatte, daß die konsularischen Provinzen vor der Wahl der Konsuln zu bestimmen seien, konnte Caesar, wenn seine Statthalterschaft auf Grund der *leges Vatinia* und *Pompeia Licinia* vom 1.3.59 bis zum 1.3. oder 31.12.49 lief und, wie wir erfahren, vor dem 1.3.50 nicht über seine Provinzen beraten werden durfte, erst von einem der im Sommer 50 gewählten und 49 amtierenden Konsuln, damit frühestens am 1.1.48 abgelöst werden, zu einem Zeitpunkt also, als er selbst Konsul zu sein hoffte. Durch das Gesetz des Pompeius von 52 jedoch, das zwischen Magistratur und Promagistratur einen Zeitraum von fünf Jahren legte und damit deren zeitlichen Zusammenhang zerriß, konnte bereits nach dem 1.3.50 aus den zur Verfügung stehenden Konsularen ein Nachfolger zum 1.1.49 gesandt werden, und da Caesar durch ein anderes Gesetz die Bewerbung um das Konsulat in Abwesenheit verboten worden war, schien er ausmanövriert. Die oben beschriebene Sachlage, die in etwa die Ansicht MOMMSENS [874] wiedergibt, ist im einzelnen, insbesondere im Hinblick auf die Gesamtdauer der Statthalterschaft, kontrovers. Wir können den Streit darum nur unvollkommen rekonstruieren, und es hat sich neben dem antiken Rechtsstreit ein moderner Gelehrtenstreit um die einzelnen Elemente der antiken Kontroverse gebildet; vgl. zu der Diskussion zuletzt zusammenfassend GESCHE [901: 113−120]. Einem eigenen Ansatz von GESCHE [876], wonach der 1.3.50 der gesetzliche Endtermin der Statthalterschaft gewesen sei, hat BRINGMANN [877] widersprochen. Es ist auch öfter und nicht zu Unrecht gesagt worden, daß die in der Antike und Moderne viel diskutierte Frage danach, wer in diesem Streit Recht hatte, verdeckt, daß es mehr um politische Macht als um Recht ging [961: SYME, 48 Anm. 1 der engl. Ausgabe; 424: BLEICKEN, 420 ff.]. Doch der Streit ist nicht reine Fassade. Er enthüllt nicht nur die Bedeutung des Rechtsgedankens der Zeit und legt die politischen Fronten offen, er ist auch das Gefäß, in dem die inneren Rivalitäten zu dem Bürgerkrieg, in dem die Republik unterging, eskalierten, und er bestimmte den Zeitpunkt für den Ausbruch des Krieges.

## 10. Die Aufrichtung der Monarchie

Die hier behandelte Zeit ist unterschiedlich gut überliefert. Für die Jahre der Al- Vorbemerkung zu den Quellen und Forschungstendenzen
leinherrschaft Caesars und die darauf folgenden Monate bis zum Tode Ciceros
(Dez. 43) sind wir verhältnismäßig gut unterrichtet, vor allem natürlich durch
Cicero selbst (etliche Briefe; die drei unter der Herrschaft Caesars gehaltenen
Reden; die Philippischen Reden gegen Antonius), ferner durch Caesar (*bellum
civile*) und die Autoren der kleinen Berichte über die Kriege in Ägypten, Afrika
und Spanien sowie durch Sallust, der eines seiner Sendschreiben an Caesar nach
49 v. Chr. geschrieben hat (s. o. S. 198). Dazu kommt noch die kaiserzeitliche
Literatur (Cassius Dio, Appian, Plutarch). Die letztere ist für die Triumviratszeit (43−30 v. Chr.) unsere Hauptquelle. In Cassius Dio (Buch 46−51: 43−30
v. Chr.) und Appian (*bella civilia*, Buch 4−5: 43−35 v. Chr.) besitzen wir
durchgehende historiographische Erzählungen, und auch die hier einschlägigen
Biographien Plutarchs (Brutus, Antonius) und Suetons (Divus Julius, Augustus)
liefern reichliches Material. Aber auch zeitgenössische Quellen fehlen in dieser
Zeit nicht ganz. Von unschätzbarem Wert sind die Äußerungen von Dichtern
zum Zeitgeschehen (insbesondere Vergil und Horaz sowie unter den Späteren
Lucan), die uns eine Vorstellung von dem politischen Bewußtsein der Zeit und
dessen Wandel vermitteln. Eine ganze Reihe von Inschriften ergänzt unser Wissen vor allem über das Verhältnis von Rom zu den Provinzialen und den abhängigen Staaten. So ist z. B. durch neuere Grabungen im Theater von Aphrodisias
(Kleinasien) eine Reihe höchst aufschlußreicher Dokumente vor allem aus der
Triumviratszeit, darunter auch Briefe Octavians, ans Tageslicht gekommen (vgl.
J. Reynolds, Aphrodisias and Rome, London 1982). Auch die Münzen werden
jetzt als Quelle der politischen Geschichte wichtiger, da sie Caesar und nach ihm
dessen Mördern und den Triumvirn als Instrument zur Beeinflussung der öffentlichen Meinung dienten und also unmittelbar über die Zeit, in der sie geprägt
wurden, Auskunft geben. Trotz dieser mannigfaltigen Überlieferungsmasse ist
die Triumviratszeit nicht immer sehr deutlich zu überschauen. Es sind nicht nur
viele Detailfragen kontrovers; auch die einzelnen Gruppen der Gesellschaft und
das allgemeine geistige und politische Klima sind oft nur in groben Umrissen
erkennbar.

Die tragenden Forschungsprobleme für diese Zeit liegen in der Erarbeitung
und der Analyse des Prozesses, in dem sich die ehemals politisch führenden
Schichten zu einer das Kaisertum auch innerlich hinnehmenden Gesellschaft
umformen. An erster Stelle stehen hier die Bildung einer neuen, die alten Familien in sich aufnehmenden Senatsaristokratie und die Umwandlung des bereits
weitgehend in Auflösung begriffenen Milizheeres in das stehende Heer der Kaiserzeit [zu letzterem s. o. S. 190 f.]. Ein weiterer Schwerpunkt liegt in der Erfor-

schung der Entwicklungsgeschichte der Prinzipatsverfassung bzw. der kaiserlichen Gewalt; doch gehört dieser Fragenkreis sachlich bereits in die Kaiserzeit.

### a. Die Alleinherrschaft Caesars

Caesar als Politiker — Wohl kaum eine historische Persönlichkeit hat die Nachwelt so beschäftigt wie Caesar, der für viele Generationen Hintergrund und Maß wichtiger politischer Gedanken bildete. Die Darstellung seiner Wirkungsgeschichte füllt umfangreiche Bücher [vgl. 899 und 900: GUNDOLF]; im 19. Jh. hat er etwa für den Begriff des Caesarismus seinen Namen gegeben. Aber wie diese wirkungsgeschichtlichen Phänomene in die Geschichte der Welt nach Caesar gehören, ist es müßig – und geschieht doch oft –, sie mit dem wissenschaftlich erarbeiteten Bild vergleichen oder auch nur die jeweilige Distanz von Urbild und Wirkung immer feststellen zu wollen. – Alle antiken wie modernen Betrachter Caesars stehen vor der Aporie, zwischen der ganz offensichtlichen Bedeutung und vielfältigen Begabung dieses Mannes und dem Umstand, daß er die freiheitliche Ordnung der Republik (für wie wenige sie auch immer gelten mochte) aufhob und die Monarchie begründete, angemessen abzuwägen. Je nachdem wie man die späte Republik bzw. ihre führende Gesellschaft einerseits und die Leistungen der Kaiserzeit für Italien und das Reich andererseits einschätzt und wie man gegenüber einer kritischen Bewertung der politischen Handlungsweise Caesars seine persönlichen Leistungen und die angesichts der allgemeinen politischen Situation (Zerfall der Nobilität, Expansion des Bürgerverbandes, Rolle des Heeres, mangelnde Sicherheit der Person Caesars als Privatmann usw.) beinahe zwangsläufige Entwicklung auf Bürgerkrieg und Diktatur hin gewichtet, fällt das Urteil aus.

Wenige Historiker sprechen Caesar Genialität ab, und wer den Begriff des Genies meidet, gesteht ihm doch außergewöhnliche Begabung auf verschiedenen Gebieten, so ohne Zweifel auf dem der Strategie, der Soldatenführung und der Schriftstellerei zu. Die meisten glauben auch, in Caesar eine der ganz wenigen historischen Persönlichkeiten erkennen zu können, in deren Wirken sich eine ganze Epoche erfüllte. In Anlehnung an HEGEL [Vorlesungen über die Philosophie der Geschichte, in: Sämtliche Werke, hrsg. von H. GLOCKNER, Bd. 9³, Stuttgart 1949, 59 ff.] sah THEODOR MOMMSEN in Caesar denjenigen, der aus dem politischen Gedankengut der zerbrechenden Republik und zugleich im Widerspruch zu ihr, gleichsam in einem dialektischen Umschlag eine monarchische Staatsform schuf, zu der wiederum die folgende Zeit, nämlich das römische Kaisertum (das MOMMSEN allerdings nicht mehr dargestellt hat), in einer Art Antithese stand [vgl. vor allem 102: 3,476 ff. und dazu 110: HEUSS, 58 ff., vor allem 78 ff.]. Die von Caesar aufgerichtete Monarchie sah MOMMSEN als ein (nicht nominelles) demokratisches Königtum an, das seine Wurzeln in dem von ihm als demokratisch bezeichneten Ideengut der Gracchen und der sich auf sie berufenden ‚Popularenpartei' hatte: Caesar „blieb Demokrat auch als Monarch".
... Es war „seine Monarchie so wenig mit der Demokratie im Widerspruch, daß

vielmehr diese erst durch jene zur Vollendung und Erfüllung gelangte. Denn diese Monarchie war nicht die orientalische Despotie von Gottes Gnaden, sondern die Monarchie, wie Gaius Gracchus sie gründen wollte, wie Perikles und Cromwell sie gründeten: die Vertretung der Nation durch ihren höchsten und unumschränkten Vertrauensmann" [a.O. 3,476]. Wird der Gedanke eines Volkskönigtums erst aus dem großartigen Entwurf der ‚Römischen Geschichte' MOMMSENS verständlich und auch durch ihn relativiert, haben doch die meisten Gelehrten nach ihm seiner breit angelegten Konzeption von dem Monarchen Caesar zugestimmt, der den römischen Staat aus der von Egoismus und Intrige geprägten Enge des aristokratischen Stadtstaates zu einer neuen politischen Form führt und in ihr nicht nur alle Bewohner Italiens, sondern auch weite Teile des Untertanengebietes zu einer politischen Einheit verbindet: Italien schien in dieser Vorstellung durch Caesar in das Reich hineinzuwachsen, und in der Überspitzung des Gedankens wird dann von manchen Forschern Caesar die Idee unterstellt, ihm habe ein ‚Reichsstaat' vorgeschwebt, in dem durch eine großzügige Bürgerrechtspolitik die personenstandsrechtlichen Schranken zugunsten eines einheitlichen Bürgertums abgebaut werden sollten [928: WICKERT]. Nicht einen solchen ‚Reichsgedanken', wohl aber Ansätze zu einer Politik, die von dem scheinbar provisorischen, nur für den Tag bestimmten Verwaltungsdenken des Stadtstaates weg zu einer generellen Ordnung größerer, über Italien hinausführender Räume geht, sehen viele Forscher vor allem in der italischen Städtepolitik Caesars [vgl. 505: RUDOLPH], in seiner räumlich weitgespannten, die italozentrische Politik der Republik hinter sich lassenden Kolonisationspolitik [930: VITTINGHOFF], in der Versorgungspolitik gegenüber den Bewohnern der Hauptstadt Rom, in der großzügigen Bürgerrechtspolitik und auch in manchen nicht verwirklichten Plänen, wie in der projektierten Gesetzeskodifikation [931: PÓLAY]. Neuerdings ist das Problem in einer lebhaft geführten Diskussion unter der Frage nach den staatsmännischen Leistungen Caesars erneut aufgegriffen worden. In ihr sprach STRASBURGER [904] Caesar die Konturen eines Staatsmannes rundweg ab und sah in ihm vornehmlich den auf vorgegebene politische Konstellationen reagierenden, seine persönlichen Interessen vertretenden Politiker. Diese sich vor allem auf antike Zeugnisse berufende Kritik wurde von GELZER [905] zurückgewiesen. Es kann indessen eine derartige Polarisierung des Problems kaum zu einer angemessenen Beantwortung der Frage nach den politischen Leistungen Caesars führen. Es müssen vielmehr die über den politischen Alltag hinausweisenden Ansätze seiner Politik, die selbstverständlich ihre Wurzeln auch in den vorangehenden Jahrzehnten haben, mit den Sachzwängen der politischen Gegenwart verrechnet werden. Was dann an eigenen und originellen politischen Vorstellungen Caesars sich herausschält (seine ‚objektive' Wirksamkeit sei hier ganz herausgenommen), kann gewiß nicht als ‚Reichspolitik' bezeichnet werden, und es stellt natürlich auch keine Alternative zu der bestehenden Ordnung dar (s. u.); aber wir finden darin doch manche älteren Entwicklungen energisch und mit klarsichtiger Anpassung an die veränderten Verhältnisse bis zu einem gewissen Abschluß weitergeführt (Heeresorganisation, Versorgung der städtischen Bevölkerung), auch originelle Gedanken (Kodifikation) und gelegentlich die Umrisse großräumiger Perspektiven, die in die Zukunft weisen (Städteordnung; Kolonisationspolitik). Mit der Frage danach, inwieweit Caesar als Staatsmann bzw. als Zerstörer der Republik zu gelten habe, setzen wir ihn absolut und werden weder ihm noch seiner Zeit gerecht. Es ist das Verdienst von CHRISTIAN MEIER [896], demgegenüber erneut herausgehoben zu haben, daß die Handlungsweisen und Leistungen Caesars von den besonderen Bedingungen und Möglichkeiten der Zeit her gesehen und beurteilt werden müssen. Er hat aus einer Analyse der politischen Struktur der ausgehenden Republik die Bedingtheit des politischen Handelns und mithin die Ausweglosigkeit eines jeden Versuchs aufgezeigt, die republikanische Ordnung mit den Ansprüchen eines Militärpotentaten zu verrechnen: ‚Krise ohne Alternative' [zum Begriff A. HEUSS, HZ 237 (1983), 87f.; vgl. auch 923: MEIER]. Die eigenen Interessen fanden danach keinen Widerhall in dem öffentlichen Bewußtsein, und also war die Militärdiktatur, d. h. der Unstaat, das Ergebnis der Krise. In der jüngsten Caesar-Biographie hat DAHLHEIM [897] diesen Gedanken wiederaufgenommen, wenn er in Caesar zunächst den ruhm- und ehrsüchtigen Aristokraten sieht. Aber DAHLHEIMS Caesar ist nicht lediglich Ohnmacht, sondern hat – anders als MEIERS Caesar, der keine institutionalisierte monarchische Ordnung betreibt, nur die Etablierung des Siegers durchsetzen will – ein in die Zukunft gerichtetes staatsmännisches Ziel. Denn in der Erkenntnis, daß er innerhalb der aristokratischen Gesellschaft mit seinem überzogenen Anspruch auf *dignitas* keine Zustimmung finden werde, hätte Caesar (nach 49) die Zerstörung der schon marode gewordenen Republik bewußt angestrebt und ebenso bewußt auf den Trümmern der alten Ordnung eine sakral legitimierte Monarchie zu errichten versucht, eine Monarchie allerdings – soweit nimmt nach DAHLHEIM Caesar Rücksicht auf die Tradition –, die ihr Vorbild nicht im griechischen Osten, sondern in Romulus suchte und die die Titulatur eines Königs mied. Von CH. MEIER distanziert sich auch MARTIN JEHNE [898] in seiner umfangreichen Dissertation über den Staat Caesars. Sein Ziel ist begrenzter als das der beiden jüngsten Biographen MEIER und DAHLHEIM. Er will durch eine gründliche Prüfung der staatlichen Institutionen und der Haltung der verschiedenen Bevölkerungsgruppen zum Zeitpunkt der Ermordung Caesars aufzeigen, daß Caesar konsequent eine Monarchie errichtet, diese auch durch die Annahme des Titels eines *dictator perpetuo* als solche deklariert hätte und daß auf Grund sowohl dieses caesarischen Staatsbaus als auch der affirmativen Haltung der Bevölkerungsgruppen unterhalb der Senatoren (wie sie dachte wohl auch ein großer Teil der Ritter) diese Monarchie, der nur noch die Erblichkeit fehlte, lebensfähig gewesen wäre. Im Grunde wäre die Situation am Ende der Herrschaft Caesars nicht sehr viel anders gewesen als die unter Augustus; letzterer habe lediglich durch den Umstand, daß bereits eine andere Generation herangewachsen war und er mehr Zeit hatte (Caesar zudem unvorsichtig war), eine bessere Ausgangsposition besessen.

Besonders leidenschaftlich wurde in der Forschung über Art und Form der herrschaftlichen Stellung Caesars gestritten. Eduard Meyer [867] hat im Widerspruch zu der Idee eines demokratischen Königtums Caesars (so Mommsen) die These vertreten, Caesar habe eine herrschaftliche Stellung nach dem Muster hellenistischer Könige erstrebt. Einen Hinweis darauf glaubte er vor allem in den göttlichen Ehrungen, die Caesar sich offenbar gern aufdrängen ließ, zu finden; denn der Gottkönig war östlicher Prägung. Es haben sich nicht wenige Gelehrte, mit manchen Variationen, Meyer angeschlossen, u. a. Weinstock [925]. Aber man muß bezweifeln, ob diese Ehrungen den vermuteten Stellenwert hatten [vgl. 961: Syme, 60ff.]. Eine jüngere Untersuchung von Gesche [924] hat zudem mit guten Argumenten festgestellt, daß Caesar zu seinen Lebzeiten nur sakralrechtlich unverbindliche, eher panegyrisch zu deutende Ehrungen, die ihn lediglich in den weiteren Umkreis des Göttlichen stellten, erhalten hat und erst nach seinem Tode im sakralrechtlichen Sinne vergottet (divinisiert) worden ist. Andere Forscher, die ebenfalls von dem Wunsche Caesars nach dem Königtum überzeugt waren, haben denn auch die von Caesar angestrebte Stellung als ein Königtum eher römischer Prägung verstanden [918: A. Alföldi; vgl. auch 921: Dobesch; abwegig ist die Ansicht von 919: Burkert, schon lange vor dem Bürgerkrieg, vielleicht bereits seit der Zeit des sog. 1. Triumvirats, habe Caesar, dessen großes Vorbild Romulus gewesen sei, ein Königtum römischer Prägung vor Augen geschwebt]. Leuchtet der Rückgriff auf die römische Tradition (Romulus!, vgl. Dahlheim) schon eher ein als die Anlehnung an den politisch abgewirtschafteten Osten, bedeutet jedoch auch er den strikten Widerspruch gegen alles römische Herkommen, wovon wir aber so gut wie keine Reaktion in den Quellen aufzeigen können. So findet heute die Ansicht immer größere Zustimmung, die alle Hinweise unserer Quellen auf ein von Caesar erstrebtes Königtum als nachträgliche Unterstellungen seiner Feinde oder aus der allgemeinen, gegen jeden innenpolitischen Gegner von Rang angewandten Terminologie des politischen Tageskampfes erklärt wissen möchte [neuerdings vor allem 920: Kraft; vgl. 922: Welwei]; entsprechende Hinweise enthält auch die antike Tradition [Kraft a.O. 51f.]. Caesar hat seine Herrschaft offensichtlich nicht institutionalisiert, sondern sich mit der Diktatur einen zwar von den Römern nicht geliebten, aber ihnen doch vertrauten Rahmen geschaffen, der ihm erlaubte, herrschaftliche Funktionen auszuüben, ohne den Namen eines Herrschers zu tragen [anders jüngst wieder 898: Jehne, s. o.]. Wer argumentiert, Caesar hätte angesichts der Anfeindungen, die ihm auch die Diktatur und überhaupt seine machtpolitische Ausnahmestellung gebracht habe, gleich zu dem institutionalisierten Herrschertum greifen können, verkennt nicht nur, daß die politische Radikalisierung, sofern sie überhaupt durchsetzbar ist, durchaus nicht der übliche und schon gar nicht der vernünftige oder gar staatsmännische Weg ist, sondern auch, daß der Stand des politischen Bewußtseins (auch bei Caesar!) damals die Vorstellung von einer politischen und dazu derart rigorosen Alternative wohl kaum schon zuließ. Es ist begreiflich, wenn der politische Schwebezustand zwischen 49 und 44, der

Charakter der Herrschaft Caesars

in mannigfacher Richtung interpretierbar ist, von modernen Forschern bisweilen verkannt wird und man aus ihm in irgendeiner Weise eine ‚klare Lösung‘ herausdestillieren möchte. Aber nicht die Klarheit der politischen Konzeption, sondern die Verlegenheit angesichts der Aussichtslosigkeit der Situation bestimmt das Denken und Handeln Caesars in dieser kurzen Zeit seines Wirkens als Alleinherrscher [vgl. 896: 555 ff. und 923: CH. MEIER]. Soweit sich in ihr doch noch Ansätze zu einer monarchischen Form finden lassen – etwa in der Annahme mancher Titulaturen, wie *parens patriae* [925: WEINSTOCK, 200 ff.], und religiöser Ehrungen sowie in der offiziösen Propagierung einer persönlichen, einem Herrscher in der Tat adäquaten Milde bzw. Gnade [*clementia Caesaris*; vgl. 926: DAHLMANN, 927: TREU und 925: WEINSTOCK, 233 ff.] –, sind sie als Reflex der faktischen Gegebenheiten, nicht als Ausdruck konsequenter Herrschaftspolitik anzusehen.

Gesamt-
darstellungen
zu Caesar

Das Lesenswerteste über Caesar ist auch heute noch das, was MOMMSEN über ihn zu sagen wußte (s. o.), dies sowohl wegen der literarischen Höhe seiner Darstellungs- und Erzählkunst als auch gerade weil sein Caesarbild von einer spezifischen Vorstellung über den Verlauf und das Ziel der Republik geprägt und voller Zeitbezüge ist; an Eindringlichkeit und Lebendigkeit gibt es nichts Vergleichbares, zumal trotz der gedanklichen Überlastung der Person Caesars überall die Darlegung und Gewichtung der historischen Ereignisse nicht gelitten hat und meist noch heute so gesehen wird. Nicht nur das Pompeius/Caesar-Buch von ED. MEYER [867], sondern auch die Caesar-Biographie von GELZER [895] waren eine Antwort auf MOMMSEN. GELZER hat dem idealistischen Gemälde MOMMSENs einen nüchternen, handbuchartigen Bericht über das Leben Caesars gegenübergestellt, der von Wertungen weitgehend absieht; nicht in erster Linie um Interpretation und Analyse ging es ihm, sondern um die sorgfältige Aufarbeitung aller uns überkommenen Daten. So ist das Buch heute (in seiner letzten, der 6. Aufl.; GELZER hat von 1921 bis 1960 daran gearbeitet) außergewöhnlich nützlich, aber auch über alle Maßen trocken; es ist eine reine Quelle der Sachinformation, so wie etwa auch der RE-Artikel über Caesar von GROEBE [893], nur noch genauer und gewissenhafter. Im deutschen Sprachraum sind in den letzten Jahren zwei weitere Caesar-Bücher dazugekommen. Das Buch von CH. MEIER [896] ist wohl als Antwort auf GELZER zu verstehen. MEIER, obwohl von seinen Arbeiten her nicht gerade zum Biographen prädestiniert, ist es mit diesem Buch gelungen, Caesar und sein Wirken aus den Bedingungen und Möglichkeiten der Zeit verständlich zu machen, ohne dabei den Blick für die Größe des Mannes zu verstellen. MEIER hat Distanz zu seinem Gegenstand und ist ihm doch zugleich immer sehr nahe. Der Wechsel von Erzählung und Reflexion sowie die sichere Formulierung haben, über das Sachliche hinaus, eine auch lesenswerte Darstellung erbracht. Die kurze, flüssig geschriebene Biographie von DAHLHEIM [897] ist sowohl wegen ihres Caesarbildes, das auch als Reaktion auf das Buch von CH. MEIER gesehen werden kann (s. o.), als auch wegen der Reflexion auf ältere Forschungsmeinungen, die eine Vorstellung von der Breite der als möglich erachteten Urteile über Caesar vermitteln, empfehlenswert. – Über Caesar als Schriftsteller bzw. Historiker urteilen u. a. KNOCHE [18], ADCOCK [13] und GELZER [15]. Einen umfangreichen und übersichtlich geordneten Forschungsbericht zu Caesar hat GESCHE [901] vorgelegt.

### b. Das Zweite Triumvirat

Für die Zeit nach dem Tode Ciceros im Dezember 43 sind uns kaum zeitgenössische Quellen erhalten. So ging vor allem die gesamte Pamphletliteratur verloren, von der lediglich manches schattenhaft in der augusteischen Dichtung und in der späteren Historiographie erkennbar ist [zu ihr vgl. 954: SCOTT]. Von der zeitgenössischen Historiographie, etwa von den *historiae* des Asinius Pollio [s. o. S. 198] und des Cremutius Cordus (gest. 25 n. Chr.), der vor allem die Bürgerkriege nach Caesars Ermordung dargestellt hatte, können die wenigen Fragmente keine angemessene Vorstellung vermitteln, und ebenso sind die Schilderung des Partherkrieges des Antonius von Q. Dellius und die offiziös-enkomiastische Augustus-Biographie des vielseitigen Schriftstellers Nikolaos von Damaskus [geb. ca. 64 v. Chr.; Fragm. aus der Jugendzeit und dem frühen politischen Wirken Octavians bei 87: JACOBY, Nr. 125–130] uns nicht einmal in den Umrissen erkennbar. Unsere wichtigsten Quellen sind daher die auch für diese Zeit und für später uns informierenden hochkaiserzeitlichen Darstellungen *Appians* (Bürgerkriege 2,134 bis zum Schluß, d. i. vom Ausbruch des Bürgerkrieges bis zum Tode des Sextus Pompeius) und des *Cassius Dio* (Buch 41–51,19, d. i. 49–30 v. Chr.) sowie die Biographien *Plutarchs* (Cicero, Brutus, Antonius) und die Augustus-Biographie von *Sueton*. – Wertvolle Nachrichten bringen für diese Zeit auch manche *Inschriften*, darunter auch vor allem die Eingangssätze des Tatenberichts des Augustus [*res gestae Divi Augusti*, lat.-griech.-deutsch und mit Kommentar hrsg. von E. WEBER, München 1970. 1974²; ausführlicher Kommentar von J. GAGÉ, Paris 1950²].

Quellen

Antonius ist unter dem Eindruck der Philippischen Reden Ciceros und der augusteischen Literatur auch von der modernen Forschung sowohl als Persönlichkeit wie als Politiker weitgehend negativ beurteilt, insbesondere seine Verwaltung des Ostens als eine in der Nachfolge hellenistischer Könige oder auch Sultansnaturen stehende, unrömische oder gar antirömische Politik hingestellt worden. Heute bahnt sich, auf ältere Ansätze aufbauend [vgl. 961: SYME, bes. 282 ff.], eine nüchternere Beurteilung an; vgl. u. a. in diesem Sinne die zusammenfassende, ältere Vorstudien in sich aufnehmende Darstellung von BENGTSON [946].

Antonius

Zu einer zweiten Verlängerung des Triumvirats ist es nicht mehr gekommen. Strittig ist heute der Endtermin der ersten Verlängerung; wahrscheinlich war es der 31. 12. 33 [zur Diskussion vgl. 956: FADINGER, 84 ff.]. Manche Forscher konnten sich den Verlust der lediglich nominellen Legalität, die das Triumvirat allenfalls zu vermitteln vermochte (das betreffende Gesetz war ja mit Militärge-

Endtermin<br>des Zweiten<br>Triumvirats

walt erzwungen worden), nicht ohne einen formal faßbaren Akt vorstellen und sprachen daher im Anschluß an KROMAYER [Die rechtliche Begründung des Prinzipats, Diss. Straßburg, Marburg 1888, 15 ff.] von einem ‚Staatsstreich‘, durch den Octavian Anfang 32 die Macht an sich gerissen habe. Diese vor allem unter dem Einfluß juristischen Denkens aufgestellte These hat noch manche Anhänger; heute überwiegt die Vorstellung, daß Octavian und Antonius ihre triumvirale Gewalt über den formellen Endtermin hinaus als faktisch weiterbestehend betrachteten [nach 412: MOMMSEN, 2,718 f. wäre sie sogar bis zu einer ausdrücklichen Abdikation rechtlich weitergelaufen]. Octavian hat jedenfalls in richtiger Einschätzung der rechtlichen Lage seine Position im Jahre 32 durch den Rückgriff auf die soziale Basis seiner Macht gestärkt und Italien sowie die westlichen Provinzen in einem Schwurakt (*coniuratio*) auf seine Person ausgerichtet [*res gestae* c. 25; zu dem Eid vgl. 955: PETZOLD, FADINGER a.O. 272 ff. und 958: HERRMANN, 78 ff.].

Bruch zwischen Octavian und Antonius    Der Krieg zwischen Octavian und Antonius ist vor allem von ersterem propagandistisch in einem Maße vorbereitet worden, wie es bis dahin unbekannt war. Von dem Tenor und den einzelnen Argumenten der zahllosen Flugschriften, die noch in der späten augusteischen Literatur nachklingen, geben vor allem SYME [961: bes. 289 ff.] und SCOTT [954] einen guten Eindruck. In den politischen Schriften dieser Zeit, die den Krieg der Machthaber u. a. als einen Kampf des Westens gegen den Osten sehen, wurde die geistige, sich auf die ‚nationale‘ Vergangenheit berufende Erneuerung Roms in augusteischer Zeit vorbereitet.

### c. Der Zusammenbruch der Republik

Ursachen des Zusammenbruchs    Die moderne Forschung hat keine große Diskussion über die Ursachen des Zusammenbruchs der Republik geführt, wie wir sie für den Untergang des römischen Kaiserreiches kennen, obwohl die Umstände des Zusammenbruchs nicht weniger dramatisch verliefen als in der Spätantike. Der Grund liegt auf der Hand; man war und ist sich heute − jedenfalls außerhalb der marxistischen Geschichtsbetrachtung − über das Problem im großen ganzen einig: Die Krise der Republik war eine Krise der aristokratischen Gesellschaft, die ihrerseits wiederum letztlich auf die Dissonanz zwischen der Weltherrschaft und den Möglichkeiten eines aristokratisch-stadtstaatlichen Regiments zurückzuführen ist. Sie war also eine politisch-strukturelle Krise und als solche identisch mit der Auflösung des politischen Grundkonsenses innerhalb der Oberschicht. Auch bei den Römern selbst wuchs seit dem 2. Jh. das Bewußtsein einer Krise; als ihre Ursache erkannten sie den Verfall der Sitten auf Grund der Größe der römischen Herrschaft [vgl. 665: BRINGMANN und o. S. 161 f.]. Auch in manchen Darstellungen der neueren Zeit wird noch bisweilen die antike Vorstellung vom Sittenverfall jedenfalls bis zu einem gewissen Grade als ein eigener, in sich selbst ruhender Faktor für den Untergang der Republik angesehen [vgl. etwa U. KNOCHE, Der Beginn des römischen Sittenverfalls, in: NJAB 1 (1938), 99−108. 145−162 =

ders., Vom Selbstverständnis der Römer, Beiheft Gymnasium 2, Heidelberg 1962, 99–123]. Die Rückkehr zu einer rein moralisierenden, den Wandel des politischen und sozialen Gefüges nicht oder nur bedingt einschließenden Betrachtungsweise ist als ein Rückschritt anzusehen. Die Moral steht nicht in einer Spannung zu dem Umfang des römischen Herrschaftsraumes, der als Abstraktum gar keine negative oder positive Haltung hervorbringen konnte, sondern zu den (durch die Expansion Roms sich allmählich wandelnden) wirtschaftlichen und sozialpolitischen Bedingungen. In den älteren, vor allem frühneuzeitlichen Darstellungen herrscht die von moralischen Kategorien ausgehende antike Konzeption naturgemäß vor; doch hat ein Mann wie MONTESQUIEU in seinen „Considérations sur les causes de la grandeur des Romains et de leur décadence" (1734) immerhin bereits die Wechselwirkung zwischen der ethischen Verhaltensweise auf der einen und den äußeren Bedingungen des politischen Lebens und deren Wandel auf der anderen Seite klar erkannt. – Trotz eines weitgehenden Konsenses über die tieferen Ursachen des Niedergangs der Republik wurden nicht nur früher, sondern werden auch noch heute Thesen aufgestellt, die von ganz anderen Ansätzen ausgehen, dabei jedoch nicht selten Symptome für die Ursachen setzen. Der große einzelne als der Zerstörer der Republik (Caesar!) ist die beliebte Schablone einer eher älteren Historikergeneration (DRUMANN). Aber auch heute noch werden häufig die wirtschaftlichen Veränderungen seit dem 2. Punischen Krieg für die schließliche Katastrophe verantwortlich gemacht [etwa 584: TOYNBEE], und es wird ferner nicht nur von marxistischer Seite die angeblich aus dem sozio-ökonomischen Wandel resultierende Krise als ein Klassenkampf zwischen Reichen und Armen gesehen und werden mit ihnen die Optimaten und Popularen verbunden; ja sogar die Entstehung militärischer Sondergewalten am Ende der Republik (Pompeius, Caesar, Octavian) wird aus den inneren sozialen Spannungen hergeleitet, insofern diese Gewalten jedenfalls der Sache (wenn auch nicht immer der Intention) nach als eine Art Zuflucht der Reichen angesehen werden (besondes klar zuletzt H. SCHNEIDER, Die Entstehung der römischen Militärdiktatur, Köln 1977). Die Diskrepanz von Weltherrschaft und stadtstaatlichem Regiment, und damit das Weltreich, ist hier als Ursache der spätrepublikanischen Militärgewalten gar nicht im Blick, die Krise allein als eine soziale Krise des römischen Binnenraumes gesehen und damit auch das Kaisertum, das das Ergebnis der Krise ist, als eine unmittelbare Konsequenz des innerrömischen ‚Klassenkampfes' interpretiert. Aber auch die Bedeutung der wirtschaftlichen und sozialen Spannungen und die Deutung der Popularen als einer sozialen Bewegung ist stark überzogen. Abgesehen davon, ob denn dieser Klassenkampf gerade in der Zeit nach 60 v. Chr. wirklich als ein entscheidender Faktor der inneren Spannungen belegt werden kann, ist die These auch von dem Ergebnis des ‚Klassenkampfes' her gesehen schwer einzusehen: Das sozio-ökonomische System hat sich über das Ende der Republik hinaus überhaupt nicht verändert. Die neuen ‚Ausbeuter' waren auch die alten; es wechselten nur die Namen: An die Stelle der Nobilität trat der Senatorenstand. Warum brach das Kaiserreich, das auf ökonomischem Gebiet gegenüber der späten Republik im Prinzip nichts Neues zu bieten hatte, nicht sogleich zusammen? Über welche konkreten Prozesse hätte denn überhaupt das Elend der Massen und der Reichtum der wenigen auf die Beseitigung des alten Systems hinwirken können? Alle Überlegungen führen dahin zurück, daß die Krise der Republik eine politische Krise, keine wirtschaftliche oder moralische gewesen ist, eine Krise der Herrschaft in Rom, in Italien und im Reich. Moralische Defizite, geistige Fehlentwicklungen und wirtschaftliches Elend, Ehrgeiz des einzelnen und Profitgier von Gruppen haben diese Krise begleitet; aber sie sind nicht deren Ursache, sondern deren Konsequenz. Es können hier nur Fragen angeschnitten und muß im übrigen auf die anregenden Erörterungen von CHRIST [964] verwiesen werden, der die umfangreiche Literatur zu diesem Thema aufgearbeitet hat.

Auflösungs-
prozeß
der Nobilität
Neben der Herausarbeitung des für den Untergang der Republik bestimmenden Wandels der allgemeinen politischen Bedingungen sowie der daraus resultierenden Spannungen und Veränderungen in den Verhaltensmustern – entsprechende Gedanken wurden vor allem in stärker strukturgeschichtlich orientierten Arbeiten angestellt [vgl. etwa 110: HEUSS; 445: CH. MEIER; 424: BLEICKEN] – verlangt in diesem Zusammenhang der Auflösungsprozeß der Aristokratie selbst besondere Aufmerksamkeit. Denn da die soziale Mobilität und der geistig/moralische Wandel innerhalb dieser Schicht gleichbedeutend mit der Ablösung der alten und der Bildung von neuen politischen Strukturen ist, läßt sich der Übergang von der republikanischen zur monarchischen Staatsform am klarsten an einer Entwicklungsgeschichte der Personen und Familien eben dieser Gesellschaft, die auch deren geistige und moralische Anschauungen berücksichtigt, einfangen. Obwohl schon die ältere Literatur die personen- und familienkundliche Betrachtungsweise bevorzugte [s. o. S. 163 f.] und das Problem selbst von vielen deutlich erkannt wurde, hat erst RONALD SYME diese Arbeit in unübertroffener Weise geleistet [961]. Er stellt die Entwicklung der römischen Oberschicht von 60 v. Chr. bis 14 n. Chr. dar (mit Schwerpunkt auf der Zeit zwischen 44 und 30 sowie auf den frühen Regierungsjahren des Augustus), und wenn er eben diesen sozialen Auflösungs- und Neubildungsprozeß unter dem Titel der ‚Römischen Revolution' beschreibt, zeigt er, welchen Stellenwert er ihm in diesem Umbruch der Zeiten zumißt. Hat man die Desintegration der Nobilität und der übrigen Senatorenschaft als Symptom einer ursächlich tiefer liegenden, strukturell bedingten Krise des politischen Gesamtsystems im Auge, muß man den zeitlichen Ansatz für dessen Erhellung indessen früher ansetzen als SYME. Das hat WISEMAN [962] in einer gründlichen prosopographischen Untersuchung zu dem Wandel der sozialen Struktur des Senats in der Zeit zwischen 139 v. Chr. und 14 n. Chr. getan. Er hat sich dabei auf eine wichtige, bisher nicht deutlich herausgearbeitete Gruppe beschränkt, nämlich auf diejenigen Senatoren, die, aus der Munizipalaristokratie stammend, als erste ihrer Familie in den Senat gelangt sind. Die physischen Verluste der Bürgerkriege, die Aufstockung des Senats

durch Sulla und Caesar, die Erstreckung des Bürgerrechts auf ganz Italien und die Bemühungen der großen Potentaten, Anhänger in den Senat zu bringen, haben diese Gruppe — bei gleichzeitigem Rückgang der Mitglieder aus alten Familien — unverhältnismäßig wachsen lassen. Von der letzten Generation der Republik (78−49 v. Chr.) handelt GRUEN [963]. Der gründliche Überblick über die Politik und die personellen Beziehungen der politisch Aktiven in dieser Zeit leidet indessen unter der vom Autor verfochtenen These, daß die Gesellschaft und Regierung im Prinzip noch funktionierten, Reformen die Probleme zu heilen versuchten, die von Gewalt gekennzeichneten, teils anarchischen Zustände in Rom nicht die Ursache des Bürgerkrieges waren (was richtig ist) und also das Ende der Republik nicht unvermeidbar war. Hier ist jedoch die für die Republik tödliche Polarisation der gesamten Senatorenschaft auf die *potentes*, insbesondere auf Caesar und Pompeius, und auch der Tatbestand übersehen, daß durch die Bürgerkriege die Zahl der Nobiles aus alten Familien, insbesondere die der Konsulare, die seit Sulla verstärkt den inneren Kreis der Regierung bildeten, immer kleiner geworden war: Das Leben der Republik hing nicht allein an Reformen, auch nicht an noch intakten personellen Beziehungen, sondern an der rein physischen Existenz einer nicht allzu kleinen Gruppe von Personen aus den alten Geschlechtern, die weiterhin politischen Einfluß (*auctoritas*) hatten. Das Morden in den Bürgerkriegen und die Anziehungskraft der Potentaten hatten indessen die Gruppe der der alten Tradition Verpflichteten zu einem kleinen Häuflein zusammenschmelzen lassen.

# III. Quellen und Literatur

## A. QUELLEN

### 1. Zu den einzelnen Autoren

Appian

2. Jh. n. Chr., geb. in Alexandria; unter Hadrian römischer Ritter, unter Marc Aurel und L. Verus *procurator Augusti*. Schrieb eine römische Geschichte (Rhomaïka) von der Königszeit bis ins 2. Jh. n. Chr. in griechischer Sprache. Abgesehen von der Königszeit wird die Geschichte der einzelnen Völker und Länder bis zu ihrem Aufgehen im Römischen Reich geschildert; die Geschichte von 133 v. Chr. bis zur Triumviratszeit ist in fünf Büchern ‚Bürgerkriege‘ zusammengefaßt. Es sind uns die letzteren und Teile der Ländergeschichten erhalten.

*Übers.:*

1. Appian's Roman History, The Loeb Class. Library, 4 Bde., griech.-engl., hrsg. von H. White, London 1912–1913.

2. Appian, Römische Geschichte, Bd. 1: Die römische Reichsbildung, übers. von O. Veh, eing. und erl. von K. Brodersen, Stuttgart 1987; Bd. 2: Bürgerkriege, übers. von O. Veh, eing. und erl. von W. Will, erscheint voraussichtlich 1988.

*Komm. u. Literatur:*

3. Bellorum civilium liber primus, erkl. von E. Gabba, Firenze 1967², liber quintus 1970; mit italien. Übers.

4. Bellorum civilium liber tertius, eing. u. erkl. von D. Magnino, Firenze 1984; mit italien. Übers.

5. E. Schwartz, Appianus, in: RE 2 (1896), 216–237 (= ders., Griechische Geschichtsschreiber, Leipzig 1957, 361–393).

6. E. Gabba, Appiano e la storia delle guerre civili, Firenze 1956.

Caesar

C. Julius Caesar, 100—44 v. Chr.; Prätor 62, Konsul I 59, Diktator 49—44. Über seine Schriften o. S. 197f.

*Übers.:*

7. Der Gallische Krieg, lat.-dtsch., hrsg. von G. DORMINGER, München 1978[5].

8. Der Bürgerkrieg, lat.-dtsch., hrsg. von G. DORMINGER, München 1979[5].

9. Der Bürgerkrieg mit den Berichten über den Alexandrinischen, Afrikanischen und Spanischen Krieg, übers. von H. SIMON, eing. von CH. MEIER, Vorw. von H. STRASBURGER, Bremen 1964.

*Komm. u. Literatur:*

10. Commentarii de bello Gallico, erkl. von F. KRANER, W. DITTENBERGER u. H. MEUSEL, Nachwort von H. OPPERMANN, 3 Bde., Berlin 1964/65[20], Bd. 3: 1960[18].

11. Commentarii de bello civili, erkl. von F. KRANER, F. HOFMANN u. H. MEUSEL, Nachwort von H. OPPERMANN, Berlin 1963[13].

12. Bellum Alexandrinum. Bellum Africanum, 2 Bde., erkl. von R. SCHNEIDER, Berlin 1962[2].

13. F. E. ADCOCK, Caesar als Schriftsteller, Göttingen o. J., 1959[2] (engl. Originalausgabe: Cambridge 1956).

14. L. RADITSA, Julius Caesar and his writings, in: ANRW 1,3 (1973), 417—456.

15. M. GELZER, Caesar als Historiker, in: ders., Kl. Schr. 2, Wiesbaden 1963, 307—335 (= Caesar, WdF 43, 1967, 438—473).

16. K. BARWICK, Caesars Commentarii und das Corpus Caesarianum, in: Philologus, Suppl. 31,2, 1938.

17. K. BARWICK, Caesars bellum civile (Tendenz, Abfassungszeit und Stil), in: Ber. über d. Verh. d. Sächs. Akad. d. Wiss. Leipzig, phil.-hist. Kl., Bd. 99, Heft 1, Berlin 1951.

18. U. KNOCHE, Caesars Commentarii, ihr Gegenstand und ihre Absicht, in: Gymnasium 58 (1951), 139—160 (= Caesar, WdF 43, 1967, 224—254).

19. F. BECKMANN, Geographie und Ethnographie in Caesars Bellum Gallicum, Dortmund 1930.

20. M. RAMBAUD, L'art de la déformation historique dans les commentaires de César, Paris 1952. 1966[2].

Weitere Literatur im Verzeichnis Nr. 893ff.


Cassius Dio

Cassius Dio Cocceianus, ca. 150—235 n. Chr., geb. in Nikaia/Bithynien; verwaltete hohe Staatsämter, u. a. war er Statthalter mehrerer Provinzen und Konsul II 229. Schrieb eine römische Geschichte von 80 Büchern in griechischer Sprache von den Anfängen bis zum Jahre 229 n. Chr. (Rhomaïka). Erhalten sind (mit Lücken am Anfang und am Ende) Buch 36—60, betreffend die Ereignisse von 68 v. Chr. bis 47 n. Chr. Für die verlorenen Teile besitzen wir Auszüge von Ioannes Xiphilinos und Zonaras (11. bzw. 12. Jh.). Hoher Quellenwert, obwohl im rhetorischen Stil der Zeit geschrieben. Selbständige politische Vorstellungen.

*Übers.:*

21. Römische Geschichte, eing. von G. WIRTH, übers. von O. VEH, 4 Bde., Zürich–Stuttgart 1985–1986.

*Literatur:*

22. E. SCHWARTZ, Cassius Dio Cocceianus, in: RE 3 (1899), 1684–1722 (= ders., Griechische Geschichtsschreiber, Leipzig 1957, 394–450).

23. F. MILLAR, A study of Cassius Dio, Oxford 1964.

24. D. FECHNER, Untersuchungen zu Cassius Dios Sicht der Römischen Republik, Diss. Freiburg i. Br. 1985, Hildesheim 1986.

## Cato

M. Porcius Cato, 234–149 v. Chr., geb. in Tusculum; Konsul 195, Censor 184. Schrieb eine Urgeschichte Roms und der italischen Städte und Stämme (*origines*) sowie eine Schrift über den Ackerbau (*de agri cultura*); veröffentlichte zahlreiche Reden. Die Schrift *de agri cultura* ist uns erhalten (älteste vollständige lateinische Prosaschrift); von den anderen Werken besitzen wir nur Fragmente (s. u. unter den Fragmentsammlungen).

*Übers. u. Komm.:*

25. Des Marcus Cato Belehrung über die Landwirtschaft, lat.-dtsch., hrsg. von P. THIELSCHER, Berlin 1963.

26. K. D. WHITE, Roman agricultural writers I: Varro and his predecessors, in: ANRW 1,4 (1973), 439–497.

Weitere Literatur im Verzeichnis Nr. 723 und 724.

## Cicero

M. Tullius Cicero, 106–43 v. Chr., geb. in Arpinum (im Volskerland, ca. 100 km südöstlich von Rom); Prätor 66, Konsul 63. Über seine Schriften o. S. 196 f.

*Übers.:*

27. Sämtliche Reden, übers. von M. FUHRMANN, 7 Bde., Zürich–Stuttgart 1970 ff. (mit kurzen Erläuterungen).

28. Briefe an seine Freunde, lat.-dtsch., hrsg. von H. KASTEN, München 1976[2].

29. Atticus-Briefe, lat.-dtsch., hrsg. von H. KASTEN, München 1976[2].

30. Briefe an Bruder Quintus, an Brutus, Brieffragmente u. die Denkschrift über die Bewerbung, lat.-dtsch., hrsg. von H. KASTEN, München 1976[2].

31. Vom Gemeinwesen (*de re publica*), lat.-dtsch., hrsg. von K. BÜCHNER, 1960[2].

32. Cicero. Staatstheoretische Schriften (*de re publica, de legibus*), lat.-dtsch., hrsg., übers. u. erläutert von K. ZIEGLER, Berlin 1974.

33. Vom rechten Handeln (*de officiis*), lat.-dtsch., hrsg. von K. Büchner, Zürich-Stuttgart 1964².

*Komm. u. Literatur:*

34. The correspondence of M. Tullius Cicero, hrsg. u. komm. von R. Y. Tyrrell u. L. C. Purser, 7 Bde., London seit 1881, 1901–1933 z. T. in 2. u. 3. Aufl. (Ausgabe der Briefe in chronologischer Folge).
35. Cicéron. Correspondance, lat.-franz., hrsg. u. übers. von L.-A. Constans u. J. Bayet, 5 Bde., Paris seit 1934, 1950–1964 z. T. in 3. u. 4. Aufl. (Ausgabe der Briefe in chronologischer Folge; noch unvollständig, bisher bis 49 v. Chr.).
36. Cicero's letters to Atticus, lat.-engl., hrsg., übers. u. komm. von D. R. Sh. Bailey, 7 Bde., Cambridge 1965–1970.
37. Cicero: Epistulae ad familiares, hrsg. u. komm. von D. R. Sh. Bailey, 2 Bde., Cambridge 1977.
38. K. Büchner, Cicero, De re publica, Heidelberg 1980.
39. P. L. Schmidt, Cicero ‚De re publica‘: Die Forschung der letzten fünf Dezennien, in: ANRW 1,4 (1973), 262–333.
40. B. A. Marshall, A historical commentary on Asconius, Columbia Miss. 1985.

Weitere Literatur s. im Verzeichnis Nr. 878 ff.

## Diodor

1. Jh. v. Chr. (der Höhepunkt seines Schaffens dürfte in Caesarischer Zeit liegen), geb. in Agyrion/Sizilien. Schrieb eine Universalgeschichte (Bibliothéke) von 40 Büchern in griechischer Sprache, aus der neben Fragmenten die B. 1–5 und 11–20 (diese umfassen den Zeitraum von 480–302 v. Chr.) erhalten sind. Das Werk ist eine reine Kompilation und ohne literarischen Rang; sein Wert liegt in den von D. benutzten Quellen. Für die römische Geschichte erhalten wir – neben Nachrichten aus der mythischen Frühzeit – vor allem Daten des späten 4. Jhs.

*Übers.:*

41. Diodorus of Sicily, The Loeb Classical Library, 12 Bde., griech.-engl., hrsg. von C. H. Oldfather u. a., London 1933–1967.

*Literatur:*

42. Ed. Meyer, Untersuchungen über Diodors römische Geschichte, in: Rhein.Mus. 37 (1882), 610–627 (danach ist Diodors Hauptquelle nicht Fabius Pictor, gehört aber noch in das 2. Jh.).
43. E. Schwartz, Diodoros, in: RE 5 (1903), 663–704 (= ders., Griechische Geschichtsschreiber, Leipzig 1957, 35–97).
44. A. Klotz, Diodors römische Annalen, in: Rhein.Mus. 86 (1937), 206–224 (Quellenanalyse ähnlich der von Meyer).

Dionysios von Halikarnassos

spätes 1.Jh. v. Chr., 30−8 v. Chr. in Rom als Lehrer der Beredsamkeit. Er schrieb u. a. eine römische Altertumskunde („Römische Archäologie') bis z. J. 265, wovon die Bücher 1−10 sowie 11 teilweise (bis zum Dezemvirat, 451/450), der Rest in Auszügen erhalten ist. An der rhetorisch aufgeputzten Kompilation ohne Originalität interessieren vor allem die von D. benutzten Quellen.

*Übers.:*

45. The Roman Antiquities of Dionysius of Halicarnassus, The Loeb Classical Library, 7 Bde., griech.-engl., hrsg. von E. Cary, London 1937−1950.

*Literatur:*

46. E. Schwartz, Dionysios von Halikarnassos, in: RE 5 (1903), 934−961 (= ders., Griechische Geschichtsschreiber, Leipzig 1957, 319−360).

47. A. Klotz, Zu den Quellen der Archaiologia des Dionysios von Halikarnassos, in: Rhein.Mus. 87 (1938), 32−50 (Quelle: Aelius Tubero).

Livius

Titus Livius, 59 v. Chr.−17 n. Chr., aus Patavium (Padua). Er schrieb eine annalistische römische Geschichte in 142 Büchern von den Anfängen der Stadt (*ab urbe condita*) bis zum Tode des Drusus i. J. 9 v. Chr. Erhalten sind Buch 1−10 (bis 293 v. Chr.), 21−45 (219−167 v. Chr.) und die Inhaltsangaben (*periochae*) zu allen Büchern.

*Übers.:*

48. Römische Geschichte, Buch 21−26. 31−41, lat.-dtsch., hrsg. von J. Feix und H. J. Hillen, München 1977−1986, z. T. in 2. und 3. Aufl.

49. Römische Geschichte, übers. von K. Heusinger u. O. Güthling, 4 Bde., Leipzig 1925−1928[2] (Reclam).

*Komm. u. Literatur:*

50. Titi Livi ab urbe condita libri, 10 Bde., hrsg. von W. Weissenborn u. H. J. Müller, Berlin 1873−1911[2−9].

51. R. M. Ogilvie, A commentary on Livy, b. 1−5, Oxford 1965.

52. J. Briscoe, A commentary on Livy, b. 31−33, Oxford 1973.

53. P. G. Walsh, Livy. His historical aims and methods, Cambridge 1961.

54. E. Burck (Hrsg.), Wege zu Livius, WdF 132, 1967 (Aufsatzsammlung).

55. T. J. Luce, Livy. The composition of his history, Princeton 1977.

56. H. Tränkle, Livius und Polybios, Basel−Stuttgart 1977.

Weitere Literatur s. im Verzeichnis Nr. 302−305.

Nepos, Cornelius

ca. 100−25 v. Chr., aus dem Gebiet nördlich des Po stammend. Er war mit Catull und Cicero befreundet. Das Hauptwerk seiner vielseitigen Schriftstellerei waren 16 Bücher Biographien politischer und literarischer Persönlichkeiten der antiken Welt, von denen neben 20 Biographien griechischer Feldherren auch Biographien Hamilkars, Hannibals, des älteren Cato und des Atticus erhalten sind.

*Übers.:*

57.  Kurzbiographien und Fragmente, lat.-dtsch., hrsg. von H. FÄRBER, München 1952.

*Komm. u. Literatur:*

58.  Cornelius Nepos, erkl. von K. NIPPERDEY/K. WITTE, Berlin 1913[11].

59.  E. M. JENKINSON, Genus scripturae leve: Cornelius Nepos and the early history of biography at Rome, in: ANRW 1,3 (1973), 703–719.

Plutarch

ca. 46–120 n. Chr., aus Chaironeia/Böotien, einer der bedeutendsten und vielseitigsten griechischen Schriftsteller der hohen Kaiserzeit. Schrieb unter vielem anderen Biographien von Politikern und Feldherren, bei denen er jeweils einen Griechen und einen Römer gegenüberstellte und sie am Schluß miteinander verglich. Es sind 23 solcher Paare und 4 Einzelbiographien erhalten.

*Übers.:*

60.  Große Griechen und Römer, eing. u. übers. von K. ZIEGLER, 6 Bde., Zürich–Stuttgart 1954–1965 (= DTV, München 1979f.).

*Literatur:*

61.  K. ZIEGLER, Plutarchos, in: RE 21 (1951), 895–962.

62.  A. WARDMAN, Plutarch's Lives. London 1974.

63.  BARBARA SCARDIGLI, Die Römerbiographien Plutarchs. Ein Forschungsbericht, München 1979.

Polybios

ca. 200–120 v. Chr., geb. in Megalopolis/Arkadien, hoher Offizier des Achäischen Bundes; kam 167 mit anderen Geiseln nach Italien, wo er Anschluß an einflußreiche römische Politiker, u. a. P. Cornelius Scipio Aemilianus, fand. Er schrieb eine sich an Timaios anschließende Weltgeschichte von 264 bis 146/144, wovon uns Buch 1–5 (bis 216) ganz, Buch 6 teilweise und weiterhin Auszüge erhalten sind. Klare Sprache, sachlicher Stil, hohe historiographische Ansprüche.

*Übers.:*

64.  Polybios. Geschichte, eing. u. übers. von H. DREXLER, 2 Bde., Zürich-Stuttgart 1961–1963.

*Komm. u. Literatur:*

65.  F.W. WALBANK, A historical commentary on Polybios, 3 Bde., Oxford 1957–1979.

66.  K. ZIEGLER, Polybios, in: RE 21 (1952), 1440–1578.

67.  G. A. LEHMANN, Untersuchungen zur historischen Glaubwürdigkeit des Polybios, Münster 1967.

68. K.-E. Petzold, Studien zur Methode des Polybios und zu ihrer historischen Auswertung, München 1969.

69. K. Stieve/N. Holzberg (Hrsg.), Polybios, Darmstadt 1982 (Aufsatzsammlung mit Bibliographie).

70. M. Dubuisson, Le latin de Polybe. Les implications historiques d'un cas de bilinguisme, Paris 1985 (über das Ausmaß der Latinisierung von Sprache und Denken des Polybios).

Sallust

C. Sallustius Crispus, 86−34 v. Chr., aus Amiternum/Sabinerland; 52 Volkstribun, 49 erster Statthalter von Africa Nova; Anhänger Caesars. Über seine Schriften s. o. S. 198.

*Übers.:*

71. Sallust. Werke und Schriften (einschl. Briefe, Invektive und die Reden und Briefe der Historien), lat.-dtsch., hrsg. von W. Schöne u. W. Eisenhut, München 1975⁵.

*Komm. u. Literatur:*

72. de bello Iugurthino liber, erkl. von R. Jacobs u. H. Wirz, Berlin 1922¹¹.

73. de coniuratione Catilinae. orationes et epistulae ex historiis excerptae, erkl. von R. Jacobs, H. Wirz u. A. Kurfess, Berlin 1922¹¹.

74. G. M. Paul, A historical commentary on Sallust's bellum Jugurthinum, Liverpool 1984.

75. *Fragmente*: historiarum reliquiae, ed. B. Maurenbrecher, Leipzig 1891−1893.

76. W. Steidle, Sallusts historische Monographien. Themenwahl und Geschichtsbild, Wiesbaden 1958.

77. K. Latte, Sallust, Leipzig 1935 (= Darmstadt, Libelli 116).

78. K. Büchner, Sallust, Heidelberg 1960.

79. R. Syme, Sallust, Darmstadt 1975 (engl. Originalausgabe: Berkeley 1964).

80. K.-E. Petzold, Der politische Standort des Sallust, in: Chiron 1 (1971), 219−238.

## 2. Allgemeine Literaturgeschichten

81. M. Schanz/C. Hosius, Geschichte der römischen Literatur bis zum Gesetzgebungswerk des Kaisers Justinian, 4 Teile in 5 Bden: 1 (1927⁴), 2 (1935⁴), 3 (1922³), 4,1 (1914²), 4,2 (1920).

82. F. Leo, Geschichte der römischen Literatur (bis zum Ende des 2. Jhs., mehr nicht erschienen), Berlin 1913. ND 1967.

83. Römische Literatur, hrsg. von M. Fuhrmann, in: Neues Handbuch der Literaturwissenschaft 3, Frankfurt a. M. 1974.

84. Hauptwerke der antiken Literaturen. Einzeldarstellungen und Interpretationen zur griechischen, lateinischen und biblisch-patristischen Literatur, hrsg. von E. SCHMALZRIEDT, München 1976.
85. A. LESKY, Geschichte der griechischen Literatur, Bern–München 1971[3].

### 3. FRAGMENTSAMMLUNGEN

86. H. PETER, Historicorum Romanorum reliquiae, Leipzig, Bd. 1 (1914[2]), 2 (1906). ND 1967 (mit bibliographischen Nachträgen von J. KROYMANN).
87. F. JACOBY, Die Fragmente der griechischen Historiker, Berlin 1923 ff.
88. H. MALCOVATI, Oratorum Romanorum fragmenta liberae rei publicae, Torino 1976[4].
89. J. MALITZ, Die Historien des Poseidonios, München 1983.

### 4. SAMMLUNGEN VON INSCHRIFTEN

90. H. DESSAU, Inscriptiones Latinae selectae, 3 Bde., Berlin 1892–1916.
91. A. DEGRASSI, Inscriptiones Latinae liberae rei publicae, 2 Bde., Firenze 1957–1963.
92. C. G. BRUNS/O. GRADENWITZ, Fontes iuris Romani antiqui, Tübingen 1909[7].
93. S. RICCOBONO, Fontes iuris Romani anteiustiniani I: Leges, Firenze 1941. 1968 (keine Ergänzungen).
94. R. K. SHERK, Roman documents from the Greek East. Senatus consulta and epistulae to the age of Augustus, Baltimore 1969.

### 5. KATALOGE UND HANDBÜCHER VON MÜNZEN

95. H. A. GRUEBER, Coins of the Roman Republic in the British Museum, 3 Bde., London 1910 (umfangreichster Katalog republikanischer Münzen).
96. E. A. SYDENHAM, The coinage of the Roman Republic, London 1952 (Münzkatalog mit ausführlicher Einleitung).
97. R. THOMSEN, Early Roman coinage. A study of the chronology, 3 Bde., Kopenhagen 1957–1961.

98. M. H. CRAWFORD, Roman republican coinage, 2 Bde., Cambridge 1974 (umfassende Darstellung des römischen Münzwesens mit einem Münzkatalog, chronologisch geordnet nach den Münzbeauftragten und deren Emissionen).

99. M. R.-ALFÖLDI, Antike Numismatik, 2 Bde., Mainz 1978 (allgemeines Handbuch).

# B. LITERATUR

(Die Literatur ist innerhalb der einzelnen Unterkapitel so geordnet, daß das Allgemeinere dem Spezielleren vorangeht und Zusammengehöriges auch möglichst zusammensteht; Zitate im Forschungsteil jeweils nach der letzten Auflage)

### ALLGEMEINE DARSTELLUNGEN ZUR GESCHICHTE DER RÖMISCHEN REPUBLIK

100.  A. SCHWEGLER, Römische Geschichte bis zu den licinischen Gesetzen, 3 Bde., Tübingen 1853–1858.

101.  B. G. NIEBUHR, Römische Geschichte, 3 Bde., Berlin 1811–1832, zitiert nach: $1^3$, 1829; $2^2$, 1830.

102.  TH. MOMMSEN, Römische Geschichte, Bd. 1–3, Leipzig 1854–1856, Bd. 5, 1885; Bd. 1–3, Berlin $1933^{14}$, 5, $1933^{11}$ (= DTV, München 1976).

103.  B. NIESE/E. HOHL, Grundriß der römischen Geschichte nebst Quellenkunde, München 1896 (nur NIESE). $1923^5$.

104.  G. DE SANCTIS, Storia dei Romani, 4 Bde., Torino-Firenze 1907–1964. $1967–1968^2$ (nur bis zur Eroberung von Numantia i. J. 133).

105.  K. J. BELOCH, Römische Geschichte bis zum Beginn der Punischen Kriege, Berlin 1926.

106.  A. PIGANIOL, Histoire de Rome, Paris 1939. $1974^6$ (mit Übersicht über die Forschung).

107.  The Cambridge Ancient History, Bd. 7–10 (von den Anfängen Roms bis 70 n. Chr.); zahlreiche Autoren, Cambridge 1928–1934.

108.  Histoire Générale: Histoire romaine, 2 Bde. (von den Anfängen Roms bis Caesar); Autoren der Bände: E. PAIS/J. BAYET/G. BLOCH/J. CARCOPINO, Paris $1940^3$ (Bd. 1), $1952^3$ (2,1), $1950^4$ (2,2).

109.  Nouvelle Clio (Darstellung mit z. T. detaillierter Übersicht über die Forschung): J. HEURGON, Rome et la méditerranée occidentale jusqu'aux guerres puniques, 1969 – C. NICOLET, Rome et la conquête du monde méditerranéen 1: Les structures de l'Italie romaine, 1977. $1979^2$, 2: Genèse d'un empire, 1978.

110.  A. HEUSS, Römische Geschichte, Braunschweig 1960. $1983^5$ (mit Übersicht über die Forschung).

111.  Propyläen-Weltgeschichte, hrsg. von G. MANN und A. HEUSS, Bd. 4: Rom. Die römische Welt; Autoren des republikanischen Teils: J. BLEIKKEN, W. HOFFMANN, A. HEUSS, Berlin 1963.

112.  H. BENGTSON, Grundriß der römischen Geschichte mit Quellenkunde, Bd. 1: Republik und Kaiserzeit bis 284 n. Chr., München 1967. $1970^2$.

### Handbücher zu speziellen Bereichen

113. M. Kaser, Das römische Privatrecht, Bd. 1: Das altrömische, das vorklassische und klassische Recht, München 1955. 1971² (mit weiteren Nachträgen in Bd. 2: Die nachklassischen Entwicklungen, 569–613).

114. M. Kaser, Das römische Zivilprozeßrecht, München 1966.

115. L. Wenger, Die Quellen des römischen Rechts, in: Österr. Akad. d. Wiss., Denkschr. der Gesamtakad., Bd. 2, Wien 1953.

116. J. Marquardt, Das Privatleben der Römer, Leipzig 1886². ND 1975.

117. H. Blümner, Die römischen Privataltertümer, München 1911³.

118. B. Rawson (Hrsg.), The family in ancient Rome, London 1986 (Aufsatzsammlung).

119. U. E. Paoli, Das Leben im alten Rom, Bern 1948. 1961² (nach der 8. Aufl., 1958, der italien. Originalausgabe).

120. J. P. V. D. Balsdon, Life and leisure in ancient Rome, London 1969.

121. St. F. Bonner, Education in ancient Rome from the elder Cato to the younger Pliny, London 1977.

122. G. Alföldy, Römische Sozialgeschichte, Wiesbaden 1975. 1984³.

123. P. A. Brunt, Social conflicts in the Roman Republic, London 1971.

124. T. Frank, An economic survey of ancient Rome, Bd. 1: Rome and Italy of the Republic, Baltimore 1933.

125. M. I. Finley, Die antike Wirtschaft, München 1977 (DTV) (engl. Originalausgabe: Berkeley 1973).

126. Th. Pekáry, Die Wirtschaft der griechisch-römischen Antike, Wiesbaden 1976. 1979².

127. F. de Martino, Wirtschaftsgeschichte des alten Rom, München 1985 (Italien. Originalausgabe 1979–1980).

128. M. Weber, Agrarverhältnisse im Altertum 6: Rom, in: Handwörterbuch der Staatswissenschaften, 1909³, s. v. (= ders., Ges. Aufsätze zur Sozial- und Wirtschaftsgeschichte, Tübingen 1924, 190–253).

129. L. Harmand, Société et économie de la république romaine, Paris 1976 (mit einer Auswahl antiker Texte in franz. Übers.).

130. K. Latte, Römische Religionsgeschichte, München 1960.

131. Agnes K. Michels, The calendar of the Roman Republic, Princeton 1967.

132. A. E. Samuel, Greek and Roman chronology. Calendars and years in Classical antiquity, München 1972.

133. H. H. Scullard, Römische Feste. Kalender und Kult, Mainz 1985 (engl. Originalausgabe: London 1981).

134. J. Kromayer/G. Veith, Heerwesen und Kriegführung der Griechen und Römer, München 1928.

135. J. Kromayer, Antike Schlachtfelder, 4 Bde., Berlin 1903–1931.

136. L. KEPPIE, The making of the Roman army. From Republic to Empire, London 1984.
137. H. D. L. VIERECK, Die römische Flotte, Herford 1975.
138. H. DELBRÜCK, Geschichte der Kriegskunst im Rahmen der politischen Geschichte, Bd. 1: Das Altertum, Berlin 1900. 1920³.
139. F. E. ADCOCK, The Roman art of war under the Republic, Cambridge Mass. 1940.

Zum Staatsrecht und Strafrecht vgl. Nr. 412–422.

### HANDBÜCHER ZUR RÖMISCHEN KUNST UND ZUR TOPOGRAPHIE VON ROM

140. G. KASCHNITZ VON WEINBERG, Römische Kunst, hrsg. von H. HEINTZE, 1: Das Schöpferische in der römischen Kunst, 2: Zwischen Republik und Kaiserreich, 3: Die Grundlagen der republikanischen Baukunst, Hamburg 1961–1962 (Rowohlt).
141. R. BIANCHI BANDINELLI, Rom. Das Zentrum der Macht. Die römische Kunst von den Anfängen bis zur Zeit Marc Aurels, München 1970.
142. H. JUCKER, Vom Verhältnis der Römer zur bildenden Kunst der Griechen, Frankfurt a. M. 1950.
143. G. M. A. RICHTER, The furniture of the Greeks, Etruscans and Romans, London 1966.
144. E. NASH, Pictorial dictionary of ancient Rome, 2 Bde., New York-Washington 1968² (1. Aufl. Tübingen 1961–1962 in deutscher Sprache).
145. G. LUGLI, Roma antica. Il centro monumentale, Roma 1946.
146. F. COARELLI, Rom. Ein archäologischer Führer, Freiburg i. Br. 1975 (italien. Originalausgabe 1974).
147. F. COARELLI, Il foro romano, 1: Periodo arcaico, 2: Periodo repubblicano e augusteo, Roma 1983–1985.

### LEXIKA, EINFÜHRUNGEN, BIBLIOGRAPHIEN

148. PAULYS Realencyklopädie der classischen Altertumswissenschaft, hrsg. von G. WISSOWA u. a. (PAULY-WISSOWA; RE), Stuttgart 1893–1978 (das ausführlichste, in den älteren Bänden aber teils überholte Nachschlagewerk der Altertumswissenschaft).
149. Der Kleine PAULY, hrsg. von K. ZIEGLER, W. SONTHEIMER u. H. GÄRTNER, 5 Bde., Stuttgart 1964–1975 (= DTV, München 1978).
150. Lexikon der Alten Welt, hrsg. von C. ANDRESEN, H. ERBSE u. a., Zürich 1965 (= Lexikon der Antike, 5 Teile, München 1969ff., DTV).
151. The Oxford Classical Dictionary, hrsg. von N. G. L. HAMMOND u. H. H. SCULLARD, Oxford 1970².

152. H. Bengtson, Einführung in die Alte Geschichte, München 1979[8].

153. K. Christ, Römische Geschichte. Einführung, Quellenkunde, Bibliographie, Darmstadt 1980[3].

154. K. Christ, Römische Geschichte. Eine Bibliographie, Darmstadt 1976.

154a. K. Christ, Neue Forschungen zur Geschichte der späten Römischen Republik und den Anfängen des Principats (Forschungsbericht), in: Gymnasium 94 (1987), 307–340.

## Listen von Magistraten, Gesetzen und Verträgen

155. A. Degrassi (Ed.), Fasti Capitolini, Torino 1954.

156. T. R. S. Broughton, The magistrates of the Roman Republic, 2 Bde., Cleveland 1951–1952. ND 1968 (mit Nachträgen), Bd. 3 (Suppl.), 1986.

157. G. Rotondi, Leges publicae populi Romani, Milano 1922. ND 1966.

158. Die Staatsverträge des Altertums, Bd. 2: Die Verträge der griechisch-römischen Welt von 700 bis 338 v. Chr., bearb. von H. Bengtson, München 1962; Bd. 3: Die Verträge der griechisch-römischen Welt von 338 bis 200 v. Chr., bearb. von H. Schmitt, München 1969.

## Quellensammlungen

159. N. Lewis/M. Reinhold, Roman civilization, Bd. 1: The Republic, New York 1951 (mit jeweils kurzen Einführungen).

160. W. Arend, Geschichte in Quellen I: Altertum. Alter Orient–Hellas–Rom, München 1965 (nur die Übersetzung; wenig Kommentierung).

161. A. H. M. Jones, A history of Rome through the fifth century, Bd. 1: The Republic, New York 1968 (nur die engl. Übersetzung mit jeweils kurzer Einführung, aber ohne kommentierende Anmerkungen).

# LITERATUR ZU DEN EINZELNEN ZEITABSCHNITTEN

### 1. ITALIEN IM FRÜHEN 1. JAHRTAUSEND V. CHR.

#### a. Landschaft und Klima

162. F. KLINGNER, Italien. Name, Begriff und Idee im Altertum, in: Die Antike 17 (1941), 89–104 (= ders., Römische Geisteswelt, München 1965⁵, 11–33).

163. K. SITTL, Der Name Italiens, in: Archiv f. Latein. Lexikographie u. Grammatik 11 (1900), 121–124.

164. F. RAUHUT, Italia, in: Würzburger Jahrb. für die Altertumswiss. 1 (1946), 133–152.

164a. G. RADKE, Italia. Beobachtungen zu der Geschichte eines Landesnamens, in: Romanitas 8 (1967), 35–51.

165. H. NISSEN, Italische Landeskunde, 2 Bde., Berlin 1883–1902 (zum Klima Bd. 1, 372 ff.). ND 1967.

166. D. S. WALKER, A geography of Italy, London 1958.

167. M. FREDERIKSEN, Campania, hrsg. von N. PURCELL, Rome 1984.

168. G. SCHMIEDT, Il livello antico del mar Tirreno. Testimonianze dei resti archeologici, Firenze 1972.

169. M. SCHWARZBACH, Das Klima der Vorzeit, Stuttgart 1961².

170. L. HEMPEL, Klimaveränderungen im Mittelmeerraum – Ansätze und Ergebnisse geowissenschaftlicher Forschungen, in: Universitas 38 (1983), 873–885.

171. H. JANKUHN, Einführung in die Siedlungsarchäologie, Berlin–New York 1977.

#### b. Die Völker Italiens

172. M. PALLOTTINO/G. MANSUELLI/A. PROSDOCIMI/O. PARLANGELI (Hrsg.), Popoli e civiltà dell'Italia antica, 7 Bde., Roma 1974–1978.

173. G. VON KASCHNITZ–WEINBERG, Jüngere Steinzeit und Bronzezeit in Europa und einigen angrenzenden Gebieten bis um 1000 v. Chr.: Italien mit Sardinien, Sizilien und Malta, in: Handb. d. Archäologie, Bd. 2: Die Denkmäler, München 1954, 311–402.

174. F. Messerschmidt, Bronzezeit und frühe Eisenzeit in Italien. Pfahlbau, Terramare, Villanova, Berlin 1935.

175. U. Rellini, Le origini della civiltà italica, Roma 1929.

176. L. Pigorini, Gli abitanti primitivi dell'Italia, in: Atti della Soc. Ital. per il progr. delle scienze 3, Roma 1910.

177. G. Devoto, Gli antichi Italici, Firenze 1932. 1969[4].

178. G. Patroni, L'indoeuropeizzazione d'Italia, in: Athenaeum N. S. 17 (1939), 213−226.

179. M. Pallottino, Le origini storiche dei popoli italici, in: Atti del X. congr. intern. di scienze storiche, Roma 1955, Bd. 2,1−60.

180. M. Pallottino, Italien vor der Römerzeit, München 1987 (italien. Originalausgabe: Storia della prima Italia, Milano 1984).

181. H. Müller-Karpe, Beiträge zur Chronologie der Urnenfelderzeit nördlich und südlich der Alpen, Berlin 1959.

182. G. Kossack, Studien zum Symbolgut der Urnenfelder- und Hallstattzeit Mitteleuropas, Berlin 1954.

183. R. Pittioni, Der urgeschichtliche Horizont der historischen Zeit, in: Propyläen-Weltgeschichte 1 (1961), 227−321.

184. R. Pittioni, Italien, urgeschichtliche Kulturen, in: RE Suppl. 9 (1962), 105−372.

185. D. and Francesca R. Ridgway (Hrsg.), Italy before the Romans. The Iron Age, Orientalizing and Etruscan periods, London 1979 (Aufsatzsammlung).

186. D. Trump, Central and southern Italy before Rome, London 1966.

187. E. Täubler, Terremare und Rom, in: SB Heidelberger Akad. d. Wiss., philos.-hist. Kl., Jahrg. 1931/32, Nr. 2.

188. F. Matz, Die Indogermanisierung Italiens, in: NJAB 1 (1938), 367−400.

189. F. Matz, Bericht über die neuesten Forschungen zur Vor- und Frühgeschichte Italiens (1939−1941), in: Klio 35 (1942), 299−331.

190. G. Säflund, Le terramare delle provincie di Modena, Reggio Emilia, Parma, Piacenza, Uppsala 1939.

191. F. von Duhn, Italische Gräberkunde, 2 Bde. (Bd. 2 hrsg. von F. Messerschmidt), Heidelberg 1924−1939.

192. R. S. Conway, The Prae-italic dialects of Italy, 3 Bde., London 1933.

193. H. Krahe, Die Indogermanisierung Griechenlands und Italiens. Zwei Vorträge, Heidelberg 1949, bes. 31−59.

194. H. Krahe, Sprache und Vorzeit, Heidelberg 1954.

195. H. Krahe, Die Sprache der Illyrier, 2 Bde., Wiesbaden 1955−1964.

196. V. Pisani, Linguistica generale e indoeuropeo, Milano 1947.

197. V. Pisani, Le lingue dell'Italia antica oltre il latino, Torino 1953. 1964[2].

198. V. Pisani, Zur Sprachgeschichte des alten Italiens, in: Rhein. Mus. 97 (1954), 47−68.

199.  J. Untermann, Die venetische Sprache (Forschungsbericht seit 1950), in: Kratylos 6 (1961), 1–15.

200.  C. de Simone, Die messapische Sprache (Forschungsbericht seit 1939), in: Kratylos 7 (1962), 113–135.

201.  O. Parlangeli, Studi Messapici (vollständige Ausgabe der Inschriften), Milano 1960.

202.  W. B. Schmidt, Alteuropäisch und indogermanisch, in: Abh. d. Akad. d. Wiss. u. d. Lit. Mainz, geistes- u. sozialwiss. Kl., Jahrg. 1968, Nr. 6.

203.  J. J. Bachofen, Versuch über die Gräbersymbolik der Alten, 1859, jetzt in: Ges. Werke, hrsg. von K. Meuli, Bd. 4 (1954).

204.  J. J. Bachofen, Das Mutterrecht. Eine Untersuchung über die Gynaikokratie der Alten Welt nach ihrer religiösen und rechtlichen Natur, 1861, jetzt in: Ges. Werke, hrsg. von K. Meuli, Bd. 2–3 (1948).

205.  J. J. Bachofen, Die Sage von Tanaquil, mit Beilage: Das Maternitätsprinzip der etruskischen Familie, 1870, jetzt in: Ges. Werke, hrsg. von K. Meuli, Bd. 6 (1951).

206.  E. Fehrle, Johann Jakob Bachofen und das Mutterrecht, in: Neue Heidelberger Jahrb. 1927, 101–118.

207.  F. Slotty, Zur Frage des Mutterrechts bei den Etruskern, in: Archiv Orientální 18 (1950), 262–285.

## 2. Etrusker und Griechen

### a. *Allgemeine Werke zu den Etruskern; politische Geschichte*

208.  K. O. Müller, Die Etrusker, 2 Bde., Breslau 1828, 2. Aufl. von W. Deecke, Stuttgart 1877 (Nachdr. 1965 mit Einleitung von A. J. Pfiffig).

209.  P. Ducati, Etruria antica, 2 Bde., Torino 1927[2].

210.  M. Pallottino, Die Etrusker, Frankfurt a. M. – Hamburg (Fischer) 1965 (italien. Originalausgabe: Milano 1942. 1972[7]).

211.  M. Pallottino, L'origine degli Etruschi, Roma 1947.

212.  O. W. von Vacano, Die Etrusker, Stuttgart 1955.

213.  L. Banti, Die Welt der Etrusker, Stuttgart 1960. 1963[2] (italien. Originalausgabe: Rom 1960. 1969[2]) (mit wertvollem Überblick und Bibliographie zu den einzelnen Ausgrabungsstätten).

214.  H. H. Scullard, The Etruscan cities and Rome, London 1967.

215.  J. Heurgon, Die Etrusker, Stuttgart 1977[2] (franz. Originalausgabe: Paris 1961).

216.  A. J. Pfiffig, Einführung in die Etruskologie, Darmstadt 1972.

217. K.-W. WEEBER, Geschichte der Etrusker, Stuttgart 1979.

218. R. BLOCH, L'état actuel des études étruscologiques, in ANRW 1,1 (1972), 12–21.

219. A. HUS, Les siècles d'or de l'histoire étrusque (675–475 avant J. C.), Bruxelles 1976.

220. G. DEVOTO, Gli Etruschi nel quadro dei popoli italici antichi, in: Historia 6 (1957), 23–33.

221. A. SOLARI, Topografia storica dell'Etruria 1–4, Pisa 1915–1920.

222. Spina e l'Etruria padana. Convegno di studi etruschi (Ferrara 8. bis 11.9.57), Firenze 1959.

223. J. HEURGON, L'État étrusque, in: Historia 6 (1957), 63–97.

224. R. LAMBRECHTS, Essai sur les magistratures des républiques étrusques, Bruxelles–Rome 1959.

225. F. LEIFER, Studien zum antiken Ämterwesen, Bd. 1: Zur Vorgeschichte des römischen Führeramtes (Grundlagen), in: Klio, Beiheft 23 (1931).

226. S. MAZZARINO, Sociologia del mondo etrusco e problemi della tarda etruscità, in: Historia 6 (1957), 98–122.

227. E. BRIZIO, Sopra la provenienza degli Etruschi, in: Atti e Memorie della R. Deputaz. di storia patria per le provincie di Romagna, Bologna 1885.

228. F. SCHACHERMEYR, Etruskische Frühgeschichte, Berlin–Leipzig 1929.

229. P. DUCATI, Le problème étrusque, Paris 1938 (mit älterer Bibliographie).

230. F. ALTHEIM, Der Ursprung der Etrusker, Baden-Baden 1950.

231. L. AIGNER FORESTI, Tesi, ipotesi e considerazioni sull'origine degli Etruschi, Diss. Graz 1972, Wien 1974.

232. A. SCHULTEN, Tartessos. Ein Beitrag zur ältesten Geschichte des Westens, Hamburg 1950², 12–26.

233. A. PIGANIOL, Les Étrusques, peuple d'Orient, in: Cahiers d'Histoire mondiale 1 (1953), 328–352.

234. G. SÄFLUND, Über den Ursprung der Etrusker, in: Historia 6 (1957), 10–22.

235. H. HENCKEN, Tarquinia, Villanovans and early Etruscans, Cambridge Mass. 1968.

*b. Gesellschaft und Religion der Etrusker; ihre Kunst*

236. A. SOLARI, Vita pubblica e privata degli Etruschi, Firenze 1931.

237. B. NOGARA, Gli Etruschi e la loro civiltà, Milano 1933.

238. R. BLOCH, L'art et la civilisation étrusques, Paris 1955.

239. G. DENNIS, The cities and cemeteries of Etruria, 2 Bde., 1848. London 1883³.

240. J. BRADFORD, Etruria from the air, in: Antiquity 21 (1947), 74–83.

241. E. RICHARDSON, The Etruscans. Their art and civilization, Chicago—London 1964.

242. TH. FRANKFORT, Les classes serviles en Étrurie, in: Latomus 18 (1959), 3—22.

243. R. HERBIG, Götter und Dämonen der Etrusker, Heidelberg 1948. 1965².

244. R. HERBIG, Zur Religion und Religiosität der Etrusker, in: Historia 6 (1957), 123—132.

245. A. J. PFIFFIG, Religio Etrusca, Graz 1975.

246. C. O. THULIN, Die etruskische Disciplin, 3 Teile, Göteborg 1905—1909.

247. Kunst und Leben der Etrusker, Katalog der Kölner Ausstellung, Köln 1956.

248. P. J. RIIS, An introduction to Etruscan art, Kopenhagen 1953.

249. F. POULSEN, Etruscan tomb paintings, Oxford 1922.

250. R. BLOCH, L'art étrusque et son arrière-plan historique, in: Historia 6 (1957), 53—62.

251. G. PATRONI, Architettura preistorica generale ed italica. Architettura etrusca, Bergamo 1941.

252. F. STUDNICZKA, Das Wesen des tuskanischen Tempelbaus, in: Die Antike 4 (1928), 177—225.

*c. Schrift und Sprache der Etrusker*

253. Corpus inscriptionum Etruscarum (CIE), 1893 von C. PAULI begonnen, fortgesetzt von O. A. DANIELSSON, G. HERBIG, E. SITTIG u. a.; erscheint laufend.

254. M. PALLOTTINO, Testimonia linguae Etruscae, Firenze 1954. 1968² (Auswahl von 858 Inschriften, nach Fundorten geordnet; das Supplement der 2. Auflage erfaßt noch einmal 83 Inschriften).

255. A. KIRCHHOFF, Studien zur Geschichte des griechischen Alphabets, Gütersloh 1887⁴.

256. M. HAMMARSTRÖM, Beiträge zur Geschichte des etruskischen, lateinischen und griechischen Alphabets, Act. Soc. Scient. Fennicae 49,2,1920.

257. A. GRENIER, L'alphabet de Marsiliana et les origines de l'écriture à Rome, in: MAH 41 (1924), 3—41.

258. M. CRISTOFANI, Sull'origine e la diffusione dell'alfabeto etrusco, in: ANRW 1,2 (1972), 466—489.

259. K. OLZSCHA, Schrift und Sprache der Etrusker, in: Historia 6 (1957), 34—52.

260. A. J. PFIFFIG, Die etruskische Sprache. Versuch einer Gesamtdarstellung, Graz 1969.

261. M. DURANTE, Considerazioni intorno al problema della classificazione dell'etrusco I, in: Studi mic. ed egeo-anatol. 7 (1968), 7—60.

262. A. Trombetti, La lingua etrusca, Firenze 1928.

263. H. L. Stoltenberg, Etruskische Sprachlehre mit vollständigem Wörterbuch, Leverkusen 1950.

264. E. Vetter, Etruskische Wortdeutungen 1: Die Agramer Mumienbinde, Wien 1937.

265. K. Olzscha, Interpretation der Agramer Mumienbinde, in: Klio, Beiheft 40 (1939).

266. G. Karo, Die ‚tyrsenische‘ Stele von Lemnos, in: AM 33 (1908), 65—74 (mit Tafel; Interpretation vom Standpunkt des Archäologen).

267. P. Kretschmer, Die tyrrhenischen Inschriften der Stele von Lemnos, in: Glotta 29 (1942), 89—98 (Interpretation vom Standpunkt des Sprachwissenschaftlers).

268. W. Brandenstein, Tyrrhener, in: RE 7 A (1948), 1917—1929.

269. A. J. Pfiffig, Uni-Hera-Astarte. Studien zu den Goldblechen von S. Severa/Pyrgi mit etruskischer und punischer Inschrift, in: Denkschr. der Österr. Akad.d.Wiss., philos.-hist. Kl., Bd. 88, Nr. 2, Wien 1965.

270. J. Heurgon, The inscriptions of Pyrgi, in: JRS 56 (1966), 1—15.

271. K. Olzscha, Die punisch-etruskischen Inschriften von Pyrgi, in: Glotta 44 (1967), 60—108.

272. J. Ferron, Un traité d'alliance entre Caere et Carthage contemporain des derniers temps de la royauté étrusque à Rome ou l'évènement commémoré par la quasi-bilingue de Pyrgi, in: ANRW 1,1 (1972), 189—216.

### d. Die griechischen Städtegründungen im Westen

273. T. J. Dunbabin, The Western Greeks, Oxford 1948.

274. J. Bérard, La colonisation grecque de l'Italie méridionale et de la Sicile dans l'antiquité: l'histoire et la légende, Paris 1941. 1957[2].

275. A. G. Woodhead, The Greeks in the West, London 1962.

276. Ed. Meyer, Geschichte des Altertums 3[2], 388—451; 625—661; 748—768, Stuttgart 1937 (1. Aufl. 1893).

277. K. J. Beloch, Griechische Geschichte, 1,2, Straßburg 1893, 1913[2], 218—230; 245—250.

278. G. Giannelli, Culti e miti della Magna Grecia. Contributo alla storia più antica delle colonie greche in occidente, Firenze 1963.

279. E. Wikén, Die Kunde der Hellenen von dem Lande und den Völkern der Apenninenhalbinsel bis 300 v. Chr., Lund 1937.

280. K. J. Beloch, Campanien. Topographie, Geschichte und Leben der Umgebung Neapels im Alterthum, Berlin 1879. 1890[2].

281. L. B. Brea, Alt-Sizilien. Kulturelle Entwicklung vor der griechischen Kolonisation, Köln 1958 (engl. Originalausgabe: Oxford 1957).

282. E. Langlotz, Die kulturelle und künstlerische Hellenisierung der Küsten des Mittelmeers durch die Stadt Phokaia, Köln und Opladen 1966.

283. J.-P. Morel, Les Phocéens en Occident: certitudes et hypothèses, in: La Parola del Passato 21 (1966), 378–420.

284. A. Schulten, Die Griechen in Spanien, in: Rhein.Mus. 85 (1936), 289–346.

285. R. Güngerich, Die Küstenbeschreibung in der griechischen Literatur, Münster 1950.

286. B. Schweitzer, Untersuchungen zur Chronologie und Geschichte der geometrischen Stile in Griechenland II, in: AM 43 (1918), 1–152.

287. Å. Åkerström, Der geometrische Stil in Italien, Lund 1943.

288. A. Blakeway, Prolegomena to the study of Greek commerce with Italy, Sicily and France in the VIII[th] and VII[th] century, in: Annual of the British School at Athens 33 (1932/33), 170–208.

289. A. Blakeway, „Demaratus". A study in some aspects of the earliest hellenisation of Latium and Etruria, in: JRS 25 (1935), 129–149.

290. M. F. Villard, La chronologie de la céramique protocorinthienne, in: MEFR 60 (1948), 7–34.

291. A. W. Byvanck, Untersuchungen zur Chronologie der Funde in Italien aus dem 8. und 7. vorchristlichen Jahrhundert, Mnemosyne, 3. ser., 4 (1936/37), 181–225.

292. R. van Compernolle, Étude de chronologie et d'historiographie siciliotes. Recherches sur le système chronologique des sources de Thucydide concernant la fondation des colonies siciliotes, Bruxelles–Rome 1959.

293. Ursula Heimberg, Römische Flur und Flurvermessung, in: Untersuchungen zur eisenzeitlichen und frühmittelalterlichen Flur in Mitteleuropa und ihrer Nutzung I, hrsg. von H. Beck/D. Denecke/H. Jankuhn, Abh. d. Akad.d.Wiss. Göttingen, philol.-hist. Kl., 3. Folge, Nr. 115 (1979), 141–195.

294. E. Bayer, Rom und die Westgriechen bis 280 v. Chr., in: ANRW 1,1 (1972), 305–340.

295. Atti del convegno di studi sulla Magna Grecia, hier insbesondere: A. del 1. convegno: Greci e Italici in Magna Grecia (Taranto 1961), Napoli 1962.

A. del 7. convegno: La città e il suo territorio (1967), Napoli 1968.

A. del 8. convegno: La Magna Grecia e Roma nell'età arcaia (1968), Napoli 1969.

A. del 12. convegno: Economia e società nella Magna Grecia (1972), Napoli 1973.

### 3. Die römische Frühzeit

*a. Die annalistische Geschichtsschreibung*

296. B. G. Niebuhr, Historische und philologische Vorträge, 1. Abt., Bd. 1: Von der Entstehung Roms bis zum Ausbruch des ersten punischen Krieges, Berlin 1846.

297. Th. Mommsen, Die römischen Patriciergeschlechter, in: ders., Römische Forschungen 1, Berlin 1864, 69–127, bes. 107 ff.

298. Th. Mommsen, Fabius und Diodor, in: ders., Römische Forschungen 2, Berlin 1879, 221–290.

299. W. Soltau, Die Anfänge der römischen Geschichtsschreibung, Leipzig 1909.

300. E. Kornemann, Der Priestercodex in der Regia und die Entstehung der altrömischen Pseudogeschichte, Tübingen 1912.

301. A. Rosenberg, Einleitung und Quellenkunde zur römischen Geschichte, Berlin 1921.

302. W. Soltau, Livius' Geschichtswerk, seine Komposition und seine Quellen, Leipzig 1897.

303. D. Timpe, Fabius Pictor und die Anfänge der römischen Historiographie, in: ANRW 1,2 (1972), 928–969.

304. A. Klotz, Livius und seine Vorgänger, in: Neue Wege zur Antike, Heft 9–11, Berlin 1940/41.

305. G. Perl, Kritische Untersuchungen zu Diodors römischer Jahrzählung, Berlin 1957.

306. J. Pinsent, Military tribunes and plebeian consuls: The fasti from 444 V to 342 V, Wiesbaden 1975.

307. A. Momigliano, Perizonius, Niebuhr und der Charakter der frühen römischen Tradition, in: Römische Geschichtsschreibung, WdF 90 (1969), 312–339 (engl. Originalfassung: JRS 47, 1957, 104–114).

308. R. T. Ridley, Fastenkritik: a stocktaking, in: Athenaeum N. S. 58 (1980), 264–298.

309. Dagmar Gutberlet, Die erste Dekade des Livius als Quelle zur gracchischen und sullanischen Zeit, Diss. Göttingen 1983, Hildesheim 1985.

*b. Die Gründung Roms*

310. E. Gjerstad, Early Rome, Bd. 1: Stratigraphical researches in the Forum Romanum and along the Sacra Via (1953); 2: The tombs (1956); 3: Fortifications, domestic architecture, sanctuaries, stratigraphical excavations (1960); 4: Synthesis of archeological evidence (1966); 5: The written sources (1973); 6: Historical survey (1973).

311. E. GJERSTAD, Legenden und Fakten der frühen römischen Geschichte, in: WdF 90 (1969), 367–458 (engl. Originalausgabe: Lund 1962).

312. E. GJERSTAD, Innenpolitische und militärische Organisation in frührömischer Zeit, in: ANRW 1,1 (1972), 136–188.

313. B. ANDREAE, Archäologische Funde und Grabungen im Bereich der Soprintendenzen von Rom 1949–1956/57, in: Archäol. Anz. 72 (1957), 110–358.

314. G. LUGLI, Roma antica. Il centro monumentale, Roma 1946.

315. H. MÜLLER-KARPE, Vom Anfang Roms, Heidelberg 1959.

316. H. MÜLLER-KARPE, Zur Stadtwerdung Roms, Heidelberg 1962.

316a. A. PIGANIOL, Essai sur les origines de Rome, Paris 1917.

317. S. ACCAME, Le origini di Roma, Napoli 1958. 1963².

318. A. MOMIGLIANO, An interim report on the origins of Rome, in: JRS 53 (1963), 95–121 (= ders., Terzo contributo alla storia degli studi classici e del mondo antico, Roma 1966, 545–598).

319. M. PALLOTTINO, Le origini di Roma, in: Archeol. Class. 12 (1960), 1–36.

320. M. PALLOTTINO, Le origini di Roma: considerazioni critiche sulle scoperte e sulle discussioni più recenti, in: ANRW 1,1 (1972), 22–47.

320a. J. CH. MEYER, Pre-republican Rome. An analysis of the cultural and chronological relations 1000–500 B.C., Odense 1983.

321. J. POUCET, Les Sabins aux origines de Rome. Orientations et Problèmes, in: ANRW 1,1 (1972), 48–135.

322. G. SÄFLUND, Le mura di Roma repubblicana, Lund 1932.

323. A. VON GERKAN, Zur Frühgeschichte Roms, in: Rhein. Mus. 100 (1957), 82–97.

324. A. VON GERKAN, Das frühe Rom nach E. Gjerstad, in: Rhein. Mus. 104 (1961), 132–148.

325. H. RIEMANN, Beiträge zur römischen Topographie, in: RM 76 (1969), 103–121.

*c. Die mythische Vorgeschichte. Die Königszeit*

326. P. DE FRANCISCI, Primordia civitatis, Roma 1959.

327. R. M. OGILVIE, Das frühe Rom und die Etrusker, 1983 (engl. Originalausgabe 1976).

328. R. E. A. PALMER, The archaic community of the Romans, Oxford 1970.

329. A. ALFÖLDI, Die Struktur des voretruskischen Römerstaates, Heidelberg 1974.

330. A. ALFÖLDI, Das frühe Rom und die Latiner, Darmstadt 1977 (engl. Originalausgabe 1963; vgl. zur Kritik A. MOMIGLIANO, JRS 57, 1967, 211ff.).

331. A. ALFÖLDI, Römische Frühgeschichte. Kritik und Forschung seit 1964, Heidelberg 1976.

332. J. Poucet, Les origines de Rome. Tradition et histoire, Bruxelles 1985.

333. E. Burck, Die altrömische Familie, in: Das neue Bild der Antike 2, Leipzig 1942, 5–52 (= WdF 18, 1962. 1976⁴, 87–141).

334. A. Alföldi, Der frührömische Reiteradel und seine Ehrenabzeichen, Baden-Baden 1952.

335. Larissa B. Warren, Roman triumphs and Etruscan kings: The changing face of the triumph, in: JRS 60 (1970), 49–66.

336. H. J. Wolff, Interregnum und auctoritas patrum, in: Bull. dell'Ist. di Dir. Roman. 64 (1961), 1–14.

337. C. W. Westrup, Sur les gentes et les curiae de la royauté primitive de Rome, in: Rev.Intern. des Droits et de l'antiquité 3. ser., 1 (1954), 435–473.

338. J.-C. Richard, Les origines de la plèbe romaine. Essai sur la formation du dualisme patricio-plébéien, Rome–Paris 1978.

339. G. W. Botsford, The Roman assemblies from their origin to the end of the Republic, New York 1909.

340. A. von Premerstein, Clientes, in: RE 4 (1900), 23–55.

341. N. Rouland, Pouvoir politique et dépendance personnelle dans l'Antiquité romaine. Genèse et rôle des rapports de clientèle, Bruxelles 1979.

342. J. Binder, Die Plebs, Leipzig 1909.

343. W. Hoffmann/H. Siber, Plebs, in: RE 21 (1951), 73–187.

344. C. W. Westrup, Introduction to early Roman law. Comparative sociological studies, 5 Bde., London–Copenhagen 1944–1954.

345. M. Kaser, Das altrömische ius, Göttingen 1949.

346. W. Schulze, Zur Geschichte lateinischer Eigennamen, Abh. d. Ges. d. Wiss. zu Göttingen, philol.-hist. Kl., N.F. Bd. 5,2, 1904. 1966².

347. H. Rix, Das etruskische Cognomen, Wiesbaden 1963.

348. B. L. Ullmann, The Etruscan origin of the Roman alphabet and the names of the letters, in: Class.Phil. 22 (1927), 372–377.

349. J. Perret, Les origines de la légende troyenne de Rome, Paris 1942.

350. F. Bömer, Rom und Troja, Baden-Baden 1951.

351. A. Alföldi, Die trojanischen Urahnen der Römer, Basel 1957.

352. K. Schauenburg, Äneas und Rom, in: Gymnasium 67 (1960), 176–191.

353. L. Malten, Aineias in: Archiv f. Religionswiss. 29 (1931), 33–59.

354. R. Bloch, Tite-Live et les premiers siècles de Rome, Paris 1965.

355. E. Burck, Die Frühgeschichte Roms bei Livius im Lichte der Denkmäler, in: Gymnasium 75 (1968), 74–110.

356. C. J. Classen, Zur Herkunft der Sage von Romulus und Remus, in: Historia 12 (1963), 447–457.

357. H. Strasburger, Zur Sage von der Gründung Roms, in: SB Heidelberger Akad. d. Wiss., philos.-hist. Kl., Jahrg. 1968, Nr. 5.

358. J. Poucet, Recherches sur la légende sabine des origines de Rome, Louvain 1967.

359. C. J. Classen, Die Königszeit im Spiegel der Literatur der römischen Republik, in: Historia 14 (1965), 385−403.

## 4. Rom und die Aussenwelt zwischen ca. 500 und 338 v. Chr.

### a. Die Begründung der Republik

360. S. Mazzarino, Dalla monarchia allo stato repubblicano, Catania o. J. (1945).

361. J. Gagé, La chute des Tarquins et les débuts de la république romaine, Paris 1976.

362. R. Werner, Der Beginn der römischen Republik. Historisch-chronologische Untersuchungen über die Anfangszeit der libera res publica, München 1963.

363. A. Momigliano, Le origini della repubblica romana, in: Riv. Storica Ital. 81 (1969), 5−43 (guter kurzer Überblick über die wesentlichen Fragen der republikanischen Frühgeschichte).

364. Les origines de la république romaine, in: Entretiens sur l'antiquité classique 13, Vandoeuvres 1967 (eine Sammlung von Beiträgen, darunter von E. Gjerstad, E. Gabba, K. Hanell, A. Momigliano, A. Alföldi und F. Wieacker).

365. F. de Martino, Intorno all'origine della repubblica romana e delle magistrature, in: ANRW 1,1 (1972), 217−249.

366. K. Hanell, Das altrömische eponyme Amt, Lund 1946.

367. G. Wesenberg, Praetor maximus, in: SZ 65 (1947), 319−326.

368. A. Heuss, Gedanken und Vermutungen zur frühen römischen Regierungsgewalt, in: Nachr. d. Akad. d. Wiss. Göttingen, philol.-hist. Kl., Jahrg. 1982, Nr. 10.

369. Th. Pekáry, Das Weihedatum des kapitolinischen Jupitertempels und Plinius n.h. 33,19, in: RM 76 (1969), 307−312.

### b. Die äußere Lage Roms zwischen ca. 500 und 338 v. Chr.

370. A. Rosenberg, Zur Geschichte des Latinerbundes, in: Hermes 54 (1919), 113−173.

371. A. Rosenberg, Die Entstehung des sogenannten foedus Cassianum und des Latinischen Rechts, in: Hermes 55 (1920), 337−363.

372. R. WERNER, Die Auseinandersetzung der frührömischen Republik mit ihren Nachbarn in quellenkritischer Sicht, in: Gymnasium 75 (1968), 45–73.

373. F. HAMPL, Das Problem der Datierung der ersten Verträge zwischen Rom und Karthago, in: Rhein.Mus. 101 (1958), 58–75.

374. R. E. MITCHELL, Roman-Carthaginian treaties: 306 and 279/8 B.C., in: Historia 20 (1971), 633–655.

375. K.-E. PETZOLD, Die beiden ersten römisch-karthagischen Verträge und das foedus Cassianum, in: ANRW 1,1 (1972), 364–411.

376. J. HUBAUX, Rome et Véies. Recherches sur la chronologie légendaire du moyen âge romain, Paris 1958.

377. J. BAYET, Tite-Live, Paris 1954, darin Bd. 5.: app. 3, 125–140: Véies. Réalités et légendes; app. 4, 140–155: M. Furius Camillus; app. 5, 156–170: L'invasion celtique et la catastrophe gauloise.

378. J. WOLSKI, La prise de Rome par les Celtes et la formation de l'annalistique romaine, in: Historia 5 (1956), 24–52.

379. H. HUBERT, Les Celtes depuis l'époque de la Tène et la civilisation celtique, Paris 1932. 1950[2].

380. J. MOREAU, Die Welt der Kelten, Stuttgart 1958. 1961[3].

## 5. DIE STÄNDEKÄMPFE

### a. Ursprung, Verlauf und Ausgleich der Ständekämpfe

381. ED. MEYER, Der Ursprung des Tribunats und die Gemeinde der vier Tribus, in: Hermes 30 (1895), 1–24 (= ders., Kl. Schr. 1, Halle 1910, 351–379).

382. G. NICCOLINI, Il tribunato della plebe, Milano 1932.

383. H. SIBER, Die plebejischen Magistraturen bis zur lex Hortensia, Leipzig 1936.

384. H. SIBER, Plebiscita, in: RE 21 (1951), 54–73.

385. J. BLEICKEN, Das Volkstribunat der klassischen Republik. Studien zu seiner Entwicklung zwischen 287 und 133 v. Chr., München 1955. 1968[2].

386. A. MOMIGLIANO, Ricerche sulle magistrature romane IV. L'origine della edilità plebea, in: Bull. della Comm. Arch. Comunale 60 (1933), 217–228 (= ders., Quarto contributo alla storia degli studi classici e del mondo antico, Roma 1969, 313–323).

387. F. ALTHEIM, Lex sacrata. Die Anfänge der plebejischen Organisation, Amsterdam 1940.

388. A. Biscardi, Auctoritas patrum, in: Bull. dell'Ist. di Dir. Rom. 48 (1941), 403−521; 57/58 (1953), 213−294.

389. A. Rosenberg, Untersuchungen zur römischen Zenturienverfassung, Berlin 1911.

390. H. Last, The Servian reforms, in: JRS 35 (1945), 30−48.

391. H. Siber, Die ältesten römischen Volksversammlungen, in: SZ 57 (1937), 233−271.

392. P. Fraccaro, La storia dell'antichissimo esercito romano e l'età dell' ordinamento centuriato, in: ders., Opuscula 2, Pavia 1957, 287−306 (zuerst erschienen in: Atti del 2°congresso nazionale di Studi Romani 3, Roma 1931, 91 ff.).

393. P. Fraccaro, Ancora sull'età dell'ordinamento centuriato, in: Athenaeum N.S. 12 (1934), 57−71.

394. G. V. Sumner, The legion and the centuriate organization, in: JRS 60 (1970), 67−78.

395. D. Kienast, Die politische Emanzipation der Plebs und die Entwicklung des Heerwesens im frühen Rom, in: Bonner Jahrb. 175 (1975), 83−112.

396. G. Tibiletti, Il funzionamento dei comizi centuriati alla luce della tavola Hebana, in: Athenaeum N.S. 27 (1949), 210−245.

397. L. R. Taylor, The centuriate assembly before and after the reform, in: Amer. Journ. of Philol. 78 (1957), 337−354.

398. R. Düll, Das Zwölftafelgesetz, München 1959³.

399. A. Berger, Tabulae duodecim, in: RE 4 A (1932), 1900−1949.

400. A. Watson, Rome of the XII tables. Persons and property, New Jersey 1975 (gute Einführung in das Privatrecht der Zeit).

401. F. Wieacker, Lex publica. Gesetz und Rechtsordnung im römischen Freistaat, in: ders., Vom römischen Recht, Stuttgart 1961², 45−82 (zuerst erschienen in: Die Antike 16, 1940, 176−205).

402. F. Wieacker, Die XII Tafeln in ihrem Jahrhundert, in: Entretiens sur l'antiquité classique 13 (Vandoeuvres 1967), 291−362.

403. E. Täubler, Untersuchungen zur Geschichte des Decemvirats und der XII-Tafeln, Berlin 1921.

404. E. Ruschenbusch, Die Zwölftafeln und die römische Gesandtschaft nach Athen, in: Historia 12 (1963), 250−253.

405. J. Delz, Der griechische Einfluß auf die Zwölftafelgesetzgebung, in: Mus. Helv. 23 (1966), 69−83.

406. A. Heuss, Zur Entwicklung des Imperiums der römischen Oberbeamten, in: SZ 64 (1944), 57−133.

407. A. Bernardi, Dagli ausiliari del rex ai magistrati della respublica, in: Athenaeum N.S. 30 (1952), 3−58.

408. J. Bleicken, Zum Begriff der römischen Amtsgewalt: auspicium − potestas − imperium, in: Nachr. d. Akad. d. Wiss. Göttingen, philol.-hist. Kl., Jahrg. 1981, Nr. 9.

409. J. BLEICKEN, Ursprung und Bedeutung der Provocation, in: SZ 76 (1959), 324—377.

410. J. SUOLAHTI, The Roman censors, Helsinki 1963.

411. K. LATTE, The origin of the Roman quaestorship, TAPhA 67 (1936), 24—33.

*b. Der römische Staat nach den Ständekämpfen*

412. TH. MOMMSEN, Römisches Staatsrecht, Leipzig 1871 ff. 1887—1888³.

413. TH. MOMMSEN, Abriß des römischen Staatsrechts, Leipzig 1893.

414. TH. MOMMSEN, Römisches Strafrecht, Leipzig 1899.

415. A. HEUSS, Theodor Mommsen und das 19. Jahrhundert, Kiel 1956.

416. J. MARQUARDT, Römische Staatsverwaltung, 3 Bde., Leipzig 1881—1885². ND 1957.

417. H. SIBER, Römisches Verfassungsrecht in geschichtlicher Entwicklung, Lahr 1952.

418. G. DULCKEIT, Römische Rechtsgeschichte, München 1952, neu bearb. von F. SCHWARZ und W. WALDSTEIN, 1981⁷.

419. U. VON LÜBTOW, Das römische Volk. Sein Staat und sein Recht, Frankfurt a. M. 1955.

420. F. DE MARTINO, Storia della costituzione romana, 6 Bde., Napoli 1958—1972, Bd. 1—5, 1972—1975².

421. ERNST MEYER, Römischer Staat und Staatsgedanke, Zürich 1948. 1975⁴.

422. J. BLEICKEN, Die Verfassung der römischen Republik, Paderborn 1975 (UTB). 1985⁴.

423. M. I. FINLEY, Das politische Leben in der antiken Welt, München 1986 (engl. Originalausgabe 1983).

424. J. BLEICKEN, Lex publica. Gesetz und Recht in der römischen Republik, Berlin 1975.

425. K.-J. HÖLKESKAMP, Die Entstehung der Nobilität. Studien zur sozialen und politischen Geschichte der Römischen Republik im 4. Jhdt. v. Chr., Diss. Bochum 1984, Stuttgart 1987.

426. H. GRZIWOTZ, Das Verfassungsverständnis der römischen Republik. Ein methodischer Versuch, Diss. München 1984, Frankfurt a. M. 1985 (interessante Überlegungen zum Verständnis der politischen Ordnung der Republik als Verfassung und zu dem Charakter derselben).

427. R. DEVELIN, The practice of politics at Rome 366—167 B.C., Bruxelles 1985.

428. M. GELZER, Die Nobilität der römischen Republik, Leipzig 1912 (=ders., Kl. Schr. 1, Wiesbaden 1962, 17—135).

429. J. BLEICKEN, Die Nobilität der römischen Republik, in: Gymnasium 88 (1981), 236—253.

430. P. A. BRUNT, Nobilitas and novitas, in: JRS 72 (1982), 1−17.

431. F. MÜNZER, Römische Adelsparteien und Adelsfamilien, Stuttgart 1920.

432. F. CASSOLA, I gruppi politici romani nel III secolo a.C., Trieste 1962.

433. A. LIPPOLD, Consules. Untersuchungen zur Geschichte des römischen Konsulates von 264 bis 201 v. Chr., Bonn 1963.

434. K. HOPKINS, Death and renewel (Sociological Studies in Roman History), Cambridge 1983.

434a. A. GIOVANNINI, Consulare imperium, Basel 1983.

435. R. RILINGER, Der Einfluß des Wahlleiters bei den römischen Konsulwahlen von 366 bis 50 v. Chr., München 1976.

436. R. RILINGER, Die Ausbildung von Amtswechsel und Amtsfristen zwischen Machtbesitz und Machtgebrauch in der Mittleren Republik (342 bis 217 v. Chr.), in: Chiron 8 (1978), 247−312.

437. O'BRIEN MOORE, Senatus, in: RE Suppl. 6 (1935), 660−760.

438. B. SCHLEUSSNER, Die Legaten der römischen Republik. Decem legati und ständige Hilfsgesandte, München 1978.

439. W. KUNKEL, Magistratische Gewalt und Senatsherrschaft, in: ANRW 1,2 (1972), 3−22.

440. L. R. TAYLOR/R. T. SCOTT, Seating space in the Roman senate and the senatores pedarii, in: TAPhA 100 (1969), 529−582.

441. TH. SCHLEICH, Senatorische Wirtschaftsmentalität in moderner und antiker Deutung/Überlegungen zum Problem senatorischer Handelsaktivitäten, in: Münstersche Beitr. z. antiken Handelsgesch. 2,2 (1983), 65−90 und 3,1 (1984), 37−72.

442. A. STEIN, Der römische Ritterstand, München 1927.

443. H. HILL, The Roman middle class in the republican period, Oxford 1952.

444. C. NICOLET, L'ordre équestre à l'epoque républicaine (312−43 av. J.-C.), 2 Bde., 1966−1974.

445. CH. MEIER, Res publica amissa. Eine Studie zu Verfassung und Geschichte der späten römischen Republik, Wiesbaden 1966. 1980².

446. L. R. TAYLOR, Roman voting assemblies from the Hannibalic war to the dictatorship of Caesar, Ann Arbor 1966.

447. L. R. TAYLOR, The voting districts of the Roman Republic. The thirty-five urban and rural tribes, Rome 1960.

448. R. HEINZE, Auctoritas, in: Hermes 60 (1925), 348−366 (= ders., Vom Geist des Römertums, Darmstadt 1960³, 43−58).

449. R. HEINZE, Fides, in: Hermes 64 (1929), 140−166 (= ders., Vom Geist des Römertums, Darmstadt 1960³, 59−81).

450. J. HELLEGOUARC'H, Le vocabulaire latin des relations et des partis politiques sous la république romaine, Paris 1963.

451. A. WEISCHE, Studien zur politischen Sprache der römischen Republik, Münster 1966.

452. R. Seager, Factio: Some observations, in: JRS 62 (1972), 53–58.

453. U. Knoche, Der römische Ruhmesgedanke, in: Philologus 89 (1934), 102–124 (= H. Oppermann, Hrsg., Römische Wertbegriffe, WdF 34, 1967, 420–445).

454. Ch. Wirszubski, Libertas als politische Idee im Rom der späten Republik und des frühen Prinzipats, Darmstadt 1967 (engl. Originalausgabe: Cambridge 1950).

455. J. Bleicken, Staatliche Ordnung und Freiheit in der römischen Republik, Kallmünz 1972.

456. T. Hölscher, Die Anfänge römischer Repräsentationskunst, in: RM 85 (1978), 315–357.

457. U. Wilcken, Zur Entwicklung der römischen Diktatur, in: Abh. d. Preuß. Akad. d. Wiss., philos.-hist. Kl., Jahrg. 1940, Nr. 1, 3–32.

458. J. Stark, Ursprung und Wesen der altrömischen Diktatur, in: Hermes 75 (1940), 206–214.

459. H. Kloft, Prorogation und außerordentliche Imperien 326–81 v. Chr. Untersuchungen zur Verfassung der römischen Republik, Meisenheim 1977.

460. R. Klein (Hrsg.), Das Staatsdenken der Römer, Darmstadt 1966 (Aufsatzsammlung).

461. G. J. Szemler, The priests of the Roman Republic. A study of interactions between priesthoods and magistracies, Bruxelles 1972.

Zu den Senatoren, Freigelassenen und Sklaven vgl. auch Nr. 693–698.

## 6. Der Kampf um Italien

### a. Die Samnitenkriege und der Krieg gegen den König Pyrrhos

462. A. Rosenberg, Der Staat der alten Italiker, Berlin 1913.

463. E. T. Salmon, Samnium and the Samnites, Cambridge 1967.

464. F. Sartori, Problemi di storia costituzionale italiota, Roma 1953.

465. Christiane Saulnier, L'armée et la guerre chez les peuples Samnites (VIIe–IVes.), Paris 1983.

466. R. Bianchi Bandinelli/A. Giuliano, Etrusker und Italiker vor der römischen Herrschaft: Die Kunst Italiens von der Frühgeschichte bis zum Bundesgenossenkrieg, München 1974.

467. R. S. Conway, The Italic dialects, 2 Bde., Cambridge 1897.

468. E. Vetter, Handbuch der italischen Dialekte, Heidelberg 1953.

469. G. Radke, Die italischen Alphabete, in: Studium generale 20 (1967), 401–431.

470.  A. Afzelius, Die römische Eroberung Italiens (340–254 v. Chr.), Aarhus 1942.

471.  Marta Sordi, Roma e i Sanniti nel IV secolo a. C., Bologna 1969.

472.  W. Hoffmann, Rom und die griechische Welt im 4. Jahrhundert, in: Philologus, Suppl. 27,1 (1934).

473.  J. Heurgon, Recherches sur l'histoire, la religion et la civilisation de Capoue préromaine, des origines à 211 av. J.-C., Paris 1942.

474.  W. V. Harris, Rome in Etruria and Umbria, Oxford 1971.

475.  K.-H. Schwarte, Zum Ausbruch des zweiten Samnitenkrieges (326–304 v. Chr.), in: Historia 20 (1971), 368–376.

476.  E. J. Phillips, Roman politics during the second Samnite war, in: Athenaeum N.S. 50 (1972), 337–356.

477.  H. Lévy-Bruhl, La „sponsio" des fourches Caudines, in: Rev. Histor. de Droit, franç. et étranger, 4. sér., 17 (1938), 533–547.

478.  F. de Visscher, La deditio internationale et l'affaire des fourches Caudines, in: Comptes rendus de l'Acad. des Inscr. et Belles Lettres (1946), 82–95.

479.  P. Lejay, Ap. Claudius Caecus, in: Rev. de Philologie de litt. et d'hist. anc. 44 (1920), 92–141.

480.  A. Garzetti, Appio Claudio cieco nella storia politica del suo tempo, in: Athenaeum N.S. 25 (1947), 175–224.

481.  E. S. Staveley, The political aims of Ap. Claudius Caecus, in: Historia 8 (1959), 410–433.

482.  A. J. Pfiffig, Das Verhalten Etruriens im Samnitenkrieg und nachher bis zum 1. Punischen Krieg, in: Historia 17 (1968), 307–350.

483.  P. Lévêque, Pyrrhos, Paris 1957.

484.  D. Kienast, Pyrrhos, in: RE 24 (1963), 108–165.

485.  H. Berve, Das Königtum des Pyrrhos in Sizilien, in: Festschr. B. Schweitzer (1954), 272–277.

486.  P. Wuilleumier, Tarente des origines à la conquête romaine, Paris 1939.

487.  Ed. Meyer, Das römische Manipularheer, seine Entwicklung und seine Vorstufen, in: ders., Kl. Schr. 2, Halle 1924², 193–329.

488.  G. Radke, Die Erschließung Italiens durch die römischen Straßen, in: Gymnasium 71 (1964), 204–235.

### b. Das römische Bundesgenossensystem in Italien

489.  K. J. Beloch, Der italische Bund unter Roms Hegemonie, Staatsrechtliche und statistische Forschungen, Leipzig 1880.

490.  J. Göhler, Rom und Italien. Die römische Bundesgenossenpolitik von den Anfängen bis zum Bundesgenossenkrieg, Breslau 1939.

491. H. GALSTERER, Herrschaft und Verwaltung im republikanischen Italien, München 1976.

492. THEODORA HANTOS, Das römische Bundesgenossensystem in Italien, München 1983.

493. A. BERNARDI, Nomen Latinum, Pavia 1973.

494. A. HEUSS, Die völkerrechtlichen Grundlagen der römischen Außenpolitik in republikanischer Zeit, in: Klio, Beiheft 31 (1933).

495. P. FREZZA, Le forme federative e la struttura dei rapporti internazionali nell'antico diritto romano, in: Studia et Documenta Historiae et Iuris 4 (1938), 363−428.

496. W. DAHLHEIM, Struktur und Entwicklung des römischen Völkerrechts im dritten und zweiten Jahrhundert v. Chr., München 1968.

497. K.-H. ZIEGLER, Das Völkerrecht der römischen Republik, in: ANRW 1,2 (1972), 68−114.

498. R. A. BAUMANN, ,Maiestatem populi Romani comiter conservanto', in: Acta Juridica (1976), 19−36.

499. K. J. BELOCH, Die Bevölkerung der griechisch-römischen Welt, Leipzig 1886.

500. P. A. BRUNT, Italian manpower 225 B.C.−14 A.D., Oxford 1971.

501. A. N. SHERWIN−WHITE, The Roman citizenship, Oxford 1939. 1973².

502. E. T. SALMON, The making of Roman Italy, London 1982.

503. E. KORNEMANN, Coloniae, in: RE 4 (1900), 511−588.

504. E. KORNEMANN, Municipium, in: RE 16 (1933), 570−638.

505. H. RUDOLPH, Stadt und Staat im römischen Italien. Untersuchungen über die Entwicklung des Munizipalwesens in der republikanischen Zeit, Leipzig 1935.

506. E. MANNI, Per la storia dei municipii fino alla guerra sociale, Roma 1947.

507. E. T. SALMON, Roman colonization under the Republic, London 1969.

508. MARTA SORDI, I rapporti romano-ceriti e l'origine della civitas sine suffragio, Roma 1960.

509. M. HUMBERT, Municipium et civitas sine suffragio. L'organisation de la conquête jusqu' à la guerre sociale, Paris-Roma 1978.

510. A. HEUSS, Rechtslogische Unregelmäßigkeit und historischer Wandel. Zur formalen Analyse römischer Herrschaftsphänomene, in: Festschr. F. VITTINGHOFF, Köln/Wien 1980, 121−144.

511. G. A. MANSUELLI, I Cisalpini (3. sec. a.C.−3. sec. d.C.), Firenze 1962.

512. U. EWINS, The early colonisation of Cisalpine Gaul/The enfranchisement of Cisalpine Gaul, in: PBSR 20 (1952), 54−71 (bis ca. 100 v. Chr.) und 23 (1955), 73−98 (100 bis Augustus).

513. CH. PEYRE, La Cisalpine gauloise du III^e au I^er siècle avant J.-C., Paris 1979.

514. V. ILARI, Gli Italici nelle strutture militari romane, Milano 1974.

7. Der Aufstieg Roms zur Weltherrschaft

*a. Der Kampf mit Karthago (264–201 v. Chr.)*

Allgemein:

515. E. Pais, Storia di Roma durante le guerre puniche, 2 Bde., Torino 1935².

516. R. M. Errington, The dawn of Empire. Rome's rise to world power, Ithaca/New York 1972.

517. T. Frank, Roman imperialism, New York 1914.

Karthago:

518. O. Meltzer/U. Kahrstedt, Geschichte der Karthager, 3 Bde., Berlin 1879–1913.

519. St. Gsell, Histoire ancienne de l'Afrique du Nord, 8 Bde., Paris 1913–1928. Bd. 1–4 in 2.–4. Aufl. 1920–1928.

520. Ch.-A. Julien/Ch. Courtois, Histoire de l'Afrique du Nord, Paris 1951².

521. W. Huss, Geschichte der Karthager, München 1986.

522. P. Barceló, Karthago und die iberische Halbinsel vor den Barkiden. Studien zur karthagischen Präsenz im westlichen Mittelmeer von der Gründung von Ebusus (7. Jh. v. Chr.) bis zum Übergang Hamilkars nach Hispanien (237 v. Chr.), 1987.

523. G. und Colette Charles-Picard, So lebten die Karthager zur Zeit Hannibals, Stuttgart 1959 (franz. Originalausgabe: Paris 1958).

524. B. H. Warmington, Karthago, Wiesbaden 1963. 1964². 1979 (Taschenbuchausgabe) (engl. Originalausgabe: London 1960).

525. G. G. Lapeyre/A. Pellegrin, Carthage punique (814–146 av. J.-C.), Paris 1942.

526. P. Cintas, Manuel d'archéologie punique, 2 Bde., Paris 1970–1976.

527. D. B. Harden, The topography of Punic Carthage, in: Greece and Rome 9 (1939/40), 1–12.

528. A. Heuss, Die Gestaltung des römischen und des karthagischen Staates bis zum Pyrrhos-Krieg, in: J. Vogt, Rom und Karthago, Leipzig 1943, 83–138.

529. W. Hoffmann, Karthagos Kampf um die Vorherrschaft im Mittelmeer, in: ANRW 1,1 (1972), 341–363.

Erster Punischer Krieg und Zwischenkriegszeit:

530. F. Hampl, Zur Vorgeschichte des ersten und zweiten Punischen Krieges, in: ANRW 1,1 (1972), 412–441.

531. A. Heuss, Der Erste Punische Krieg und das Problem des römischen Imperialismus. Zur politischen Beurteilung des Krieges, in: HZ 169 (1949), 457–513 (= Darmstadt, Libelli 130).

532. A. Lippold, Der Consul Claudius und der Beginn des ersten Punischen Krieges, in: Orpheus 1 (1954), 154–169.

533. W. Hoffmann, Das Hilfegesuch der Mamertiner am Vorabend des Ersten Punischen Krieges, in: Historia 18 (1969), 153–180.

534. J. Molthagen, Der Weg in den Ersten Punischen Krieg, in: Chiron 5 (1975), 89–127.

535. J. Molthagen, Der Triumph des M'. Valerius Messalla und die Anfänge des Ersten Punischen Krieges, in: Chiron 9 (1979), 53–72.

536. D. Roussel, Les Siciliens entre les Romains et les Carthaginois à l'époque de la première guerre punique. Essai sur l'histoire de la Sicile des 276 à 241, Paris 1970.

537. K.-W. Welwei, Hieron II. von Syrakus und der Ausbruch des Ersten Punischen Krieges, in: Historia 27 (1978), 573–587.

538. E. Ruschenbusch, Der Ausbruch des 1. Punischen Krieges, in: Talanta 12/13 (1980/1981), 55–76.

539. H. Berve, König Hieron II., in: Abh. d. Bayer. Akad. d. Wiss., philos.-hist. Kl., N. F. 47, 1959.

540. J. H. Thiel, A history of Roman sea-power before the Second Punic war, Amsterdam 1954.

541. W. W. Tarn, The fleets of the First Punic war, in: JHS 27 (1907), 48–60.

542. E. de Saint-Denis, Une machine de guerre maritime: le corbeau de Duilius, in: Latomus 5 (1946), 359–367.

543. Ed. Meyer, Untersuchungen zur Geschichte des zweiten punischen Kriegs: Die römische Politik vom ersten bis zum Ausbruch des zweiten punischen Kriegs, in: ders., Kl. Schr. 2, Halle 1924², 375–401.

544. D. Vollmer, Symploke. Das Übergreifen der römischen Expansion in den griechischen Osten (Untersuchungen zur römischen Außenpolitik am Ende des 3. Jhs. v. Chr.), Diss. Göttingen 1987.

545. E. Badian, Notes on Roman policy in Illyria (230–201 B.C.), in: PBSR 20 (1952), 72–93 (= ders., Studies in Greek and Roman history, Oxford 1964, 1–33).

546. G. Walser, Die Ursachen des ersten römisch-illyrischen Krieges, in: Historia 2 (1953/54), 308–318.

547. N. G. L. Hammond, Illyris, Rome and Macedon in 229–205 B.C., in: JRS 58 (1968), 1–21.

548. K.-E. Petzold, Rom und Illyrien, in: Historia 20 (1971), 199–223.

Zweiter Punischer Krieg:

549. Ed. Meyer, Untersuchungen zur Geschichte des zweiten punischen Kriegs: Der Ursprung des Kriegs und die Händel mit Sagunt, in: ders., Kl. Schr. 2, Halle 1924², 333–368.

550. W. Kolbe, Die Kriegsschuldfrage von 218 v. Chr., in: SB Heidelberger Akad. d. Wiss., philos.-hist. Kl., Jahrg. 1933/1934, Nr. 4.

551. J. Carcopino, Le traité d'Hasdrubal et la responsabilité de la deuxième guerre punique, in: REA 55 (1953), 258–293.

552. W. Hoffmann, Die römische Kriegserklärung an Karthago im Jahre 218, in: Rhein. Mus. 94 (1951), 69–88 (= Nr. 565, 134–155).

553. H. H. Scullard, Rome's declaration of war on Carthage in 218 B.C., in: Rhein. Mus. 95 (1952), 209–216 (= dtsch. Nr. 565, 156–166).

554. T. A. Dorey, The treaty with Saguntum, in: Humanitas 11/12 (1959/1960), 1–10.

555. G.-Ch. Picard, Le traité romano-barcide 226 av. J.-C., in: Mélanges offerts à J. Carcopino, Paris 1966, 747–762.

556. G. V. Sumner, Roman policy in Spain before the Hannibalic war, in: Harv. Stud. in Class. Philol. 72 (1968), 205–246.

557. A. E. Astin, Saguntum and the origins of the Second Punic war, in: Latomus 26 (1967), 577–596 (= dtsch. Nr. 565, 167–191).

558. H. Ch. Eucken, Probleme der Vorgeschichte des 2. Punischen Krieges, Diss. Freiburg i. Br. 1968.

559. R. M. Errington, Rome and Spain before the Second Punic war, in: Latomus 29 (1970), 25–57.

560. K.-W. Welwei, Die Belagerung Sagunts und die römische Passivität im Westen, in: Talanta 8/9 (1977), 156–173.

561. E. Ruschenbusch, Der Beginn des 2. Punischen Krieges, in: Historia 27 (1978), 232–233.

562. J. W. Rich, Declaring war in the Roman Republic in the period of transmarine expansion, Brüssel 1976.

563. K.-H. Schwarte, Der Ausbruch des Zweiten Punischen Krieges – Rechtsfragen und Überlieferung, Wiesbaden 1983.

564. W. Hoffmann, Livius und der zweite Punische Krieg, Berlin 1942.

565. K. Christ (Hrsg.), Hannibal, WdF 371, Darmstadt 1974 (Aufsatzsammlung mit ausführlicher Bibliographie).

566. Ernst Meyer, Hannibals Alpenübergang, in: Mus. Helv. 15 (1958), 227–241; 21 (1964), 99–102 (= Nr. 565, 195–221).

567. D. Proctor, Hannibal's march in history, Oxford 1971.

568. E. de Saint-Denis, Encore l'itinéraire transalpin d'Hannibal, in: Rev. Etud. Lat. 51 (1973), 122–149.

569. A. Graf von Schlieffen, Die Schlacht bei Cannae, in: Ges. Schr. 1, Berlin 1913, 27–30. 265–266 (= Nr. 565, 222–226).

570. W. Judeich, Cannae, in: HZ 136 (1927), 1–24.

571. D. Ludovico, La battaglia di Canne, Roma 1958.

572. E. Koestermann, Cannae und Metaurus, in: Gymnasium 74 (1967), 13–23.

573. J. F. Lazenby, Hannibal's war. A military history of the Second Punic war, Warminster 1978.

574. W. HOFFMANN, Hannibal und Sizilien, in: Hermes 89 (1961), 468−494 (= Nr. 565, 335−357).

575. Studi Annibalici. Atti del convegno svoltosi a Cortona/Tuoro sul Trasimeno/Perugia, 1961, in: Academia Etrusca di Cortona, Annuario 12 (1961−1964), 83−109 (Grabungen bei Cannae; N. DEGRASSI und F. T. BERTOCCHI).

576. ED. MEYER, Hannibal und Scipio, in: Meister der Politik, hrsg. von E. MARCKS u. K. A. VON MÜLLER, Bd. 1, Berlin 1922, 65−117.

577. E. GROAG, Hannibal als Politiker, Wien 1929. ND 1967.

578. W. HOFFMANN, Hannibal, Göttingen 1962.

579. K. CHRIST, Zur Beurteilung Hannibals, in : Historia 17 (1968), 461−495 (= Nr. 565, 361−407).

580. ED. MEYER, Ursprung und Entwicklung der Überlieferung über die Persönlichkeit des Scipio Africanus und die Eroberung von Neukarthago, in: ders., Kl. Schr. 2, Halle 1924², 423−457.

581. W. SCHUR, Scipio Africanus und die Begründung der römischen Weltherrschaft, Leipzig 1927.

582. H. H. SCULLARD, Scipio Africanus: Soldier and politician, London 1970.

583. K. CHRIST, Hannibal und Scipio Africanus, in: Die Großen der Weltgeschichte I (1971), 771−784 (= ders., Römische Geschichte und Wissenschaftsgeschichte I, 1982, 1−15).

584. A. J. TOYNBEE, Hannibal's Legacy. The Hannibalic war's effects on Roman life, 2 Bde., London 1965 (Zusammenfassung der Thesen in: Bulletin of the John Rylands Library 37, 1954/1955, 271−287).

*b. Rom und der griechische Osten (200−168 v. Chr.)*

Allgemein:

585. B. NIESE, Geschichte der griechischen und makedonischen Staaten seit der Schlacht bei Chaeronea, 3 Bde., Gotha 1893−1903.

586. E. WILL, Histoire politique du monde hellénistique (323−30 av. J.-C.), 2 Bde., Nancy 1966−1967. 1979−1982².

587. M. ROSTOVTZEFF, Gesellschafts- und Wirtschaftsgeschichte der hellenistischen Welt, 3 Bde., Darmstadt 1955−1956 (engl. Originalausgabe: Oxford 1941).

588. P. KLOSE, Die völkerrechtliche Ordnung der hellenistischen Staatenwelt in der Zeit von 280−168 v. Chr., München 1972.

589. G. COLIN, Rome et la Grèce de 200 à 146 av. J.-C., Paris 1905.

590. M. HOLLEAUX, Rome, la Grèce et les monarchies hellénistiques au IIIᵉ siècle av. J.-C., Paris 1921.

591. M. HOLLEAUX, Études d'épigraphie et d'histoire greques, Paris, Bd. 4 (1952), 5 (1957), 6 (Bibliographie und Indices, 1968).

592.  E. S. Gruen, The Hellenistic world and the coming of Rome, 2 Bde., Berkeley—Los Angeles 1984.

593.  A. Aymard, Le royaume de Macédoine de la mort d'Alexandre à sa disparition, 323—168 av. J.-C., Paris 1949.

594.  A. Bouché—Leclercq, Histoire des Séleucides, 2 Bde., Paris 1913—1914.

595.  E. Will, Rome et les Séleucides, in: ANRW 1,1 (1972), 590—632.

596.  H. H. Schmitt, Untersuchungen zur Geschichte Antiochos' des Großen und seiner Zeit, Wiesbaden 1964.

597.  A. Bouché-Leclercq, Histoire des Lagides, 4 Bde., Paris 1903—1907.

598.  H. Heinen, Die politischen Beziehungen zwischen Rom und dem Ptolemäerreich von ihren Anfängen bis zum Tag von Eleusis (273—168 v. Chr.), in: ANRW 1,1 (1972), 633—659.

599.  H. Winkler, Rom und Ägypten im 2. Jahrhundert v. Chr., Diss. Leipzig 1933.

600.  A. Aymard, Les premiers rapports de Rome et de la confédération achaienne (198—189 av. J.-C.), Bordeaux 1938.

601.  D. Magie, Roman rule in Asia Minor, 2 Bde., Princeton 1950.

602.  H. H. Schmitt, Rom und Rhodos, München 1957.

603.  R. Bernhardt, Die römische Politik gegenüber den freien Städten des griechischen Ostens, Diss. Hamburg 1971 (bis auf die Kaiserzeit).

604.  Maria Rosa Cimma, Reges socii et amici populi Romani, Milano 1976.

605.  D. C. Braund, Rome and the friendly king. The character of the client kingship, London 1984 (Republik und Kaiserzeit).

606.  R. Mellor, ΘΕΑ ῬΩΜΗ. The worship of the goddess Roma in the Greek world, Göttingen 1975.

607.  Carla Fayer, Il culto della dea Roma, Pescara 1976.

608.  J. R. Fears, The theology of Victory at Rome: Approaches and problems, in: ANRW 17,2 (1981), 736—826.

Die Kriege:

609.  L. Raditsa, Bella Macedonica, in: ANRW 1,1 (1972), 564—589.

610.  F. W. Walbank, Philip V of Macedon, Cambridge 1940.

611.  L. de Regibus, La repubblica romana e gli ultimi re di Macedonia, Genova 1951.

612.  A. H. Macdonald/F. W. Walbank, The origins of the Second Macedonian war, in: JRS 27 (1937), 180—207.

613.  D. Magie, The ‚agreement' between Philip V and Antiochos III for the partition of the Egyptian Empire, in: JRS 29 (1939), 32—44.

614.  K.-E. Petzold, Die Eröffnung des zweiten römisch-makedonischen Krieges. Untersuchungen zur spätannalistischen Topik bei Livius, Berlin 1940 (= Darmstadt, Libelli 193).

615. R. M. Errington, The alleged Syro-Macedonian pact and the origins of the Second Macedonian war, in: Athenaeum N.S. 49 (1971), 336–354.

616. E. Badian, Titus Quinctius Flamininus. Philhellenism and Realpolitik, Univ. of Cincinnati 1970.

617. E. Badian, Rom und Antiochos der Große. Eine Studie über den Kalten Krieg, in: Welt als Geschichte 20 (1960), 203–225 (= Class. Philol. 54, 1959, 81–99 und ders., Studies in Greek and Roman history, Oxford 1964, 112–139).

618. P. Meloni, Perseo e la fine della monarchia Macedone, Roma 1953.

619. A. Giovannini, Les origines de la 3ᵉ guerre de Macédoine, in: Bull. de Corresp. Hellén. 93 (1969), 853–861.

620. F. W. Walbank, The causes of the Third Macedonian war: Recent views, in: Ancient Macedonia 2 (1977), 81–94.

621. Ed. Meyer, Die Schlacht bei Pydna, in: ders., Kl. Schr. 2, Halle 1924², 463–494.

## c. Die Krise der Herrschaft

Der Osten:

622. S. Accame, Il dominio romano in Grecia dalla guerra acaica ad Augusto, Roma 1946. ND 1972.

623. A. N. Sherwin-White, Roman foreign policy in the East 168 B.C. to A.D. 1, London 1984.

624. J. Briscoe, Eastern policy and senatorial politics 168–146 B.C., in: Historia 18 (1969), 49–70.

625. Th. Liebmann-Frankfort, La frontière orientale dans la politique extérieure de la République romaine depuis le traité d'Apamée jusqu'à la fin des conquêtes asiatiques de Pompée (189/188-63), Bruxelles 1969.

626. J. Briscoe, Rome and the class struggle in the Greek states 200–146 B.C., in: Past and Present 36 (1967), 3–20.

627. J. Deininger, Der politische Widerstand gegen Rom in Griechenland 217–86 v. Chr., Berlin 1971.

628. J. Touloumakos, Der Einfluß Roms auf die Staatsform der griechischen Stadtstaaten des Festlandes und der Inseln im ersten und zweiten Jahrhundert v. Chr., Diss. Göttingen 1967.

629. R. Bernhardt, Polis und römische Herrschaft in der späten Republik (149–31 v. Chr.), Berlin 1985.

630. J. Touloumakos, Zum Geschichtsbewußtsein der Griechen in der Zeit der römischen Herrschaft, Göttingen 1971.

631. K. Bringmann, Weltherrschaft und innere Krise Roms im Spiegel der Geschichtsschreibung des zweiten und ersten Jahrhunderts v. Chr., in: Antike und Abendland 23 (1977), 28–49.

632.  A. Passerini, I moti politico-sociali della Grecia e i Romani, in: Athenaeum N.S. 11 (1933), 309–335.

633.  A. Fuks, The bellum Achaicum and its social aspect, in: JHS 90 (1970), 78–89.

634.  Ch. Delplace, Le contenu social et économique du soulèvement d'Aristonicos: Opposition entre riches et pauvres?, in: Athenaeum N.S. 56 (1978), 20–53.

635.  H. Volkmann, Die Massenversklavungen der Einwohner eroberter Städte in der hellenistisch-römischen Zeit, in: Abh. d. Akad. d. Wiss. u. d. Lit. Mainz, geistes- u. sozialwiss. Kl., Jahrg. 1961, Nr. 3.

Die Juden:

636.  M. Grant, The Jews in the Roman world, London 1973.

637.  A. Giovannini/H. Müller, Die Beziehungen zwischen Rom und den Juden im 2. Jh. v. Chr., in: Mus. Helv. 28 (1971), 156–171.

638.  D. Timpe, Der römische Vertrag mit den Juden von 161 v. Chr., in: Chiron 4 (1974), 133–152.

Spanien:

639.  A. Schulten, Iberische Landeskunde. Geographie des antiken Spanien, 2 Bde., Straßburg 1955–1957.

640.  F. J. Wiseman, Roman Spain, London 1956.

641.  C. H. V. Sutherland, The Romans in Spain: 217 B.C.–A.D. 117, London 1939.

642.  H. Simon, Roms Kriege in Spanien 154–133 v. Chr., Frankfurt a.M. 1962.

643.  H. G. Gundel, Viriatus, in: RE 9 A (1961), 203–230.

644.  A. Schulten, Geschichte von Numantia, München 1933.

Dritter Punischer Krieg:

645.  F. Gschnitzer, Die Stellung Karthagos nach dem Frieden von 201 v. Chr., in: Wiener Studien 79 (1966), 276–289.

646.  G. Camps, Le règne de Massinissa, in: Libyca 8 (1960), 185–227.

647.  Ch. Saumagne, La Numidie et Rome, Paris 1966.

648.  M. Gelzer, Nasicas Widerspruch gegen die Zerstörung Karthagos, in: Philologus 86 (1931), 261–299 (= ders., Kl. Schr. 2, Wiesbaden 1963, 39–72).

649.  W. Hoffmann, Die römische Politik des 2. Jahrhunderts und das Ende Karthagos, in: Historia 9 (1960), 309–344 (= Nr. 460, 178–230).

Das Imperialismusproblem:

650.  H. Triepel, Die Hegemonie. Ein Buch von führenden Staaten, Stuttgart 1938.

651. E. Badian, Römischer Imperialismus in der Späten Republik, Stuttgart 1980 (engl. Originalausgabe 1967. 1968²).

652. W. V. Harris, War and imperialism in republican Rome 327–70 B.C., Oxford 1979.

653. J. A. North, The development of Roman imperialism, in: JRS 71 (1981), 1–9 (zu 652: Harris).

654. Ch. G. Starr, The beginnings of imperial Rome: Rome in the Mid-Republic, Ann Arbor 1980.

655. W. V. Harris (Hrsg.), The imperialism of mid-republican Rome, in: Papers and Monogr. of the Amerc. Acad. in Rome 29, Rom 1984.

656. A. Heuss, Die römische Ostpolitik und die Begründung der römischen Weltherrschaft, in: NJAB 1 (1938), 337–352.

657. P. Veyne, Y a-t-il eu un impérialisme romain?, in: MEFR 87 (1975), 793–855.

658. R. Werner, Das Problem des Imperialismus und die römische Ostpolitik im zweiten Jahrhundert v. Chr., in: ANRW 1,1 (1972), 501–563.

659. D. Flach, Der sogenannte römische Imperialismus. Sein Verständnis im Wandel der neuzeitlichen Erfahrungswelt, in: HZ 222 (1976), 1–42.

660. H. Gesche, Rom. Welteroberer und Weltorganisator, München 1981.

661. J. Vogt, Orbis Romanus. Ein Beitrag zum Sprachgebrauch und zur Vorstellungswelt des römischen Imperialismus, in: ders., Orbis, Freiburg i. Br. 1960, 151–171.

662. W. Capelle, Griechische Ethik und römischer Imperialismus, in: Klio 25 (1932), 86–113.

663. F. Hampl, „Stoische Staatsethik" und frühes Rom, in: HZ 184 (1957), 249–271 (= Nr. 460, 116–142).

664. F. Hampl, Römische Politik in republikanischer Zeit und das Problem des „Sittenverfalls", in: HZ 188 (1959), 497–525 (= Nr. 460, 143–177).

665. K. Bringmann, Weltherrschaft und innere Krise Roms im Spiegel der Geschichtsschreibung des zweiten und ersten Jahrhunderts v. Chr., in: Antike u. Abendland 23 (1977), 28–49.

666. St. Podes, Die Dependenz des hellenistischen Ostens von Rom zur Zeit der römischen Weltreichsbildung. Ein Erklärungsversuch zum römischen Imperialismus aus der Sicht der Geschichte als historische Sozialwissenschaft, Diss. Tübingen 1984, Frankfurt a.M. 1986.

667. H. Bellen, Metus Gallicus – metus Punicus. Zum Furchtmotiv in der römischen Republik, in: Abh.d.Akad.d.Wiss.u.d.Lit. Mainz, geistes- u. sozialwiss. Kl., Jahrg. 1985, Nr. 3.

*d. Die innere Entwicklung zwischen 264 und 133 v. Chr.*

668. H. H. Scullard, Roman politics 220–150 B.C., Oxford 1951. 1973².

669. A. E. Astin, The lex annalis before Sulla, Bruxelles 1958.

670.  E. Baltrusch, Die Reglementierung des Privatlebens der Senatoren und Ritter in der römischen Republik und der frühen Kaiserzeit, Diss. Göttingen 1986, München 1988.

671.  K. Jacobs, Gaius Flaminius, Diss. Leiden 1937.

672.  P. Fraccaro, Lex Flaminia de agro Gallico et Piceno viritim dividundo, in: Athenaeum N.S. 7 (1919), 73–93 (= ders., Opuscula 2, Pavia 1957, 191–205).

673.  D. Kienast, Cato der Censor. Seine Persönlichkeit und seine Zeit, Heidelberg 1954.

674.  A. E. Astin, Cato the Censor, Oxford 1978.

675.  K. Bilz, Die Politik des P. Cornelius Scipio Aemilianus, Stuttgart 1935.

676.  A. E. Astin, Scipio Aemilianus, Oxford 1967.

677.  T. Frank, Life and literature in the Roman Republic, Berkeley 1930.

678.  J. W. Duff, The beginnings of Latin literature, in: Cambridge Ancient History Bd. 8, 1930, 388–422.

679.  G. Williams, The nature of Roman poetry, Oxford 1970.

680.  R. M. Brown, A study of the Scipionic circle, in: Iowa Studies in Class. Philology 1, 1934.

681.  H. Strasburger, Der ‚Scipionenkreis‘, in: Hermes 94 (1966), 60–72.

682.  R. Harder, Die Einbürgerung der Philosophie in Rom, in: Die Antike 5 (1929), 291–316 (= ders., Kl. Schr., München 1960, 330–353).

683.  E. Fraenkel, Senatus consultum de Bacchanalibus, in: Hermes 67 (1932), 369–396.

684.  M. Gelzer, Die Unterdrückung der Bacchanalien bei Livius, in: Hermes 71 (1936), 275–287 (= ders., Kl. Schr. 3, Wiesbaden 1964, 256–269).

685.  A. Dihle, Zum SC de Bacchanalibus, in: Hermes 90 (1962), 376–379.

686.  P. Zanker (Hrsg.), Hellenismus in Mittelitalien, 2 Bde., in: Abh.d. Akad.d.Wiss. Göttingen, philol.-hist. Kl., 3. Folge, Nr. 97,1 (1976) (Aufsatzsammlung).

687.  W. Dahlheim, Gewalt und Herrschaft. Das provinziale Herrschaftssystem der römischen Republik, Berlin–New York 1977.

688.  S. Calderone, Problemi dell'organizzazione della provincia di Sicilia, in: Helikon 6 (1966), 3–36.

8. Ursachen und Beginn der inneren Krise seit den Gracchen

*a. Allgemeine Werke zu Staat und Gesellschaft der Revolutionszeit (133—49 v. Chr.) (s. auch 5 b.)*

689. W. Drumann, Geschichte Roms in seinem Übergange von der republikanischen zur monarchischen Verfassung oder Pompeius, Caesar, Cicero und ihre Zeitgenossen nach Geschlechtern und mit genealogischen Tabellen, 6 Bde., Königsberg 1834—1844, 2. Aufl. von P. Groebe, Berlin—Leipzig 1899—1929.

690. G. Ferrero, Größe und Niedergang Roms, 6 Bde., Stuttgart 1908—1910 (italien. Originalausgabe: Roma 1902—1907).

691. K. Christ, Krise und Untergang der römischen Republik, Darmstadt 1979.

692. W. Kroll, Die Kultur der ciceronischen Zeit, 2 Bde., Leipzig 1933.

693. H. Schneider, Wirtschaft und Politik. Untersuchungen zur Geschichte der späten römischen Republik, Diss. Marburg 1973, Erlangen 1974.

694. Elizabeth Rawson, Intellectual life in the late Roman Republic, Baltimore 1985.

695. I. Shatzman, Senatorial wealth and Roman politics, Bruxelles 1975.

696. J. H. D'Arms, Commerce and social standing in ancient Rome, Cambridge Mass. 1981.

697. W. L. Westermann, The slave systems of Greek and Roman antiquity, Philadelphia 1955.

698. S. Treggiari, Roman freedmen during the late Republic, Oxford 1969.

699. A. Heuss, Der Untergang der römischen Republik und das Problem der Revolution, in: HZ 182 (1956), 1—28.

700. A. Heuss, Das Revolutionsproblem im Spiegel der antiken Geschichte, in: HZ 216 (1973), 1—72.

701. J. W. Heaton, Mob violence in the late Roman Republic 139—49 B.C., Urbana Ill. 1939.

702. A. W. Lintott, Violence in republican Rome, Oxford 1968.

703. P. A. Brunt, Social conflicts in the Roman Republic, London 1971.

704. P. A. Brunt, Der römische Mob, in: Schneider, Nr. 716, 271—310 (engl. Originalfassung in: Past and Present 35, 1966, 3—27).

705. W. Nippel, Die plebs urbana und die Rolle der Gewalt in der späten Republik, in: H. Mommsen/W. Schulze (Hrsg.), Vom Elend der Handarbeit. Probleme historischer Unterschichtenforschung, Stuttgart 1981, 70—92.

706. H. Benner, Die Politik des P. Clodius Pulcher. Untersuchungen zur Denaturierung des Clientelwesens in der ausgehenden römischen Republik, Wiesbaden 1987.

707. Z. Yavetz, Plebs and Princeps, Oxford 1969.

708. G. Plaumann, Das sogenannte Senatus consultum ultimum, die Quasi-diktatur der späteren römischen Republik, in: Klio 13 (1913), 321–386.

709. J. Baron Ungern-Sternberg von Pürkel, Untersuchungen zum spät-republikanischen Notstandsrecht. Senatusconsultum ultimum und hostis-Erklärung, München 1970.

710. W. Kunkel, Untersuchungen zur Entwicklung des römischen Kriminal-verfahrens in vorsullanischer Zeit, in: Abh.d.Bayer.Akad.d.Wiss., philos.-hist. Kl., N.F. 56, 1962.

711. W. Kunkel, Quaestio, in: RE 24 (1963), 720–786.

712. A. H. M. Jones, The criminal courts of the Roman Republic and Principate, Oxford 1972.

713. F. Pontenay de Fontette, Leges repetundarum. Essai sur la répression des actes illicites commis par les magistrats romains au détriment de leur administrés, Paris 1954.

714. W. Eder, Das vorsullanische Repetundenverfahren, Diss. München 1969.

715. J. Bleicken, In provinciali solo dominium populi Romani est vel Caesaris. Zur Kolonisationspolitik der ausgehenden Republik und frühen Kaiserzeit, in: Chiron 4 (1974), 359–414.

*b. Die Krise der politischen Führung (die Gracchen, 133–121 v. Chr.)*

Die wirtschaftliche Entwicklung in Italien; Agrargesetzgebung:

716. H. Schneider (Hrsg.), Zur Sozial- und Wirtschaftsgeschichte der späten römischen Republik, Darmstadt 1976 (Aufsatzsammlung mit ausführlicher Bibliographie).

717. J. Kromayer, Die wirtschaftliche Entwicklung Italiens im 2. und 1.Jahrhundert v. Chr., in: Neue Jahrb. f. d. klass. Altertum 33 (1914), 145–169.

718. E. Gabba/M. Pasquinucci, Strutture agrarie e allevamento transumante nell' Italia romana (III–I sec. A.C.), Pisa 1979.

719. G. Tibiletti, La politica agraria dalla guerra annibalica ai Gracchi, in: Athenaeum N.S. 28 (1950), 183–266.

720. G. Tibiletti, Die Entwicklung des Latifundiums in Italien von der Zeit der Gracchen bis zum Beginn der Kaiserzeit, in: Schneider, Nr.716, 11–78 (italien. Originalfassung in: Relazioni del X Congresso Intern. di Scienze Storiche, Roma 1955, Bd.2, 237–292).

721. K. D. White, Latifundia. Eine kritische Prüfung des Quellenmaterials über Großgüter in Italien und Sizilien bis zum Ende des ersten Jahrhunderts n. Chr., in: Schneider, Nr.716, 311–347 (engl. Originalfassung in: Bull. of the Institute of Class. Stud. 14, 1967, 62–79).

722. E. M. Staerman, Die Blütezeit der Sklavenwirtschaft in der Römischen Republik, Wiesbaden 1969.

723. H. GUMMERUS, Der römische Gutsbetrieb als wirschaftlicher Organismus nach den Werken des Cato, Varro und Columella, Klio, Beiheft 5 (1906).

724. H. DOHR, Die italischen Gutshöfe nach den Schriften Catos und Varros, Diss. Köln 1965.

725. K. D. WHITE, Roman farming, London 1970.

726. G. P. VERBRUGGHE, Sicily 210–70 B.C.: Livy, Cicero and Diodorus, in: TAPhA 103 (1972), 535–559.

727. G. P. VERBRUGGHE, Slave rebellion or Sicily revolt?, in: Kokalos 20 (1974), 46–60.

728. L. ZANCAN, Ager publicus, Ricerche di storia e di diritto romano, Padova 1935.

729. M. KASER, Die Typen der römischen Bodenrechte, in: SZ 62 (1942), 1–81.

730. M. KASER, Eigentum und Besitz im älteren römischen Recht, Weimar 1943.

731. B. NIESE, Das sogenannte Licinisch-Sextische Ackergesetz, in: Hermes 23 (1888), 410–423.

732. G. TIBILETTI, Il possesso dell'ager publicus e le norme de modo agrorum sino ai Gracchi, in: Athenaeum N.S. 26 (1948), 173–236; 27 (1949), 3–42.

733. K. BRINGMANN, Das ‚Licinisch-Sextische‘ Ackergesetz und die gracchische Agrarreform, in: J. BLEICKEN (Hrsg.), Symposion für Alfred Heuss, Kallmünz OPF 1986, 51–66.

734. F. T. HINRICHS, Die Ansiedlungsgesetze und Landanweisungen im letzten Jahrhundert der römischen Republik, Diss. Heidelberg 1957.

735. D. FLACH, Die Ackergesetzgebung im Zeitalter der römischen Revolution, in: HZ 217 (1973), 265–295.

736. F. T. HINRICHS, Die lex agraria des Jahres 111 v. Chr., in: SZ 83 (1966), 252–307.

737. K. JOHANNSEN, Die lex agraria des Jahres 111 v. Chr., Text und Kommentar, Diss. München 1970.


Die Gracchen:

738. L. R. TAYLOR, Forerunners of the Gracchi, in: JRS 52 (1962), 19–27.

739. ED. MEYER, Untersuchungen zur Geschichte der Gracchen, in: ders., Kl. Schr. 1, Halle 1910, 363–421.

740. E. SCHWARTZ, Rez. zu E. MEYER, Untersuchungen zur Geschichte der Gracchen, in: Gött. Gel. Anz. 158 (1896), 792–811.

741. F. MÜNZER, Ti. Sempronius Gracchus, in: RE 2 A (1923), 1409–1426.

742. F. MÜNZER, C. Sempronius Gracchus, in: RE 2 A (1923), 1375–1400.

743. D. C. EARL, Tiberius Gracchus. A study in politics, Bruxelles 1963.

744. C. H. BOREN, The Gracchi, New York 1968.

745. A. H. BERNSTEIN, Tiberius Gracchus. Tradition und apostasy, Ithaca 1978.

746. D. STOCKTON, The Gracchi, Oxford 1979.

747. E. VON STERN, Zur Beurteilung der politischen Wirksamkeit des Tiberius und Gaius Gracchus, in: Hermes 56 (1921), 229-301.

748. E. BADIAN, Tiberius Gracchus and the beginning of the Roman Revolution, in: ANRW 1,1 (1972), 668-731.

749. J. MOLTHAGEN, Die Durchführung der gracchischen Agrarreform, in: Historia 22 (1973), 423-458.

750. K. BRINGMANN, Die Agrarreform des Tiberius Gracchus. Legende und Wirklichkeit (Frankfurter Histor. Vorträge 10), Wiesbaden-Stuttgart 1985.

751. C. NICOLET, L'inspiration de Tibérius Gracchus, REA 67 (1965), 142-158.

752. R. WERNER, Die gracchischen Reformen und der Tod des Scipio Aemilianus, in: Beiträge zur Alten Geschichte u. deren Nachleben 1, Berlin 1969, 413-440.

753. K. MEISTER, Die Aufhebung der Gracchischen Agrarreform, in: Historia 23 (1974), 86-97.

754. W. JUDEICH, Die Gesetze des Gaius Gracchus, in: HZ 111 (1913), 473-494.

755. G. WOLF, Historische Untersuchungen zu den Gesetzen des C. Gracchus: Leges de iudiciis und leges de sociis, Diss. München 1972.

756. K. MEISTER, Die Bundesgenossengesetzgebung des Gaius Gracchus, in: Chiron 6 (1976), 113-125.

757. F. T. HINRICHS, Der römische Straßenbau zur Zeit der Gracchen, in: Historia 16 (1967), 162-176.

758. L. TEUTSCH, Das Städtewesen in Nordafrika in der Zeit von C. Gracchus bis zum Tode des Kaisers Augustus, Berlin 1962.

Zur Agrargesetzgebung vgl. auch 8*a*.

Der Ritterstand:

759. P. A. BRUNT, Die Equites in der späten Republik, in: SCHNEIDER, Nr. 716, 175-213 (engl. Originalfassung in: Second Intern. Conference of Economic History, Aix-en-Provence, 1962, Bd. 1,117-149 = R. SEAGER Hrsg., The crisis of the Roman Republic, Cambridge-New York 1969, 83-115).

760. M. I. HENDERSON, The establishment of the equester ordo, in: JRS 53 (1963) 61-72.

761. T. P. WISEMAN, The definition of ,eques Romanus' in the late Republic and early Empire, in: Historia 19 (1970), 67-83.

762. T. FRANK, The financial activities of the equestrian corporations 200-150 B.C., in: Class. Phil. 28 (1933), 1-11.

763. E. BADIAN, Publicans and sinners. Private enterprise in the service of the Roman Republic, Dunedin 1972.
Zum Ritterstand vgl. auch 5*b*, bes. Nr. 442–444.


Römische Bürger, Freigelassene, Sklaven:

764. Z. YAVETZ, Die Lebensbedingungen der ‚plebs urbana' im republikanischen Rom, in: SCHNEIDER, Nr. 716, 98–123 (engl. Originalfassung in: Latomus 17, 1958, 500–517 = R. SEAGER, Hrsg., The crisis of the Roman Republic, Cambridge–New York 1969, 162–179).

765. H. C. BOREN, Die Rolle der Stadt Rom in der Wirtschaftskrise der Gracchenzeit, in: SCHNEIDER, Nr. 716, 79–97 (engl. Originalfassung in: Americ. Hist. Rev. 63, 1957/58, 890–902 = R. SEAGER, Hrsg., The crisis of the Roman Republic, Cambridge–New York, 1969, 54–66).

766. CATHERINE VIRLOUVET, Famines et émeutes à Rome des origines de la République à la mort de Néron, Rome 1985.

767. A. J. N. WILSON, Emigration from Italy in the republican age of Rome, New York 1966 (alle Bewohner Italiens werden erfaßt).

768. N. BROCKMEYER, Antike Sklaverei, Darmstadt 1979.

769. K. BÜCHER, Die Aufstände der unfreien Arbeiter 143–129 v. Chr., Frankfurt a.M. 1874.

770. J. VOGT, Struktur der antiken Sklavenkriege, in: Abh. d. Akad. d. Wiss. u. d. Lit. Mainz, geistes- u. sozialwiss. Kl., Jahrg. 1957, Nr. 1; neu bearbeitet in: ders., Sklaverei und Humanität, Wiesbaden 1972, 20–60.

771. W. HOBEN, Terminologische Studien zu den Sklavenerhebungen der römischen Republik, in: Forschungen zur antiken Sklaverei 9, Wiesbaden 1978.

772. F. VITTINGHOFF, Die Theorie des historischen Materialismus über den antiken „Sklavenhalterstaat", in: Saeculum 11 (1960), 89–131.

773. F. VITTINGHOFF, Die Sklavenfrage in der Forschung der Sowjetunion, in: Gymnasium 69 (1962), 279–286.


*c. Die Krise der Herrschaftsorganisation (Marius; die Italiker; Sulla)*

Die Innenpolitik zwischen 120 und 83:

774. F. BADIAN, From the Gracchi to Sulla (Forschungsbericht 1940–1959), in: Historia 11 (1962), 197–245 (= R. SEAGER, Hrsg., The crisis of the Roman Republic, Cambridge–New York 1969, 1–51).

775. H. STRASBURGER, Optimates, in: RE 18 (1939), 773–798.

776. CH. MEIER, Populares, in: RE Suppl. 10 (1965), 549–615.

777. J. MARTIN, Die Popularen in der Geschichte der späten Republik, Diss. Freiburg 1965.

778. F. W. ROBINSON, Marius, Saturninus und Glaucia. Beiträge zur Geschichte der Jahre 106–100 v. Chr., Bonn 1912.

779. W. Schur, Das Zeitalter des Marius und Sulla, Klio, Beiheft 46 (1942).

780. J. van Ooteghem, Caius Marius, Bruxelles 1964.

781. Th. F. Carney, A biography of C. Marius, Chicago 1960. 1970².

782. E. Gabba, Mario e Silla, in: ANRW 1,1 (1972), 764–805.

783. P. Meloni, Servio Sulpicio Rufo e i suoi tempi, studio biografico, in: Annali della Fac. di Lettere, Univ. di Cagliari 13 (1946), 67–243.

784. K. von Fritz, Sallust und das Verhalten der römischen Nobilität zur Zeit der Kriege gegen Jugurtha (112–105 v. Chr.), in: V. Pöschl (Hrsg.), Sallust, WdF 94 (1970), 155–205 (engl. Originalfassung in: TAPhA 74, 1943, 134–168).

785. H. Chantraine, Untersuchungen zur römischen Geschichte am Ende des 2. Jahrhunderts v. Chr., Diss. Mainz 1955, Kallmünz 1959.

786. F. T. Hinrichs, Die lateinische Tafel von Bantia und die „lex de piratis", in: Hermes 98 (1970), 471–502.

787. M. Hassall/M. Crawford/J. Reynolds, Rome and the eastern provinces at the end of the second century b. c. The so-called ‚piracy law‘ and a new inscription from Cnidos, in: JRS 64 (1974), 195–220.

788. J.-F. Ferrary, Recherches sur la législation de Saturninus et de Glaucia I: La lex de piratis des inscriptions de Delphes et de Cnide, in: MEFR 89 (1977), 619–660.

789. A. Giovannini/E. Grzybek, La lex de piratis persequendis, in: Mus. Helv. 35 (1978), 33–47.

790. H. Bennet, Cinna and his times, Diss. Chicago 1923.

791. Ch. M. Bulst, Cinnanum tempus, in: Historia 13 (1964), 307–337.

792. H. Volkmann, Sullas Marsch auf Rom, München 1958 (= Darmstadt, Libelli 272).

793. E. S. Gruen, Roman politics and the criminal courts, 149–78 B.C., Cambridge Mass. 1968.

Außenpolitische Konflikte zwischen 133 und 83:

794. F. Carrata Thomes, La rivolta di Aristonico e le origini della provincia romana d'Asia, Torino 1968.

795. G. Clemente, I Romani nella Gallia meridionale (II–I sec. – Politica ed economia nell'età dell'imperialismo), Bologna 1974.

796. M. Holroyd, The Jugurthine war: Was Marius or Metellus the real victor?, in: JRS 18 (1928), 1–20.

797. L. Schmidt, Geschichte der deutschen Stämme bis zum Ausgange der Völkerwanderung, Bd. 2: Die Geschichte der Westgermanen, Berlin 1918. 1940².

798. L. Schmidt, Zur Kimbern- und Teutonenfrage, in: Klio 22 (1929), 95–104.

799. E. Norden, Die germanische Urgeschichte in Tacitus' Germania, Leipzig–Berlin 1920.

800. B. Melin, Die Heimat der Kimbern, Uppsala 1960 (dazu R. Hachmann, Gnomon 34, 1962, 56 ff.).

801. E. Koestermann, Der Zug der Cimbern, in: Gymnasium 76 (1969), 310–329.

802. A. Donnadieu, La campagne de Marius dans la Gaule Narbonnaise (104–102 av. J.-C.), in: REA 56 (1954), 281–296.

803. E. Sadée, Die strategischen Zusammenhänge des Kimbernkrieges 101 v. Chr. vom Einbruch in Venetien bis zur Schlacht bei Vercellae, in: Klio 33 (1940), 225–234.

804. Th. Reinach, Mithradates Eupator, König von Pontos, Leipzig 1895² (franz. Originalausgabe: Paris 1890).

805. E. Olshausen, Mithradates VI. und Rom, in: ANRW 1,1 (1972), 806–815.

806. W. Hoben, Untersuchungen zur Stellung kleinasiatischer Dynasten in den Machtkämpfen der ausgehenden römischen Republik, Diss. Mainz 1969.


Der Wandel der Wehrverfassung:

807. J. Harmand, L'armée et le soldat à Rome de 107 à 50 avant notre ère, Paris 1967.

808. E. Gabba, Le origini dell'esercito professionale in Roma: i proletari e la riforma di Mario, in: Athenaeum N.S. 27 (1949), 173–209 (= ders., Esercito e società nella tarda repubblica romana, Firenze 1973, 1–45 = ders., Republican Rome, the army and the allies, Oxford 1976, 1–19).

809. E. Gabba, Ricerche sull'esercito professionale romano da Mario ad Augusto, in: Athenaeum N.S. 29 (1951), 171–272 (= ders., Esercito e società nella tarda repubblica romana, Firenze 1973, 47–174 = ders., Republican Rome, the army and the allies, Oxford 1976, 20–69).

810. E. H. Erdmann, Die Rolle des Heeres in der Zeit von Marius bis Caesar. Militärische und politische Probleme einer Berufsarmee, Neustadt/Aisch 1972.

811. R. E. Smith, Service in the Post-Marian Roman army, Manchester 1958.

812. E. Sander, Die Reform des römischen Heerwesens durch Julius Caesar, in: HZ 179 (1955), 225–254.

813. P. A. Brunt, Die Beziehungen zwischen dem Heer und dem Land im Zeitalter der römischen Revolution, in: Schneider, Nr. 716, 124–174 (engl. Originalfassung in: JRS 52, 1962, 69–86).

814. H.-Ch. Schneider, Das Problem der Veteranenversorgung in der späteren römischen Republik, Bonn 1977.

815. W. Schmitthenner, Politik und Armee in der späten römischen Republik, in: HZ 190 (1960), 1–17.

816. L. de Blois, The Roman army and politics in the first century B.C., Amsterdam 1987.

817.  H. Botermann, Die Soldaten und die römische Politik in der Zeit von Caesars Tod bis zur Begründung des Zweiten Triumvirats, München 1968.

Die Italikerfrage:

818.  E. Badian, Roman politics and the Italiens (133–91 B.C.), in: Dialoghi di Archeologia 4/5 (1970/1971), 373–421.

819.  J. Hatzfeld, Les trafiquants Italiens dans l'Orient Hellénique, Paris 1919.

820.  E. Gabba, Le origini della guerra sociale e la vita politica romana dopo l'89 a. C., in: Athenaeum N.S. 32 (1954), 41–114; 293–345 (= ders., Esercito e società nella tarda repubblica romana, Firenze 1973, 193–345 = ders., Republican Rome, the army and the allies, Oxford 1976, 70–130).

821.  A. von Domaszewski, Bellum Marsicum, in: SB d. Akad.d.Wiss. Wien, philos.-hist. Kl., Bd. 201 (1924), Nr. 1.

822.  H. D. Meyer, Die Organisation der Italiker im Bundesgenossenkrieg, in: Historia 7 (1958), 74–79.

823.  P. A. Brunt, Italian aims at the time of the social war, in: JRS 55 (1965), 90–109.

824.  G. Niccolini, Le leggi de civitate romana durante la guerra sociale, in: Rendiconti della classe di scienze morali, storiche e filologiche dell'Acad. dei Lincei 8,1 (1946), 110–124.

825.  U. Laffi, Sull'organizzazione amministrativa dell'Italia dopo la guerra sociale, in: Akten des VI. Intern. Kongresses für Griech. u. Lat. Epigraphik, München 1972, 37–53.

Sulla:

826.  F. Fröhlich, L. Cornelius Sulla, in: RE 4 (1900), 1522–1566.

827.  M. A. Levi, Silla. Saggio storia politica di Roma dall'88 all'80 a.C., Milano 1924.

828.  H. Berve, Sulla, in: Neue Jahrb. f. Wiss. u. Jugendbildung 7 (1931), 673–682 (= ders., Gestaltende Kräfte der Antike, München 1949, 130–150; 1966², 375–395).

829.  F. Hinard, Les proscriptions de la Rome républicaine, Rome 1985.

830.  E. Badian, Lucius Sulla, the deadly reformer, Sydney 1970.

831.  Theodora Hantos, Res publica constituta. Die Verfassung des Dictators Sulla, Stuttgart 1988.

832.  J. P. V. D. Balsdon, Sulla Felix, in: JRS 41 (1951), 1–10.

833.  A. Keaveney, Sulla, the last republican, London 1982.

834.  E. Gabba, Il ceto equestre e il senato di Silla, in: Athenaeum N.S. 34 (1956), 124–138 (= ders., Esercito e società nella tarda repubblica romana, Firenze 1973, 407–425 = ders., Republican Rome, the army and the allies, Oxford 1976, 142–150).

835. B. Wosnik, Untersuchungen zur Geschichte Sullas, Diss. Würzburg 1963 (Schwergewicht liegt auf den Münzemissionen).

## 9. Die Auflösung der Republik

*a. Der Aufstieg des Pompeius und die Aushöhlung der sullanischen Ordnung*

Die Entwicklung zwischen 79 und 61 v. Chr.:

836. T. Rice Holmes, The Roman Republic, 3 Bde., Oxford 1923 (Ciceronische und Caesarische Zeit).

837. J. van Ooteghem, Les Caecilii Metelli de la république, Bruxelles 1967.

838. B. Twyman, The Metelli, Pompeius and prosopography, in: ANRW 1,1 (1972), 816−874.

839. M. Gelzer, L. Licinius Lucullus, in: RE 13 (1926), 376−414.

840. J. van Ooteghem, L. Licinius Lucullus, Bruxelles 1959.

841. M. Gelzer, M. Licinius Crassus, in: RE 13 (1926), 295−331.

842. A. M. Ward, Marcus Crassus and the late Roman Republic, Columbia Miss. 1977.

843. M. Gelzer, Cato Uticensis, in: Die Antike 10 (1934), 59−91 (= ders., Kl. Schr. 2, Wiesbaden 1963, 257−285).

844. A. Afzelius, Die politische Bedeutung des jüngeren Cato, in: Classica et Mediaevalia 4 ( 1941), 100−203.

845. H. A. Ormerod, Piracy in the ancient world, Liverpool 1924. ND 1978.

846. A. Schulten, Sertorius, Leipzig 1926. ND 1975.

847. H. Berve, Sertorius, in: Hermes 64 (1929), 199−227.

848. J.-P. Brisson, Spartacus, Paris 1959.

849. A. Guarino, Spartakus. Analyse eines Mythos, München 1980 (DTV; italien. Originalausgabe: Napoli 1979).

850. A. E. R. Boak, The extraordinary commands from 80 to 48 B.C., in: Americ. Hist. Rev. 24 (1918/1919), 1−25.

851. E. Wiehn, Die illegalen Heereskommanden in Rom bis auf Caesar, Diss. Marburg 1926 (es werden nur die tatsächlich illegalen Kommanden seit Sulla behandelt, also das des Pompeius Strabo, Sertorius, Lepidus usw.).

852. F. Guse, Die Feldzüge des dritten Mithradatischen Krieges in Pontos und Armenien, in: Klio 20 (1926), 332−343.

853. J. Kromayer, Die Entwicklung der römischen Flotte vom Seeräuberkriege des Pompeius bis zur Schlacht von Actium, in: Philologus 56 (1897), 426−491.

854. V. Burr, Rom und Judäa im 1. Jahrhundert v. Chr. (Pompeius und die Juden), in: ANRW 1,1 (1972), 875–886.

855. A. Afzelius, Das Ackerverteilungsgesetz des P. Servilius Rullus, in: Classica et Mediaevalia 3 (1940), 214–235.

856. M. Gelzer, L. Sergius Catilina, in: RE 2 A (1923), 1693–1711.

857. E. S. Beesly, Catiline, Clodius and Tiberius, London 1878.

858. W. Hoffmann, Catilina und die Römische Revolution, in: Gymansium 66 (1959), 459–477.

859. N. Criniti, Studi recenti su Catilina e la sua congiura, in: Aevum 41 (1967), 370–395.

860. Ch. Meier, Pompeius' Rückkehr aus dem Mithridatischen Kriege und die Catilinarische Verschwörung, in: Athenaeum N.S. 40 (1962), 103–125.

861. Z. Yavetz, The failure of Catiline's conspiracy, in: Historia 12 (1963), 485–499.

862. R. Fehrle, Cato Uticensis (Impulse der Forschung 43), Darmstadt 1983.

Zu Cicero und Caesar s. 9*b*.


Zu Pompeius:

863. M. Gelzer, Pompeius, München 1949. 1959². ND 1984 (mit Nachträgen).

864. J. van Ooteghem, Pompée le Grand, bâtisseur d'Empire, Bruxelles 1954.

865. M. Gelzer, Cn. Pompeius Strabo und der Aufstieg seines Sohnes Magnus, in: Abh. d. Preuß. Akad. d. Wiss., philos.-hist. Kl., 1941, Nr. 14 (= ders., Kl. Schr. 2, Wiesbaden 1963, 106–138).

866. M. Gelzer, Das erste Konsulat des Pompeius und die Übertragung der großen Imperien, in: Abh. d. Preuß. Akad. d. Wiss., philos.-hist. Kl., 1943, Nr. 1 (= ders., Kl. Schr. 2, Wiesbaden 1963, 146–189).

*b. Das Erste Triumvirat und die Rivalität zwischen Pompeius und Caesar*

Die Entwicklung zwischen 60 und 49 v. Chr. (vgl. auch 9*a*):

867. Ed. Meyer, Caesars Monarchie und das Principat des Pompeius, Stuttgart–Berlin 1918. 1922³.

868. L. R. Taylor, Party politics in the age of Caesar, Berkeley 1949.

869. H. A. Sanders, The so-called first triumvirate, in: Memoirs of the Americ. Acad. in Rome 19 (1932), 55–68.

870. Ch. Meier, Zur Chronologie und Politik in Caesars erstem Konsulat, in: Historia 10 (1961), 68–98.

871. M. Cary, The land legislation of Julius Caesar's first consulship, in: Journ. of Philol. 35 (1920), 174–190.

872. E. S. Gruen, Pompey, the Roman aristocracy, and the conference of Luca, in: Historia 18 (1969), 71–108.

873. D. Timpe, Die Bedeutung der Schlacht von Carrhae, in: Mus. Helv. 19 (1962), 104—129.

874. Th. Mommsen, Die Rechtsfrage zwischen Caesar und dem Senat, Breslau 1857 (= ders., Ges. Schr. 4, Berlin 1906, 92—145).

875. M. Gelzer, Die lex Vatinia de imperio Caesaris, in: Hermes 63 (1928), 113—137 (= ders., Kl. Schr. 2, Wiesbaden 1963, 206—228).

876. H. Gesche, Die quinquennale Dauer und der Endtermin der gallischen Imperien Caesars, in: Chiron 3 (1973), 179—220.

877. K. Bringmann, Das ‚Enddatum‘ der gallischen Statthalterschaft Caesars, in: Chiron 8 (1978), 345—356.

Zu Pompeius und Crassus s. o.


Zu Cicero:

878. E. Ciaceri, Cicerone e i suoi tempi, 2 Bde., Milano 1926—1930. 1939—1941².

879. M. Gelzer, Cicero. Ein biographischer Versuch, Wiesbaden 1969.

880. K. Büchner, Cicero. Bestand und Wandel seiner geistigen Welt, Heidelberg 1964.

881. D. R. Shackleton Bailey, Cicero, London 1971.

882. F. Klingner, Cicero, in: ders., Römische Geisteswelt, Wiesbaden 1943; München 1965⁵, 110—159.

883. K. Büchner, Cicero. Grundzüge seines Wesens, in: Gymnasium 62 (1955), 299—318 (= ders., Studien zur römischen Literatur 2, Wiesbaden 1962, 1—24 = Das neue Cicerobild, WdF 27, 1971, 417—445).

884. K. Kumaniecki, Cicero. Mensch — Politiker — Schriftsteller, in: Das neue Cicerobild, WdF 27, 1971, 348—370 (Originalfassung: Poln. Akad. d. Wiss., 1957).

885. Th. Zielinski, Cicero im Wandel der Jahrhunderte, 1897. Leipzig 1929⁴.

886. R. Heinze, Ciceros politische Anfänge, in: Abh. d. Sächs. Akad. d. Wiss., phil.-hist. Kl., Bd. 27 (1909), 947ff. (= ders., Vom Geist des Römertums, Leipzig 1938. 1960³, 87—140).

887. H. Strasburger, Concordia ordinum. Eine Untersuchung zur Politik Ciceros, Borna 1931.

888. K. Bringmann, Untersuchungen zum späten Cicero, Göttingen 1971.

889. V. Pöschl, Römischer Staat und griechisches Staatsdenken bei Cicero. Untersuchungen zu Ciceros Schrift de re publica, Berlin 1936.

890. R. Reitzenstein, Die Idee des Principats bei Cicero und Augustus, in: Nachr. d. Göttinger Ges. d. Wiss., philol.-hist. Kl., 1917, 399—498.

891. R. Heinze, Ciceros ‚Staat‘ als politische Tendenzschrift, in: Hermes 59 (1924), 73—94 (= ders., Vom Geist des Römertums, Leipzig 1938. 1960³, 141—159).

892. A. Heuss, Ciceros Theorie vom römischen Staat, in: Nachr. d. Akad. d. Wiss. Göttingen, philol.-hist. Kl., Jahrg. 1975, Nr. 8.

Zu Caesar (allg. Darstellungen u. Einzelschr. bis 49) und dem Gallischen Krieg:

893. P. Groebe, C. Julius Caesar, in: RE 10 (1918), 186–259.

894. G. Brandes, Caius Julius Caesar, 2 Bde., Berlin 1925 (dän. Originalausgabe 1918).

895. M. Gelzer, Caesar. Der Politiker und Staatsmann, Stuttgart–Berlin 1921. 1960⁶.

896. Ch. Meier, Caesar, Berlin 1982.

897. W. Dahlheim, Julius Caesar. Die Ehre des Kriegers und der Untergang der römischen Republik, München 1987.

898. M. Jehne, Der Staat des Dictators Caesar, Diss. Passau 1984, Köln 1986.

899. F. Gundolf, Caesar. Geschichte seines Ruhms, Berlin 1925.

900. F. Gundolf, Caesar im 19. Jahrhundert, Berlin 1926.

901. H. Gesche, Caesar, Darmstadt 1976 (Erträge der Forschung 51; ein ausführlicher Bericht über die Caesar-Forschung).

902. D. Rasmussen (Hrsg.), Caesar, Darmstadt 1980 (Aufsatzsammlung).

903. H. Strasburger, Caesars Eintritt in die Geschichte, München 1938.

904. H. Strasburger, Caesar im Urteil seiner Zeitgenossen, in: HZ 175 (1953), 225–264; 2. Aufl. Darmstadt 1968 (Libelli 158).

905. M. Gelzer, War Caesar ein Staatsmann?, in: HZ 178 (1954), 449–470 (= ders., Kl. Schr. 2, Wiesbaden 1963, 286–306).

906. D. Timpe, Caesars gallischer Krieg und das Problem des römischen Imperialismus, in: Historia 14 (1965), 189–214.

907. C. Jullian, Histoire de la Gaule, Bd. 3 (La conquête romaine et les premières invasions germaniques), Paris 1920.

908. A. Grenier, Manuel d'archéologie gallo-romaine, 4 Teile in 7 Bdn., Paris 1931–1960.

909. T. Rice Holmes, Cäsars Feldzüge in Gallien und Britannien, übers. u. bearb. von W. Schott u. F. Rosenberg, Leipzig 1913 (engl. Originalausgabe: Caesar's conquest of Gaul, Oxford 1899. 1911² und: Ancient Britain and the invasions of Julius Caesar, Oxford 1907).

910. U. Maier, Caesars Feldzüge in Gallien (58–51 v. Chr.) in ihrem Zusammenhang mit der stadtrömischen Politik, Diss. Freiburg 1977, Bonn 1978.

911. C. Jullian, Vercingetorix, Glogau 1903 (franz. Originalausgabe hrsg. von P.-M. Duval, Paris 1901. 1911⁵).

912. J. Le Gall, Alésia. Archéologie et histoire, Paris 1963.

913. J. Harmand, Une campagne césarienne. Alesia, Paris 1967.

## 10. Die Aufrichtung der Monarchie

*a. Die Alleinherrschaft Caesars*

914. Ch. Meier, Caesars Bürgerkrieg, in: ders., Entstehung des Begriffs Demokratie, Frankfurt 1970, 70–150.

915. K. Raaflaub, Dignitatis contentio, München 1974.

916. H. Bruhns, Caesar und die römische Oberschicht in den Jahren 49–44 v. Chr., Göttingen 1978.

917. C. Cichorius, Veni, vidi, vici, in: ders., Römische Studien, Leipzig 1922, 245–250.

918. A. Alföldi, Studien über Caesars Monarchie, in: Bull. de la Soc. Roy. des Lettres de Lund 1952/1953, Nr. 1.

919. W. Burkert, Caesar und Romulus-Quirinus, in: Historia 11 (1962), 356–376.

920. K. Kraft, Der goldene Kranz Caesars und der Kampf um die Entlarvung des „Tyrannen“, in: Jahrb. f. Numismatik u. Geldgesch. 3/4 (1952/1953), 7–97; 2. Aufl. Darmstadt 1969 (Libelli 258).

921. G. Dobesch, Caesars Apotheose zu Lebzeiten und sein Ringen um den Königstitel, Wien 1966.

922. K.-W. Welwei, Das Angebot des Diadems an Caesar und das Luperkalienproblem, in: Historia 16 (1967), 44–69.

923. Ch. Meier, Die Ohnmacht des allmächtigen Diktators Caesar, München 1978.

924. H. Gesche, Die Vergottung Caesars, Kallmünz 1968.

925. St. Weinstock, Divus Julius, Oxford 1971.

926. H. Dahlmann, Clementia Caesaris, in: Neue Jahrb. f. Wiss. u. Jugendbildung 10 (1934), 17–26 (= Caesar, WdF 43, 1967, 32–47).

927. M. Treu, Zur clementia Caesaris, in: Mus. Helv. 5 (1948), 197–217.

928. L. Wickert, Zu Caesars Reichspolitik, in: Klio 30 (1937), 232–253 (= Nr. 460, 555–580).

929. Th. Mommsen, Das Militärsystem Caesars, in: HZ 38 (1877), 1–15 (= ders., Ges. Schr. 4, Berlin 1906, 156–168).

930. F. Vittinghoff, Römische Kolonisation und Bürgerrechtspolitik unter Caesar und Augustus, in: Abh. d. Akad. d. Wiss. u. d. Lit. Mainz, geistes- u. sozialwiss. Kl., Jahrg. 1951, Nr. 14.

931. E. Pólay, Der Kodifizierungsplan des Julius Caesar, in: Iura 16 (1965), 27–51.

932. M. Gelzer, M. Junius Brutus, in: RE 10 (1918), 973–1020.

933. J. P. V. D. Balsdon, Die Iden des März, in: Klein, Nr. 460, 597–622 (engl. Originalfassung in: Historia 7, 1958, 80–94).

934. W. Schmitthenner, Das Attentat auf Caesar am 15. März 44 v. Chr., in: Gesch. in Wiss. u. Unterr. 13 (1962), 685–695.

## b. Das Zweite Triumvirat

935. K. FITZLER/O. SEECK, C. Julius Caesar Augustus, in: RE 10 (1918), 275–381.

936. T. RICE HOLMES, The architect of the Roman Empire, 2 Bde., Oxford 1928–1931.

937. M. A. LEVI, Ottaviano capoparte, 2 Bde., Firenze 1933.

938. W. W. TARN/M. P. CHARLESWORTH, Octavian, Antonius und Kleopatra, München 1967 (Neudruck und Übersetzung der ersten 4 Kapitel des 10. Bandes der Cambridge Ancient History, 1934 = Nr. 107).

939. A. ALFÖLDI, Oktavians Aufstieg zur Macht, Bonn 1976 (behandelt das Jahr 44).

940. W. SCHMITTHENNER, Oktavian und das Testament Caesars, München 1952. 1973².

941. H. FRISCH, Cicero's fight for the Republic. The historical background of Cicero's Philippics, Kopenhagen 1946.

942. H. BENGTSON, Die letzten Monate der römischen Senatsherrschaft, in: ANRW 1,1 (1972), 967–981.

943. R. S. CONWAY, The proscription of 43 B.C., in: Harvard Lectures on the Vergilian Age, Cambridge Mass. 1928, 3–13.

944. E. GABBA, The Perusine war and triumviral Italy, in: Harv. Stud. in Class. Philol. 75 (1971), 139–160.

945. H. BENGTSON, Zu den Proskriptionen der Triumvirn, in: SB d. Bayer. Akad. d. Wiss., philos.-hist. Kl., Jahrg. 1972, Heft 3.

946. H. BENGTSON, Marcus Antonius. Triumvir und Herrscher des Orients, München 1977.

947. H. BUCHHEIM, Die Orientpolitik des Triumvirn M. Antonius, in: Abh. d. Heidelberger Akad. d. Wiss., philos.-hist. Kl., Jahrg. 1960, Nr. 3.

948. W. SCHMITTHENNER, Octavians militärische Unternehmungen in den Jahren 35–33 v. Chr., in: Historia 7 (1958), 189–236.

949. M. HADAS, Sextus Pompey, New York 1930.

950. H. VOLKMANN, Kleopatra. Politik und Propaganda, München 1953.

951. J. KROMAYER, Kleine Forschungen zur Geschichte des Zweiten Triumvirats 1–7, in: Hermes 29 (1894), 556–585; 31 (1896), 70–104; 33 (1898), 1–13; 13–70 (Vorgeschichte von Actium); 34 (1899), 1–54 (Actium).

952. W. KOLBE, Das Zweite Triumvirat, in: Hermes 49 (1914), 273–295.

953. A. E. GLAUNING, Die Anhängerschaft des Antonius und des Octavian, Diss. Leipzig 1936.

954. K. SCOTT, The political propaganda of 44–30 B.C., in: Memoirs of the Americ. Acad. in Rome 11 (1933), 7–49.

955. K.-E. PETZOLD, Die Bedeutung des Jahres 32 für die Entstehung des Principats, in: Historia 18 (1969), 334–351.

956. V. Fadinger, Die Begründung des Prinzipats. Quellenkritische und staatsrechtliche Untersuchungen zu Cassius Dio und der Parallelüberlieferung, Diss. Berlin 1969.

957. E. Gabba, La data finale del secondo triumvirato, in: Riv. di Filologia e di Istruzione Classica 98 (1970), 5–16.

958. P. Herrmann, Der römische Kaisereid, Göttingen 1968.

959. J. M. Carter, Die Schlacht bei Aktium. Aufstieg und Triumph des Kaisers Augustus, Wiesbaden 1972 (engl. Originalausgabe: London 1970).

960. H. Braunert, Zum Eingangssatz der res gestae Divi Augusti, in: Chiron 4 (1974), 343–358.

Zu den Proskriptionen vgl. auch Nr. 829.

## c. Der Zusammenbruch der Republik

961. R. Syme, Die römische Revolution, Stuttgart 1957 (engl. Originalausgabe: Oxford 1939. 1952²; in der deutschen Ausgabe fehlen die Anmerkungen).

962. T. P. Wiseman, New men in the Roman senate 139 B.C. – A.D. 14, Oxford 1971.

963. E. S. Gruen, The last generation of the Roman Republic, Berkeley 1974.

964. K. Christ, Der Untergang der römischen Republik in moderner Sicht, in: ders., Römische Geschichte und Wissenschaftsgeschichte I: Römische Republik und augusteischer Prinzipat, Darmstadt 1982, 134–167.

# ANHANG

## Abkürzungsverzeichnis

| | |
|---|---|
| AM | Athenische Mitteilungen (Mitteilungen des Deutschen Archäologischen Instituts, Athenische Abteilung) |
| ANRW | Aufstieg und Niedergang der römischen Welt, hrsg. von H. Temporini u. W. Haase |
| BRUNS-GRADEN-WITZ | Fontes iuris Romani antiqui, hrsg. von C. G. Bruns, 7. Aufl. von O. Gradenwitz, Tübingen 1909 |
| CIL | Corpus Inscriptionum Latinarum |
| HZ | Historische Zeitschrift |
| ILS | H. Dessau, Inscriptiones Latinae selectae, 3 Bde., Berlin 1892–1916 |
| JACOBY | F. Jacoby, Die Fragmente der griechischen Historiker, Berlin 1923ff. |
| JHS | Journal of Hellenic Studies |
| JRS | Journal of Roman Studies |
| MAH | Mélanges d'archéologie et d'histoire |
| MEFR | Mélanges de l'École Française de Rome. Antiquité (= Mélanges d'archéologie et d'histoire) |
| NJAB | Neue Jahrbücher für Antike und deutsche Bildung |
| OGIS | W. Dittenberger, Oriens Graecus Inscriptiones Selectae, 2 Bde., Leipzig 1903–1905 |
| PBSR | Papers of the British School at Rome |
| RE | Paulys Realencyklopädie der classischen Altertumswissenschaft, Stuttgart 1893ff. |
| REA | Revue des Études Anciennes |
| RICCO-BONO | S. Riccobono, Fontes iuris Romani anteiustiniani I: Leges, Firenze 1941 |
| RM | Römische Mitteilungen (Mitteilungen des Deutschen Archäologischen Instituts, Römische Abteilung) |
| SB | Sitzungsberichte |
| SZ | Zeitschrift der Savigny-Stiftung für Rechtsgeschichte, Romanistische Abteilung |
| TAPhA | Transactions of the American Philological Association |
| WdF | Wege der Forschung |

ZEITTAFEL

| | |
|---|---|
| 10. Jh. | Älteste Siedlungsspuren auf dem Gebiet des späteren Rom |
| 8./7. Jh. | Die Siedlungen an der Tiberfurt entwickeln sich zu der unter etruskischem Einfluß stehenden Stadt Rom (Gründungsdatum nach der römischen Tradition: 753) |
| 550/470 | Die Häupter der einflußreichen Familien (Patrizier) verdrängen das Königtum und verwalten die politische Macht künftig durch einen jährlich wechselnden Beamten aus ihrer Mitte: Beginn der Republik |
| ca. 470–300 | Ständekampf: Die Plebejer zwingen dem patrizischen Adel zivilrechtliche Gleichberechtigung, politische Mitbestimmung und schließlich auch das passive Wahlrecht ab; Einrichtung der plebejischen Organisation (Volkstribunat) |
| vor 450 | Einrichtung der Heeresversammlung als Volksversammlung nach timokratischem Prinzip |
| ca. 450 | Kodifikation des geltenden Rechts (XII-Tafeln) |
| ca. 400 | Vernichtung des etruskischen Veji |
| ca. 400 | Einfall der Kelten in Italien. Oberitalien wird von ihnen besetzt, Rom niedergebrannt (387) |
| ca. 370 | Neubegründung des Bundes zwischen den Latinern und Rom *(foedus Cassianum)* |
| ca. 367 | Das oberste Amt, das jetzt Konsulat heißt, wird den Plebejern zugänglich gemacht; es entwickelt sich die plebejisch-patrizische Nobilität |
| 326–291 | Samnitenkriege (326–304: Zweiter Samnitenkrieg; 300–291: Dritter Samnitenkrieg gegen Samniten, Etrusker und Kelten) |
| 300 | *lex Valeria de provocatione:* Die in den Ständekämpfen usurpierte politische Strafgerichtsbarkeit der obersten Beamten wird auf die Volksversammlung übertragen |
| 287 | *lex Hortensia de plebiscitis:* Der Beschluß der von den Volkstribunen geleiteten Versammlung der Plebejer *(concilium plebis)* wird gemeinverbindlich |
| 285–282 | Krieg gegen die Kelten und Etrusker |
| 280–272 | Krieg gegen den König Pyrrhos von Epirus, gegen die Samniten und Lukaner |
| 264–241 | Krieg gegen die Seegroßmacht Karthago (Erster Punischer Krieg) |
| 237 | Sardinien und Korsika werden von Rom annektiert. 227 werden Sizilien und diese beiden Inseln als erste außeritalische Herrschaftssprengel (Provinzen) unter Prätoren als Militärgouverneuren eingerichtet. |

| | |
|---|---|
| 237–219 | Die Karthager okkupieren unter Hamilkar Barkas, seinem Schwiegersohn Hasdrubal (seit 229) und seinem Sohn Hannibal (seit 221) Spanien. 226 setzen die Römer mit Hasdrubal den Ebro als nördliche Grenze des karthagischen Einflußgebietes fest |
| 229/228 | Erster Illyrischer Krieg |
| 225–222 | Krieg gegen die Kelten Oberitaliens |
| 219 | Zweiter Illyrischer Krieg |
| 218 | *lex Claudia de nave senatorum:* Verbot von Handelsgeschäften für Senatoren |
| 218–201 | Zweiter Punischer Krieg. Nach zahlreichen Siegen über die Römer (216: Cannae) muß Hannibal schließlich Italien räumen und wird in Afrika bei Zama (202) von P. Cornelius Scipio Africanus besiegt. Von 215–205 beteiligt sich auch Philipp V. von Makedonien auf der Seite Hannibals an dem Krieg |
| 218–133 | Eroberung und allmähliche Durchdringung Spaniens. 197 werden dort zwei Provinzen eingerichtet (Hispania ulterior und citerior) |
| 200–197 | Zweiter Makedonischer Krieg gegen Philipp V.; Entscheidungsschlacht bei Kynoskephalai (197) |
| 191–188 | Krieg gegen den seleukidischen König Antiochos III.; Entscheidungsschlacht bei Magnesia/Mäander (190) |
| 171–168 | Dritter Makedonischer Krieg gegen den König Perseus; Entscheidungsschlacht bei Pydna (168) |
| 153–133 | Reichskrise: Aufstände in Spanien und Griechenland. In unangemessener Härte werden die Unruhen unterdrückt, Korinth zerstört (146), Karthago in einem Vernichtungskampf ausgelöscht (149–146) und als Provinz ‚Africa‘ eingezogen; auch Makedonien wird Provinz |
| 136–132 | Erster Sizilischer Sklavenkrieg; ihm folgt 104–100 ein weiterer Krieg |
| 133 | Der letzte König des Pergamenischen Reiches, Attalos III., vermacht sein Reich testamentarisch den Römern; es wird bald darauf als Provinz Asia eingerichtet |
| 133 | Volkstribunat des Ti. Sempronius Gracchus; Durchsetzung des Ansiedlungsgesetzes gegen den erbitterten Widerstand des Senats: Beginn der inneren Auseinandersetzungen um die politische Führung |
| 123–122 | Volkstribunat des C. Gracchus: Erweiterung der gegen den Senat gerichteten politischen Aktivität |
| 112–105 | Krieg gegen den König Jugurtha von Numidien |
| 113–101 | Einfälle der Germanen in das Reich; Niederlagen der Römer bei Noreia (113) und Arausio (105) |
| 107, 104–100 | Konsulate des C. Marius, der das Heer reformiert (künftig sind auch Besitzlose zum Heeresdienst zugelassen) und darauf bei Aquae Sextiae (102) und Vercellae (101) die Germanen besiegt |
| 100 | L. Appuleius Saturninus und C. Servilius Glaucia versuchen, die gracchische Politik wiederaufzunehmen. Die von ihnen auf- |

## PERSONENREGISTER

## Register moderner Autoren

## Sach- und Ortsregister

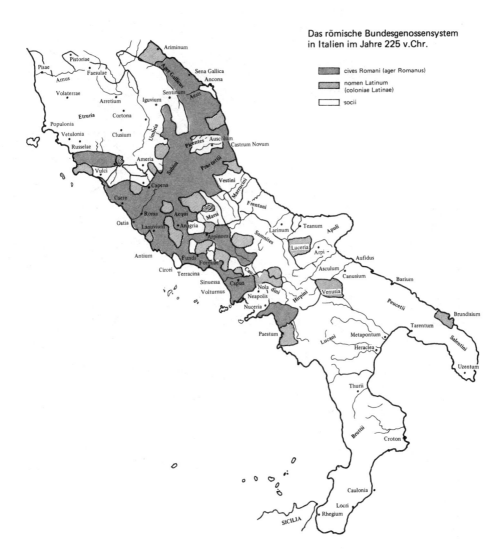

Das römische Bundesgenossensystem
in Italien im Jahre 225 v.Chr.

cives Romani (ager Romanus)

nomen Latinum
(coloniae Latinae)

socii

Ariminum
Pistoriae
Pisae
Arnus
Faesulae
Sena Gallica
Volaterrae
Ancona
Ager Gallicus
Arretium
Iguvium
Sentinum
Cortona
Aesis
Etruria
Populonia
Umbria
Vetulonia
Clusium
Picentes
Ausculum
Russelae
Ameria
Castrum Novum
Vulci
Sabini
Praetutii
Caere
Capena
Vestini
Marrucini
Roma
Aequi
Marsi
Frentani
Ostia
Lanuvium
Anagria
Larinum
Teanum
Apuli
Antium
Arpinum
Samnites
Fundi
Luceria
Aufidus
Circei
Formiae
Arpi
Terracina
Cales
Asculum
Canusium
Barium
Sinuessa
Capua
Nola
Volturnus
Neapolis
Caudini
Hirpini
Venusia
Peucetii
Nuceria
Brundisium
Tarentum
Paestum
Lucani
Metapontum
Salentini
Heraclea
Uzentum
Thurii
Brutii
Croton
Caulonia
Locri
Rhegium
SICILIA

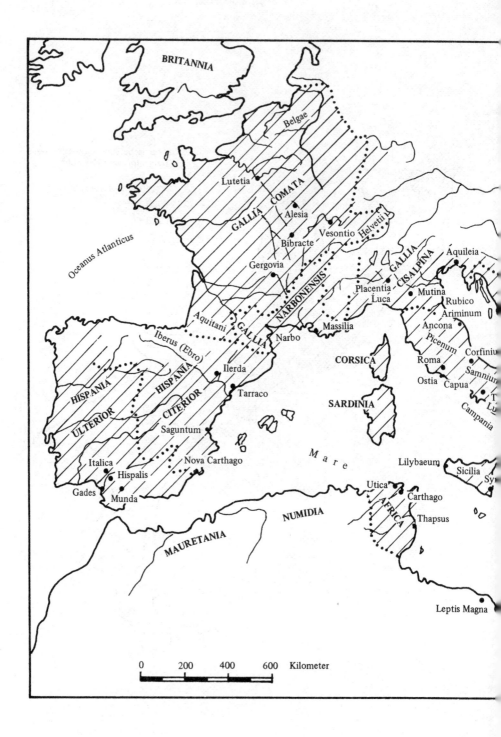

BRITANNIA

Belgae

Lutetia

GALLIA COMATA

Alesia

Oceanus Atlanticus

Vesontio

Helvetii

GALLIA CISALPINA

Áquileia

Bibracte

Gergovia

NARBONENSIS

Placentia

Luca

Mutina

Rubico

Aquitani

GALLIA

Massilia

Ariminum

Iberus (Ebro)

Narbo

Ancona

Picenum

Corfiniu

CORSICA

Roma

Samniu

Ilerda

Ostia

Capua

T

Lu

Tarraco

HISPANIA
ULTERIOR

HISPANIA
CITERIOR

SARDINIA

Campania

Saguntum

Mare

HISPANIA

Nova Carthago

Lilybaeum

Sicilia

Sy

Italica

Utica

Hispalis

Carthago

Gades

Munda

NUMIDIA

AFRICA

Thapsus

MAURETANIA

Leptis Magna

0    200    400    600    Kilometer

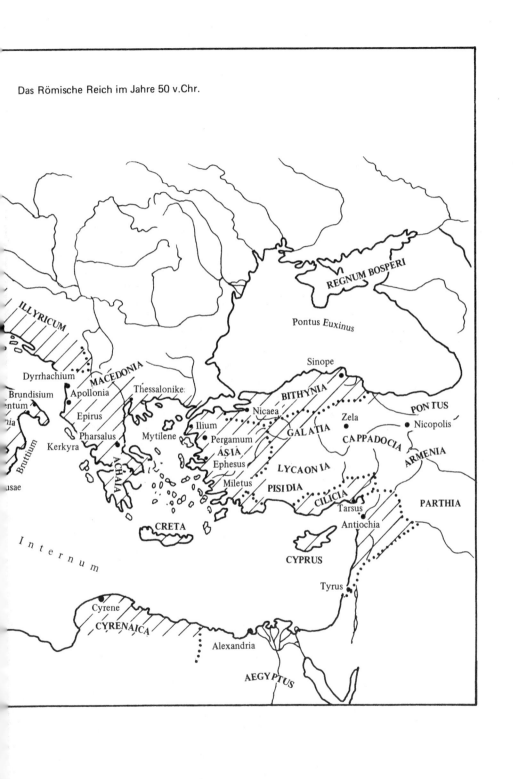

Das Römische Reich im Jahre 50 v.Chr.

REGNUM BOSPERI

Pontus Euxinus

ILLYRICUM

Dyrrhachium
MACEDONIA
Thessalonike
Sinope

Brundisium
Apollonia
BITHYNIA
PONTUS

ntum
Epirus
Nicaea
Zela
Nicopolis

nia
GALATIA
CAPPADOCIA

Pharsalus
Mytilene
Ilium
Pergamum
ARMENIA

Kerkyra
Brutium
ASIA
LYCAONIA

ACHAIA
Ephesus

usae
Miletus
PISIDIA
PARTHIA

CILICIA

CRETA
Tarsus

Antiochia

Internum
CYPRUS

Tyrus

Cyrene

CYRENAICA

Alexandria

AEGYPTUS

# Oldenbourg
## Grundriß der Geschichte

Herausgegeben von Jochen Bleicken, Lothar Gall und Hermann Jakobs

# Oldenbourg